U0662018

"十三五"职业教育系列教材

（第二版）

供热工程

主　　编　马仲元
副主编　卢春焕
编　　写　张红梅　　王宇清　　马宏雷
主　　审　赵三元

中国电力出版社
CHINA ELECTRIC POWER PRESS

内 容 提 要

本书为"十三五"职业教育系列教材，全书详细阐述了以热水和蒸汽作为热媒的集中供暖系统和城市集中供热系统的工作原理与设计方法，并介绍了供暖系统、室外管网运行管理的基本知识。本书对我国近年来供暖和集中供热事业迅速发展中采用的新技术、新设备、新的供暖系统形式和新的研究成果，给予了较充分的介绍。

本书可作为建筑职业技术院校及高等院校供热通风与空调工程技术专业的教材，也可作为其他相近专业"供热工程"课程的选用教材，还可供从事供暖和集中供热工作的工程技术人员参考使用。

图书在版编目（CIP）数据

供热工程/马仲元主编. —2 版. —北京：中国电力出版社，2016.1（2022.7 重印）
"十三五"职业教育规划教材
ISBN 978-7-5123-8397-5

Ⅰ.①供… Ⅱ.①马… Ⅲ.①供热系统-高等职业教育-教材 Ⅳ.①TU833

中国版本图书馆 CIP 数据核字（2015）第 238469 号

中国电力出版社出版、发行
（北京市东城区北京站西街 19 号 100005 http://www.cepp.sgcc.com.cn）
北京雁林吉兆印刷有限公司印刷
各地新华书店经售

*

2004 年 5 月第一版
2016 年 1 月第二版 2022 年 7 月北京第九次印刷
787 毫米×1092 毫米 16 开本 20.5 印张 499 千字
定价 **41.00** 元

前 言

　　本书可作为职业技术院校及高等院校供热通风与空调工程技术专业的教材,本书为修订第二版教材。

　　根据课程基本要求,考虑到专业性、应用性和先进性,本书详细阐述以热水和蒸汽作为热媒的集中供暖系统和城市集中供热系统的工作原理和设计方法,并介绍了供暖系统、室外管网运行管理的基本知识。

　　根据第一版的使用情况,本次修订中全书共两篇十二章,第一篇:供暖工程,主要介绍了室内热水及蒸汽供暖系统,并将近几年较成熟的一些新技术收录其中,第一章、第三章增加了部分内容。第二篇:集中供热,将集中供热主要是室外供热工程的相关内容进行了归类整合,内容更系统化,其篇幅较简洁精炼。第十一章增加了部分内容,并增编了第十二章供热系统的运行管理。增加了附录B供热工程课程设计任务书、附录C室内供暖系统设计工程实例,以其更加适应教学的需要。

　　本书由河北建筑工程学院马仲元担任主编,河南城建学院卢春焕担任副主编。绪论,第十一章的第一、第二节,第五至第八节由马仲元编写;第十一章的第三节及第四节、第十二章的第四节由河北建筑工程学院马宏雷编写;第一、二、六、九章由河南城建学院卢春焕编写;第三、四、五章由太原工学院张红梅编写;第七、八、十章及十二章的第一至第三节由黑龙江建筑职业技术学院王宇清编写;附录B、附录C由卢春焕、马宏雷、马仲元共同编写。全书由马仲元统稿,河北建筑工程学院赵三元教授主审。

　　由于时间和水平所限,本书难免有缺点和错误,恳请使用本教材的师生和广大读者批评指正。

编 者

2015 年 3 月

第一版前言

本书为职业技术院校及高等院校专科供热通风与空调工程专业"供热工程"课程的教材。

根据课程基本要求，考虑到专业性、应用性和先进性，本书详细阐述以热水和蒸汽作为热媒的集中供暖系统和城市集中供热系统的工作原理和设计方法，并介绍了有关运行管理的基本知识。

全书共两篇十一章。第一篇：供暖工程，主要介绍室内热水及蒸汽供暖系统，并将近几年较流行的一些新技术收录其中。第二篇：集中供热，将集中供热主要是室外供热工程的相关内容进行了归类整合，内容更系统化，其篇幅较简洁。

本书由河北建筑工程学院马仲元主编，并编写了绪论，第十一章。第一、二、六、九章由平顶山工学院卢春焕编写。第三、四、五章由太原大学张红梅编写。第七、八、十章由黑龙江建筑职业技术学院王宇清编写。全书由马仲元统稿，河北建筑工程学院赵三元教授主审。

由于时间和水平所限，本书难免有缺点和错误，恳请使用本教材的师生和广大读者批评指正。

编 者

2003 年 10 月

目　　录

第二篇　集　中　供　热

绪　　论

一、供热通风与空调工程专业"供热工程"课程的研究对象和主要内容

人们在日常生活和社会生产中都需要使用大量的热能。将自然界的能源直接或间接地转化为热能以满足人们需要的科学技术，称为热能工程。生产、输配和应用中、低品位热能的工程技术，称为供热工程。在本专业的范畴内，热媒（载能体）主要是采用水或蒸汽。应用中、低品位热能的热用户主要是：保证建筑物卫生和舒适条件的用热系统（如供暖、通风、空调和热水供应）及消耗中、低品位热能（温度低于 $300 \sim 350℃$）的生产工艺用热系统。

在能源消耗总量中，用以保证建筑物卫生舒适条件的供暖、空调等能源消耗量占有较大的比例，据统计，在美国和日本占 $1/4 \sim 1/3$；至于生产工艺用热消耗的能源所占比例就更大。因此，随着现代技术和经济的发展，以及节约能源的迫切要求，供热工程已成为热能工程中的一个重要组成部分，日益受到重视和得以发展。

供热工程课程的研究对象和主要内容，是以热水和蒸汽作为热媒的建筑物供暖（采暖）系统及集中供热系统。本教材分两篇：第一篇"供暖工程"，第二篇"集中供热"。

众所周知，供暖就是用人工方法向室内供给热量，保持一定的室内温度，以创造适宜的生活条件和工作条件的技术。所有供暖系统都由热媒制备（热源）、热媒输送和热媒利用（散热设备）三个主要部分组成。根据三个主要组成部分的相互位置关系，供暖系统可分为局部供暖系统和集中式供暖系统。

热媒制备、热媒输送和热媒利用三个主要组成部分在构造上都在一起的供暖系统，称为局部供暖系统，如烟气供暖（火炉、火墙和火炕等），电热供暖和燃气供暖等。虽然燃气和电能通常由远处输送到室内来，但热量的转化和利用都是在散热设备上实现的。

热源和散热设备分别设置，用热媒管道相连接，由热源向各个房间或各个建筑物供给热量的供暖系统，称为集中式供暖系统。

图 0-1 是集中式热水供暖系统示意图。热水锅炉 1 与散热器 2 分别设置，通过热水管道（供水管和回水管）3 相连接。循环水泵 4 使热水在锅炉内加热，在散热器冷却后返回锅炉重新加热。膨胀水箱 5 用于容纳供暖系统升温时的膨胀水量，并使系统保持一定的压力。热水锅炉，可以向单幢建筑物供暖，也可以向多幢建筑物供暖。对一个或几个小区多幢建筑物的集中式供暖方式，在国内也惯称联片供热（暖）。

根据供暖系统中散热给室内的换热方式不同，主要可分为对流供暖和辐射供暖。

以对流换热为主要方式的供暖，称为对流供暖。系统中的散热设备是散热器，因而这种系统也称为散热器供暖系统。利

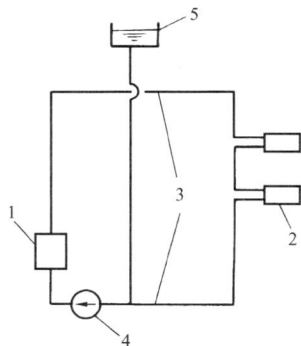

图 0-1　集中式热水供暖
系统示意图

1—热水锅炉；2—散热器；3—热
水管道；4—循环水泵；5—膨胀
水箱

用热空气作为热媒,向室内供给热量的供暖系统,称为热风供暖系统。它也是以对流方式向室内供暖。辐射供暖是以辐射传热为主的一种供暖方式。辐射供暖系统的散热设备,主要采用金属辐射板或以建筑物部分顶棚、地板或墙壁作为辐射散热面。

第一篇"供暖工程",主要讲授以热水和蒸汽作为热媒的集中式散热器供暖系统的工作原理和设计、运行等基本知识。对热风供暖和辐射供暖,仅对其散热设备及系统形式作简要的介绍。热风供暖技术,将在通风和空气调节课程中详细阐述。辐射供暖系统,目前在国内有了一定的使用,根据本课程的教学基本要求,教材中也做了一些介绍。

随着经济的发展、人们生活水平的提高和科学技术的不断进步,在19世纪末期,在集中供暖技术的基础上,开始出现以热水或蒸汽作为热媒,由热源集中向一个城镇或较大区域供应热能的方式——集中供热。目前,集中供热已成为现代化城镇的重要基础设施之一,是城镇公共事业的重要组成部分。

集中供热系统由热源、热力网(热网)和热用户三大部分组成。

(1) 热源。在热能工程中,热源是泛指能从中吸取热量的任何物质、装置或天然能源。供热系统的热源,是指供热热媒的来源。目前最广泛应用的是:区域锅炉房和热电厂。在此热源内,使燃料燃烧产生的热能,将热水或蒸汽加热。此外,也可利用核能、地热、电能、工业余热作为集中供热系统的热源。

(2) 热网(热力网)。由热源向用户输送和分配供热介质的管线系统,称为热网。

(3) 热用户。集中供热系统利用热能的用户,称为热用户,如室内供暖、通风、空调、热水供应以及生产工艺用热系统等。

以区域锅炉房(内装置热水锅炉或蒸汽锅炉)为热源的供热系统,称为区域锅炉房集中供热系统。

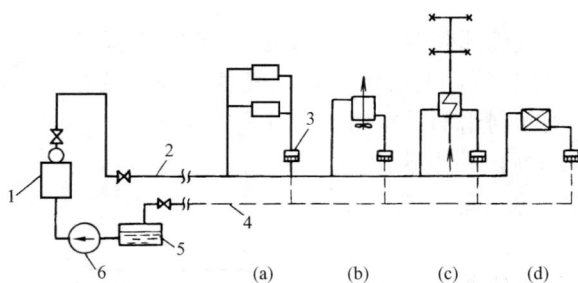

图 0-2　区域蒸汽锅炉房集中供热系统示意图
(a) ～ (d) 分别为室内供暖、通风、热水供应和
生产工艺用热系统
1—蒸汽锅炉房;2—蒸汽干管;3—疏水器;4—凝结水干管;
5—凝结水箱;6—锅炉给水泵

图 0-2 所示为区域蒸汽锅炉房集中供热系统示意图。由蒸汽锅炉 1 产生的蒸汽,通过蒸汽干管 2 输送到各热用户,如供暖、通风、热水供应和生产工艺系统等。各室内用热系统的凝结水,经过疏水器 3 和凝结水干管 4 返回锅炉房的凝结水箱 5,再由锅炉给水泵 6 将给水送进锅炉重新加热。

以热电厂作为热源的系统,称为热电厂集中供热系统。由热电厂同时供应电能和热能的能源综合供应方式,称为热电联产(也称为"热化")。

热电厂内的主要设备之一是供热汽轮机。它驱动发电机产生电能,同时利用做过功的抽(排)汽供热。供热汽轮机的种类很多,下面以在热电厂内安装有两个可调节抽汽口的供热汽轮机为例,简要介绍热电厂供热系统的工作原理。

图 0-3 中蒸汽锅炉 1 产生的过热蒸汽,进入供热汽轮机 2 膨胀做功,驱动发电机 3 产生电能,投入电网向城镇供电。

在汽轮机中当蒸汽膨胀到高压可调抽汽口的压力时（压力可保持在 0.8～1.3MPa 以内不变），可抽出部分蒸汽向外供热，通常向生产工艺热用户供热。当蒸汽在汽轮机中继续膨胀到低压可调抽汽口压力时（压力保持在 0.12～0.25MPa 以内不变），再抽出部分蒸汽，送入热水供热系统的热网水加热器 5 中（通常称为基本加热器，在整个供暖季节都投入运行），将热水网路的回水加热。在室外温度较低，需要加热到更高的供水温度，而基本加热器不能满足要求时，可通过尖（高）峰加热器 6 再将热网水进一步加热。尖峰加热器所需的蒸汽，可由高压抽汽口或从蒸汽锅炉减压减温装置 4 获得。高低压可调节抽汽口的抽

图 0-3　热电厂集中供热系统原则性示意图

1—蒸汽锅炉；2—供热汽轮机；3—发电机；4—减压减温装置；5—基本加热器；6—尖峰加热器；7—凝汽器；8—凝结水泵；9—回热装置；10—热网循环水泵；11—补给水压力调节器；12—补给水泵；13—水处理装置；14—给水泵；15—热用户；16—除污器

汽量将根据热用户热负荷的变化而变化，同时调节装置将相应改变进入凝汽器 7 的蒸汽量，以保持所需的发电量不变。蒸汽在凝汽器中被冷却水冷却为凝结水，用凝结泵 8 送入回热装置 9（由几个换热器和除氧器组成）逐级加热后，再进入蒸汽锅炉重新加热。

由于供热汽轮机是利用做过功的蒸汽向外供热，与凝汽式发电方式相比，大大减少了凝汽器的冷源损失，因而热电厂的热能利用效率远高于凝汽式发电厂。凝汽式发电厂的热效率为 25%～40%。而热电厂的热效率可达 70%～85%。

蒸汽在热用户放热后，凝水返回热电厂水处理装置 13，再通过给水泵 14 送进电厂的回热装置加热。热水网路的循环水泵 10，驱动网路水不断循环而被加热和冷却。通过热水网路的补给水泵 12，补充热水网路的漏水量。利用补给水压力调节器 11，控制热水供热系统的压力。

在本教材第二篇"集中供热"中，热源部分有关区域锅炉房的内容，在本专业设置的锅炉及锅炉房设备课程中将详细阐述。本课程的主要内容是阐述集中供热系统的工作原理和设计、运行的基本知识，并以热网和热用户为主。

在学习本课程之前，应系统地学习《传热学》《工程热力学》《流体力学》等专业基本课程，要求有较好的专业基础理论知识。

二、供热工程的发展概况

火的使用、蒸汽机的发明、电能的应用及原子能的利用，使人类利用能源的历史经历了四次重大的突破，也带来了供热工程技术的不断发展。

在人类很长的历史时期中，如北京原始人化石发源地龙骨山及欧洲安得塔尔化石发源地，都曾发现过烧火的遗迹，人们以火的形式利用能源。后来，人们利用原始的炉灶获得热能来供暖、炊事和照明。这种局部的取暖装置，如火炉、火墙和火坑等，至今还应用甚广。

蒸汽机发明以后，促进了锅炉制造业的发展。19 世纪初期，在欧洲开始出现了以蒸汽

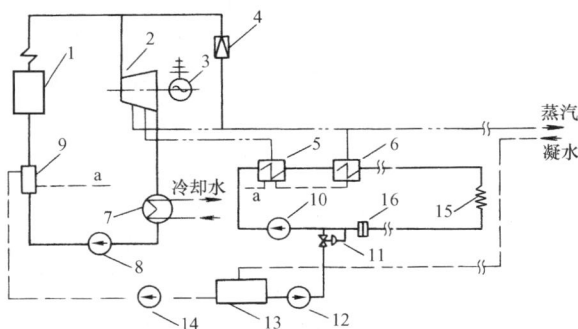

或热水作为热媒的集中式供暖系统。集中供热方式始于1877年,当时在美国纽约,建成了第一个区域锅炉房向附近14家用户供热。

20世纪初期,一些工业发达的国家,开始利用发电厂内汽轮机的排汽,供给生产和生活用热,其后逐渐成为现代化的热电厂。在20世纪中,特别是二次世界大战以后,城镇集中供热事业得到较迅速发展,其主要原因是集中供热(特别是热电联产)明显地具有节约能源、改善环境和提高人民生活水平以及保证生产用热要求的主要优点。

集中供热技术的发展,各国因具体情况不同而各具特点。

原苏联和东欧的集中供热事业,长时期来是以积极发展热电厂供热作为主要技术发展政策。原苏联集中供热规模,居世界首位。1980年,原苏联的热电厂总装机容量为9600万kW。全国工业与民用的年总供热量中,70%由集中供热方式——热电厂和区域锅炉供热。全国热电厂的总年供热量约为55GJ。由于热电联产,单就原苏联能源电力部所属的热电厂(占全国热电厂的总装机容量的86%),就节约了6800万t标煤。

莫斯科的集中供热系统是世界上规模最大的供热系统。据1980年资料,市区有14座热电厂,供热机组78台,总容量为585万kW,供热能力达45 200GJ/h。在室外温度较低时,投入系统运行的高峰热水锅炉共有71台,供热能力为41 100GJ/h。热网干线长达3000多km,向500多个工业企业和4万多座建筑供热。热水网路设计供、回水温度为150℃/70℃,热水网路与供暖热用户的连接大多采用直接连接方式。热电厂供热系统供热量占全市用热量的60%,其余由区域锅炉房供热。城市的集中供热普及率接近100%。

地处寒冷气候的北欧国家,如瑞典、丹麦、芬兰等国家,在第二次世界大战以后,集中供热事业发展迅速。城市的集中供热普及率都较高。据1982年资料,瑞典首都斯德哥尔摩市,集中供热普及率为35%。丹麦的集中供热系统,遍及全国城镇,向全国1/3以上的居民供暖和供应热水。这些国家的热水网路的设计供水温度大多为120℃左右,网路与供暖热用户的连接方式多采用间接连接方式。

德国第二次世界大战后的废墟重建工作,为其发展集中供热提供了有利的条件。目前除柏林、汉堡、慕尼黑等已有规模较大的集中供热系统外,在鲁尔地区和莱茵河下游,还建立了连接几个城市的城际供热系统。

北欧国家和德国等,集中供热技术较为先进,如管道大多采用直埋敷设方式、装配式热力站、优化的热网运行管理和良好的热网自控设施等,在世界上处于领先地位。

在一些工业发达较早的国家中,如美、英、法等国家,由于早期多以区域锅炉房供热来发展集中供热事业,因此目前区域锅炉房供热仍占较大的比例,如法国首都巴黎的一个供热公司,采用蒸汽管网向部分城市的约4000幢大楼供热;据1985年资料,集中供热系统的热源由八座区域性蒸汽锅炉房、三座大型焚烧垃圾的锅炉房和一座热电厂所组成,热源的供汽压力为0.5~2MPa,热源的总供汽能力为3560t/h。由于20世纪70年代的石油危机,也促使这些国家更重视发展热电联产,如美国在1978年通过的国家能源法,就制订了促进热电联产的技术和经济方面的倾斜政策

利用地热能源供热已有七八十年的历史。世界上最早利用地热供暖的有意大利和新西兰等国家。冰岛首都雷克雅未克市的地热系统规模很大,据1980年资料,全市约98.5%(约100 000人)已使用地热供暖和热水供应。地热水一般温度为80~120℃。此外,在匈牙利、日本、美国、原苏联等许多国家都有地热水供热系统。

原子核的裂变和聚变可以释放出巨大的能量。原子能利用于热电联产上，始于 1965 年。目前世界上已建成的原子能电站超过 300 座。例如，瑞典斯德哥尔摩市附近的沃加斯塔原子能热电厂，用背压汽轮机组排出的蒸汽加热高温水，供给距厂约 4.5km 远的发鲁斯塔地区 15 000 户，4 万人口的住宅区供暖。利用低温核反应堆只供应热能的集中供热，近年来许多国家如原苏联、瑞典、加拿大等国家都在积极开展。原苏联的高尔基城已建成两座 500kW 的低温核反应堆。

此外，大型的工业企业，如钢铁、化工联合企业等，最大限度地利用生产工艺用热设备的余热装置，已成为生产工艺流程中不可缺少的组成部分。工业余热利用是节约能源的一个重要途径。

供暖技术的发展，离不开工业水平的提高和集中供热事业的发展。随各国具体情况不同，各国供暖技术的发展也有不同的特点。如原苏联和东欧等国家，由于城市多采用大型热水网路系统，因而在散热器热水供暖系统和工业厂房采用集中热风供暖方面，无论在系统的设计原理和方法，运行中系统水力工况和热力工况的分析及与热网的连接方式等问题，都进行了大量的研究工作和有丰富的实践经验。在欧、美等国家中，由于市场经济和适应用户的多种要求，在多种形式供暖系统（如辐射供暖、与空调相结合的供暖方式等）、供暖设备和附件的多样化及供暖系统的自控技术等方面，不断进行研究和开发，促进了供暖技术现代化。

三、我国供热事业的发展

我国在远古时期，就有钻木取火的传说，西安半坡村挖掘出土的新石器时代仰韶时期的房屋中，就发现有长方形灶炕，屋顶有小孔用以排烟，还有双连灶形的火炕。在《今古图书集成》中记载，夏、商、周时期就有供暖火炉。从出土的古墓中表明，汉代就有带炉算的炉灶和带烟道的局部供暖设备。火地是我国宫殿中常用的供暖方式，至今在北京故宫和颐和园中还完整地保存着。这些利用烟气供暖的方式，如火炉、火墙和火坑等，在我国北方农村还被广泛地使用着。

在旧中国，只有在大城市为数很少的建筑中，装设了集中式供暖系统，被视为高贵的建筑设备；在工厂中，对生产工艺用热，多只装设简陋的锅炉设备和供热管道，供热事业的基础非常薄弱。

新中国成立后，随着国民经济建设的发展和人民生活水平的不断提高，我国的供暖和集中供热事业得到了迅速的发展。在东北、西北、华北三北地区，许多民用楼房建筑和大多数工业企业都装设了集中式供暖系统。不少城镇实现集中供热。

供暖工程的设计、施工和运行管理工作，在 20 世纪 50 年代期间，主要是以学习原苏联供暖技术为依据的。随着我国机械工业的发展，目前我国已有各种燃煤用的工业锅炉和热水锅炉系列产品，其中热水锅炉单台容量高达 116MW，促进集中供热（暖）的发展。在燃用低值燃料的热能综合利用方面，也做了大量的工作，取得了显著的效果。

从 20 世纪 70 年代开始，多种供暖系统形式的应用和新型散热设备的研制工作，有了较大的发展。例如，工业企业中高温水供暖系统，钢制辐射供暖的应用，新型钢串片、钢板模压等散热器的研制和应用，高级旅馆中供暖与空调相结合的风机盘管系统的出现等。这些都标志着我国供暖技术有了较迅速的发展。

太阳能和地热能用于供暖方面，也取得可喜的成绩。在西北地区、北京、天津等地，

20 世纪 80 年代建造了一批太阳能供暖建筑。天津、北京等地相继出现了地热能供暖。目前已有 20 多个省市和自治区开展了地热能的勘探和开发利用，地热能供暖也有一定的发展前景。

此外，供暖技术的研究工作，供暖系统设计优化和电算技术的应用及施工技术方面，近年来也获得长足的进步。

我国的集中供热事业，可以说是在几乎空白的基础上，从第一个五年计划开始发展的。伴随着当时的大规模工业建设，在北京、保定、石家庄、郑州、洛阳、西安、兰州、太原、包头、吉林、哈尔滨、富拉尔基等地兴建了区域性热电厂，为我国发展热电联产事业奠定了基础。

随着国民经济的迅速发展，节能工作日益受到重视，加以开放政策的实施，使我国集中供热事业，无论在供热规模和供热技术方面，都有很大的发展。

1980 年，全国单机容量在 6000kW 及以上的供热机组容量为 443.41 万 kW，到 2001 年年底已发展到 3224 万 kW，年供热量为 128 743 万 GJ。1980 年，"三北"地区集中供热（暖）的建设面积仅为 1124.8 万 m²，普及率为 2%；到 1990 年年底，全国已有 286 个城市建设了集中供热设施，供热（暖）面积达 146 329 万 m²，"三北"地区集中供热普及率达到 12%。

我国集中供热技术的进展，主要表现在以下方面：

（1）高参数、大容量供热机组的热电厂和大型区域锅炉的兴建，为大、中型城市集中供热开辟了广阔的前景。以前我国供热机组容量较小，多为 1.2、2.5、5.0 万 kW 的供热机组。近年来，成功研制了 20 万 kW 和 30 万 kW 抽汽冷凝两用供热机组，在北京、沈阳、长春和太原等地建成投产。北京左家庄和沈阳滑翔区的大型区域锅炉房，供暖建筑面积都超过 200 万 m²。

此外，为提高热机效率，3000、6000kW 和 12 000kW 的次高压供热机组也在逐步完善和系列配套。

（2）改造凝汽式发电厂为热电厂，采用汽轮机汽缸开孔抽汽或在导汽管开孔抽汽，或利用凝汽器低真空运行加热热网循环水的方式，改造中、小型老旧凝汽机组，使供电煤耗大大降低，并为城市集中供热提供热源。20 世纪 80 年代末期，单在东北地区电网所属范围的凝汽式发电厂，已有 14 个电厂采用低真空运行的方式供热，为小城镇供热开辟了快而省的途径。

（3）改变了许多年来城市集中热水供热系统单一的系统模式，初步形成集中供热系统形式多样化的局面。我国城市民用的集中热水供热系统，绝大多数是由单一热源，按质调节方式（即随室外温度变化，相应改变供水温度，但网路循环水量不改变的调节方式）供热，热水网路与供暖用户系统采用直接连接的方式。近年来，多热源联合供热系统、热水网路与供暖用户系统采用间接连接、环形热水网路和利用变速循环水泵的系统形式等的应用，促进了供热技术的发展。

（4）预制供热保温管道直埋敷设的较广泛应用，改变了以前主要采用地沟敷设的形式，节约管网投资和便于施工。此外，管道保温材料的品种和规格也多种多样。

（5）一些新型的供热管道的附件和设备得到推广应用，如波纹管补偿器、球形补偿器、蝶阀和手动调节阀等，对保证供热系统安全运行起着重要的作用。

（6）集中供热系统优化设计方面，进行了大量研究工作。供热系统的自控技术，如采用微机监控系统、采用机械式调节器控制等技术，已在国内一些集中供热系统中应用。

我国供热工程建设和技术虽然取得了显著的成就，但与一些工业发达的国家相比，在整个供热系统的热能利用效率、供热（暖）产品设备品种和质量、供热系统的运行管理和自控水平等方面，仍有不少差距，亟待提高。

四、建筑节能

我国是发展中国家，能源的获取一方面依靠自己生产，另一方面是通过等价交换，必须节约使用。我国近些年用于建筑供暖、通风及空调等（包括用电）的建筑能耗占总能耗的 $1/5 \sim 1/4$，建筑的能耗指标是发达国家的 1.5 倍。特别是在我国的"三北"地区，供暖的能耗又占建筑能耗的一半以上，是建筑能耗的主要部分，通常在这一部分的浪费最多，节能的潜力与效果也最大。可见，建筑的供暖能耗在建筑节能工作中占有重要地位。

建筑物的节能是供暖系统节能的前提与基础。近二十年来我国逐步重视建筑节能工作，国家、建设部、全国行业协会与各省市的建筑节能与主管部门相继出台了一系列的法律、法规、条例及规范。例如，1998 年 1 月 1 日起实行的《中华人民共和国节约能源法》，2000 年建设部发布的《民用建筑节能管理规定》（76 号令），2003 年 7 月，八大部委出台的关于城市供热体制改革试点的指导意见，等等。对实践具有指导意义的建设部《建筑节能"九五"计划和 2010 年规划》，规划对既有建筑与新建建筑的节能均提出了明确的时间要求，规划的目标是：

新建采暖居住建筑 1996 年以前，在 1980 ～ 1981 年当地通用设计采暖能耗水平基础上普遍降低 30%，为第一阶段；1996 年起在达到第一阶段要求的基础上节能 30%，为第二阶段；2005 年起在达到第二阶段要求的基础上节能 30%，为第三阶段。

新建采暖公共建筑 2000 年前做到节能 50%，为第一阶段；2010 年在第一阶段基础上再节能 30%，为第二阶段。

对采暖区域热环境差或能耗大的既有建筑的节能改造工作，2000 年起重点城市成片开始，2005 年各城市普遍开始，2010 年重点城市普遍推行。

规划的变革深度与工作难度是前所未有的，为使规划得到顺利实施，不仅要加强宣传教育力度，还要采取法律及经济的手段。如配合规划制定的《既有居住建筑节能改造技术规程》（JGJ 129—2012），对建筑节能改造的判定原则及方法、墙体保温、提高门窗的气密性、屋面和地面的保温及采暖供热系统工程的改造等均做出了相应的规定。对应于居民住宅建筑与公共建筑（两者均属民用建筑范畴）制定的《严寒和寒冷地区居住建筑节能设计标准》（JGJ 26—2010）与《公共建筑节能设计标准》（GB 50189—2015）。

第一篇 供 暖 工 程

第一章 供暖系统的设计热负荷计算

供暖系统的设计，通常应完成的内容有确定系统的设计热负荷、散热设备选择计算、管道水力计算及系统主要设备的选择计算等。其中确定系统的设计热负荷是设计计算的第一步，它是散热设备的选择、水力计算、锅炉及其他设备的选择计算的基本依据。采暖热负荷计算得是否准确，直接关系到散热设备、管材、阀件数量的多少、锅炉容量的大小，进而影响采暖系统的工程造价、运行管理费用及使用效果。显然，如热负荷偏大，设备富裕量过多，将造成浪费；热负荷偏小，设备能力不够，则达不到设计使用要求。为能准确地确定热负荷，就应掌握确定热负荷的正确方法。

第一节 供暖系统设计热负荷

人们为了生产和生活，要求室内保证一定的温度。一个建筑物或房间可有各种得到热量和散失热量的途径，当建筑物或房间的失热量大于得热量时，为了保持室内在要求温度下的热平衡，需要有供暖通风系统补进热量，以保证室内要求的温度。

供暖系统的热负荷是指在某一室外温度 t_w 下，为了达到要求的室内温度 t_n，供暖系统在单位时间内向建筑物供给的热量。它随着建筑物得失热量的变化而变化。

房间内散失热量一般包括：

(1) 通过围护结构两边的温差传出的热量 Q_1；

(2) 由门窗缝隙渗入的室外空气吸热量 Q_2；

(3) 由外门、外墙的孔洞等侵入的室外空气吸热量 Q_3；

(4) 由外部运入的冷物料和运输工具等的吸热量；

(5) 机械排风的排热量 Q_4；

(6) 水分蒸发的吸热量 Q_5；

(7) 通过其他途径散失的热量 Q_6。

房间内获得热量的来源一般包括：

(1) 最小负荷班的工艺设备散热量 Q_7；

(2) 热物料在车间内的散热量 Q_8；

(3) 热管道及其他热表面的散热量 Q_9；

(4) 通过围护结构进入的太阳辐射热量 Q_{10}；

(5) 人体散热量 Q_{11}；

(6) 照明灯光散热量 Q_{12}；

(7) 通过其他途径获得的热量 Q_{13}。

　　如房间获得的热量小于散失的热量,其差值即为供暖系统的热负荷。

　　供暖系统的设计热负荷,是指在设计室外温度 t'_w 下,为了达到要求的室内温度 t_n,供暖系统在单位时间内向建筑物供给的热量。它是设计供暖系统的最基本依据。

　　对于一般住房和公共建筑,以及产热量很少的工业建筑,可以认为除太阳辐射得热量 Q'_d 外,其他均不计;失热量 Q'_{sh} 只考虑围护结构的传热耗热量 Q_1,门窗缝隙渗入的室外空气吸热量 Q_2,以及外门、外围护结构孔洞和其他生产跨间流入的室外空气吸热量 Q_3;太阳辐射得热量又可在 Q_1 中按一定比例扣除。故供暖系统设计热负荷为

$$Q' = Q'_{sh} - Q'_d = Q'_1 + Q'_2 + Q'_3 - Q_{10} \tag{1-1}$$

式中“ $'$ ”的上标符号均表示在设计工况下的各种参数(全书均以此表示之)。

　　围护结构的传热耗热量是指当室内温度高于室外温度时,通过围护结构向外传递的热量。在工程设计中,计算供暖系统的设计热负荷时,常把它分成围护结构传热的基本耗热量和附加(修正)耗热量两部分进行计算。基本耗热量是指在设计条件下,通过房间各部分围护结构(门、窗、墙、地板、屋顶等)从室内传到室外的稳定传热量的总和。附加(修正)耗热量是指围护结构的传热状况发生变化而对基本耗热量进行修正的耗热量。附加(修正)耗热量包括风力附加、高度附加和朝向修正等耗热量。朝向修正是考虑围护结构的朝向不同太阳辐射得热量不同而对基本耗热量进行的修正。

　　因此,在工程设计中,供暖系统的设计热负荷,一般可分几部分进行计算,即

$$Q' = Q'_{1j} + Q'_{1x} + Q'_2 + Q'_3 \tag{1-2}$$

式中　　Q'_{1j}——围护结构的基本耗热量;

　　　　Q'_{1x}——围护结构的附加(修正)耗热量。

　　计算围护结构附加(修正)耗热量时,太阳辐射得热量可用减去一部分基本耗热量的方法列入,而风力和高度影响用增加一部分基本耗热量的方法进行附加。式(1-2)中前两项表示通过围护结构的计算耗热量,后两项表示室内通风换气所耗的热量。

　　本章主要阐述供暖系统设计热负荷的计算原则和方法。对具有供暖及通风系统的建筑(如工业厂房和公共建筑等),供暖及通风系统的设计热负荷,需要根据生产工艺设备使用或建筑物的使用情况,通过得失热量的热平衡和通风的空气量平衡综合考虑才能确定。这部分内容将在“通风工程”课程中详细阐述。

　　供暖设计热负荷计算,一般以房间为对象,逐个房间进行计算。

第二节　围护结构的基本耗热量

　　围护结构的传热是很复杂的传热现象。它包括表面吸热、结构导热和表面放热三个基本过程,且室外空气温度随季节和昼夜发生变化,供热设备的散热也随时间发生波动,故该传热又为复杂的不稳定传热。不稳定传热计算复杂,在工程中则以某一稳定传热过程代替实际的不稳定传热过程,虽然有一定的误差,但便于使用,且由于房屋有足够的热惰性(即有蓄热作用),所引起的误差不会造成室温过大的波动。

　　在稳定传热条件下,通过房间各部分围护结构的传热量,即围护结构的基本耗热量的基本计算公式为

$$q = KA(t_n - t_w')a \quad W \tag{1-3}$$

式中　　K——围护结构的传热系数，$W/(m^2 \cdot ℃)$；

　　　　A——围护结构的传热面积，m^2；

　　　　t_n——供暖室内计算温度，$℃$；

　　　　t_w'——供暖室外计算温度，$℃$；

　　　　a——围护结构的温差修正系数。

对于供暖房间来说，房间基本耗热量，应为其各外围护结构（墙、窗、门、楼板、屋顶、地面等）传热量的总和，即

$$Q' = \Sigma q = \Sigma KA(t_n - t_w')a \quad W \tag{1-4}$$

为了计算和以后修正的便利，把围护结构按朝向、材料结构和室内外温差的不同，而划分为各个计算部分。对一侧不与室外空气直接接触的围护结构，当内外温差大于 5℃时，要计算通过该围护结构的传热量。

一、供暖设计室内计算温度 t_n

室内计算温度一般是指距地面 2m 以内、人们活动地区的平均空气温度。室内计算温度的高低应满足人们的生活、学习、工作要求和生产的工艺要求。民用及公共建筑室内计算温度可参考表 A2 选取。

工业企业中的生产车间，其工作地点的温度，一般可参考表 A3。由于工业生产门类繁多，其具体的室内设计温度，可查阅有关专业设计手册。

如前所述，计算围护结构的基本耗热量时，冬季室内计算温度 t_n 一般是采用房间工作区的温度。当房间的高度较大时，由于对流作用使热空气上升，房间上部的空气温度高于下部的空气温度，这样就使上部围护结构的耗热量加大。对于公共建筑采取对基本耗热量进行高度附加的方法。对于生产厂房的冬季室内计算温度，一般应按下列规定采用：

（1）计算地面的耗热量时，用工作地点的空气温度 t_g；

（2）计算屋顶和天窗的耗热量时，采用屋顶下的温度 t_d；

（3）计算墙、门和窗的耗热量时，用室内平均温度 t_{np}，即

$$t_{np} = (t_d + t_g)/2℃ \tag{1-5}$$

屋顶下的空气温度受车间性质、设备的布置和供暖方式等影响，确定较复杂，最好是对已有的类似车间进行实测确定。在一些散热比较均匀的车间，可用温度梯度法确定，即

$$t_d = t_g + \Delta t(H - 2)℃ \tag{1-6}$$

式中　　H——屋顶距地面的高度，m；

　　　　Δt——温度梯度，$℃/m$。

二、供暖设计室外计算温度 t_w'

在计算围护结构的基本耗热量时，假定传热过程是在稳定状态下进行的，即围护结构的各种传热参数都不随时间而改变，其中室外计算温度也是采用某一个固定值。但是，在整个供暖期中，室外空气温度是经常变化的。这就要求取一个恰当的室外计算温度。室外计算温度过低，会造成设备投资的浪费；如果采用值过高，则不能保证供暖的效果。

国内外确定供暖室外计算温度的原则有两种。第一种是根据围护结构的热惰性，取一个统计周期的平均温度作为供暖室外计算温度，该温度的大小足以影响室内温度。如现行的俄罗斯等国的建筑法规规定：供暖室外计算温度要按 50 年中最冷的 8 个冬季里最冷的连续 5

天的日平均气温的平均值来选定。第二种是在实际出现的室外温度的基础上进行统计，并允许有一定的时间可低于设计值，根据不保证时间，得出供暖室外计算温度。我国即采用了第二种方法来确定供暖室外计算温度。我国《采暖通风与空气调节设计规范》（GB 50019—2003）里规定："采暖室外计算温度，应采用历年平均每年不保证 5 天的日平均温度"。我国规范所采用的方法，以日平均温度为统计基础，是已考虑一般围护结构都具有一定的热惰性。统计年份采用 1951～1970 年共 20 年，文中讲"平均每年不保证 5 天"，即 20 年的统计年份里，总共可有 100 天的实际日平均温度低于所取的室外计算温度。

供暖设计室外计算温度值详见有关设计手册。

三、温差修正系数 a 值

当供暖房间的围护结构，其外侧不直接与室外相接触，而是中间隔着不供暖的房间或空间。此时通过该围护结构的传热量应为 $q=KA(t_n-t_h)$ W，式中，t_h 是传热达到平衡时，非供暖房间（或空间）的温度。由于非供暖房间的温度 t_h 要通过热平衡确定，为了计算方便工程中可用 $(t_n-t_w)a=(t_h-t_w)$ 进行计算。a 称为围护结构的温差修正系数。

根据经验得出的各种不同情况的 a 值可见表 A4。

四、围护结构的传热系数 K 值

围护结构的传热系数 K 值，是指在单位时间内，单位面积的围护结构，两侧温差为 1℃ 时，由一侧传至另一侧的热量。建筑物的围护结构，如墙、楼板、屋面、门窗等，一般为平壁，其计算方法如下。

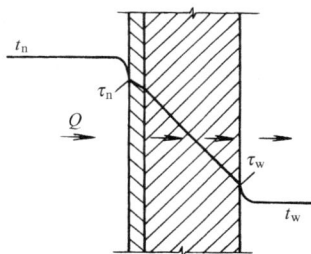

图 1-1　通过围护结构的传热过程

1. 匀质多层均质材料组成的平壁

一般建筑物的外墙和屋顶都属于匀质多层均质材料的平壁结构，其传热过程如图 1-1 所示，传热系数 K 值可用下式计算

$$K=\frac{1}{R_0}=\frac{1}{\dfrac{1}{\alpha_n}+\sum_{i=1}^{n}\dfrac{\delta_i}{\lambda_i}+\dfrac{1}{\alpha_w}}\quad \text{W/(m}^2\cdot℃)\quad (1-7)$$

式中　R_0——围护结构的总传热热阻，$m^2\cdot℃/W$；

　　　α_n——围护结构内表面换热系数，$W/(m^2\cdot℃)$；

　　　α_w——围护结构外表面换热系数，$W/(m^2\cdot℃)$；

　　　δ_i——围护结构各层材料的厚度，m；

　　　λ_i——围护结构各层材料的热导率，$W/(m\cdot℃)$。

一些常用的建筑材料的热导率 λ 值见表 A5。常用的 α_n 和 α_w 值见表 1-1 和表1-2。

表 1-1　　　　　　　　　围护结构内表面传热系数 α_n 与换热阻 R_n

序号	表　面　特　征	α_n [W/(m²·℃)]	R_n (m²·℃/W)
1	墙、地面及表面平整的顶棚、屋盖或楼板，以及带肋的顶棚，$h/s\leq0.3$	8.7	0.115
2	有肋状突出物的顶棚、屋盖及楼板，$h/s>0.3$	7.6	0.132
3	自上向下传热的楼板	5.82	0.175

注　表中 h—肋高，m；s—肋间净距，m。

表 1-2　　　　　　　　　围护结构外表面传热系数 α_w 与换热阻 R_w

序号	表 面 特 征	α_w [W/(m²·℃)]	R_w (m²·℃/W)
1	外墙和屋顶外表面	23.3	0.043
2	与室外空气相通的非采暖地下室上面的楼板	17.0	0.05
3	闷顶和外墙上有窗的非采暖地下室上面的楼板	11.6	0.086
4	外墙上无窗的非采暖地下室上面的楼板	5.8	0.172

　　表面换热过程是对流和辐射的综合过程，但围护结构内、外表面的对流换热情况是不同的，在内表面主要是壁面与邻近空气的温差引起的自然对流，在外表面不仅有温差的作用，而且还有风力作用产生的强迫对流，故表 1-1 与表 1-2 的数值有较大差别。

　　常用围护结构的传热系数 K 值，已编列成表，可直接由表 A6 中查出。

　　2. 围护结构中有空气间层的传热系数

　　在严寒地区的高级民用与公共建筑，其围护结构内常采用空气间层以减少传热量，如双层玻璃、空心层面板、空心墙等。这是由于间层中的空气热导率比固体材料小得多，空气间层的存在增加了结构的总热阻，减少了向外的传热量。

　　围护结构中有空气间层的传热系数，在工程中可用下式计算

$$K = \cfrac{1}{\cfrac{1}{\alpha_n} + \sum_{i=1}^{n}\cfrac{\delta_i}{\lambda_i} + R_x + \cfrac{1}{\alpha_w}} \quad W/(m^2 \cdot ℃) \tag{1-8}$$

式中　　R_x——空气间层的热阻，m²·℃/W。

其他符号同式 (1-7)。

　　表 1-3 给出了空气间层的热阻值。

　　从表 1-3 中看出，当空气层厚度相同时，热流朝下的空气层热阻最大，竖壁的空气层热阻次之，而热流朝上的空气间层热阻最小。尤其当空气间层达到一定厚度后，热阻不随空气层厚度而增加，甚至会减少，因此空气层厚度的选择要适当。

　　3. 非均质材料组成的围护结构传热系数

表 1-3　　　　　　　　　　　空气间层的热阻 R_x 值

空气层厚度 (cm)	竖向空气间层 (m²·℃/W)	水平空气间层 (m²·℃/W)	
		热流自下向上	热流自上向下
1	0.15	0.13	0.155
2	0.16	0.15	0.18
3	0.17	0.155	0.20
5	0.17	0.155	0.215
10	0.17	0.155	0.22
15~30	0.16	0.16	0.22

　　有些墙体或屋面，无论是在垂直于热流方向，还是在平行于热流方向，其组成材料都是不均匀的。如图 1-2 即为某种墙体和屋面的做法。这种非均质材料围护结构的传热，除了在

热流方向存在有传热外，同时在垂直于热流方向的不同材料的接触面之间也会进行传热。因而其传热过程比较复杂，计算传热系数时，可采用近似计算方法和经验公式。下面介绍中国建筑科学研究院建筑物理所推荐的一种方法。

首先求出围护结构的平均热阻

$$R_{pj} = \left[\left[\frac{A}{\sum\limits_{i=1}^{n} \dfrac{A_i}{R_{oi}}} - (R_n + R_w) \right] \right] \varphi \quad W/(m^2 \cdot ℃)$$

(1-9)

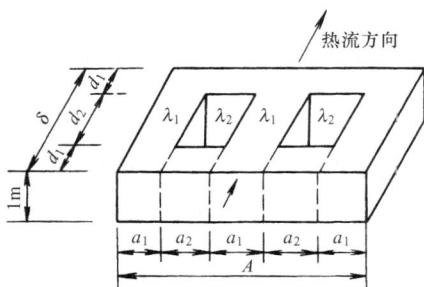

图 1-2　非匀质材料围护结构

式中　　A——与热流方向垂直的总传热面积，m^2；

A_i——按平行热流方向划分的与热流方向垂直的各个传热面积 A_{I}，A_{II}，…，m^2；

R_{oi}——各个传热面积的总传热阻，$m^2 \cdot ℃/W$；

φ——修正系数，由表 1-4 选取。

表 1-4　　　　　　　　　　　　　　修正系数 φ 值

序号	λ_2/λ_1 或 $(\lambda_2+\lambda_1)/2\lambda_1$	φ	序号	λ_2/λ_1 或 $(\lambda_2+\lambda_1)/2\lambda_1$	φ
1	0.09～0.19	0.86	3	0.40～0.69	0.96
2	0.20～0.39	0.93	4	0.70～0.99	0.98

注　1. 当围护结构由两种材料组成，λ_2 应取较小的热导率，λ_1 为较大的传热系数，由比值 λ_2/λ_1 确定。

　　2. 当围护结构由三种材料组成，应由比值 $(\lambda_2+\lambda_1)/2\lambda_1$ 确定。

　　3. 当围护结构中存在圆孔时，应先将圆孔折算成面积的方孔，然后进行计算。

非均质材料围护结构的传热系数 K 由下式确定

$$K = \frac{1}{R_n + R_{pj} + R_w} \quad W/(m^2 \cdot ℃)$$

(1-10)

4. 地面的传热系数

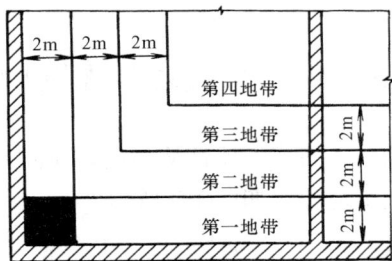

图 1-3　地面传热地带的划分

室内的热量通过地面下的土壤，传到室外大气。通过靠近外墙的地面下的土壤传热途径较短，热阻较小；通过远离外墙的地面下的土壤传到室外大气时，所经过的途径较长，热阻较大。因此，室内地面的传热系数是随着离外墙的远近而有变化的。但当离外墙 8m 以外时，其传热系数变化很小，可认为是常数。由于地面的耗热量在房间总耗热量中占的比重较小，工程中常用近似计算法。把地面沿外墙平行的方向分成四个计算地带，如图 1-3 所示。

对于不保温地面 [组成地面的各层材料的热导率 λ，都大于 1.16W/(m·℃)]，各地带的传热系数见表 1-5。第一地带图中的阴影部分的地面面积，需要计算两次。工程计算中，也可以采用整个房间地面取平均传热系数的方法，进行更简便的计算，可详见《供暖通风设计手册》。

表 1-5　　　　　　　　　　　不保温地面的总传热热阻及传热系数

地　带	$R_0(m^2 \cdot ℃/W)$	$K_0[W/(m^2 \cdot ℃)]$	地　带	$R_0(m^2 \cdot ℃/W)$	$K_0[W/(m^2 \cdot ℃)]$
第一地带	2.15	0.47	第三地带	8.60	0.12
第二地带	4.30	0.23	第四地带	14.20	0.07

五、围护结构传热面积的丈量

不同围护结构传热面积的丈量方法按图 1-4 的规定进行。

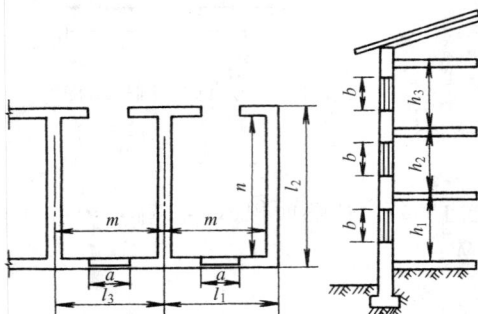

图 1-4　围护结构传热
面积的尺寸丈量规则

1. 门、窗面积

门、窗或天窗的传热面积按外墙外表面上孔洞净空尺寸计算，图 1-4 中 a 为门或窗的宽度，b 为高度。

2. 外墙面积

外墙长度：对于拐角房间应为外墙外表面至内墙中心线的距离（如图 1-4 中的 l_1）或一端外墙外表面至另一端外墙外表面的距离（如图 1-4 中的 l_2）。对于非拐角房间，应为两个内墙中心线的距离（如图 1-4 中的 l_3）。

内墙长度：应为外墙内表面至内墙中心线的距离。

外墙高度按以下不同情况确定：

底层——从一层地面上表面至二层楼板上表面止，如图 1-4 中的 h_1。若底层下面有非采暖的地下室时，则高度应从一层地面结构下表面起算至二层地面上表面止。

中间层——从本层楼板上表面起至上层楼板上表面止，如图 1-4 中的 h_2。

顶层——从本层楼板上表面起至顶棚保温层上表面止，如图 1-4 中的 h_3；若为平屋顶时，则应从本层楼板上表面起至外墙内表面与屋顶上表面相交处止。

对于单层建筑物其外墙高度的起点应按上述底层的情况确定，终止点应按上述顶层的情况而定。

3. 地面与顶棚面积

地面与顶棚的尺寸，按从外墙内表面至内墙中心线或按两内墙中心线丈量，如图 1-4 中的 m 和 n。

对于地下室，是把室外地面以下的外墙作为地面计算的，即第一地带从与室外地面齐平的墙面算起，并延伸与地下室地面连续计算，也是划分四个地带，如图 1-3 所示。

第三节　围护结构的附加（修正）耗热量

围护结构的基本耗热量，是在稳定条件下，按式（1-4）计算得出的。实际耗热量会受到气象条件及建筑物情况等各种因素影响而有所增减。由于这些因素影响，需要对房间围护结构基本耗热量进行修正。这些修正耗热量称为围护结构附加（修正）耗热量。通常按基本耗热量的百分率进行修正。附加（修正）耗热量有朝向修正、风力附加和高度附加耗热量等。

一、朝向修正耗热量

朝向修正耗热量是考虑建筑物受太阳照射影响而对围护结构基本耗热量的修正。当太阳照射建筑物时，阳光直接透过玻璃窗，使室内得到热量。同时由于受阳面的围护结构较干燥，外表面和附近气温升高，围护结构向外传递热量减少。采用的修正方法是按围护结构的不同朝向，采用不同的修正率。需要修正的耗热量等于垂直的外围护结构（门、窗、外墙及屋顶的垂直部分）的基本耗热量乘以相应的朝向修正率。

设计规范规定，宜按规定的数值，选用不同朝向的修正率：北、东北、西北为 $0\%\sim10\%$；东南、西南为 $-10\%\sim-15\%$；东、西为 -5%；南为 $-15\%\sim-30\%$。

选用朝向修正率时，应考虑当地冬季日照率、建筑物使用和被遮挡等情况。对于冬季日照率小于 35% 的地区，东南、西南和南向修正率，宜采用 $-10\%\sim0\%$，东、西向可不修正。

暖通规范对围护结构耗热量的朝向修正率的确定，是总结国内近年来一些科研、大专院校和设计单位对此问题进行大量理论分析和实测工作而统一给出的一个范围值。在实际工程设计中，目前还有下面的几种观点和方法：

（1）朝向修正率与该城市的日照时间和太阳辐射强度密切相关，不同城市的朝向修正率有较大的差别。

（2）即使在同一城市，外围护结构的窗、墙面积比例不同，各朝向接受太阳辐射热也不一样，因而认为采用朝向修正值方法代替朝向修正率更为合理，即根据各朝向围护结构在该城市所接受太阳辐射热的绝对值大小，在基本耗热量中予以扣除。

（3）应以采暖季平均温度为基准，而不是以供暖室外计算温度为基准确定朝向修正率，调整各朝向热负荷的比例。如一建筑物按北向为零，南向附减 20%，即南向与北向相同围护结构的传热量比，在 t'_w 下为 $0.8:1$。但当室外温度升高时，围护结构的传热量与室内外温度差按正比减少，但太阳辐射热量变化不大，南、北向差值更大，也即朝向修正率增大了。为便于分析，假定当室外温度为采暖季室外平均温度时，南、北向的耗热量比为 $0.7:1$，也即此时朝向修正率为 -30%。如现按南向附减 20% 设计供暖系统，在供暖室外计算温度 t'_w 下，如能使南、北向房间都达到要求，则在室外温度升高时，就会出现不是南向过热，就是北向过冷现象。因此认为，朝向修正率主要是解决朝向耗热量比例问题，出发点应保证在采暖季的大部分时间内，都能满足不同朝向房间的室温要求。为此应以采暖季室外平均温度时南、北向围护结构耗热量比例作为朝向修正率。如在以上分析中，为保证南向房间在室外计算温度 t'_w 以下，如仍按附减 20% 修正，则北向应附加，附加率为 $+14\%$（也即 $0.8:1.14=0.7:1$）。这种方法可称为南向附减、北向附加的修正方法。这种修正方法稍增加了供暖系统的设计热负荷，但能使采暖季大部分时间内，南、北向房间室温都能满足要求，缓解目前经常出现北向房间过冷、南向房间过热的现象。

上述内容，可详见《供暖通风设计手册》。

二、风力附加耗热量

风力附加耗热量是考虑室外风速变化而对围护结构基本耗热量的修正。在计算围护结构基本耗热量时，外表面换热系数 α，是对应风速约为 $4m/s$ 的计算值。我国大部分地区冬季平均风速一般为 $2\sim3m/s$。因此，暖通规范规定：在一般情况下，不必考虑风力附加；只对建在不避风的高地、河边、海岸、旷野上的建筑物，以及城镇、厂区内特别突出的建筑物，才考虑垂直外围结构风力附加 5%～10%。

三、高度附加耗热量

高度附加耗热量是考虑房屋高度对围护结构耗热量的影响而附加的耗热量,暖通规范规定:民用建筑和工业辅助建筑物(楼梯间除外)的高度附加率,当房间高度大于 4m 时,每高出 1m 应附加 2%,但总的附加率不应大于 15%。应注意:高度附加率,应附加于房间各围护结构基本耗热量和其他附加(修正)耗热量的总和上。

综合上述,建筑物或房间在室外供暖计算温度下,通过围护结构的总耗热量 Q'_1,可用下式综合表示

$$Q'_1 = Q'_{1j} + Q'_{1x} = (1 + \chi_g) \sum aKA(t_n - t'_w)(1 + \chi_{ch} + \chi_f) \qquad \text{W} \qquad (1\text{-}11)$$

式中　　χ_{ch}——朝向修正率,%;

　　　　χ_f——风力附加率,%,$\chi_f \geqslant 0$;

　　　　χ_g——高度附加率,%,$15\% \geqslant \chi_g \geqslant 0$。

其他符号同式(1-3)和式(1-5)。

第四节　围护结构的最小传热阻与经济传热阻

前两节主要阐述围护结构耗热量的计算原理和方法。围护结构需要选用多大的传热阻,才能使其在供暖期间,满足使用要求、卫生要求和经济要求,这就需要利用"围护结构最小传热阻"或"经济传热阻"的概念。

确定围护结构传热阻时,围护结构内表面温度 τ_n 是一个最主要的约束条件。除浴室等相对湿度很高的房间外,τ_n 值应满足内表面不结露的要求。内表面结露可导致耗热量增大和使围护结构易于损坏。

室内空气温度 t_n 与围护结构内表面温度 τ_n 的温度差还要满足卫生要求。当内表面温度过低,人体向外辐射热过多,会产生不舒适感。根据上述要求而确定的外围护结构传热阻,称为最小传热阻。

在稳定传热条件下,围护结构传热阻、室内外空气温度、围护结构内表面温度之间的关系式为

$$\frac{t_n - \tau_n}{R_n} = a \frac{t_n - t_w}{R_0}$$

$$R_0 = aR_n \frac{t_n - t_w}{t_n - \tau_n} \qquad \text{m}^2 \cdot \text{℃/W} \qquad (1\text{-}12)$$

式中符号同前。

工程设计中,规定了在不同类型建筑物内,冬季室内计算温度与外围护结构内表面温度的允许温差值。围护结构的最小传热阻应按下式确定

$$R_{0,\text{min}} = \frac{a(t_n - t_{we})}{\Delta t_y} R_n \qquad \text{m}^2 \cdot \text{℃/W} \qquad (1\text{-}13)$$

式中　$R_{0,\text{min}}$——围护结构的最小传热阻,$\text{m}^2 \cdot \text{℃/W}$;

　　　Δt_y——供暖室内计算温度 t_n 与围护结构内表面温度 τ_n 的允许温差,℃,按附录1-6选用;

t_{we}——冬季围护结构室外计算温度,℃。

式（1-13）是稳定传热公式。实际上随着室外温度波动,围护结构内表面温度也随之波动。热惰性不同的围护结构,在相同的室外温度波动下,围护结构的热惰性越大,则其内表面温度波动就越小。

因此,冬季围护结构室外计算温度 t_{we} 按围护结构热惰性指标 D 值分成四个等级来确定（见表 1-6）。当采用 $D>6$ 的围护结构（所谓重质墙）时,采用供暖室外计算温度 t_w' 作为检验围护结构最小传热阻的冬季室外计算温度。当采用 $D \leqslant 6$ 的中型和轻型围护结构时,为了能保证与重质墙围护结构相当的内表面温度波动幅度,就得采用比供暖室外计算温度 t_w' 更低的温度,作为检验轻型或中型围护结构最小传热阻的冬季室外计算温度,亦即要求更大一些的围护结构最小传热阻值。

表 1-6　　　　　　　　　　　冬季围护结构室外计算温度

围护结构的类型	热情性指标 D 值	t_{we}取值（℃）	围护结构的类型	热情性指标 D 值	t_{we}取值（℃）
I	>6.0	$t_{we}=t_w'$	III	$1.6 \sim 4.0$	$t_{we}=0.3t_w'+0.7t_{p,min}$
II	$4.1 \sim 6.0$	$t_{we}=0.6t_w'+0.4t_{p,min}$	IV	$\leqslant 1.5$	$t_{we}=t_{p,min}$

注　1. 表中 t_w'、$t_{p,min}$ 分别为供暖室外计算温度和累年最低日平均温度,℃;

　　2. $D \leqslant 4.0$ 的实心砖墙,计算温度 t_w' 应按 II 型围护结构取值。

匀质多层材料组成的平壁围护结构的 D 值,可按下式计算

$$D = \sum_{i=1}^{n} D_i = \sum_{i=1}^{n} R_i S_i \tag{1-14}$$

式中　　R_i——各层材料的传热阻, $m^2 \cdot$ ℃/W;

　　　　S_i——各层材料的蓄热系数, $W/(m^2 \cdot$ ℃)。

材料的蓄热系数 S 值,可由下式求出

$$S = \sqrt{\frac{2\pi c \rho \lambda}{Z}} \quad W/(m^2 \cdot ℃) \tag{1-15}$$

式中　　c——材料的比热容, $J/(kg \cdot$ ℃);

　　　　ρ——材料的密度, kg/m^3;

　　　　λ——材料的热导率, $W/(m \cdot$ ℃);

　　　　Z——温度波动周期,s（一般取 24h=86 400s 计算）。

【例题 1-1】　哈尔滨市一住宅建筑,外墙为两砖墙,内抹灰（20mm）。试计算其传热系数值,并与应采用的最小传热阻相对比。

解　（1）哈尔滨市供暖室外计算温度 $t_w'=-26$ ℃。由表 A5 查出,砖墙的热导率 $\lambda=0.81W/(m \cdot$ ℃),内表面抹灰砂浆的热导率 $\lambda=0.87W/(m \cdot$ ℃)。

根据式（1-7）、表 1-1 和表 1-2,得

$$R_0 = \frac{1}{\alpha_n} + \Sigma \frac{\delta_i}{\lambda_i} + \frac{1}{\alpha_w} = \frac{1}{8.7} + \frac{0.49}{0.81} + \frac{0.02}{0.87} + \frac{1}{23.0} = 0.786 m^2 \cdot ℃/W$$

$$K = 1/R_0 = 1/0.786 = 1.27 W/(m^2 \cdot ℃)$$

（2）确定围护结构的最小传热阻。首先确定围护结构的热惰性指标 D 值。砖墙及抹灰砂浆的一些热物理特性值可从表 A5 中查出。根据式（1-14）

$$D = \sum_{i=1}^{n} D_i = \sum_{i=1}^{n} R_i S_i = \sum_{i=1}^{n} \frac{\delta_i}{\lambda_i} \sqrt{\frac{2\pi c_i \rho_i \lambda_i}{Z}}$$

$$= \frac{0.49}{0.81} \sqrt{\frac{2\pi \times 1050 \times 1800 \times 0.81}{86\ 400}} + \frac{0.02}{0.87} \sqrt{\frac{2\pi \times 1050 \times 1700 \times 0.87}{86\ 400}}$$

$$= 6.383 + 0.244 = 6.627 > 6$$

根据表 1-6 规定，该围护结构属重型结构（类型 I）。围护结构的冬季室外计算温度 $t_{we} = t'_w = -26℃$。

根据式（1-12），并查表 A7，$\Delta t_y = 6℃$

$$R_{0,min} = \frac{a(t_n - t_{we})}{\Delta t_y} R_n = \frac{1 \times [18 - (-26)]}{6} \times 0.115 = 0.843 m^2 \cdot ℃/W$$

通过计算可见，该外墙围护结构的实际传热阻 R_0 小于最小传热阻 $R_{0,min}$ 值，不满足暖通规范的规定，故外墙应加厚到两砖半（620mm），或采用保温墙体结构形式。

建筑物围护结构采用的传热阻值，应大于最小传热阻。但选用多大的传热阻才算经济，在目前能源紧缺、价格上涨和围护结构逐步推广采用轻质保温材料情况下，人们开始关注利用"经济传热阻"的概念来研究围护结构传热阻问题。

在一个规定年限内，使建筑物的建造费用和经营费用之和最小的围护结构传热阻，称围护结构的经济传热阻。建造费用包括围护结构和供暖系统的建造费用。经营费用包括围护结构和供暖系统的折旧费、维修费及系统的运行费（水、电费，工资，燃料费等）。

国内外许多资料分析表明，按经济传热阻原则确定的围护结构传热阻值，要比目前采用的传热阻值大得多。利用传统的砖墙结构，增加其厚度将使土建基础负荷增大，使用面积减少，因而建筑围护结构采用复合材料的保温墙体，将是今后建筑节能的一个重要措施。

建筑围护结构平均传热系数，可按下式计算

$$K_m = \sum_{i=1}^{m} K_i A_i / A_o \qquad W/(m^2 \cdot ℃) \qquad (1-16)$$

式中　K_i——参与传热的各围护结构的传热系数，$W/(m^2 \cdot ℃)$；

　　　　A_i——相应的围护结构面积，m^2；

　　　　A_o——参与传热的各围护结构面积的总和，m^2；

　　　　K_m——建筑物围护结构的平均传热系数，$W/(m^2 \cdot ℃)$。

设计值不得超过该标准的规定。如哈尔滨市，不得超过 $0.93W/(m^2 \cdot ℃)$，北京市不得超过 $1.58W/(m^2 \cdot ℃)$ 等。

第五节　冷风渗透及冷风侵入耗热量

在风力和热压造成的室内外压差作用下，室外的冷空气通过门、窗等缝隙渗入室内被加热后逸出。把这部分冷空气从室外温度加热到室内温度所消耗的热量，称为冷风渗透耗热量 Q'_2。冷风渗透耗热量，在设计热负荷中占有不小的份额。

影响冷风渗透耗热量的因素很多，如门窗构造、门窗朝向、室外风向和风速、室内外空气温差、建筑物高低及建筑物内部通道状况等。总的来说，对于多层（六层及六层以下）的建筑物，由于房屋高度不高，在工程设计中，冷风渗透耗热量主要考虑风压的作用，可忽略热压的影响。对于高层建筑，则应考虑风压与热压的综合作用（见本章第七节）。

一、冷风渗透耗热量

计算冷风渗透耗热量的常用方法有缝隙法、换气次数法和百分数法。

1. 按缝隙法计算多层建筑的冷风渗透耗热量

对多层建筑，可通过计算不同朝向的门、窗缝隙长度及从每米长缝隙渗入的冷空气量，确定其冷风渗透耗热量。这种方法称为缝隙法。

对不同类型的门、窗，在不同风速下每米长缝隙渗入的空气量 L，可采用表 1-7 中的实验数据。

表 1-7　　　　　　　　　　　　每米门、窗缝隙渗入的空气量 L　　　　　　　$m^3/(m \cdot h)$

门、窗类型	冬季室外平均风速（m/s）					
	1	2	3	4	5	6
单层木窗	1.0	2.0	3.1	4.3	5.5	6.7
双层木窗	0.7	1.4	2.2	3.0	3.9	4.7
单层钢窗	0.6	1.5	2.6	3.9	5.2	6.7
双层钢窗	0.4	1.1	1.8	2.7	3.6	4.7
推拉铝窗	0.2	0.5	1.0	1.6	2.3	2.9
平开铝窗	0.0	0.1	0.3	0.4	0.6	0.8

注　1. 每米外门缝隙渗入的空气量，为表中同类型外窗的两倍。

　　2. 当有密封条时，表中数据可乘以 0.5～0.6 的系数。

用缝隙法计算冷风渗透耗热量时，以前方法是只计算朝冬季主导风向的门窗缝隙长，朝主导风向背风面的门窗缝隙不必计入。实际上，冬季中的风向是变化的，不位于主导风向的门窗，在某一时间也会处于迎风面，必然会渗入冷空气。因此，暖通规范明确规定：建筑物门窗缝隙的长度分别按各朝向所有可开启的外门、窗缝隙丈量，在计算不同朝向的冷风渗透空气量时，引进一个渗透空气量的朝向修正系数 n，即

$$V = Lln \quad m^3/h \tag{1-17}$$

式中　L——每米门、窗缝隙渗入室内的空气量，按当地冬季室外平均风速，采用表 1-7 中的数据，$m^3/(h \cdot m)$；

　　　l——门、窗缝隙的计算长度，m；

　　　n——渗透空气量的朝向修正系数。

门、窗缝隙的计算长度，建议可按下述方法计算。当房间仅有一面或相邻两面外墙时，全部计入其门、窗可开启部分的缝隙长度；当房间有相对两面外墙时，仅计入风量较大一面的缝隙；当房间有三面外墙时，仅计入风量较大的两面的缝隙。

暖通规范给出了我国 104 个城市的 n 值，部分摘录见表 A8。

确定门、窗缝隙渗入空气量 V 后，冷风渗透耗热量 Q'_2 可按下式计算

$$Q'_2 = 0.278V\rho c_p(t_n - t'_w) \quad W \tag{1-18}$$

式中　V——经门、窗缝隙渗入室内的总空气量，m^3/h；

　　　ρ——供暖室外计算温度下的空气密度，kg/m^3；

　　　c_p——冷空气的比定压热容，取 $1kJ/(kg \cdot ℃)$；

　0.278——单位换算系数，$1kJ/h = 0.278W$。

2. 用换气次数法计算冷风渗透耗热量——用于民用建筑的概算法

在工程设计中，也有按房间换气次数来估算该房间的冷风渗透耗热量的。计算公式为

$$Q_2' = 0.278 n_k V_n c_\rho \rho (t_n - t_w') \quad \text{W} \tag{1-19}$$

式中　　V_n——房间的内部体积，m^3；

　　　　n_k——房间的换气次数，次/h，可按表1-8选用。

其他符号同前。

表 1-8　　　　　　　　　　概　算　换　气　次　数

房间外墙暴露情况	n_k	房间外墙暴露情况	n_k
一面有外窗或外门	1/4～2/3	三面有外窗或外门	1～1.5
两面有外窗或外门	1/2～1.0	门　厅	2

3. 用百分数法计算冷风渗透耗热量——用于工业建筑的概算法

由于工业建筑房屋较高，室内外温差产生的热压较大，冷风渗透量可根据建筑物的高度及玻璃窗的层数，按表1-9列出的百分数进行估算。

表 1-9　　　　　　　　渗透耗热量占围护结构总耗热量的百分率

玻璃窗层数	建筑物高度（m）		
	<4.5	4.5～10.0	>10.0
	百分率（%）		
单　层	25	25	40
单、双层均有	20	30	35
双　层	15	25	30

二、冷风侵入耗热量

冷风侵入耗热量就是加热从开启的大门或孔洞冲入室内的冷空气，使其达到室温所消耗的热量。

对于开启时间较短，不设热风幕的外门，通常按外门附加的方法计算。外门附加率为

一道门为 $65n\%$；两道门（有门斗）为 $80n\%$；三道门（有两个门斗）为 $60n\%$。公共建筑和生产厂房主要出入口为 500%。

n 为建筑物的楼层数。注意，阳台门不考虑外门附加。外门附加率乘以外门基本耗热量即为冷风侵入耗热量。

对开启时间较长（每班超过 15min）的生产厂房外门，可按有关经验公式计算大门开启时侵入的冷空气量，然后按式（4-19）计算耗热量。

第六节　供暖设计热负荷的计算实例

试计算某医院综合楼中一层 101 中药局和 102 门厅、二层 201 五官科、三层 301 手术室的采暖设计热负荷，图 1-5 为建筑物平面图。已知条件：

地点：哈尔滨市。

气象参数：采暖室外计算温度 $t_w' = -26\,℃$；冬季主导方向：SSW；冬季室外风速：3.8m/s。

室内计算温度：101 中药局 18℃；102 门厅 16℃；201 五官科 20℃；301 手术室 25℃。

建筑物方位：见图 1-5。

围护结构：层高，3.3m（从底层地板上表面到二层楼板上表面）。

外墙：厚 2 砖的红砖墙，内表面白灰粉刷，厚 20mm，外表面水泥砂浆厚 20mm。

外窗：双层木框 C-1，2500×2000；C-2，1500×2000，冬季采用密封条封闭窗缝。

外门：双层带玻璃木门 M-14 000×3000。

地面：不保温地面。

屋面：构造如图 1-6 所示。

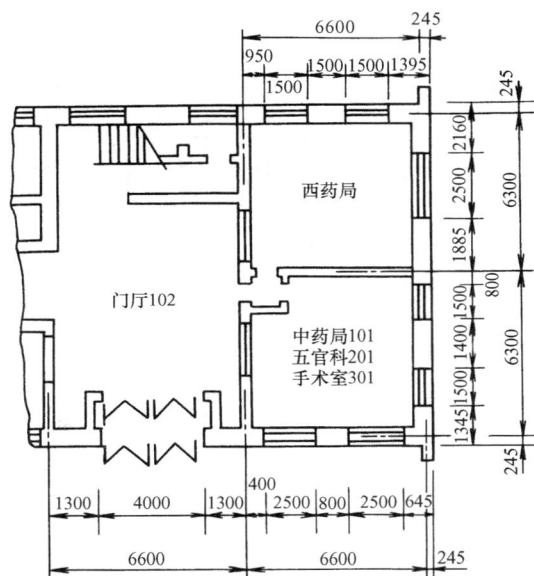

图 1-5　建筑物平面图

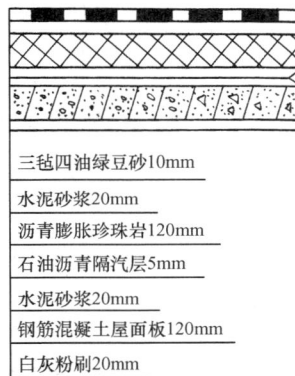

三毡四油绿豆砂 10mm
水泥砂浆 20mm
沥青膨胀珍珠岩 120mm
石油沥青隔汽层 5mm
水泥砂浆 20mm
钢筋混凝土屋面板 120mm
白灰粉刷 20mm

图 1-6　屋面构造

解

一、围护结构传热系数的确定

1. 外墙

首先查表 1-1、表 1-2 与表 A5，确定内、外表面的换热系数及各层材料热导率，数值如下：

$\alpha_n = 8.7 \text{W}/(\text{m}^2 \cdot \text{℃})$，$\alpha_w = 23.3 \text{W}/(\text{m}^2 \cdot \text{℃})$；

白灰粉刷　$\delta_1 = 0.02\text{m}$，$\lambda_1 = 0.697 \text{W}/(\text{m} \cdot \text{℃})$；

红砖　$\delta_2 = 0.49\text{m}$，$\lambda_2 = 0.814 \text{W}/(\text{m} \cdot \text{℃})$；

水泥砂浆　$\delta_3 = 0.02\text{m}$，$\lambda_3 = 0.875 \text{W}/(\text{m} \cdot \text{℃})$。

外墙传热系数按式（1-7）计算

$$K = \cfrac{1}{\cfrac{1}{\alpha_n} + \sum_{i=1}^{n} \cfrac{\delta_i}{\lambda_i} + \cfrac{1}{\alpha_w}} = \cfrac{1}{\cfrac{1}{8.7} + \cfrac{0.02}{0.697} + \cfrac{0.49}{0.814} + \cfrac{0.02}{0.875} + \cfrac{1}{23.3}}$$

$$= \cfrac{1}{0.114\,9 + 0.028\,7 + 0.602\,0 + 0.022\,9 + 0.042\,9} = \cfrac{1}{0.811\,4} = 1.23 \text{W}/(\text{m}^2 \cdot \text{℃})$$

2. 屋面

屋面各层厚度与热导率如下:

白灰粉刷 $\delta_1 = 0.02\text{m}$, $\lambda_1 = 0.697\text{W/(m} \cdot ℃)$;

钢筋混凝土屋面板 $\delta_2 = 0.12\text{m}$, $\lambda_2 = 1.74\text{W/(m} \cdot ℃)$;

水泥砂浆 $\delta_3 = 0.02\text{m}$, $\lambda_3 = 0.93\text{W/(m} \cdot ℃)$;

石油沥青隔汽层 $\delta_4 = 0.005\text{m}$, $\lambda_4 = 0.27\text{W/(m} \cdot ℃)$;

沥青膨胀珍珠岩 $\delta_5 = 0.12\text{m}$, $\lambda_5 = 0.12\text{W/(m} \cdot ℃)$;

水泥砂浆 $\delta_6 = 0.02\text{m}$, $\lambda_6 = 0.93\text{W/(m} \cdot ℃)$;

三毡四油绿豆砂 $\delta_7 = 0.01\text{m}$, $\lambda_7 = 0.17\text{W/(m} \cdot ℃)$;

内外表面换热系数分别为 $\alpha_n = 8.7\text{W/(m}^2 \cdot ℃)$, $\alpha_w = 23.3\text{W/(m}^2 \cdot ℃)$。

屋面传热系数为

$$K = \cfrac{1}{\cfrac{1}{\alpha_n} + \sum_{i=1}^{n} \cfrac{\delta_i}{\lambda_i} + \cfrac{1}{\alpha_w}} = \cfrac{1}{\cfrac{1}{8.7} + \cfrac{0.02}{0.697} + \cfrac{0.12}{1.74} + \cfrac{0.005}{0.27} + \cfrac{0.12}{0.12} + \cfrac{0.02}{0.93} + \cfrac{0.01}{0.17} + \cfrac{1}{23.3}}$$

$$= \cfrac{1}{0.114\,9 + 0.028\,7 + 0.069 + 0.021\,5 + 0.018\,5 + 1 + 0.021\,5 + 0.058\,8 + 0.042\,9}$$

$$= \cfrac{1}{1.375\,8} = 0.73\text{W/(m}^2 \cdot ℃)$$

3. 外门、外窗

查表 A6 得:

带玻璃双层木门 $K = 2.68\text{W/(m}^2 \cdot ℃)$;

木框双层窗 $K = 2.68\text{W/(m}^2 \cdot ℃)$。

4. 地面

K 值按不保温地面四个地带选取。

二、101 中药局计算

(一) 围护结构耗热量

该房间围护结构耗热量包括外墙、外窗和地面,其中外墙与外窗应按朝向不同分别计算。内墙与楼板不需计算,因为与相邻房间温差未超过 5℃。

1. 南外墙

已知 $t_n = 18℃$, $t'_w = -26℃$, $a = 1$, $K = 1.23\text{W/(m}^2 \cdot ℃)$, $A = (6.6 + 0.245) \times 3.3 - 2.5 \times 2 \times 2 = 12.59\text{m}^2$。

按式 (1-3) 得外墙基本耗热量

$$Q'_1 = KA(t_n - t'_w)a = 1.23 \times 12.59[18 - (-26)] \times 1 = 681\text{W}$$

查有关手册得哈尔滨南向外墙朝向修正率为 $\beta_1 = -17\%$,则朝向修正热量为

$$Q''_1 = \beta_1 Q'_1 = -0.17 \times 681 = -116\text{W}$$

外墙实际耗热量为

$$Q_1 = Q'_1 + Q''_1 = 681 - 116 = 565\text{W}$$

2. 南外窗

$$K = 2.68\text{W/(m}^2 \cdot ℃), \quad A = 2.5 \times 2 \times 2 = 10\text{m}^2$$

基本耗热量

$$Q_2' = KA(t_n - t_w')a = 2.68 \times 10 \times 44 \times 1 = 1179\text{W}$$

朝向修正热量为

$$Q_2'' = \beta_1 Q_2' = -0.17 \times 1179 = -200\text{W}$$

外窗实际耗热量为

$$Q_2 = Q_2' + Q_2'' = 1179 - 200 = 979\text{W}$$

以上计算结果已列于表 1-10 内。

表 1-10　　　　　　　　　　房间供暖热负荷计算表

房间编号	房间名称	围护结构			传热系数 K [W/($m^2 \cdot ℃$)]	计算温度			基本耗热量 Q_3 (w)	附加率(%)		实际耗热量 Q (W)
		名称及方向	尺寸 (m)	面积 A (m^2)		t_n (℃)	t_w (℃)	Δt (℃)		朝向	风力	
1	2	3	4	5	6	7	8	9	10	11	12	13
101	中药局	南外墙	$6.845 \times 3.3 - 2.5 \times 2 \times 2$	12.59	1.23	18	−26		681	−17		565
		南外窗	$2.5 \times 2 \times 2$	10	2.68			44	1179	−17		979
		东外墙	$6.545 \times 3.3 - 1.5 \times 2 \times 2$	15.60	1.23				844	+5		886
		东外窗	$1.5 \times 2 \times 2$	6.0	2.68				708	+5		743
		地面一	$(6.6 - 0.245) \times 2 + (6.3 - 0.245) \times 2$	24.82	0.47				513			513
		地面二	$(4.355 + 2.05) \times 2$	12.81	0.23				130			130
		地面三	2.355×2.05	4.83	0.12				26			26
												3842
		冷风渗透耗热量 $Q = 0.278 V \rho c_p (t_n - t_w)$										748
		房间耗热量										4590
102	门厅	南外墙	$6.6 \times 3.3 - 4 \times 3$	9.78	1.23	16	−26	42	505	−17		419
		南外窗	4×3	12	2.68				1351	−17		1121
		地面一	6.6×2	13.2	0.47				261			261
		地面二	6.6×2	13.2	0.23				128			128
		地面三	6.6×2	13.2	0.12				67			67
		地面四	6.6×2.8	10.5	0.07				54			54
												2050
		冷风渗透耗热量										2254
		冷风侵入耗热量										6755
		房间耗热量										11 059
201	五官科	南外墙		12.59	1.23	20	−26	46	712	−17		591
		南外窗		10	2.68				1232	−17		1023
		东外墙		15.60	1.23				883	+5		927
		东外窗		6.0	2.68				740	+5		777
												3318
		冷风渗透耗热量										782
		房间耗热量										4100
301	手术室	南外墙	$6.845 \times 3.5 - 2.5 \times 2 \times 2$	13.96	1.23	25	−26	51	876	−17		727
		南外窗		10	2.68				1367	−17		1134
		东外墙	$6.545 \times 3.5 - 1.5 \times 2 \times 2$	16.90	1.23				1060	+5		1113
		东外窗	$(6.6 - 0.245) \times (6.3 - 0.245)$	6.0	2.68				820	+5		861
		屋面		38.5	0.7S				1433			1433
												5268
		冷风渗透耗热量										866
		房间耗热量										6134

3. 东外墙、外窗

计算方法同上，结果见表 1-10。

4. 地面

地面地带划分如图 1-7 所示。

第一地带

$$A = (6.6 - 0.245) \times 2 + (6.3 - 0.245) \times 2 = 6.355 \times 2 + 6.055 \times 2 = 24.82\text{m}^2$$

$$K = 0.47\text{W/(m}^2 \cdot \text{℃)}$$

$$Q_1 = KA(t_n - t'_w)a = 0.47 \times 24.82 \times 44 = 513\text{W}$$

第二地带

$$A_2 = (4.355 + 2.05) \times 2 = 12.81\text{m}^2$$

$$K_2 = 0.23\text{W/(m}^2 \cdot \text{℃)}$$

$$Q_2 = 0.23 \times 12.81 \times 44 = 130\text{W}$$

第三地带

$$A_3 = 2.355 \times 2.05 = 4.83\text{m}^2$$

$$K = 0.12\text{W/(m}^2 \cdot \text{℃)}$$

$$Q_3 = 0.12 \times 4.83 \times 44 = 26\text{W}$$

计算结果，围护结构总耗热量为

$$Q = 3842\text{W}$$

(二) 冷风渗透耗热量 (按缝隙法计算)

1. 南外窗

缝隙长度：按图 1-8 计算。

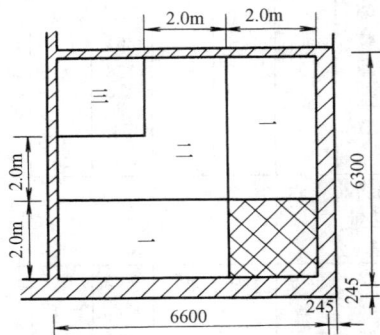

图 1-7　计算例题附图——地带划分

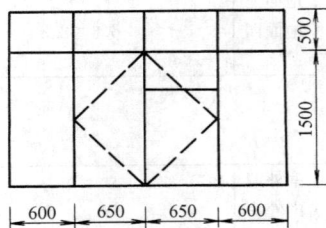

图 1-8　窗缝长度 (南)

外窗为四扇带上亮，中间两扇可开启，两侧固定。

外窗 (两个) 缝隙长度为

$$l = (1.5 \times 3 + 1.3 \times 2 + 2.3) \times 2 = 18.8\text{m(其中气窗为 2.3m)}$$

冷风渗透量：根据室外风速 3.8m/s，查表 1-7 得双层木窗冷风渗透量为 3.22 $\text{m}^3/(\text{m} \cdot \text{h})$，但由于采用密封条，冷渗量减少，乘以系数 0.6，即

$$L = 3.23 \times 0.6 = 1.93\text{m}^3/(\text{m} \cdot \text{h})$$

根据 $t'_w = -26\text{℃}$ 查空气物理特性表得 $\rho_w = 1.4\text{kg/m}^3$，查表 A8 得 $n = 1.0$，则

$$G = lL\rho_w n = 18.8 \times 1.93 \times 1.4 \times 1 = 50.8\text{kg/h}$$

冷风渗透耗热量：按式（1-18）得

$$Q' = 0.278V\rho c_p(t_n - t'_w) = 0.278 \times 50.8 \times 1.01 \times 44 = 628W$$

2. 东外窗

缝隙长度：按图 1-9 计算

$$l = (1.5 \times 4 + 0.5 \times 8) \times 2 = 20m(包括气窗)$$

冷空气渗入量　　$n=0.18$

$$G = 20 \times 1.93 \times 1.4 \times 0.18 = 9.7kg/h$$

冷风渗透耗热量

$$Q'' = 0.278 \times 9.7 \times 1.34 \times 1 \times 44 = 120W$$

冷风渗透耗热量总计为

$$Q'_n = Q' + Q'' = 628 + 120 = 748W$$

101 房间总耗热量为

$$Q'_1 = Q'_I + Q'_{II} = 3842 + 748 = 4590W$$

三、102 门厅计算

（一）围护结构耗热量

1. 南外墙、南外门窗

计算方法同 101 房间，计算结果见表 1-10。

2. 地面

计算方法同 101 房间，计算结果见表 1-10。

（二）冷风渗透耗热量

计算南外门：

长度：按图 1-10 计算，得

$$l = 4 \times 2 + 2.2 \times 6 = 21.2m$$

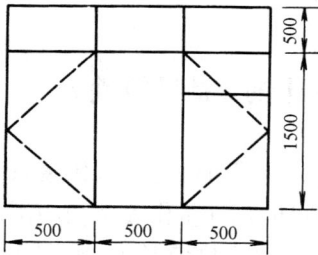

图 1-9　窗缝长度（东）

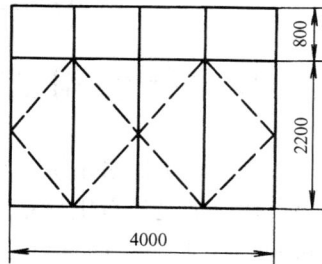

图 1-10　门缝长度

冷风渗入量：查表 1-7 得

$$L = 6.44m^3/(m \cdot h)$$

$$G = 21.2 \times 6.44 \times 1.4 \times 1 = 191kg/h$$

冷风渗透耗热量：

$$Q'_{II} = 0.278 \times 1.91 \times 1.01 \times 42 = 2254W$$

（三）冷风侵入耗热量

外门附加率为 500%，则冷风侵入耗热量为

$$Q'_{\text{III}} = 5 \times 1351 = 6755\text{W}$$

门厅总耗热量为

$$Q = 2050 + 2254 + 6755 = 11\,059\text{W}$$

四、201 五官科计算

该房间室内计算温度为 20℃，其外墙、外窗尺寸与 101 房间相同，计算结果见表 1-10。房间总耗热量为 4100W。

五、301 手术室计算

该房间室内计算温度为 25℃。

1. 外墙

该房间为顶层，其外墙高度与一、二层不同，根据传热面积尺寸丈量规则，应为本层地面上表面到外墙内表面与屋顶上表面相交处的距离，其值为 3.5m。外墙耗热量计算结果见表1-10。

2. 外窗

计算结果见表 1-10。

3. 屋面

$$A = (6.6 - 0.245) \times (6.3 - 0.245) = 38.5\text{m}^2$$
$$K = 0.73\text{W}/(\text{m}^2 \cdot \text{℃})$$
$$Q = 0.73 \times 38.5 \times (25 + 26) = 1433\text{W}$$

4. 冷风渗透耗热量

南窗　　　　$Q'_{\text{II}} = 0.278 \times 50.8 \times 1.01 \times 51 = 727\text{W}$

东窗　　　　$Q''_{\text{II}} = 0.278 \times 9.7 \times 1.01 \times 51 = 139\text{W}$

$$Q_{\text{II}} = 727 + 139 = 866\text{W}$$

房间耗热量

$$Q = 5268 + 866 = 6134\text{W}$$

第七节　住宅分户计量供暖系统供暖设计热负荷计算简介

实际上，设置分户计量供暖系统的建筑物，其热负荷的计算方法与常规供暖系统是基本相同的。考虑提高热舒适是计量供热系统设计的一个主要目的，计量供暖系统的用户可以根据需要对室温进行自主调节，因此计量供暖系统的设计室内温度宜比常规供暖系统有所提高。

目前，比较普遍认可的是：计量供暖系统的室内设计计算温度宜比国家现行标准提高 2℃，如根据《住宅设计规范》（GB 50096—2011）规定，普通住宅的卧室、起居室和卫生间不应低于 18℃，按此规定计算的结果表明：计算热负荷将会增加 7%～11%。

规范中还给出了户间热负荷的具体计算公式：

1. 按面积传热计算方法的基本传热公式

$$Q = N \Sigma K_i F_i \Delta t$$

式中　　Q——户间总热负荷，W；

K_i——户间楼板及隔墙传热系数，W/(m² · ℃)；

F_i——户间楼板或隔墙面积，m²；

Δt——户间热负荷计算温差，℃，按面积传热计算时宜为 5℃；

N——户间楼板及隔墙同时发生传热的概率系数，N 可取 0.8、0.7、0.6、0.5 不等。

2. 按体积热指标计算方法的计算公式

$$Q = a q_n V \Delta t N M$$

式中　Q——户间总热负荷，W；

a——房间温度修正系数，一般为 3.3；

q_n——房间采暖体积热指标系数，W/(m³ · ℃)，一般为 0.5W/(m³ · ℃)；

V——房间轴线体积，m³；

Δt——户间热负荷计算温差，℃，按体积传热计算时宜为 8℃；

N——户间楼板及隔墙同时发生传热的概率系数（取值同方法 1）；

M——户间楼板及隔墙数量修正率系数。

实际上述计算公式可简化为：

当有一面可能发生传热的楼板或隔墙时，$Q=2.64V$；

当有两面可能发生传热的楼板或隔墙，或一面楼板与一面隔墙时，$Q=4.62V$；

当有两面可能发生传热的楼板及一面隔墙，或两面隔墙与一面楼板时，$Q=5.94V$；

当有两面可能发生传热的楼板及两面隔墙，$Q=6.6V$。

第八节　高层建筑供暖设计热负荷计算方法简介

前述的冷风渗透耗热量的计算方法，主要考虑风压，即根据冬季室外平均风速确定冷风渗入量，而不考虑热压作用。高层建筑由于高度的增加，使它受到风压和热压的综合作用，因而采用不同的冷风渗透耗热量计算方法。

一、热压作用

热压作用即通常讲的"烟囱"作用。冬季室内空气温度高于室外空气温度时，则室外空气密度大于室内空气密度，由于空气的密度差，室外空气不断进入，通过建筑物内部楼梯间、电梯间等竖直贯通通道上升，形成一股上升的热气流，而后排出。较低楼层室外空气压力大于室内空气压力，冷空气通过外门、窗缝隙渗入。在室内被加热后继而通过内门、窗等缝隙进入贯通通道。而较高楼层室内压力高于室外压力，热空气由贯通通道通过内门、窗缝隙进入房间后，通过外门、窗缝隙渗出室外。渗入和渗出的空气量相等，在高层与低层之间必然有一内外压差为零的界面，称为中和面。当建筑物上下开口均等时，中和面在接近高度一半的地方。这种引起空气流动的压力称为热压，如图 1-11 所示。

假想沿建筑物高度无阻隔，热压主要由室外空气与楼梯间等竖直贯通通道空气之间的密度差造成。若以中和面的室外空气自然气流静压力为零作基准，则在计算高度 h 上：

室外压力　　　　　　　　$p_{rw} = (h_z - h)\rho_w g$　Pa

建筑物内贯通通道内压力　$p_{rn} = (h_z - h)\rho_n g$　Pa

则室外与建筑物内的理论热压差为

$$\Delta p'_r = (h_z - h)(\rho_w - \rho_n)g \quad \text{Pa} \tag{1-20}$$

式中　$\Delta p'_r$——计算高度上建筑物外部与内部的理论热压差，Pa；

　　　h——计算高度，m；

　　　h_z——中和面高度，m；

　　　ρ_w——室外空气密度，kg/m³；

　　　ρ_n——建筑物内部竖直贯通通道内空气密度，kg/m³。

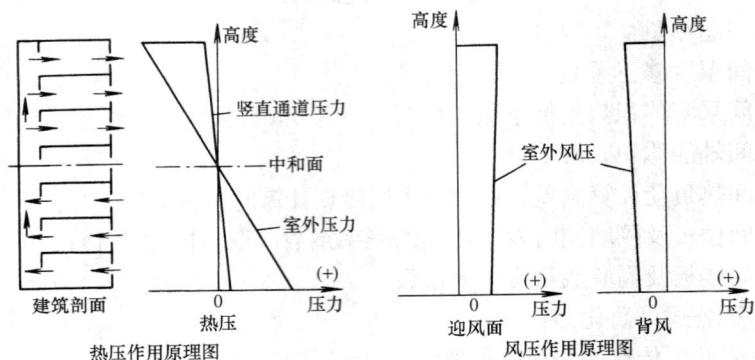

图 1-11　热压、风压作用原理图

式（1-20）中规定了热压差为正值时，室外压力高于室内压力，冷风由室外渗入室内。

但实际建筑物外门、窗等缝隙两侧的热压差，仅是上述理论热压差的一部分。其大小还与建筑物内部贯通通道的布置、通气状况及门窗缝隙的密封性能有关，即与空气由渗入到渗出的阻力分布有关。外围护结构的门、窗缝隙两侧的热压差称为有效热压，用下式表示

$$\Delta p_r = C_r \Delta p'_r = C_r (h_z - h)(\rho_w - \rho_n)g \quad \text{Pa} \tag{1-21}$$

式中　Δp_r——有效热压，Pa；

　　　C_r——热压系数。

按我国实际情况，热压系数 C_r 可取 0.2～0.5。

二、风力作用

室外风速从地面到上空是逐渐增大的。气象资料中采用的冬季室外风速 v_w，是指地面以上基准高度（一般用 10m）测得的风速。高度增加相应的风速也会增加，可按下式计算

$$\frac{v_h}{v_0} = \left(\frac{h}{h_0}\right)^m \tag{1-22}$$

式中　v_0——基准高度的计算风速，m/s；

　　　v_h——计算高度的室外风速，m/s；

　　　h_0——基准高度，m；

　　　h——计算楼层的高度，m；

　　　m——指数。

在空旷及沿海地区 $m=1/6$，城郊区 $m=1/4\sim1/5$，建筑群多的市区 $m=1/3$，一般可取 0.2。

取 $h_0=10\text{m}$，$m=0.2$，不同高度 h 处的室外风速为

$$v_h = \left(\frac{h}{10}\right)^{0.2} v_0 = 0.631 h^{0.2} v_0 \quad \text{m/s} \tag{1-23}$$

当风吹过建筑物时，空气由迎风面的门窗缝隙渗入，而从背风向的缝隙渗出。冷风渗透量取决于门窗两侧的风压差。门窗两侧的风压差 Δp_f 与风速本身所具有的能量和空气穿过该楼层时的流动阻力有关，可以用下式表示

$$p_f = \frac{\rho}{2}v^2 \tag{1-24}$$

$$\Delta p_f = C_f p_f = C_f \frac{\rho}{2}v^2 \quad \text{Pa}$$

式中　v——风速，m/s；

　　　ρ——空气密度，kg/m³；

　　　p_f——理论风压，指恒定风速 v 的气流所具有的动压，Pa；

　　　Δp_f——由于风力作用，使门窗缝隙产生空气渗透的有效作用压差，简称风压差，Pa；

　　　C_f——作用于门窗上的风压差相对于理论风压的百分数，简称风压差系数。

当风垂直吹到墙面上，且建筑物内部阻力很小时，风压差系数最大，可取 $C_f=0.7$；当建筑物内部阻力很大时，风压差系数降低至 $0.3\sim0.5$。

在建筑物 h 高度上，由风速 v_h 作用形成的计算风压差 Δp_f 则为

$$\Delta p_f = C_f \frac{\rho_w}{2}v_h^2 \quad \text{Pa} \tag{1-25}$$

式中符号意义同前。

单位缝隙长渗透空气量 L 与门窗两侧风压差 Δp_f 之间的关系，是通过实验确定的，将数据整理成为下式

$$L = a\Delta p_f^b \quad \text{m}^3/(\text{h} \cdot \text{m}) \tag{1-26}$$

式中　a、b——与门窗构造有关的特性常数。

不同门窗的 a 值见表 1-11。

表 1-11　　　　　　　　　　　不同门窗的系数 a 值

门窗类型	单层钢窗	双层钢窗	双榍串联钢窗	标准型气密钢窗	单层木窗	双层木窗
a	1.27	0.09	0.76	0.57	1.63	1.15

b 可采用：对木窗，$b=0.58$；对钢窗，$b=0.67$；对铝窗，$b=0.78$。

在工程设计中，通常以冬季平均风速 v_0（气象台所给的数据，相应 $h_0=10\text{m}$ 的风速）作为计算基准。为方便计算，将式（1-23）和式（1-25）的数值代入式（1-26），可得出计算门窗中心线标高为 h 时，由于风力单独作用产生的单位缝长的渗透空气量 $L[\text{m}^3/(\text{h} \cdot \text{m})]$，即

$$L_h = a\Delta p_f^b = a(C_f \frac{\rho_w}{2}v_h^2)^b = a\left[C_f \frac{\rho_w}{2}(0.63h^{0.2})^2\right]^b = a\left(C_f \frac{\rho_w}{2}v_0^2\right)^b \quad \text{m}^3/(\text{h} \cdot \text{m}) \tag{1-27}$$

令

$$L = a\left(C_f \frac{\rho_w}{2}v_0^2\right)^b \quad \text{m}^3/(\text{h} \cdot \text{m}) \tag{1-28}$$

$$C_h = (0.4h^{0.4})^b \quad \text{m}^3/(\text{h} \cdot \text{m}) \tag{1-29}$$

则式（1-27）可简写为

$$L_h = C_h L \quad \text{m}^3/(\text{h} \cdot \text{m}) \tag{1-30}$$

式中　L_h——计算门窗中心线高度为 h 时，由于风力的单独作用产生的单位缝隙长渗透量，

$\mathrm{m^3/~(h \cdot m)}$;

　　　L——基准风速 v_0 作用下的单位缝隙长空气渗透量，$\mathrm{m^3/~(h \cdot m)}$;

　　　C_h——计算门窗中心线标高为 h 时的渗透空气量对于基准渗透量的高度修正系数（当 $h<10\mathrm{m}$ 时，按基准高度 $h=10\mathrm{m}$ 计算）。

三、风压与热压共同作用

　　实际作用的冷风渗透现象，都是风压与热压共同作用的结果。理论推导在风压与热压共同作用下建筑物各层、各朝向的门窗冷风渗透量时，考虑下列两个假设条件：

　　(1) 建筑物各层门窗两侧的有效作用压差 Δp_r，仅与该层所在的高度位置、建筑物内部竖井空气温度和室外温度所形成的密度差及热压系数 C_r 值大小有关，而与门窗所处的朝向无关。

　　(2) 建筑物各层不同朝向的门窗，由于风压作用所产生的计算冷风渗透量是不相等的，需要考虑冷风渗透量的朝向修正系数（见表 A8 中的 n 值）。

　　式 (1-30) 中的 L_h 值是表示在主导风向（$n=1$）下，门窗中心线标高为 h 时单位缝隙长的渗透空气量，则同一标高其他朝向（$n<1$）的门窗单位缝长渗透空气量 $L_{h(n<1)}$ 为

$$L_{h(n<1)} = nL_h \quad \mathrm{m^3/(h \cdot m)} \tag{1-31}$$

　　在最不利朝向（即主导风向朝向 $n=1$）下，风压作用下的渗透量为 L_h，总渗透风量 L_0' 与 L_h 的差值，即为由于热压存在而产生的附加渗透风量 ΔL_r

$$\Delta L_r = L_0' - L_h \quad \mathrm{m^3/(h \cdot m)} \tag{1-32}$$

　　其他朝向（$n<1$）的门窗，风压所产生的渗透风量应进行朝向修正 [见式 (1-31)]。但热压所产生的渗透风量 ΔL_r，各朝向均相等，即不必进行朝向修正。因此，任意朝向门窗由于风压与热压共同作用产生的渗透风量 L_0，用下式计算

$$L_0 = nL_h + \Delta L_r = nL_h + L_0' - L_h = L_h(n-1+L_0'/L_h) \quad \mathrm{m^3/(h \cdot m)} \tag{1-33}$$

　　根据式 (1-26)

$$\frac{L_0'}{L_h} = \frac{a(\Delta p_f + \Delta p_r)^b}{a\Delta p_f^b} = \left(1 + \frac{\Delta p_r}{\Delta p_f}\right)^b \tag{1-34}$$

　　设

$$C = \frac{\Delta p_r}{\Delta p_f} \tag{1-35}$$

式中　C——作用在计算门窗上的有效热压差与有效风压差之比，简称压差比。

　　把式 (1-30) 和式 (1-35) 代入式 (1-34)，则式 (1-33) 可改写为

$$L_0 = C_h L[n + (1+C)^b - 1] \quad \mathrm{m^3/(h \cdot m)} \tag{1-36}$$

　　令

$$m = C_h[n + (1+C)^b - 1] \tag{1-37}$$

　　则

$$L_0 = mL \tag{1-38}$$

式中　L_0——位于高度 h 和任一朝向的门窗，在风压和热压共同作用下产生的单位缝长的渗透风量，$\mathrm{m^3/~(h \cdot m)}$;

　　　L——在基准风速 v_0 作用下单位缝长的空气渗透量，$\mathrm{m^3/(h \cdot m)}$，可按表 1-7 中数据计算;

　　　m——考虑计算门窗所处的高度、朝向和热压差的存在而引入的渗透风量综合修正系数。

　　由门窗缝隙渗入室内的冷空气的耗热量 Q_2'，可用下式计算

$$Q'_2 = 0.278c_p Ll(t_n - t_w)\rho_w m = 0.278c_p \rho_w m Ll(t_n - t_w) \quad \text{W} \tag{1-39}$$

为计算式（1-39）中的 m 值，由式（1-37）知，需先确定压差比 C 值。

C 值的理论计算方法：可由压差比 C 值的定义得

$$C = \frac{\Delta p_r}{\Delta p_f} = \frac{C_r(h_2 - h)(\rho_w - \rho'_n)g}{C_f \dfrac{\rho_w}{2}v_h^2} \tag{1-40}$$

在定压条件下，空气密度与空气的绝对温度成反比关系，即

$$\rho_t = \frac{273}{273 + t}\rho_0 \quad \text{kg/m}^3 \tag{1-41}$$

式中 ρ_t——温度为 t 时的空气密度，kg/m^3；

ρ_0——温度为零度时的空气密度，kg/m。

根据式（1-41）、式（1-40）中的 $(\rho_w - \rho'_n)/\rho_w$ 项，可改写为

$$\frac{\rho_w - \rho'_n}{\rho_w} = 1 - \frac{\rho'_n}{\rho_w} = \frac{t'_n - t'_w}{273 + t'_n} \tag{1-42}$$

式中 t_n——建筑物内形成热压的空气柱温度，简称竖井温度，℃；

t'_w——供暖室外计算温度，℃。

又根据式（1-23）、$v_h = 0.631h^{0.2}v_0$ 和式（1-42），则式（1-40）的热压差比 C 值，最后可用下式表示

$$C = 50\frac{C_r(h_2 - h)}{C_f h^{0.4}v_0^2} \cdot \frac{t'_n - t'_w}{273 + t'_n} \tag{1-43}$$

式中 h——计算门窗的中心线标高，m（由于分母表示风压差，故当 $h<10$m 时，仍按基准高度 $h=10$m 时计算）。

计算 m 值和 C 值时，应注意下列事项：

（1）如计算得出 $C\leqslant-1$ 时，即 $(1+C)\leqslant0$，则表示在计算层处，即使处于主导风向朝向的门窗也无冷风渗入，或已有室内空气渗出。此时，同一楼层所有朝向门窗冷风渗透量，均取零值。

（2）如计算得出 $C>-1$，即 $(1+C)>0$ 的条件下，根据式（1-37）计算出 $m\leqslant0$ 时，表示所计算的给定朝向的门窗已无冷空气侵入，或已有室内空气渗出，此时，处于该朝向的门窗冷风渗透量取为零值。

（3）如计算得出 $m>0$ 时，该朝向的门窗冷风渗透耗热量，可按式（1-39）计算确定。

【例题 1-2】 北京地区一幢 12 层办公楼，层高 3.2m。室内温度 $t_n=18$℃，供暖室外计算温度 $t_w=-9$℃（$\rho_w=1.34\text{kg/m}^3$）。楼内楼梯间不供暖，走道内平均温度 $t'_n=5$℃。每间办公室有一单层钢窗，取 $b=0.67$；缝隙长 $L=16$m。北京市冬季室外平均风速 $v_0=2.8$m/s，相应单位缝长基准渗透量 $l=2.4\text{m}^3/(\text{m}\cdot\text{h})$。由于房门频繁开启，取 $C_f=0.7$，$C_r=0.5$。

试计算北向底层、第 8 层楼东南朝向、第 10 层东北朝向和北向顶层的窗户渗透空气耗热量。

解   1. 计算北向底层窗户渗透空气耗热量

设中和面标高在整个建筑物高度的一半位置上，$h_z=3.2\times12/2=19.2$m。设窗中心线在层高一半处，对最底层，当考虑热压时，$h=1.6$m；当考虑风压时，$h=10$m。

（1）求压差比 C 值，根据式（1-43）

$$C = 50 \frac{C_r(h_2 - h)}{C_f h^{0.4} v_0^2} \cdot \frac{t_n - t_w}{273 + t_n} = 50 \frac{0.5(19.2 - 1.6)}{0.7 \times 10^{0.4} \times 2.8^2} \cdot \frac{5 - (-9)}{273 + 5} = 1.61$$

（2）求 C_h 值，根据式（1-29）

$$C_h = (0.4h^{0.4})^b = (0.4 \times 10^{0.4})^{0.67} = 1.003$$

（3）求 m 值，北京北向的朝向修正系数 $n = 1.0$（主导风向），根据式（1-37）

$$m = C_h[n + (1 + C)^b - 1] = 1.003[1 + (1 + 1.61)^{0.67} - 1] = 1.91 > 0$$

（4）求窗户的冷风渗透耗热量 Q_2'，根据式（1-39）

$$Q_2' = 0.278 c_p L l (t_n - t_w') \rho_w m = 0.278 \times 1 \times 2.4 \times 16(18 + 9) \times 1.34 \times 1.91 = 738 \text{W}$$

2. 计算第 8 层楼东南朝向的窗门冷风渗透耗热量

第 8 层楼的窗户中心线标高 $h = 7 \times 3.2 + 1.6 = 24 \text{m}$。北京市东南朝向的朝向修正系数，$n = 0.10$。

（1）求压差比 C 值，根据式（1-43）

$$C = 50 \frac{C_r(h_2 - h)}{C_f h^{0.4} v_0^2} \cdot \frac{t_n - t_w}{273 + t_n} = 50 \frac{0.5(19.2 - 24)}{0.7 \times 24^{0.4} \times 2.8^2} \cdot \frac{5 - (-9)}{273 + 5} = -0.309 > -1$$

（2）求 C_h 值，根据式（1-29）

$$C_h = (0.4h^{0.4})^b = (0.4 \times 24^{0.4})^{0.67} = 1.268$$

（3）求 m 值，根据式（1-37）

$$m = C_h[n + (1 + C)^b - 1] = 1.268[1 + (1 + 0.309)^{0.67} - 1] = -0.15 < 0$$

（4）因 $m = -0.15 < 0$，故窗户的冷风渗透耗热量 $Q_2' = 0$

3. 计算第 10 层东北朝向和顶层北向窗户的冷风渗透耗热量

根据同样计算方法，计算结果列于表 1-12 内。

表 1-12 　　　　　　　　　　　　[例题 1-2] 计算汇总表

楼层序号	窗户朝向	朝向修正系数 n	压差比 C	高度修正系数 C_h	风量综合修正系数 m	冷风渗透耗热量 Q_2'（W）
1	北	1.0	1.61	1.003	1.910	738
8	东南	0.10	-0.309	1.268	-0.150	0
10	东北	0.50	-0.656	1.351	-0.015	0
12	北	1.0	-0.955	1.422	0.18	70

第二章　供暖系统的散热设备

第一节　散　热　器

一、散热器的工作原理

供暖散热器是通过热媒把热源的热量传递给室内的一种散热设备。通过散热器的散热，使室内的得失热量达到平衡，从而维持房间需要的空气温度，达到供暖的目的。

散热器内的热媒是通过散热器壁面将携带的热量传给房间的，也就是散热器的内表面一侧是热媒（如热水、蒸汽），外表面一侧是室内空气。当热媒的温度高于室内空气时，热媒所携带的热量就会传递给室内空气。散热器的传热过程同外墙传热一样，也是三个阶段，即热媒通过对流（或蒸汽凝结）把热量传递给散热器内表面，内表面通过壁面导热又传递给外表面，然后散热器外表面通过对流和热辐射把热量传给房间。由传热学理论知道，散热器内表面与热媒之间的换热属于流体受迫对流换热，或发生相变的凝结换热，换热系数很大，内壁热阻很小；另外，壁面很薄，金属导热系数又很大，壁面热阻也很小。外表面与室内空气之间的换热则是以自然对流换热为主、辐射换热为辅的复合传热，其中辐射换热效率较低，故换热系数较小，外壁热阻较大。因此，欲提高散热器的散热能力，关键在于减小外表面的热阻，增大外表面的换热强度。为此，可采用在外表面加肋片以增加散热面积、提高壁面温度和增大空气流速等措施。

根据传热学原理，散热器的散热量可由下式计算

$$Q = KA(t_{pj} - t_n) \tag{2-1}$$

式中　Q——散热器的散热量，W；

　　　A——散热器的散热面积，m^2；

　　　K——散热器的传热系数，$W/(m^2 \cdot ℃)$；

　　　t_{pj}——散热器内热媒平均温度，℃；

　　　t_n——室内供暖计算温度，℃。

二、散热器的类型

散热器按照其加工制作材质不同，分为铸铁型、钢制型和其他材质散热器。

散热器按其结构形式不同，分为管型、柱型、翼型和板型等。

散热器按其传热方式不同，分为对流型（对流换热占总散热量的60％以上）和辐射型（辐射换热占50％以上）。

（一）铸铁散热器

铸铁散热器是用生铁浇铸而成。它具有结构简单、耐腐蚀、使用寿命长、造价较低等优点，长期以来被广泛应用。但其承压能力低，金属耗量大，安装和运输劳动繁重。

铸铁散热器有柱型和翼型两种。

1. 柱型散热器

柱型散热器是呈单片的柱状连通体。每片各有几个中空的立柱，立柱上下端相互连通，

可根据需要的散热面积把若干单片组合成一组。

柱型散热器常用的有 M-132 型、二柱 700 型、四柱 640 型等，如图 2-1、图 2-2 所示。

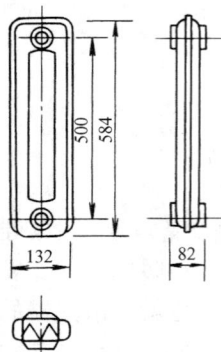

图 2-1　M-132 型散热器　　　　　　　　　图 2-2　铸铁柱型散热器

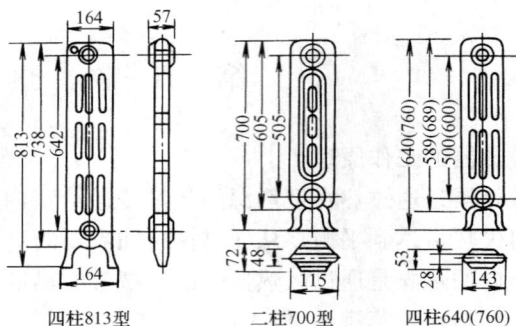

M-132 型散热器是以宽度为 132mm 得名，两边为柱状，中间有波浪形的纵向肋片。

四柱散热器的规格按高度表示，如四柱 640 型高度为 640mm，有带足和不带足的两种形式，可将带足的作为端片、不带足的作为中片组对在一起，直接放在地板上。

柱型散热器传热性能较好，比较美观，耐腐蚀，表面光滑易清除灰尘，每片散热面积小，易组合成需要的散热面积。但它的组对接口多，组装较费力，承压能力较低。

2. 翼型散热器

翼型散热器可分为圆翼型、长翼型两种。

圆翼型散热器为管型，外面带许多圆形肋片，如图 2-3 所示。其规格有 D50（内径 50mm，肋片 27）和 D75（内径 75mm，肋片 47）两种。每根长度为 1m，两端有法兰，可把数根串、并联在一起形成一组。

长翼型散热器是外壳上带有许多竖向肋片的长方体，内部为扁盒空间，如图 2-4 所示。其高度为 60cm，每片长度为 280mm 的叫大 60，长度为 200mm 的叫小 60，可把几片组合在一起成为一组。

翼型散热器制造工艺简单、抗腐蚀性强、价格低，与柱型比每片（根）散热面积大、接口少、组对快；但肋片间距小、易积灰难清扫、外形也不太美观。此外，单个散热面积较大，不易组合成需要的散热面积。

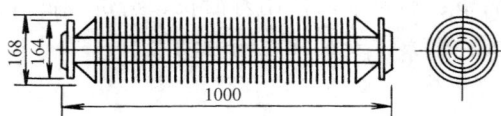

图 2-3　圆翼型散热器　　　　　　　　　　图 2-4　长翼型散热器

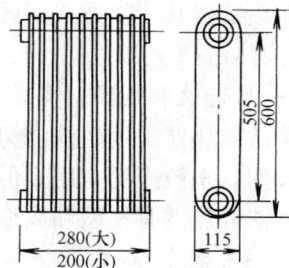

目前，国内已将部分型号的铸铁散热器的型号、规格取消，如 M-132、圆翼、长翼等。

（二）钢制散热器

钢制散热器按其结构形式分为柱式、扁管式、板式和钢串片式等数种。

1. 钢制柱型散热器

钢制柱式散热器的结构形式和铸铁柱型相似，每片也有几个中空的立柱，它是用 1.5～

2.0mm 厚的普通冷轧钢板经冲压加工焊接而成，如图 2-5 所示。其外形尺寸（高×宽）有 600mm× 120mm、600mm × 140mm、600mm × 130mm、640mm×120mm 等几种。综合分析其热工性能以 600×120 为最佳。

钢制柱式散热器传热性能较好，承压能力较高，表面光滑易清扫积灰；但制造工艺复杂、造价较高、对水质要求高，易腐蚀，故使用年限短。

2. 钢制扁管式散热器

这种散热器是由数根矩形扁管叠加焊接成排

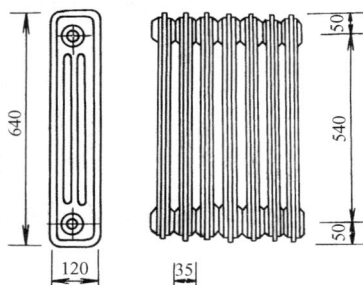

图 2-5 钢制柱式散热器

管，再与两端联箱形成水流通路。扁管规格为 52mm×11mm×1.5mm（高×宽×厚），两端联箱断面为 35mm×40mm，如图 2-6 所示。

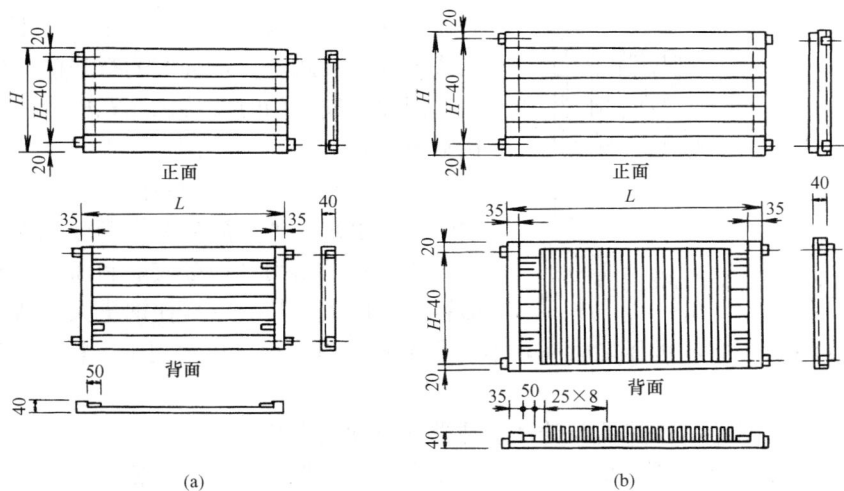

图 2-6 钢制扁管式散热器

（a）单板；（b）单板带对流片

扁管式散热器的高度有 416（8 根）、520（10 根）、624mm（12 根）三种，长度为 600、800、1000、1200、1400、1600、1800、2000mm 共 8 种。板型有单板、双板、单板带对流片和双板带对流片四种结构形式。单、双板扁管式散热器两面均为光板，如图 2-6（a）所示，板面温度较高，有较大的辐射强度。带有对流片的扁管式散热器在对流片内形成对流空气柱，除正面的辐射散热外，背面还有很大部分的对流散热，如图 2-6（b）所示。

3. 钢制板式散热器

板式散热器是由 1.2mm 或 1.5mm 厚的冷轧钢板冲压成型，由面板、背板、对流片、进出口接头等部分组成，其流通断面呈圆弧形或梯形，如图 2-7 所示。

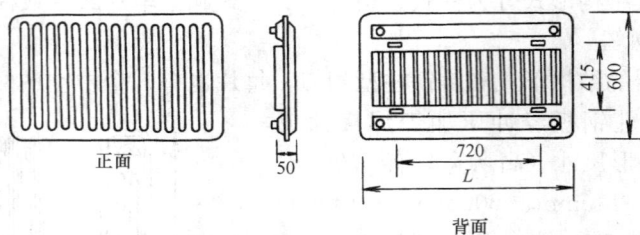

正面　　　　　　背面

图 2-7　钢制板式散热器

常用的板式散热器的高度为 600mm，长度有 600、800、1000、1200、1400、1600、1800mm 等。

4. 闭式钢串片对流散热器

对流散热器是用联箱连通两根平行管，并在钢管外面串上许多弯边长方形肋片而成的，如图 2-8 所示。由于串片上下端是敞开的，形成了许多相互平行的竖直空气通道，具有较大的对流散热能力。故也有把这种散热器称为对流器的。尚有一种不折边，前后也敞开的直片式串片散热器，现在用的不多。

闭式钢串片散热器体积小、质量轻、承压能力高，但使用时间较长时会出现串片与钢管的连接不紧或松动、接触不良，会大大影响散热器的传热效果。因此长期使用时要特别注意检查串片与钢管的接触情况。

除以上几种新型的钢制散热器外，还有一种应用较早，也是一种最简易的钢制散热器——光面管散热器，它是用钢管焊接或煨制而成，有排管与蛇形管两种形式。其缺点是耗钢量大，造价高，外形

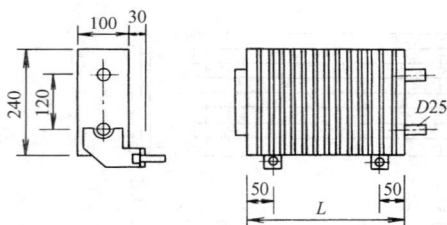

图 2-8　闭式钢串片散热器

尺寸大，不美观。但它的承压能力高，不易积尘并容易清扫。故常用于多粉尘的工业厂房或临时供暖的场合。

下面从整体上对钢制散热器与铸铁散热器进行比较分析：

（1）钢制散热器金属耗量小，每千克金属所具有的散热面积比铸铁散热器大，能散出较多的热量。

（2）钢串片和板式散热器水容量小，热稳定性差，在供水温度偏低时散热效果明显降低。而铸铁散热器水容量大，热稳定性好。

（3）钢制散热器外形美观整洁，板式和扁管式散热器外表面可以喷刷各种颜色的图案，起到装饰美化室内的作用。钢制散热器高度较小，可以适应不同安装高度的要求，占地面积小，易于布置。

（4）一般钢制散热器比铸铁散热器承压能力高。普通铸铁散热器工作压力一般在0.4MPa 以下（加稀土的灰口铸铁散热器工作压力可达 0.8MPa），而钢制散热器的承压能力都在 0.6MPa 以上，特别是串片式散热器承压能力可达 1.0～1.2MPa。

（5）钢制散热器易受腐蚀，使用寿命比铸铁散热器短。当使用钢制散热器时，热水供暖系统应进行除氧，非工作时要用满水养护，蒸汽供暖系统不宜用钢制散热器，对有酸、碱等腐蚀性气体的车间及湿度较大的浴室、厕所等也不宜采用钢制散热器。

（三）其他材质散热器

除上述常用的铸铁及钢制散热器外，陶瓷、混凝土板式等非金属散热器也曾在我国使用过，但由于各种原因现已很少采用。欧洲一些国家已生产和应用铝制散热器，我国有的厂家也在开始生产这种散热器。德国、法国研制成一种塑料散热器已投入使用。开发和研制非金属散热器，对于节约金属、开辟制造散热器材料的新来源具有深远意义。

第二节　散热器的选择与计算

一、散热器的选择

（一）对散热器的要求

1. 热工性能好

散热器的传热系数是衡量散热器热工性能好坏的重要指标。散热器的传热系数大，散热能力也大，说明其热工性能好。因此，要求散热器的传热系数大一些。

散热器应能以最好的散热方式将热量传给室内。散热器外表面向室内散热的方式主要是对流和热辐射。实践证明，热辐射的方式为最好。对于主要靠辐射方式传热的散热器，由于辐射的直接作用，可以提高室内物体和围护结构内表面的温度，使生活和工作区的温度均匀适宜，增加了人体的舒适感。而以对流方式散热时，会造成室温不均匀，往往上下温差过大，而且灰尘随空气对流，卫生条件也不好。

2. 金属热强度大

影响散热器消耗金属量多少、成本高低的重要指标是金属热强度。金属热强度是指散热器内热媒平均温度与室内空气温度差为 1℃、质量为 1kg 的散热器金属，单位时间所散出的热量，可用下式表示

$$q = K/G \tag{2-2}$$

式中　q——散热器的金属热强度，$W/(kg \cdot ℃)$；

　　　K——散热器的传热系数，$W/(m^2 \cdot ℃)$；

　　　G——单位散热面积金属的质量，kg/m^2。

q 值越大，说明散出同样的热量所消耗的金属越少，成本越低；反之，q 值小，消耗金属量多，成本高。

3. 具有一定的机械强度，价格便宜

散热器应具有一定的机械强度和较高的承压能力，加工制造工艺简单，价格便宜，经久耐用，散热器规格尺寸应能适应不同类型建筑物的安装使用要求，散热器的规格应便于组合成所需要的散热面积，结构尺寸要小，少占用房间的面积和空间。

4. 易清扫，外观美好

散热器表面光滑，不易积灰，便于清扫，外形与色泽美观，易与室内装饰相协调。

（二）散热器的选择

能完全满足上述要求的散热器实际上很难选到。选用时一定要从实际出发，本着经济、

适用、耐久、美观的原则，选择较合适的散热器。

对于民用建筑或公共建筑宜采用外形美观、易于清扫的散热器，如扁管式、板式、柱式等，高层建筑一般要选择承压能力高的散热器，比较狭窄的房间，如住宅厨房、卫生间等宜选用结构尺寸较小的散热器，楼梯间、门厅等处可选用长度小、高度大的散热器，商店橱窗下的散热器则应选择长度大、高度小的散热器。

对于散发粉尘或防尘要求较高的生产厂房，应选择光滑不易积灰且容易清扫的散热器；对于有腐蚀性气体的生产厂房或湿度较大的房间，宜选用耐腐蚀的铸铁散热器。

应强调的是，热水供暖系统采用钢制散热器时，应采取必要的防腐措施，蒸汽供暖系统不应采用钢制柱式、板式和扁管式散热器，以免加剧腐蚀。

二、散热器的选择计算

散热器的选择计算是采暖系统设计的主要内容和组成部分。在按使用要求选定散热器类型后，就可确定采暖房间所需散热器的面积及数量（片数或长度）。

（一）散热器的散热面积

根据热平衡原理，散热器的散热量应等于供暖房间的设计热负荷，即由式（2-1）计算确定散热面积时，应考虑实际使用条件和某些影响因素，进行必要的修正。散热面积的计算公式如下

$$A = \frac{Q}{K(t_{pj} - t_n)}\beta_1\beta_2\beta_3 \tag{2-3}$$

式中　A——散热器的散热面积，m^2；

Q——供暖设计热负荷，W；

K——散热器的传热系数，$W/(m^2 \cdot \text{℃})$；

t_{pj}——散热器内热媒平均温度，℃；

t_n——室内计算温度，℃；

β_1——散热器组装片数（或长度）修正系数；

β_2——散热器连接形式修正系数；

β_3——散热器安装形式修正系数。

（二）散热器传热系数 K 及其修正系数值

散热器传热系数 K 值的物理概念，是表示当散热器内热媒平均温度 t_{pj} 与室内气温 t_n 相差1℃时，$1m^2$ 散热器面积所散出的热量，单位为 $W/(m^2 \cdot \text{℃})$。它是散热器散热能力强弱的主要标志。影响散热器传热系数的因素很多：散热器的制造情况（如采用的材料、几何尺寸、结构形式、表面喷涂等因素）和散热器的使用条件（如使用的热煤、温度、流量、室内空气温度及流速、安装方式及组合片数等因素），都综合地影响散热器的散热性能，因而难以用理论的数学模型表征出各种因素对散热器传热系数 K 值的影响。只有通过实验方法确定。

国际标准化组织(1SO)规定：散热器传热系数 K 值的实验，应在一个长×宽×高为($4m \pm 0.2m$)×($4m \pm 0.2m$)×($2.8m \pm 0.2m$)的封闭小室内，保持室温恒定下进行。散热器应无遮挡，敞开设置。实验结果整理成 $K = f(\Delta t)$ 或 $Q = f(\Delta t)$ 的关系式，即

$$K = a(\Delta t)^b = a(t_{pj} - t_n)^b \qquad W/(m^2 \cdot \text{℃}) \tag{2-4}$$

或

$$Q = A(\Delta t)^B = A(t_{pj} - t_n)^B \qquad W \tag{2-5}$$

式中　　　　K——在实验条件下，散热器的传热系数，W/（m² · ℃）；

　A、B、a、b——由实验确定的系数；

　　　　　　　Δt——散热器热媒与室内空气的平均温差，℃；

　　　　　　　Q——在散热面积 A 条件下的散热量，W。

采用影响传热系数和散热量的最主要因素——散热器热媒与空气平均温差 Δt，来反映 K 和 Q 值随其变化的规律，是符合散热器的传热机理的。因为散热器向室内散热，主要取决于散热器外表面的换热阻，而在自然对流传热下，外表面换热阻的大小主要取决于温差 Δt。Δt 越大，则传热系数 K 及散热量 Q 值越高。

哈尔滨建筑工程学院等单位，利用 ISO 标准实验台对我国常用的散热器进行大量实验，其实验数据见表 A9 和表 A10。

如前所述，散热器的传热系数 K 和散热量 Q 值是在一定的条件下通过实验测定的。若实际情况与实验条件不同，则应对所测值进行修正。式（2-1）中的 β_1、β_2 和 β_3 值都是考虑散热器的实际使用条件与测定实验条件不同，而对 K 或 Q 值，也即对散热器面积 F 引入的修正系数。

（1）散热器组装片数修正系数 β_1。柱型散热器是以 10 片作为实验组合标准，整理出 $K = f(\Delta t)$ 或 $Q = f(\Delta t)$ 关系式。在传热过程中，柱型散热器中间各相邻片之间相互吸收辐射热，减少了向房间的辐射热量，只有两端散热器的外侧表面才能把绝大部分辐射热量传给室内。随着柱型散热器片数的增加，其外侧表面占总散热面积的比例减少，散热器单位散热面积的平均散热量也就减少，因而实际传热系数 K 减小，在热负荷一定的情况下所需散热面积增大。

散热器组装片数的修正系数 β_1 值，可按表 A11 选用。

（2）散热器连接形式修正系数 β_2 值。所有散热器传热系数 $K = f(\Delta t)$ 或散热量 $Q = f(\Delta t)$ 关系式，都是在散热器支管与散热器同侧连接、上进下出的实验状况下整理得出。当散热器支管与散热器的连接形式不同时，由于散热器外表面温度场变化的影响，使散热器的传热系数发生变化。如在散热器支管同侧连接、下进上出情况下，实验表明：外表面的平均温度接近于出口水温 t_{sh}，远比实验整理公式所采用的 t_{pj} 低，因此，按上进下出实验公式计算其传热系数 K 值时，应予以修正，也即需增加散热面积，以 $\beta_2 > 1$ 值进行修正。

不同连接形式的散热器修正系数 β_2 值，可按表 A12 取用。

（3）散热器安装形式修正系数 β_3 值。安装在房间内的散热器，可有种种方式，如敞开装置，在壁龛内，或加装遮挡罩板等。实验公式 $K = f(\Delta t)$ 或 $Q = f(\Delta t)$，都是在散热器敞开装置情况下整理的。当安装方式不同时，就改变了散热器对流放热和辐射放热的条件，因而要对 K 或 Q 值进行修正。

散热器安装形式修正系数 β_3 值，可按表 A13 取用。

此外，一些实验表明：在一定的连接形式和安装形式下，通过散热器的水流量对某些形式的散热器的 K 值和 Q 值也有一定影响。如在闭式钢串片散热器中，当流量减少较多时，肋片的温度明显降低，传热系数 K 和散热量 Q 值下降。对不带肋片的散热器，水流量对传热系数 K 和散热量 Q 值的影响较小，可不予修正。

散热器表面采用涂料不同，对 K 值和 Q 值也有影响。银料（铝粉）的辐射系数低于调和漆，散热器表面涂调和漆时，传热系数比涂银粉漆时约高 10%。

在蒸汽供暖系统中，蒸汽在散热器内表面凝结放热，散热器表面温度较均匀，在相同的计算热媒平均温度 t_{pj} 下（如热水散热器的进、出口水温度为 130℃/70℃，与蒸汽表压力低于 0.03MPa 的情况相对比），蒸汽散热器的传热系数 K 值要高于热水散热器的 K 值。不同蒸汽压力下散热器的传热系数 K 值，可见表 A9。

近年来，我国一些单位建成了 ISO 散热器实验台，对我国散热器的 K 和 Q 值进行了大量的测定工作，成绩显著。目前，不少设计单位反映，由于实验台处于封闭条件下，与实际房间条件不同，提供的实验数据偏低。实验分析表明：散热器在一般室内的 K 值和 Q 值，在相同测试参数下，要比在封闭房间下的测定值高，约高出 10%。

（三）散热器内热媒平均温度的确定

散热器内热媒平均温度因热媒种类和供暖系统形式的不同而异。

1. 热水供暖系统

散热器内热媒平均温度按下式确定

$$t_{pj} = \frac{t_j - t_c}{2} \tag{2-6}$$

式中　t_{pj}——散热器内热媒平均温度，℃；

　　　t_j——散热器的进水温度，℃；

　　　t_c——散热器的出水温度，℃。

双管系统各组散热器进、出口温度相同，可按系统的供回水温度计算。

单管系统因水温沿流向变化，需逐段计算。现以图 2-9 为例说明各管段混合温度的计算方法。

各管段混合温度的计算公式为

$$t_{hun} = t_g - \frac{\sum Q_{n-1}(t_g - t_h)}{\sum Q} \tag{2-7}$$

式中　t_{hun}——计算管段的混合水温度，℃；

　　　t_g——立管供水温度，℃；

　　　t_h——立管回水温度，℃；

　　$\sum Q_{n-1}$——计算管段前（按水流方向）各层散热器散热量之和，W；

　　　$\sum Q$——立管上所有散热器散热量之和，W。

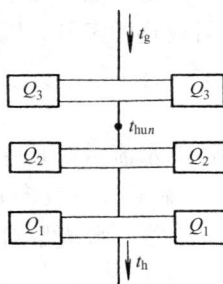

根据各管段的混合温度，即可容易地确定各层散热器的进、出口水温和热媒的平均温度。式（2-6）也适用于水平单管系统各管段水温的计算。

2. 蒸汽供暖系统

当蒸汽压力 $p \leqslant 30$kPa（表压）时，t_{pj} 取 100℃；当蒸汽压力 $p > 30$kPa（表压）时，t_{pj} 取与散热器进口蒸汽压力相对应的饱和温度。

（四）散热器片数或长度的确定

按式（2-3）确定所需散热器面积后（由于每组片数或总长度未定，先按 $\beta_1 = 1$ 计算），可按下式计算所需散热器的总片数或总长

图 2-9　单管系统混水点的温度示意图

度，即

$$n = A/a \quad （片或 m） \tag{2-8}$$

式中 a——每片或每米长的散热器散热面积，$m^2/$片或 m^2/m。其值见表 A9、表 A10。
然后根据每组片数或长度乘以修正系数 β_1，最后确定散热器面积。暖通规范规定，柱型散热器面积可比计算值小 $0.1 m^2$（片数 n 只能取整数），翼型和其他散热器的散热面积可比计算值小 5%。

（五）考虑供暖管道散热量时散热器散热面积的计算

供暖系统的管道敷设，有暗装和明装两种方式。暗装的供暖管道，应用于美观要求高的房间。暗装供暖管道的散热量，没有进入房间内，同时进入散热器的水温降低。因此，对暗装未保温的管道系统，在设计中要考虑热水在管道中的冷却，计算散热器面积时，要用修正系数 β_4（$\beta_4 > 1$）值予以修正。β_4 值可查阅一些设计手册。

对于明装于供暖房间内的管道，因考虑全部或部分管道的散热量会进入室内，抵消了水冷却的影响，因而，计算散热面积时，通常可不考虑这个修正因素。

在精确计算散热器散热量的情况下（如民用建筑的标准设计或室内温度要求严格的房间），应考虑明装供暖管道散入供暖房间的散热量。供暖管道散入房间的热量，可用下式计算

$$Q_g = a K_g l \Delta t \eta \quad W \tag{2-9}$$

式中 Q_g——供暖管道散热量，W；

a——每米长管道的表面积，m^2；

l——明装供暖管道长度，m；

K_g——管道的传热系数，$W/（m^2 \cdot ℃）$；

Δt——管道内热媒温度与室内温度差，$℃$；

η——管道安装位置的修正系数，沿顶棚下面的水平管道 $\eta = 0.5$，沿地面上的水平管道 $\eta = 1.0$，立管 $\eta = 0.75$，连接散热器的支管，$\eta = 1.0$。

计算散热器散热面积时，应扣去供暖管道散入房间的热量。同时应注意，需要计算出热媒在管道中的温降，以求出进入散热器的实际水温，并用此参数确定各散热器的传热系数 K 值或 Q 值，在扣除相应管道的散热量后，再确定散热器面积。

（六）散热器选择计算例题

【例题 2-1】 试计算如图 2-10 所示的单管上供下回式热水供暖系统，某立管上各组散热器所需的散热面积与片数。散热器选用铸铁四柱 640 型，装在墙的凹槽内，供暖系统供水温度 $t_g = 95℃$，回水温度 $t_h = 70℃$，室内计算温度 $t_n = 18℃$。图 2-10 中的热负荷单位为 W。

解 1. 计算各层散热器之间管段的混水温度

由式（2-7）得

$$t_{hu1} = t_g - \frac{\sum Q_{n-1}(t_g - t_h)}{\sum Q} = 95 - \frac{1600(95 - 70)}{1600 + 1200 + 1500} = 95 - 9.3 = 85.7℃$$

$$t_{hu2} = t_g - \frac{\sum Q_{n-1}(t_g - t_h)}{\sum Q} = 95 - \frac{(1600 + 1200)(95 - 70)}{1600 + 1200 + 1500} = 78.7℃$$

2. 计算各组散热器热媒平均温度

$$t_{pjⅢ} = \frac{t_g + t_{hu1}}{2} = \frac{95 + 85.7}{2} = 90.4℃$$

$$t_{pj\text{II}} = \frac{t_{hu1} + t_{hu2}}{2} = \frac{85.7 + 78.7}{2} = 82.2℃$$

$$t_{pj\text{I}} = ℃\frac{t_{hu2} + t_h}{2} = \frac{78.7 + 70}{2} = 74.4℃$$

3. 计算或查表确定散热器的传热系数

查表 A9 有 $K_{\text{I}} = 7.27$ W/(m² · ℃)，$K_{\text{II}} = 7.12$W/(m² · ℃)，$K_{\text{III}} = 6.98$W/(m² · ℃)。

4. 计算各组散热器所需面积

按式（2-3）计算。先取 $\beta_1 = 1$；查表 A12 得 $\beta_2 = 1$；查表 A13 得 $\beta_3 = 1.06$，则

$$A_{\text{III}} = \frac{Q_{\text{III}}}{K_{\text{III}}(t_{pj\text{III}} - t_n)}\beta_1\beta_2\beta_3 = \frac{1600}{7.27(90.4 - 18)} \times 1 \times 1 \times 1.06 = 3.2\text{m}^2$$

同理得 $$A_{\text{II}} = 2.8\text{m}^2, \quad A_{\text{I}} = 4.0\text{m}^2$$

5. 计算各组散热器片数

按式（2-8）计算。查表 A9 得 $a = 0.2$m²/片，$n_{\text{III}} = A_{\text{III}}/a = 3.2/0.2 = 16$ 片；查表 A11 得 $\beta_1 = 1.05$，进行修正

$$16 \times 1.05 = 16.8 \text{片，由于} 0.8 \times 0.2\text{m}^2/\text{片} = 0.16\text{m}^2 > 0.1\text{m}^2\text{，故取} n_{\text{III}} = 17 \text{片}$$

$$n_{\text{II}} = A_{\text{II}}/a = 2.8/0.2 = 14 \text{片}$$

片数修正：$14 \times 1.05 = 14.7$ 片，由于 $0.7 \times 0.2\text{m}^2/\text{片} = 0.14\text{m}^2 > 0.1\text{m}^2$，故取

$$n_{\text{II}} = 15 \text{片}$$

$$n_{\text{I}} = A_{\text{I}}/a = 4.0/0.2 = 20 \text{片}$$

片数修正：$20 \times 1.05 = 21$ 片，取

$$n_{\text{I}} = 21 \text{片}$$

【例题 2-2】　图 2-11 所示为双管上供下回式热水供暖系统某立管，试求各组散热器所需的散热面积与片数。其他条件与〔例题 2-1〕相同。

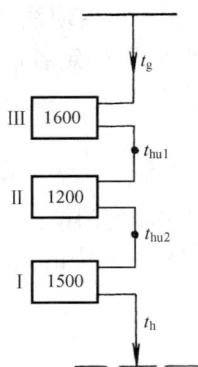

图 2-10　〔例题 2-1〕图　　　　　　　图 2-11　〔例题 2-2〕图

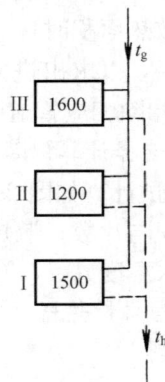

解　1. 计算各组散热器热媒平均温度

因为双管系统各散热器进水温度均为 t_g，回水温度均为 t_h，故

$$t_{pj\text{III}} = t_{pj\text{II}} = t_{pj\text{I}} = t_{pj} = \frac{t_g - t_h}{2} = \frac{95 + 70}{2} = 82.5℃$$

2. 求各组散热器的传热系数

因各组散热器热媒平均温度相同，各房间室内空气温度相同，因而各散热器的传热系数也相同。查表 A9 得

$$K_{\mathrm{I}}=K_{\mathrm{II}}=K_{\mathrm{III}}=7.12\mathrm{W}/（\mathrm{m}^2 \cdot \text{℃}）$$

3. 计算各组散热器所需面积

$$A_{\mathrm{III}}=\frac{Q_{\mathrm{III}}}{K_{\mathrm{III}}（t_{\mathrm{pj}}-t_{\mathrm{n}}）}\beta_1\beta_2\beta_3=\frac{1600}{7.13（82.5-18）}\times1\times1\times1.06=3.69\mathrm{m}^2$$

同理

$$A_{\mathrm{II}}=\frac{Q}{K_{\mathrm{II}}（t_{\mathrm{pj}}-t_{\mathrm{n}}）}\beta_1\beta_2\beta_3=\frac{1200}{7.13（82.5-18）}\times1\times1\times1.06=2.76\mathrm{m}^2$$

$$A_{\mathrm{I}}=\frac{Q}{K_{\mathrm{I}}（t_{\mathrm{pj}}-t_{\mathrm{n}}）}\beta_1\beta_2\beta_3=\frac{1500}{7.13（82.5-18）}\times1\times1\times1.06=3.45\mathrm{m}^2$$

4. 计算各组散热器片数

$$n_{\mathrm{III}}=A_{\mathrm{III}}/a=3.48/0.2=18 \text{ 片}$$

片数修正：$14\times1.05=18.9$ 片，故取

$$n_{\mathrm{III}}=19 \text{ 片}$$
$$n_{\mathrm{II}}=A_{\mathrm{II}}/a=2.76/0.2=14 \text{ 片}$$

片数修正：$14\times1.05=14.7$ 片，故取

$$n_{\mathrm{II}}=15 \text{ 片}$$
$$n_{\mathrm{I}}=A_{\mathrm{I}}/a=3.45/0.2=17 \text{ 片}$$

片数修正：$17\times1.05=17.8$ 片，取

$$n_{\mathrm{I}}=18 \text{ 片}$$

由以上各例计算结果可以看出，在相同热负荷情况下，采暖系统形式的变化和热媒种类的变化对散热器所需的片数都有影响。如热水单管系统的散热器共需 53 片，双管系统为 52 片，而通过计算可知低压蒸汽系统仅为 39 片。因此，系统形式的变化对散热器片数有影响但不大，如双管系统与单管系统相比所需片数略少一些；热媒种类的变化对散热器片数的影响则较大，显然这是由于蒸汽热媒温度高，使散热器热媒平均温度与室内空气温度差增大，传热系数也随之增大的缘故。

第三节　辐射供暖散热设备与暖风机

散热器向室内散热称散热器供暖。散热器向室内散热以对流散热为主，对流散热占总散热量的 75％ 左右。散热设备散热如以辐射为主，则称为辐射供暖系统。辐射供暖按其散热设备表面的温度分为低温辐射、中温辐射、高温辐射三种。低温辐射供暖是将通过热媒的细管（作成盘管或排管）打入建筑物的结构（如顶棚、地板及墙面）内。这种辐射板有的直接和人体接触，或距离人体很近，表面温度不能太高。这种供暖形式室内美观、舒适、条件好，宜用于一般民用、公共建筑中。中温辐射供暖的散热设备为钢制辐射板，以高温水或蒸汽为热媒，其板面平均温度为 80～200℃。这种供暖系统主要应用于工业厂房，用在高大的工业厂房中其效果更好。在某些对美观与装饰要求不太高的大空间公共建筑，如商场、体育馆、展览厅、车站等也可选用。钢制辐射板也可应用于生产厂房和公共建筑的局部区域或局

部工作地点供暖。高温辐射主要是煤气红外线供暖。条件许可时，宜用于生产厂房的局部区域或局部工作地点供暖，也可用于全面供暖，还可用于露天作业地点的局部供暖。

一、低温辐射供暖

如前所述，低温辐射供暖，是将加热管埋设在建筑构件内，可用作全面供暖或局部供暖，用于局部供暖时多与空调结合。它主要由加热管系统与辐射板构成。

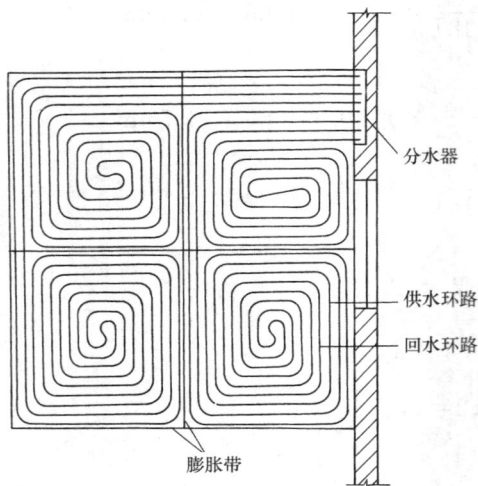

图 2-12　加热管平面图

加热管过去多用无缝钢管。由于钢管的热线胀系数比混凝土等大得多，在设计与施工时有严格的技术措施，造价也较高。近几年多采用抗老化、耐温、耐压的塑料管，如聚丁烯管（PB管）、交联聚乙烯管（PE-X 管）。

为了减少流动阻力和保证供、回水温差不过大，加热管多采用并联布置。供、回水都设有分水器。供水进入分水器后分出若干并联的盘管，再经回水集中到集水器。供水与回水交错布置。图 2-12 为加热管平面图示例；图 2-13 为加热管系统图（入口至分水器）；图 2-14 为分水器安装详图；图 2-15 为地板辐射供暖时，加热管布置剖面图。在基础层上先做保温层，保温层要用高效保温材料，如聚苯复合材料，或其他板状、卷材状保温材料，一般可做 30mm 厚。将交联管固定在保温材料上，上边再做地面。

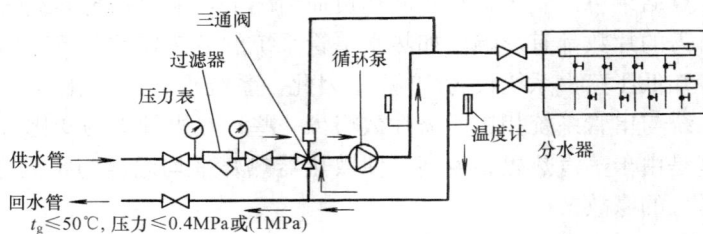

$t_g \leqslant 50℃$，压力$\leqslant 0.4\text{MPa}$或(1MPa)

图 2-13　加热管系统图

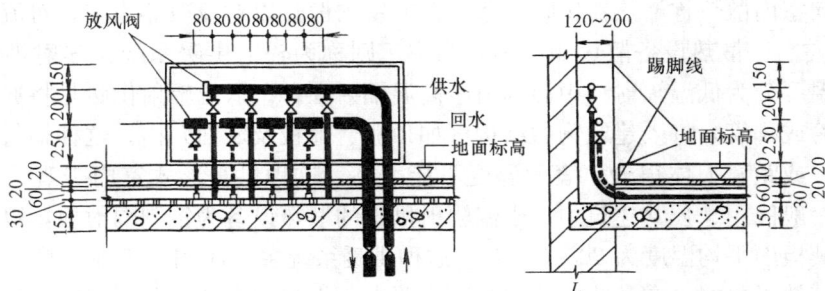

图 2-14　分水器安装详图

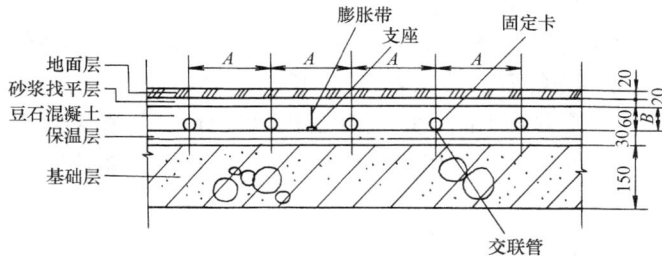

图 2-15 加热管布置剖面图

加热管间距宜为 100～300mm。沿围护结构外墙间距为 120～150mm，中间地带为 300mm。地板供暖层厚度应大于 80mm。为防止杂质进入系统，在供水干管上应设过滤器。加热盘管中水的流速应大于 0.5m/s，以防止空气积聚形成气塞，影响系统正常工作。盘管一律采用焊接，防止漏水；盘管布置距外墙 1.5m 范围内的供热量，一般不宜少于外墙部分热负荷的 50%。为防止建筑构件因热应力造成龟裂和破损，要妥善处理好管道膨胀时产生的推力传递给板面。目前常用的措施是每 40m² 供暖面积，设地面膨胀缝，缝宽为 5～8mm，在缝中填充弹性膨胀膏。

二、钢制辐射板

钢制辐射板有块状辐射板和带状辐射板两种形式。

（一）块状辐射板

图 2-16 为块状钢制辐射板的构造示意［详见《全国通用建筑标准设计图集》（CN501—1）］。

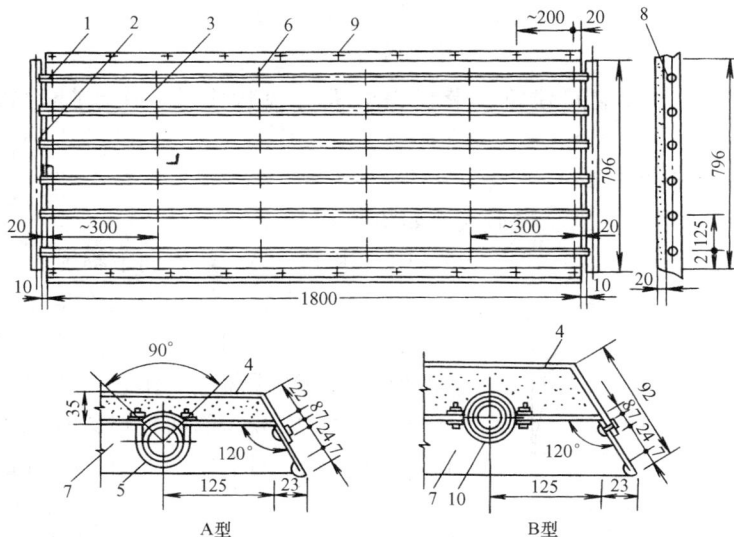

图 2-16 块状钢制辐射板构造

1—加热管；2—连接管；3—辐射板表面；4—辐射板背面；5—U形螺栓；6—等长双头螺栓；7—侧板；8—隔热材料；9—铆钉；10—内外管卡

钢制辐射板的板面为薄钢板，厚度一般为 0.5～1.0mm；加热管通常为焊接钢管，管径为 DN15、20、25；为使板面温度均匀且导热好，小管与板面要接触严密，管间距宜小（100mm 左右）。保温材料为蛭石、珍珠岩、岩棉等。

根据钢管与钢板的连接方式不同，单块钢制辐射板分为 A 型与 B 型两类。A 型，加热管外壁周长的 1/4 嵌入钢板槽内，并以 U 形螺栓固定；B 型，加热管外壁周长的 1/2 嵌入钢板槽内，并以管卡固定。

如只要辐射板在板前辐射热量（称单面辐射板），则背面加保温层。可另在背板内填散状保温材料，也可直接粘贴上块状或毡状保温材料。背面方向的散热量，约占板总散热量的 10%。

背面不保温的辐射板，称为双面辐射板。双面辐射板可以垂直安装在多跨车间的两跨之间，使其双向散热，其散热量比同样的单面辐射板增加 30% 左右。

钢制块状辐射板构造简单，加工方便，在同样的放热情况下，所耗金属量可比铸铁散热器供暖系统节省 50% 左右。

（二）带状辐射板

带状辐射板是将单块辐射板按长度方向串联而成，如图 2-17 所示。带状辐射板通常采用沿厂房的长度方向布置，长达数十米，水平吊挂在屋顶下或屋架下弦下部。

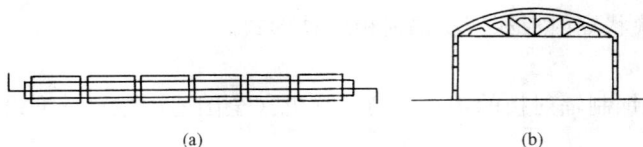

图 2-17　带状辐射板示意图
（a）组成；（b）布置

带状辐射板适用于大空间建筑。带状辐射板与块状比较，由于排管较长，加工安装不便。

（三）钢制辐射板的安装

辐射板的安装，可有下列三种形式，如图 2-18 所示。

（1）水平安装，热量向下辐射。

（2）倾斜安装，倾斜安装在墙上或柱间，热量倾斜向下方辐射。采用时应注意选择合适的角度，一般应使板中心的法线通过工作区。

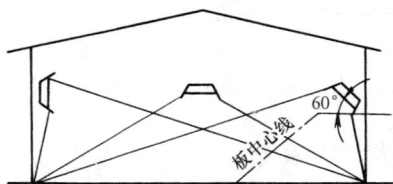

图 2-18　辐射板安装示意图

（3）垂直安装，单面板可以安装在墙上，双面板可以垂直安装在两个柱子之间，向两面散热。

辐射板的安装高度，变化范围较大。通常不宜安装得过高，尤其是沿外墙水平安装时，如装置过高，则相当一部分辐射热被外墙吸收，从而增加了车间的耗热。在多尘车间里，辐射板散出的辐射热，有一部分会被尘粒吸收，变为对流热，因而使辐射供暖的效果降低。但辐射板安装的高度过低，会使人有烧烤的不舒适感。因此，钢制辐射板的最低安装高度，应根据热媒的平均温度和安装角度确定。

此外，在布置全面供暖的辐射板时，应尽量使生活地带或作业地带的辐射强度均匀，并应适当增加外墙和大门处的辐射板数量。

三、暖风机

暖风机是由通风机、电动机及空气加热器组合而成的联合机组。在风机作用下，空气由吸风口进入机组，经空气加热器加热后，从送风口送至室内，以维持室内要求的温度。

暖风机分为轴流式与离心式两种，常称为小型暖风机和大型暖风机。根据其结构特点及适用的热媒不同，又可分为蒸汽暖风机、热水暖风机、蒸汽热水两用暖风机及冷热水两用暖风机等。

（一）轴流式暖风机

目前国内常用的轴流式暖风机主要有蒸汽、热水两用的 NC 型（见图 2-19）、NA 型暖风机和冷热水两用的 S 型暖风机。

轴流式暖风机体积小，结构简单，安装方便。但它送出的热风气流射程短，出口风速低。所以它主要用于加热室内再循环空气，一般将其悬挂或支架在墙上或柱子上。热风经出风口处百叶调节板，直接吹向工作区。

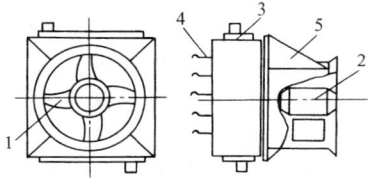

图 2-19　NC 型轴流式暖风机
1—轴流式风机；2—电动机；3—加热器；4—百叶片；5—支架

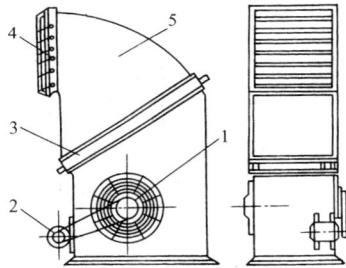

图 2-20　NBL 型离心式暖风机
1—离心式风机；2—电动机；3—加热器；4—导流叶片；5—外壳

（二）离心式暖风机

离心式大型暖风机主要有蒸汽、热水两用的 NBL 型暖风机（见图 2-20）。离心式暖风机是用于集中输送大量热风的供暖设备。由于它配用离心式通风机，有较大的作用压头和较高的出口速度，比轴流式暖风机的气流射程长很多，送风量和产热量大，常用于集中送风供暖系统。离心式大型暖风机，除用于加热室内再循环空气外，也可用来加热一部分室外新鲜空气，同时用于房间通风和供暖上。但应注意，对于空气中含有燃烧危险的粉尘，产生易燃、易爆气体的纤维，而又未经处理的生产厂房，从安全角度考虑，不得采用再循环空气。

由于空气的热惰性小，在车间内设置暖风机热风供暖时，一般还应适当设置一些散热器，以便在非工作时间，可关闭部分或全部暖风机，并由散热器散热维持生产车间工艺设备所需的最低室内温度（最低不低于 5℃），称为值班采暖。

（三）暖风机的布置

在生产厂房内布置暖风机时，应考虑车间的几何形状、工作区域、工艺设备位置及暖风机气流作用范围等因素。

采用小型暖风机供暖时，为使车间温度场均匀，保持一定的断面流速，布置时宜使暖风机的射流互相衔接，使供暖房间形成一个总的空气环流。同时室内空气的循环次数，每小时不宜小于 1.5 次。

图 2-21 所示为常见小型暖风机布置的三种方案。图 2-21（a）为直吹布置，暖风机布置在内墙一侧，射出热风与房间短轴平行，吹向外墙或外窗方向，以减少冷空气渗透。图 2-21（b）为斜吹布置，暖风机布置在房间中部的纵轴线上，把热空气向外墙斜吹。图 2-21（c）为顺吹布置，厂房较宽，暖风机又无法在纵轴线上布置，可使暖风机沿四边墙串联吹射，避免气流互相干扰，使室内空气温度较均匀。

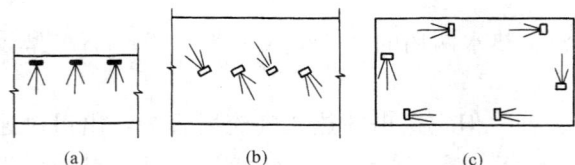

图 2-21　轴流式暖风机布置方案
(a) 直吹；(b) 斜吹；(c) 顺吹

小型暖风机的安装高度（指其出风口离地面的高度），当出口风速小于或等于 5m/s 时宜采用 3～3.5m，当出口风速大于 5m/s 时宜采用 4～4.5m。这样可保证生产厂房的工作区风速不大于 0.3m/s。

暖风机的送风温度宜采用 35～50℃。送风温度过高，热射流呈自然上升趋势，会使车间下部加热不好；送风温度过低，易使人有吹冷风的不舒服的感觉。

在高大厂房内，如果内部的隔墙和设备布置不影响气流组织，宜采用大型暖风机集中送风。由于大型暖风机出口速度和风量都很大，一般沿车间的长度方向布置。气流射程应大于车间供暖区的长度。在射程区域内不应有高大设备或其他遮挡，避免造成整个平面上的温度梯度达不到设计要求。

大型暖风机的安装高度应根据房间的高度和回流区的分布位置等因素确定，不宜低于 3.5m，但不得高于 7.0m。射流不要直吹房间的生活地带或作业地带，要使生活地带或作业地带处于集中送风的回流区。生活地带或作业地带的风速，一般不宜大于 0.3m/s。送风口的风速一般可采用 5～15m/s。集中送风的送风温度，宜采用 30～50℃，不得高于 70℃，以免热气流上升而无法向房间工作地带供暖。当房间高度或集中送风温度较高时，要在送风口处设置下倾斜导流板。

第四节　散热器的安装与养护

一、散热器的安装

（一）散热器的安装位置

散热器的布置与安装位置是力求使室温均匀，室外渗入的冷空气能较迅速地被加热，工作区（或呼吸区）温度适宜，尽量少占用室内有效空间和使用面积。

散热器一般布置在房间外墙一侧，有外窗时应装在窗台下，这样可直接加热由窗缝渗入的冷空气，还可阻止沿外墙下降的冷气流，避免外墙、外窗形成的冷辐射和冷空气侵袭人体，使室温趋于均匀。

由于热空气上升的原因，楼梯间的散热器应尽量布置在底层，或按一定比例分配在下部各层。为防止散热器冻裂，两道外门之间、门斗及紧靠开启频繁的外门处不宜设置散热器。

（二）安装前的准备

1. 铸铁散热器

应以现场组装为主。因为目前国产铸铁散热器，多为丝对连接，如在生产厂组装完毕，再经长途、远距离运输到工程安装地点，会因长途颠簸而使接口松动，导致漏水。组装前应按产品样本要求进行外观检查及单片试压，组装后应按产品样本规定的试验压力或工程设计及施工验收规范规定的试验压力进行整组试压，合格后方可就位安装。就位前应先刷防锈漆及面漆。

2. 钢制、铝制散热器

现场安装前也应根据产品样本进行抽检或全面检验。特殊重要的工程或当地质检部门有特殊要求时，还应进行散热器热工性能抽检，以检查到货的散热器的热工性能是否与产品样本相符。

钢制及铝制散热器，在出厂前已将面漆做好，所以从产品的存放到就位安装，都应特别注意，以防损伤。

（三）安装方式与尺寸

铸铁散热器有立地安装（有足）和壁挂式安装两种安装形式。壁挂式安装时其专用的托钩（多用 $\phi16$ 圆钢锻制，见图 2-27），应埋设于墙内；地面上立地安装时，为防止散热器摆动，在散热器的上部接口处也应适当加设拉钩。个别墙壁不允许埋设托钩者，只好另配专用支架。

钢制及铝制散热器多为壁挂式安装。由于质量较轻，其托钩可以直埋墙内，或用膨胀螺栓固定托架。托架或托钩一般均由散热器生产厂配套供应。

散热器托钩的数量及安装尺寸，随散热器品种而异，可按照产品样本及施工验收规范或国家或地区的供暖设备安装标准图进行。其主要安装尺寸要求如下。

1. 散热器背面距墙皮的距离

（1）一般散热器为 40～50mm，特殊要求者除外。

（2）钢制串片式散热器为 20～30mm。

2. 散热器下沿距地面高度

（1）有足的铸铁散热器及其他散热器按产品样本所列的实际尺寸，一般为 70～80mm。

（2）壁挂式安装的散热器，其下沿距地的高度一般为 100～150mm。

（3）壁龛式暗装（或半暗装）时，散热器上沿距窗台板下沿应大于 100mm，当小于此值时，再进行散热器数量修正。各型散热器的安装图详见图 2-22～图 2-27。

散热器的安装要求平、直并与墙面协调，不能歪斜，影响室内美观。

二、散热器的养护

（一）散热器冲洗及试压

1. 系统冲洗

散热器安装完毕后，由于施工过程中的油麻等污物，以及管道煨弯及铸铁散热器腔内的粘砂等原因和一些出乎常规料想的特殊原因，容易堵塞，因此散热器在安装完毕、正式使用前必须进行冲洗。冲洗一般在试压之后进行。在系统灌满水后，从最低点以较大直径的溢水阀门排出，反复几次，直到将污浊物冲净为止。对过滤器更应特别注意，必要时要将过滤器拆开清洗；否则，会影响散热器的正常运行。

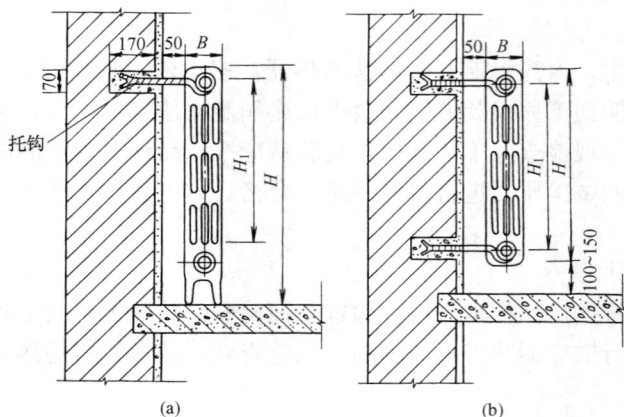

托钩数目

每组片数	3～8	9～12	13～16	17～20	21～24
上部托钩	1	1	2	2	2
下部托钩	2	3	4	5	6
托钩总数	3	4	6	7	8

图 2-22　铸铁柱型散热器安装图

（a）落地安装；（b）挂式安装

2. 散热器试压

供暖系统全部安装完毕后，应进行系统试压（水压或气压），包括全部管道、阀门、散热器及其他附属设备。试压时的压力值应由工程供暖设计图纸指定，或按系统规定的工作压力要求按施工验收规范有关规定确定。

（二）散热器的防腐

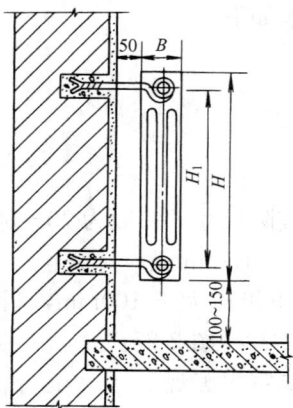

托钩数目

每组片数	3～15	16～25
上部托钩	1	2
下部托钩	2	3
托钩总数	3	5

图 2-23　钢制柱式散热器安装图

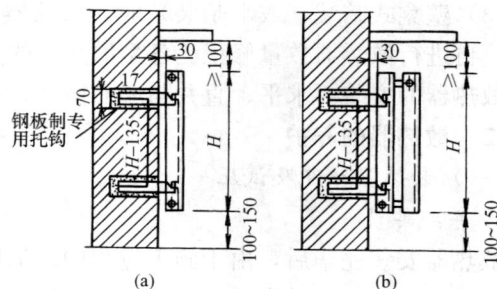

图 2-24　钢制扁管式散热器安装图

（a）单排；（b）双排

钢制散热器的防腐是散热器养护的重要内容，供暖水质和系统运行状况是散热器出现腐蚀的条件，因此在保证散热器质量的前提下，改善供暖水质和加强运行管理是解决钢制散热器腐蚀问题的关键。在潮湿房间或有腐蚀性气体的房间更应注意散热器的防腐。

另外，散热器在运行过程中，应经常检查是否散热均匀，及时清扫散热器表面积灰，特别是钢串片散热器由于不断胀缩，易造成串片松动，导致散热效果变差，要及时更换和维修串片松动的散热器。

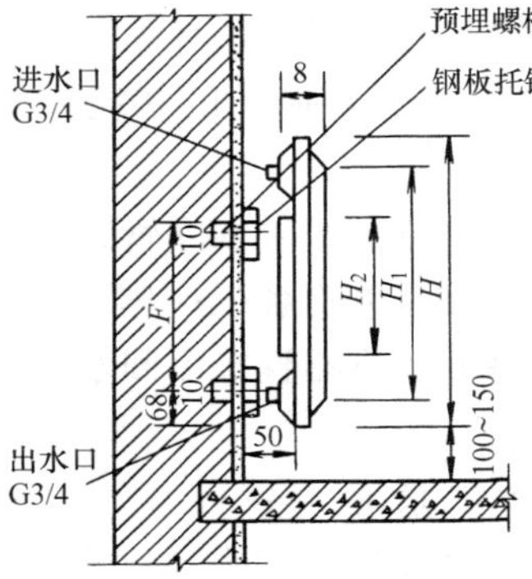

图 2-25　钢制板式散热器安装图 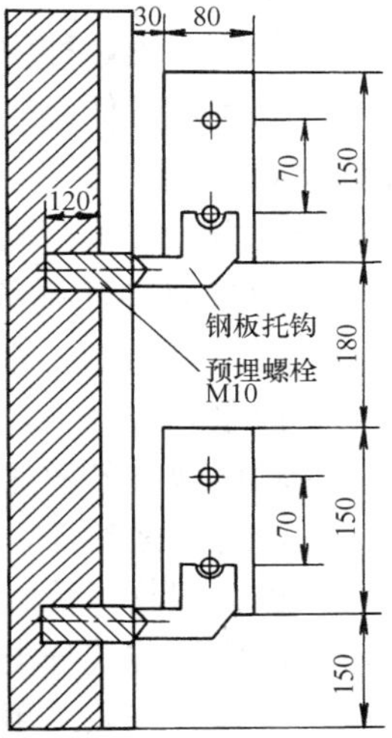　　图 2-26　钢制串片式散热器安装图

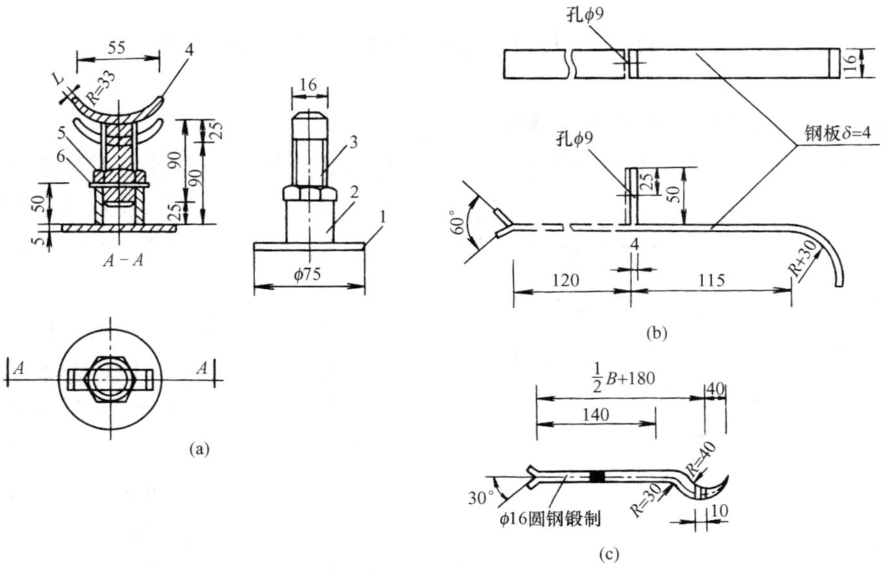

图 2-27　散热器安装用托钩及卡件

（a）落地支座；（b）上部卡件；（c）托钩

第三章　热水供暖系统

在冬季，为了使室内温度保持在一定范围内，必须向室内供给相应的热量。向室内提供热量的设备系统称为供暖系统。

以热水为热媒的供暖系统，称为热水供暖系统。热水供暖系统可按下述方法进行分类：

（1）按热媒温度分类，有低温热水供暖系统（热媒温度等于或低于100℃）和高温热水供暖系统（热媒温度高于100℃）。

（2）按系统循环动力分类，有重力循环（即自然循环）和机械循环系统。靠水的密度差进行循环的系统，称为重力循环系统；靠机械（水泵）力进行循环的系统，称为机械循环系统。

（3）按系统供、回水方式分类，有单管和双管系统。热水经供水立管或水平供水管顺序流过各组散热器，并顺序地在各散热器中冷却的系统，称为单管系统；热水经供水立管或水平供水管平行地分配给各组散热器，冷却后的回水自每个散热器直接沿回水立管或水平回水管流回热源的系统，称为双管系统。

（4）按系统管道的敷设方式分类，有垂直式和水平式系统。

室内热水供暖系统，大多数采用低温水作为热媒，设计供、回水温度多采用95℃/70℃（也有采用85℃/60℃）。高温水供暖系统一般宜在生产厂房中应用，设计供、回水温度大多采用120~130℃/70~80℃。

第一节　重力（自然）循环热水供暖系统

一、重力循环热水供暖系统的主要形式

重力循环热水供暖系统主要分单管和双管两种形式。图3-1为重力循环热水供暖系统的主要图式。图3-1（a）为双管上供下回式系统；图3-1（b）为单管上供下回式系统。

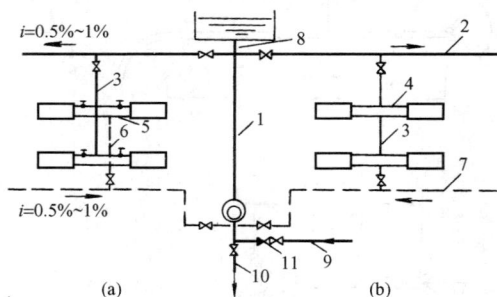

图3-1　重力循环热水供暖系统

（a）双管上供下回式系统；（b）单管上供下回式系统

1—总立管；2—供水干管；3—供水立管；4—散热器供水支管；5—散热器回水支管；6—回水立管；7—回水干管；8—膨胀水箱连接管；9—充水管（接上水管）；10—泄水管（接下水道）；11—止回阀

重力循环热水供暖系统内水流速度较慢，水平干管中水的流速小于0.2m/s，而干管中空气气泡的浮升速度为0.1~0.2m/s，在立管中约为0.25m/s，所以水中的空气能够逆着水流方向向高处聚集。在上供下回重力循环热水供暖系统充水与运行时，空气经过供水干管聚集到系统最高处，再通过膨胀水箱排往大气。因此，系统的供水干管必须有向膨胀水箱方向上升的坡向，其坡度为0.5%~1.0%。而散

热器支管的坡度一般取 1%。回水干管则有向锅炉方向下降的坡向，其坡度为 0.5% ～ 1.0%。这是为了保证系统在检修时，水能通过回水干管顺利地排出及排除系统中的空气。

二、重力循环热水供暖系统的组成、工作原理及其作用压力

热水供暖系统，按照水在系统中进行循环的动力可分为两种：一种是靠水的密度差进行循环的重力循环系统；另一种是靠机械（水泵）力进行循环的机械循环系统。图 3-2 是重力循环热水供暖系统工作原理图。

重力循环热水供暖系统主要由热源、供水管、回水管和散热设备组成。图 3-2 中假设整个系统有一个散热中心 1（散热器）和一个加热中心 2（锅炉），两者由供水管路 3 和回水管路 4 连接起来。在系统的最高处有一个膨胀水箱 5，用来容纳水受热后因膨胀而增加的体积。

在系统工作之前，先将系统中充满冷水。当水在锅炉中被加热后，它的密度减小，同时受从散热器流回来密度较大的回水的驱动，使热水沿着供水干管上升，流入散热器。在散热器内水被冷却，再沿回水干管流回锅炉。这样，水连续被加热，热水不断上升，在散热器及管路中散热冷却后的回水又流回锅炉被重新加热，形成如图 3-2 中箭头所示方向的循环流动。这种循环称为重力（自然）循环。

由此可见，重力循环热水供暖系统的循环作用压力的大小，取决于水温（水的密度）在循环环路的变化情况。若循环环路内各点的水温已知，则水的密度也已知，便能确定系统循环压力的大小。下面具体分析这个问题。

在循环环路的管路上，由于管壁散热，水的温度和密度沿环路的全长不断变化，它形成无穷多个冷却中心，若忽略管路中水的温降，就可以大大简化计算方法。以最简单的系

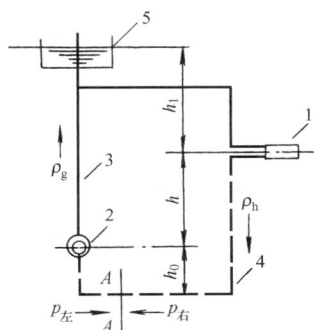

图 3-2　重力循环热水供暖系统
工作原理
1—散热器；2—热水锅炉；3—供水
管路；4—回水管路；5—膨胀水箱

统（见图 3-2）为例来分析。首先假设，在循环环路内，水温只在两处发生变化，即在锅炉内（加热中心）和散热器内（冷却中心）。在图 3-2 中，供水管用实线表示，其水温为 t_g（℃），密度为 ρ_g（kg/m³）。回水管用虚线表示，其水温为 t_h（℃），密度为 ρ_h（kg/m³）。系统内各设备之间的垂直距离分别用 h_0、h 和 h_1 表示。如果假设在图 3-2 中循环环路最低点的断面 A-A 处有一个假想阀门，若突然将阀门关闭，则在断面 A-A 两侧受到不同的水柱压力，这两侧所受到的水柱压力之差就是驱使水进行循环流动的作用压力。可用下列公式表示：

断面 A-A 右侧的水柱压力为

$$p_1 = g\ (h_0\rho_h + h\rho_h + h_1\rho_g)\quad\text{Pa}$$

断面 A-A 左侧的水柱压力为

$$p_2 = g\ (h_0\rho_h + h\rho_g + h_1\rho_g)\quad\text{Pa}$$

断面 A-A 两侧之差值，即系统内的循环作用压力，其值为

$$\Delta p = p_1 - p_2 = gh\ (\rho_h - \rho_g)\quad\text{Pa} \tag{3-1}$$

式中　Δp——自然循环系统的作用压力，Pa；

　　　g——重力加速度，m/s²，取 9.81；

h——加热中心到冷却中心的垂直距离，m；

ρ_h——回水的密度，kg/m^3；

ρ_g——供水的密度，kg/m^3。

不同水温下水的密度，见表 A14。

由式（3-1）可知，起循环作用的只有散热器中心和锅炉中心之间的这段高度内的水柱密度差。如果取供水温度 95℃，回水 70℃，则每米高差可产生的作用压力为

$$gh（\rho_h-\rho_g）=9.81\times1\times（977.81-961.92）=156Pa$$

三、重力循环热水双管供暖系统作用压力的计算

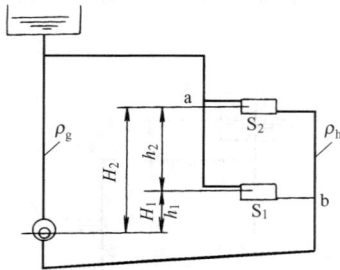

图 3-3 双管供暖系统

重力循环热水双管供暖系统的特点是各层的散热器都并联在供水与回水管路之间。热水直接分配到各层的散热器，冷却后的回水自每个散热器直接流回锅炉（见图 3-3）。

在双管供暖系统里，如图 3-3 中，散热器 S_2 和 S_1 并联，热水同时在两层冷却。它的两个冷却中心是分别经两个支路 aS_2b 和 aS_1b 并联在一起的，而每个支路里只有一个冷却中心。

对于包括 aS_1b 的环路，它的自然循环作用压力等于

$$\Delta p_1=gh_1（\rho_h-\rho_g）\quad Pa \tag{3-2}$$

而对于包括 aS_2b 的环路，它的自然循环作用压力等于

$$\Delta p_2=g（h_1+h_2）（\rho_h-\rho_g）=\Delta p_1+gh_2（\rho_h-\rho_g）\quad Pa \tag{3-3}$$

显而易见，在两个散热器 S_2 和 S_1 的并联环路中，经过 S_2 散热器的作用压力比经过 S_1 散热器的大，其差值为

$$\Delta p_1-\Delta p_2=gh_2（\rho_h-\rho_g）\quad Pa$$

这个差值使上层环路比下层增加了作用压力。所以，计算上层的环路时，必须考虑上述差值。

由此可见，在双管系统中，由于各层的散热器与锅炉的高差不同，虽然进入和流出各层散热器的供、回水温度相同（不考虑管路沿途冷却的影响），也将形成上层作用压力大、下层作用压力小的现象。若选用了不同管径仍不能使各层阻力损失平衡，由于流量分配不均，必然要出现上热下冷的现象，即所谓的垂直失调，且楼层数越多，其上下环路差值越大，上热下冷的现象就越严重。

四、重力循环热水单管供暖系统作用压力的计算

单管系统的特点是各层散热器是串联的，热水顺序地沿各层散热器冷却。

对于单管系统的作用压力，由于各层的散热器都串联在一个循环环路上，立管上的自然循环作用压力是一个，故单管系统不存在如双管系统那样的垂直失调现象。但由于经过各层散热器的水温越来越低，下层房间散热器的数量要增加。

在单管系统里，如图 3-4 所示，散热器 S_1 和 S_2 串联；热水在散热器 S_2、S_1 里顺序地冷却；在循环环路中的压力，按图 3-2 分析结果，引起自然循环作用压力的高是（h_1+

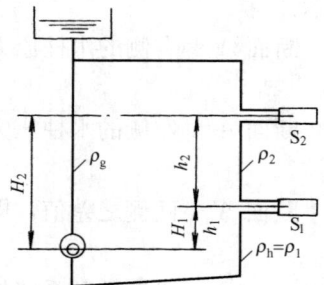

图 3-4 单管供暖系统

h_2），水冷却后的密度分别为 ρ_2、ρ_h，故循环作用压力的值为

$$\Delta p = g h_1 (\rho_h - \rho_g) + g h_2 (\rho_2 - \rho_g) \quad \text{Pa} \tag{3-4}$$

式（3-4）也可写为

$$\Delta p = g(h_1 + h_2)(\rho_2 - \rho_g) + g h_1 (\rho_h - \rho_2)$$
$$= g H_2 (\rho_2 - \rho_g) + g H_1 (\rho_h - \rho_2) \quad \text{Pa}$$

同理，若循环环路中有许多串联的冷却中心（即散热器），如图 3-5 所示，其作用压力可写为

$$\Delta p = \sum_{i=1}^{N} g h_i (\rho_i - \rho_g) = \sum_{i=1}^{N} g H_i (\rho_h - \rho_i) \quad \text{Pa} \tag{3-5}$$

式中　N——在循环环路中，冷却中心的总数；

　　　g——重力加速度，m/s^2，取 9.81；

　　　h_i——从计算冷却中心到下一层冷却中心（散热器中心）之间的垂直距离，m；

　　　H_i——从计算冷却中心到锅炉中心之间的垂直距离，m；

　　　ρ_{i+1}——进入所计算的冷却中心的水的密度，kg/m^3；

　　　ρ_i——流出所计算的冷却中心的水的密度，kg/m^3；

　　　ρ_g——供暖系统的供水密度，kg/m^3。

从上面作用压力的计算公式可知，热水供暖系统的循环环路中的作用压力与水温变化有关，同时，与加热中心和冷却中心的相对位置、高度差及冷却中心的个数有关。

为了计算单管顺流式系统重力循环作用压力，需要求出各个冷却中心之间管路中水的密度 ρ_i。为此，首先要确定各散热器之间管路的水温 t_i。

现仍以图 3-5 为例，设供、回水温度分别为 t_g、t_h。建筑物为八层（$N=8$），每层散热器的散热量分别为 Q_1，Q_2，…，Q_8，即立管的热负荷为

$$\Sigma Q = Q_1 + Q_2 + \cdots + Q_8 \quad \text{W} \tag{3-6}$$

图 3-5　计算单管系统中层立管水温示意图

通过立管的流量，按其所担负的全部热负荷计算，可用下式确定

$$G_L = \frac{A \Sigma Q}{c (t_g - t_h)} = \frac{3.6 \Sigma Q}{4.187 (t_g - t_h)} = 0.86 \frac{\Sigma Q}{(t_g - t_h)} \quad \text{kg/h} \tag{3-7}$$

式中　ΣQ——立管的总热负荷，W；

　　　c——水的比热容，$c = 4.187 \text{kJ/(kg} \cdot \text{℃)}$；

　　　A——单位换算系数（$1\text{W} = 1\text{J/s} = 3600/1000 \text{kJ/h} = 3.6 \text{kJ/h}$）；

　　　t_g、t_h——立管的供、回水温度，℃。

同理，流出某一层（如第二层）散热器的水温 t_2，根据上述平衡方程式，可按下式计算

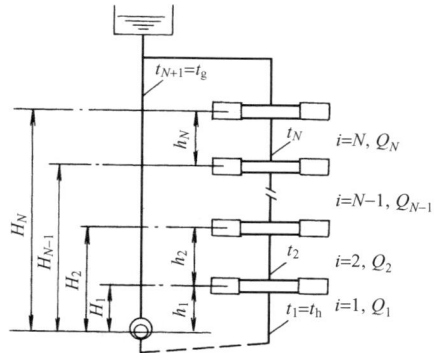

$$G_{L}=0.86 \frac{(Q_2+Q_3+\cdots+Q_8)}{(t_g-t_2)} \qquad \text{kg/h} \tag{3-8}$$

式 (3-8) 与式 (3-7) 相等，由此，可求出流出第二层散热器的水温 t_2 为

$$t_2=t_g-\frac{Q_2+Q_3+\cdots+Q_8}{\sum Q}(t_g-t_h) \qquad \text{℃} \tag{3-9}$$

根据上述方法，串联 N 组散热器的系统，流出第 i 组散热器的水温 t_i（令沿水流动方向最后一组散热器为 $i=1$），可按下式计算

$$t_i=t_g-\frac{\sum\limits_{i=1}^{N}Q_i}{\sum Q}(t_g-t_h) \qquad \text{℃} \tag{3-10}$$

式中 t_i——流出第 i 组散热器的水温，℃；

$\sum\limits_{i=1}^{N}Q_i$——沿水流动方向，在第 i 组（包括第 i 组）散热器前的全部散热器的散热量，W。

其他符号同前。

当管路中各管段的水温 t_i 确定后，相应可确定其 ρ_i 值。利用式 (3-5)，即可求出单管顺流式重力循环系统的作用压力值。

对于单管跨越式热水供暖系统，其作用压力一般是通过分析立管管段和跨越管段组合的环路进行计算的，计算方法同单管顺流式系统。首先应求出立管上各管段中的水温，即各层散热器之间立管管段中水的混合温度

$$t_{hun}=t_g-\frac{\sum\limits_{i=1}^{n-1}Q_i}{\sum Q}(t_g-t_h)$$

$$=t_g-\frac{0.86\sum\limits_{i=1}^{n-1}Q_i}{G_1} \tag{3-11}$$

式中 t_{hun}——从上面算起第 n 层立管中的水温，℃；

$\sum\limits_{i=1}^{n-1}Q_i$——第 n 层以上散热器的总热负荷，W。

假设总层数 $N=2$，则当已知混合温度 t_{hu1} 后，利用式 (3-5)，就很容易求出自然作用压力为

$$\Delta p=gh_1(\rho_h-\rho_g)+gh_2(\rho_{hu1}-\rho_g) \tag{3-12}$$

或

$$\Delta p=g(h_1+h_2)(\rho_{hu1}-\rho_g)+gh_1(\rho_h-\rho_{hu1}) \tag{3-13}$$

单管系统和双管系统相比，除了作用压力计算方法不同外，各层散热器的平均进出水温也不相同。在双管系统中，各层散热器的平均进出水温是相同的；而在单管系统中，各层散热器的进出口水温不相等。越在下层，进水温度越低，因而各层散热器的传热系数 K 值也不相等。由于这个因素影响，单管系统立管的散热器总面积一般比双管系统的稍大些。

在单管系统运行期间，由于立管的供水温度或流量不符合设计要求，也会出现垂直失调现象。但在单管系统中，影响垂直失调的原因，不是如双管系统那样，由于各层作用压力不

同造成的，而是由于各层散热器的传热系数 K 随各层散热器平均计算温度差的变化程度不同而引起的。

在上述计算中，并没有考虑水在管路中沿途冷却的因素，假设水温只在加热中心和冷却中心发生变化，水的温度和密度沿循环环路不断变化，不仅影响各层散热器的进、出口水温，同时也增大了循环作用压力。由于重力循环作用压力不大，因此，在确定实际循环作用压力时，必须将水在管路中冷却所产生的作用压力也考虑在内。

在工程计算中，首先确定只考虑水在散热器内冷却时所产生的作用压力；然后根据不同情况，增加一个考虑水在循环环路中冷却的附加作用压力。它的大小与系统供水管路布置状况、楼层高度、所计算的散热器与锅炉之间的水平距离等因素有关。其数值选用，可参见表 A15。

总的重力循环作用压力，可用下式表示

$$\Delta p_{zh} = \Delta p + \Delta p_f \qquad \text{Pa} \tag{3-14}$$

式中　Δp——重力循环系统中，水在散热器内冷却产生的作用压力，Pa；

　　　Δp_f——水在循环环路中冷却的附加作用压力，Pa。

【例题 3-1】　如图 3-6 所示，设 $h_1 = 3.2$m，$h_2 = h_3 = 3.0$m；散热器热负荷：$Q_1 = 700$W，$Q_2 = 600$W，$Q_3 = 800$W。供水温度为 95℃，回水温度为 70℃。要求确定：

（1）双管系统的循环作用压力；

（2）单管系统各层之间立管的水温；

（3）单管系统的重力循环作用压力。

为了简化计算，此题不考虑热水在管路中沿途的冷却。

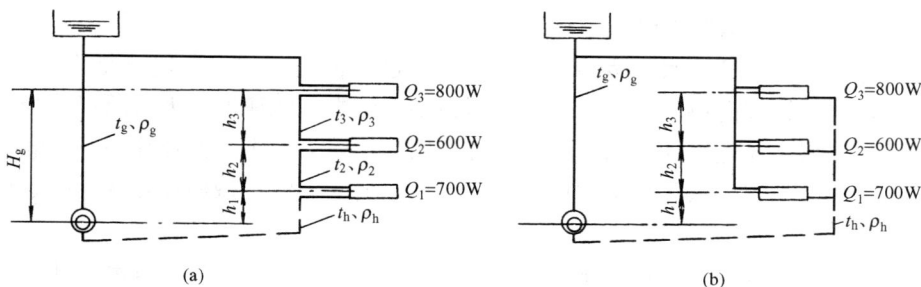

图 3-6　［例题 3-1］附图

解　1. 求双管系统的重力循环作用压力

系统的供、回水温度，$t_g = 95$℃，$t_h = 70$℃。查表 A14 得 $\rho_g = 961.92$kg/m³，$\rho_h = 977.81$kg/m³。

根据式（3-2）和式（3-3），通过各层散热器循环环路的作用压力分别为：

第一层　$\Delta p_1 = gh_1(\rho_h - \rho_g) = 9.81 \times 3.2(977.81 - 961.92) = 498.8$Pa

第二层　$\Delta p_2 = g(h_1 + h_2)(\rho_h - \rho_g) = 9.81 \times (3.2 + 3.0) \times (977.81 - 961.92) = 966.5$Pa

第三层　$\Delta p_3 = g(h_1 + h_2 + h_3)(\rho_h - \rho_g) = 9.81 \times (3.2 + 3.0 + 3.0) \times (977.81 - 961.92)$
　　　　　　 $= 1434.1$Pa

第三层与第一层循环环路的作用压力差值为

$$\Delta p = \Delta p_3 - \Delta p_1 = 1434.1 - 498.8 = 935.3 \text{Pa}$$

由此可见,楼层数越多,底层与顶层循环环路的作用压力差越大。

2. 求单管系统各层立管的水温

利用式 (3-10),可求出流出第三层散热器管路上的温度

$$t_3 = t_g - \frac{Q_3}{\sum Q}(t_g - t_h) = 95 - \frac{800}{2100}(95-70) = 85.5 ℃$$

相应水的密度　　$\rho_3 = 968.32 \text{kg/m}^3$

流出第二层散热器管路上的水温

$$t_2 = t_g - \frac{Q_3 + Q_2}{\sum Q}(t_g - t_h) = 95 - \frac{800+600}{2100}(95-70) = 78.3 ℃$$

相应水的密度　　$\rho_2 = 972.88 \text{kg/m}^3$

3. 求单管系统的作用压力

根据式 (3-5)

$$\Delta p = g \sum_{i=1}^{n} h_i (\rho_i - \rho_g) \qquad \text{Pa}$$

故　　　　$\Delta p = g[h_1(\rho_h - \rho_g) + h_2(\rho_2 - \rho_g) + h_3(\rho_3 - \rho_g)]$
$$= 9.81[3.2(977.81 - 961.92) + 3.0(972.88 - 961.92)$$
$$+ 3.0(968.32 - 961.92)]$$
$$= 1009.7 \text{Pa}$$

第二节　机械循环热水供暖系统

一、机械循环热水供暖系统的工作原理

如前所述,重力循环热水供暖系统是依靠重力进行循环,其主要优点是无须消耗电能,运行无噪声,维护管理简单。但是由于作用压力小,管中水流速度不大,所以管径就相对要大一些,而且作用半径也受到限制。如果系统作用半径较大,重力循环往往难以满足系统的工作要求。因此,与重力循环系统相比,以水泵为主要动力的机械循环热水供暖系统应用就更为广泛。

机械循环热水供暖系统原理图见图 3-7。由图 3-7 可知,机械循环系统区别于重力循环

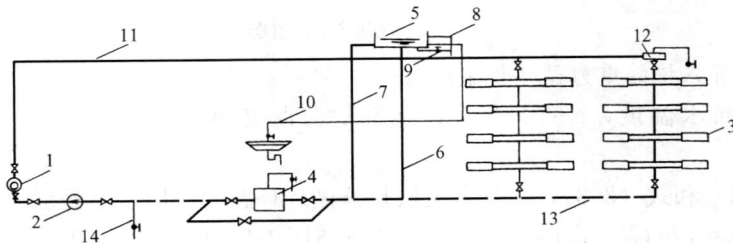

图 3-7　机械循环热水供暖系统原理图

1—锅炉;2—水泵;3—散热器;4—除污器;5—膨胀水箱;6—膨胀管;7—循环管;

8—溢流管;9—排污管;10—信号管;11—供水干管;12—集气罐;13—回水干管;

14—补水管

系统的主要特征是，在回水总管上设有循环水泵。循环水泵的作用压头，是机械循环系统热水循环的主要动力。膨胀水箱连接在回水干管上，其主要目的在于使水泵的压头在系统中得到合适的分布。这也是与重力循环系统的明显差别。因此，膨胀水箱在机械循环系统中只起补偿水的体积变化的作用。在运行中，空气通过设在系统最高处的集气罐或排气阀排出。此外，机械循环系统管道的水流速度比重力循环大得多。水中所含铁锈、污泥、铸铁散热器中残留的型砂等会被带至水泵、锅炉，甚至堵塞管路。为避免这些现象，在循环水泵之前的回水总管上或供暖入口的供水总管上装设有除污器。

膨胀水箱连接在水泵的吸入端，可使整个系统处于正压下工作。这就保证了系统中的水不致汽化，从而避免了因水汽化而中断水循环的可能。由于在机械循环系统中，水流的速度常常超过了自水中分离出来的空气气泡的浮升速度，为了使气泡不致被带入立管，在供水干管内要使气泡随着水流方向流动，所以应按水流方向设上升的坡度。气泡聚集在系统的最高处，通过设在最高点的排气设备将空气排至系统外。供水及排水干管的坡度根据设计规范规定 $i \geqslant 0.002$，一般常取 $i = 0.003$。回水干管的坡向要求与重力循环系统相同，其目的在于使系统内的水全部排出。

系统在开始运行前，需先使整个系统充满水。水由连接于回水总管上的补水管补入，并且自下而上缓缓充满整个系统。系统中的空气由膨胀水箱及排气装置（集气罐、手动或自动排气阀）排至大气。当膨胀水箱的信号管有水流出时，表示系统已充满水。此时，启动循环水泵，系统内的水便沿着由供水管、锅炉、散热器及回水管所构成的环路循环。若锅炉也点燃，则水在锅炉中被加热并送至散热器，在散热器中散热冷却，然后返回锅炉，达到向房间供暖的目的。

二、机械循环热水供暖系统的主要形式

机械循环热水供暖系统的循环作用压力一般比较大，因此，在形式种类上就多一些，应用范围也更广一些。

（一）垂直式系统

垂直式系统按供、回水干管布置的位置，可分为上供下回式双管和单管系统、下供下回式双管系统、下供上回（倒流式）系统和中供式系统等几种。

1. 上供下回式系统

图 3-8 为机械循环上供下回式热水供暖系统。立管 I 为双管式系统，在管路与散热器连接方式上与重力循环系统没有差别；立管 II 为单管顺流式系统，其特点是立管中的水全部顺次流入各层散热器，目前国内广泛应用，但不能进行局部调节；立管 III 为单管跨越式系统，其特点是一部分水流入散热器，另一部分水通过跨越管与散热器流出的水混合，再流入下一层散热器。与顺流式相比，由于只有一部分立管水流入散热器，在相同的散热量下，散热器出水温度低，散热器中热媒和室内空气的平均温差 Δt 减小，因而所需散热器面积比顺流式系统大一些。由图 3-8 还可看出，机械系统除膨

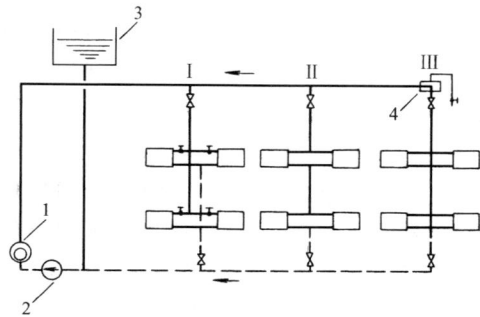

图 3-8 机械循环上供下回式热水供暖系统
1—锅炉；2—循环水泵；3—膨胀水箱；4—集气罐

胀水箱的连接位置与重力循环不同外，还增加了水泵和排气设备。

2. 下供下回式系统

机械循环下供下回式双管系统如图 3-9 所示，其供水和回水干管都设在底层散热器之下或地下室平顶下或地沟中。所以，在平顶的建筑物内，当顶层的顶棚下难以布置管路时，不能采用上供方式，或在有地下室的建筑物内，常采用下供下回方式。

下供下回式系统的空气排除较困难。一般通过装设在系统上部的空气管，再经过集气罐排气，或在最上层散热器装设放气阀来排气，或把空气管接到膨胀水箱排气。但是空气管与膨胀水箱连接管的连接点 a 必须如图 3-9 所示降低一些。用集气罐排气时，集气罐要低于空气管 300mm。空气管一般设置在顶层的顶棚下。实际上，无论哪种排气方式均增加了造价，而且使用管理也麻烦。

下供下回式热水供暖系统，由于越是底层散热器的水循环环路越短，所以阻力越小。这就在一定程度上补偿了双管系统低层作用压头小的不足。因而，各层环路阻力相对容易平衡，垂直失调也会减小。

3. 下供上回（倒流式）系统

机械循环下供上回（倒流式）热水供暖系统如图 3-10 所示，也有单管和双管系统之分。图 3-10 左侧是双管系统，右侧是单管顺流式系统。

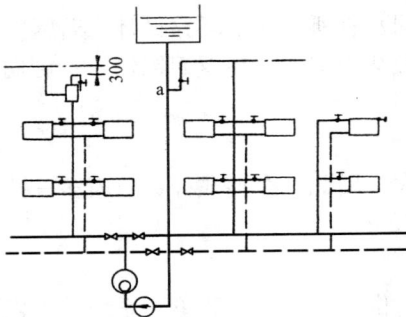

图 3-9　机械循环下供下回式双管系统　　图 3-10　机械循环下供上回式热水供暖系统

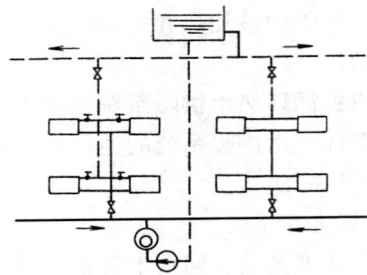

下供上回式系统由于供水干管在下，因此无效热损失较小。特别是下供上回式系统，由于水流与空气流动方向一致，因而空气容易排除。单管下供上回式系统用于高温水系统时，由于供水管在下，回水管在上，可以降低水箱标高。

下供上回式系统的缺点是散热器的放热系数比上供下回式系统低，故散热器面积要增加。

4. 中供式系统

有时由于建筑物顶层大梁底标高过低，或由于某种原因在顶层楼板下系统难以敷设管道时，可采用如图 3-11 所示的中供式热水供暖系统。由于供水干管在中间，相对地降低了立管的长度，所以可以减少垂直失调现象。而上层的排气仍需排气管或排气阀。该系统可用于加建楼层的建筑物或"品"字形建筑的供暖。

上述各种垂直式系统中，当各立管距总立管的水平距离不相等时，通过各立管的循环环路的总长度不相等，这种系统称为"异程系统"，如图 3-12 所示。由于机械循环系统的作用

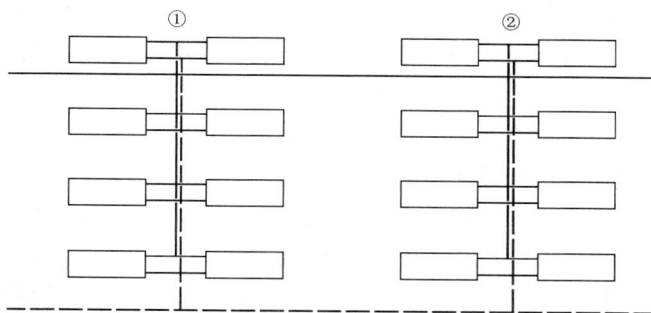

图 3-11　中供式热水供暖系统

半径很大，各环路的总长度就可能相差很大。因而，各立管环路的压力损失就难以平衡。有时靠近总立管最近的立管选用了最小管径 DN15 时，仍有很多剩余压头。这就会出现严重的"水平失调"现象。为此，常采用"同程系统"消除此现象。

图 3-13 是同程系统示意图。由于经过第一根立管①的环路（最近环路）和经过第三根立管③的环路（最远环路）长度相同，因此压力损失易于平衡。同程系统的管径比异程系统有时稍大，但由于它的上述优点，宜用于较大的建筑物内。

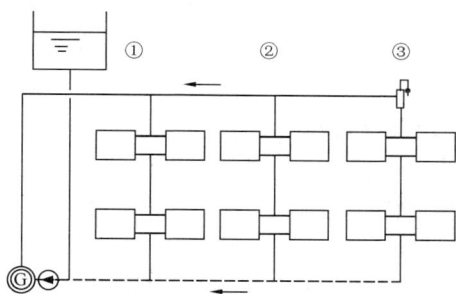

图 3-12　异程系统

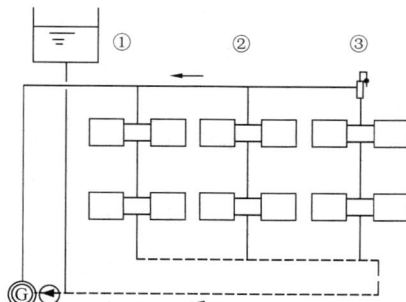

图 3-13　同程系统

（二）水平式系统

水平式系统按供水管与散热器的连接方式有顺流式（见图 3-14）和跨越式（见图 3-15）两种。

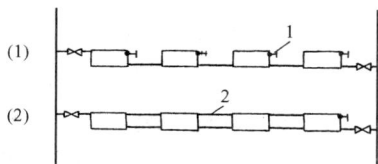

图 3-14　单管水平顺流式
1—冷风阀；2—空气管

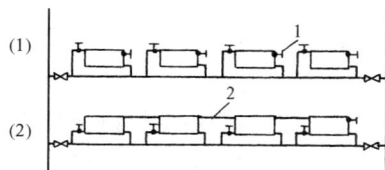

图 3-15　单管水平跨越式
1—冷风阀；2—空气管

顺流式系统比起跨越式系统可节省管材，但每个散热器不能进行局部调节。它只适用于室温控制要求不高的建筑物或大的房间中。

跨越式的连接方式可如图 3-15 (1)、(2) 所示两种，其优点是对散热器可进行单独调节。

水平式系统排气比垂直式上供下回系统麻烦。通常采用排气管集中排气或在各个散热器上安装排气阀排气。

水平式系统的总造价比垂直式系统少得多。但对较大系统而言，由于有较多散热器处于低温区，尾部的散热器面积可能比垂直式系统多些。

与垂直式系统相比，水平式系统还有如下优点：管路简单，便于快速施工；除了总立管外，没有其他穿楼板的立管，因此无须在各层楼板上打洞；沿墙无立管，不影响室内美观；膨胀水箱可布置在最高层的辅助空间，不仅降低了造价，还不影响建筑物外形美观。

第三节　低温热水地板辐射供暖系统

低温热水地板辐射供暖系统，是以低温热水为热源，通过在地板下面敷设热水盘管，利用地板自身的蓄热而向地面上的空间辐射热量，同时在冷热空气的密度差作用下产生了自然对流，从而创造出具有理想温度分布的室内微气候，使室内环境达到人体感觉最舒适、温度较稳定的采暖方式。

低温热水地板辐射供暖系统在国外早在 20 世纪初就已投入使用。近年来，由于其具有环保节能及有利于利用天然低品位热能的优势，开始在我国的建筑中得到越来越广泛的应用。虽然其直接造价和普通散热器供暖方式相比较高，但在建筑空间和装饰费用等方面，确能显出其独到的优势。

一、低温热水地板辐射供暖系统的传热特点及负荷计算

低温热水地板辐射供暖系统中，热源可以是地热能、工业废热等低位能源或太阳能。这些热源将水加热到一定的温度后（此温度远远低于普通的热水供暖系统），由供热管道将其输送至散热设备（地板）中，实现了房间的供暖目的。

低温热水地板辐射供暖系统除在热源选择和热媒温度两方面与普通散热设备供暖系统不同外，两者的传热机理也有很大的差异。普通的散热器供暖是使散热器周围的空气加热，被加热的空气再将热量传给周围的围护结构，使其温度升高。而地板辐射供暖是以整个地面为散热面，在地板加热周围空气的同时，还向周围的顶棚、墙等围护结构进行辐射换热，从而使周围的围护结构表面温度升高。普通的散热器供暖虽然也有热辐射，但除了散热器附近外，其他地方效果甚微。近年来，虽然对散热器的外形做了不断的改进，但其主要目的是为了提高散热器的对流散热量。

地板辐射供暖与一般散热器对流供暖方式相比，热工特性有许多区别，如由于房间敷设了供暖地板，就不存在室内空气通过地板向外传热的可能，因此不应计算这部分的热损失。另外，由于地板辐射供暖是在辐射和对流的双重作用下对房间进行供暖，形成了较合理的室内温度场和热辐射作用，可有比对流供暖低 2～3℃的等效热舒适效应。因此，在计算房间的热负荷时，考虑地板供暖与散热器对流供暖的不同特点，可采用以下两种方法：①修正系数法。设 Q_d 为对流供暖的热负荷，Q_r 为地板辐射供暖时的热负荷，则 $Q_r = aQ_d$，这里 a 为修正系数，对中、高温热水地板辐射供暖系统 $a = 0.8～0.9$，对低温热水地板辐射供暖系统 $a = 0.9～0.95$。②热负荷计算仍按照对流供暖时计算，但室内空气的计算温度降低 2～6℃，对低温热水地板辐射供暖系统，可采用下限值。

二、低温热水地板辐射供暖系统的构造

典型的地板辐射供暖系统的结构如图 3-16 所示。隔热层可减少热量的向下传递，通常由热导率较小的材料，如聚苯乙烯泡沫板材作成。热负荷分配层应选热导率大，强度高的材料，以便提高地板供暖的热效率，节约能耗。目前常用的地板结构有两种：混凝土地板结构与木制地板结构。在木制地板结构中，管道装在槽形板中，而在混凝土地板结构中，管道直接铺设在混凝土中。常用的管道铺设方式有旋转型、直列型和往复型等几种，如图 3-17 所示。

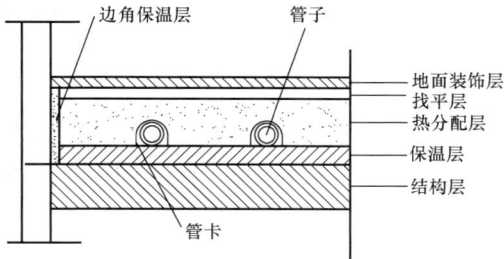

图 3-16 地板辐射供暖结构示意图

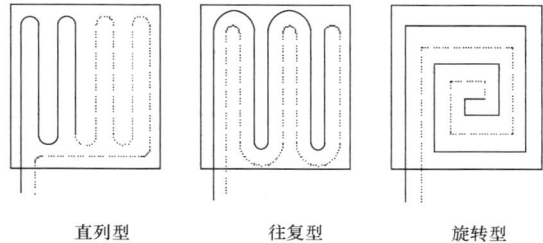

图 3-17 地板热水供暖管道敷设方式示意图

旋转型由于其冷热水相间，供暖效果好一些，且弯曲半径大，易于施工，故这种方式在实际工程中应用较多。

在地板辐射供暖系统中，由于加热管通常被埋设在混凝土中，故对加热管的使用年限、热媒温度、工作压力、系统的水质有一定的要求，选择加热管时还应考虑材料的供应条件、施工技术条件和投资费用等。

对低温热水地板辐射供暖系统用管材的基本要求：

（1）在正常的工作温度和压力下，管材的耐热、抗氧化、抗老化预期寿命不得小于 50 年；

（2）管材具有较高的热导率；

（3）管材具有较强的柔韧性；

（4）内壁光滑，不易结水垢；

（5）具有良好的性能价格比。

三、低温热水地板辐射供暖系统的施工与质量控制

低温热水地板辐射供暖系统的安装工作是施工阶段的关键的工作，作为隐蔽工程，施工质量验收工作尤为重要。同时，施工组织管理工作、工程相关专业配合的协调、设计与施工工作结合都关系到地板辐射供暖系统的质量。

地板辐射供暖质量验收的工作执行阶段是最为关键和重要的工作，验收质量的工作内容分为：主控项目和一般项目。

主控项目包括：①地面下敷设的盘管埋地部分不应有接头。②盘管隐蔽前的水压试验。③加热盘管的弯曲状况。

一般项目包括：①分集水器。②加热盘管管径、间距和长度应符合设计要求。③防潮层、防水层、绝热层及伸缩缝应符合设计要求。④填充层强度等级应符合设计要求。

对于主控项目要求的部分，必须严格落实。这也是保证地板辐射供暖质量的第一道关

口。地板辐射供暖管道的不破损、不渗漏是重中之重。加热管道的弯曲既要保证按图施工弯曲到位，又要保证管道的弯曲半径在允许范围内，不能因为施工人员对塑性管道性能不了解强力弯曲，使管道受伤。一般项目的要求部分同样重要，设计工作的结果体现在最终的供暖期间，但是管道的间距布设与填充层作业是工程合格竣工必需的条件。

四、低温热水地板辐射供暖系统的优缺点

（一）热利用效率高

低温热水地板辐射供暖系统室内温度分布竖向较均匀且呈负梯度分布，使房间顶部不致过热，热量主要集中在人员经常活动的区域（距地面 2m）内，从而减少了围护结构的无效耗热量，热利用效率高。

（二）卫生条件较好

由于该系统辐射和对流的双重作用，使室内表面温度升高，减少了四周表面对人体冷辐射，形成了真正符合人体散热要求的热环境，因此具有较好的舒适感。同时，由于地板温度不是太高，所以室内产生的上升气流小，故卫生条件较好。

（三）空间效果好

低温热水地板辐射供暖由于采用地下埋管的暗装方式，因此室内地面宽敞，便于进行装饰和物件的摆放，从视觉效果上扩大了房间的空间。

（四）施工及推广使用中的问题

虽然低温热水地板辐射供暖系统具有诸多的优势，但其进一步推广却有许多问题需进一步研究。地板辐射供暖技术在我国各类建筑工程项目中广泛应用时间并不长，虽然近几年不少各类新建工程中多采用地板辐射供暖技术，但客观上其广度与深度仍未能达到与传统供暖系统平分秋色的地步。工程相关的设计、建设、监理、施工单位仍有许多技术问题亟待解决，如地板内埋设管道将使构造层厚度增加，从而降低了房间净高，且特殊的构造使得楼板荷载增加，系统的选材和构造等问题至今还未达成一致共识。从节能角度看，室内设施对地板辐射量的遮挡因素也是需要进一步研究的内容之一。

第四节　住宅分户计量供暖系统

分户计量供暖系统是指通过在室内供暖系统上加装温控阀、热计量等设备，由用户自行调节用热量，并最终实现按计量收费。设计的目的之一是提高用户的热舒适性，用户可以根据需要对室温进行单独调节。这就需要对不同需求的热用户提供一定范围的热舒适度的选择余地，因此分户计量供暖系统的设计室温比常规供暖系统有所提高。另一个目的是避免出现热量浪费的现象。目前大多数新建住宅均采用共用立管的分户计量供暖系统，各用户户内系统形式独立，一般有上分双管式系统、下分双管式系统、水平串联跨越式系统、放射双管式系统以及低温地板辐射供暖系统等。

一、系统形式

（1）采用上分双管式系统，供回水管布置在本层顶板下。

上分双管式系统（见图 3-18）的管线布置类似于传统的上供上回双管式系统。用户各组散热器并联，用热量可单独调节，但由于采暖水平管和立管均明装，影响室内美观，排气问题不易解决，故常不被采用。

（2）下分单管（见图3-19）、双管式系统（见图3-20）有一个共同的优点，就是供回水干管均设于本层楼板垫层内暗装。使房间更美观；缺点是整体降低了空间高度，管道埋于垫层，难以做出坡度，不利于系统排气和泄水。与双管系统形式相比，单管系统更简单，管材阀门及配件用量少，投资相对省；埋地管与散热器连接在垫层内无接头，不影响散热器安装高度，施工效果好，更美观。而双管系统作为变流量系统，比单管系统散热器热量更易调节，易控温，节能效果更好。

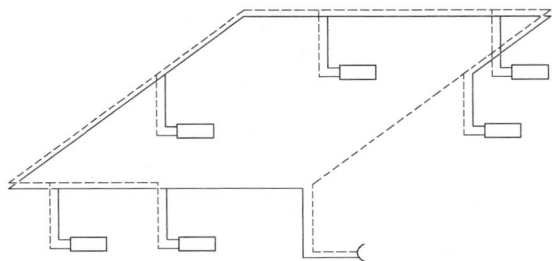

图 3-18　上分双管式系统

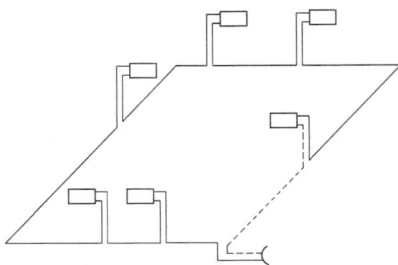

图 3-19　下分单管式系统

（3）低温地板辐射系统（见图3-21）。此系统由下自上辐射散热，热舒适性好；户内不设散热器，扩大了房间的有效使用面积；管道在垫层内无接头，系统更安全可靠；每个房间的盘管均与分集水器的一组供回支路连接，并通过调节阀使室温可调；热稳定性好。

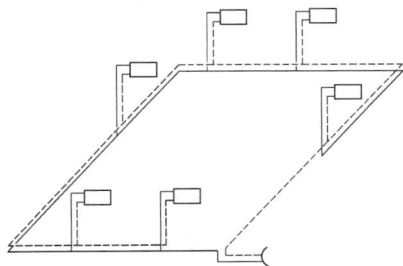

图 3-20　下分双管式系统

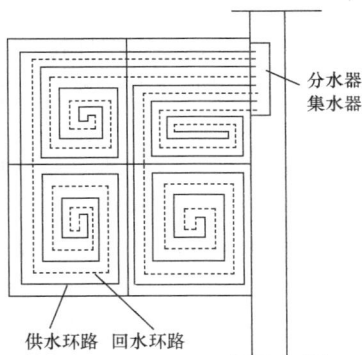

图 3-21　低温地板辐射供暖系统管线平面布置示意图

二、系统优势

与传统供暖系统相比，分户热计量系统有许多优点：管路简单，便于快速施工；除了总立管外，没有其他穿楼板的立管，因此无需在各层楼板上打洞；沿墙无立管，不影响室内美观；从经济方面考虑，根据发达国家的经验，采用集中供热计量收费的措施后，可节约能源20％～30％，并且解决了供暖收费难的问题。

第五节　高层热水供暖系统

一、高层建筑供暖系统的特点

随着城市的发展，兴建了许多高层建筑。相应对高层建筑供暖系统的设计提出了一系列新的问题。

首先是热负荷计算问题。与重力循环热水供暖系统的作用压头一样，建筑物的热压大小与室内外温度差及建筑物高度有关。室内温度一定，则建筑物越高，所形成的热压越大，故引起的冷风渗透量增加；同时，由于室外风速随高度增加，而作用于建筑物的风压与风速呈平方关系，因此，高层建筑由风压引起的冷风渗透量也增加。这样，在计算热负荷时，应考虑热压和风压综合作用的影响。

其次是高层建筑供暖系统的形式和与室外热网的连接方式问题。如前所述，热水供暖系统中是充满水的。在循环水泵停止工作时，供暖系统仅承受着静水压力的作用。静水压力的大小取决于水柱的高度；也即，供暖系统的最低点压力最大，并且由下往上逐渐降低。而在水泵启动后，由于水泵压头的作用，恒压点之外的各部位所承受的压力均有变化。水泵的吸力区，压力低于静水压力，而在推力区，压力则高于静水压力。在一般层数不多的建筑中，供暖系统所承受的压力一般不会超过管道或设备的承压能力。但在高层建筑中，这一压力则会大到足以使系统底部的供暖设备，甚至管道遭到破坏的程度。其中最薄弱的环节是底层散热器。因此，高层建筑供暖系统在与室外热网连接时，应根据散热器的承压能力、外网的压力状况等因素来确定系统形式及其连接方式。此外，在确定系统形式时，还要考虑由于楼层高而加大了系统的垂直失调等问题。

二、高层建筑热水供暖系统的主要形式

（一）分层式供暖系统

在高层建筑供暖系统中，垂直方向分成两个或两个以上的独立系统称为分层供暖系统。

下层系统通常与室外网路直接连接。它的高度主要取决于室外网路的压力工况和散热器的承压能力。上层系统与外网采用隔绝式连接（见图 3-22），利用水加热器使上层系统的压力与室外网路的压力隔绝。

当外网供水温度较低，使用热交换器所需加热面过大而不经济合理时，可考虑采用图 3-23 所示的双水箱分层式热水供暖系统。

双水箱分层式热供暖系统具有如下特点：

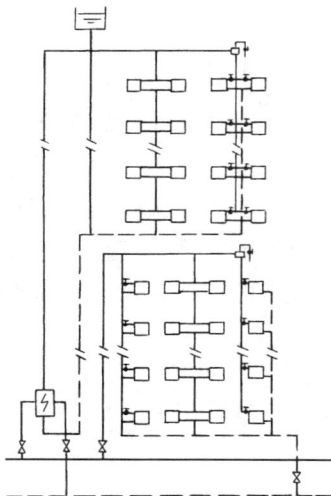

（1）上层系统与外网直接连接。当外网供水压力低于高层建筑静水压力时，在用户供水管设加压水泵（如图 3-23 所示）。利用进、回两个水箱的水位高差 h 进行上层系统的循环。

（2）上层系统利用非满管流动的溢流管与外网回水管连接，溢流管下部的满管高度 H_h 取决于外网回水管的压力。

（3）由于利用两个水箱替代了用热交换器所起的隔绝压力作用，简化了入口设备，降低了系统造价。

（4）采用开式水箱，易使空气进入系统，造成系统的腐蚀。

（二）双线式系统

双线式系统有垂直式和水平式两种形式。

1. 垂直双线式单管热水供暖系统（见图 3-24）

垂直双线式单管热水供暖系统是由竖向Ⅱ形单管式立管

图 3-22　分层式热水供暖系统

组成的。双线式系统的散热器通常采用蛇形管或辐射板式（单块或砌入墙内形成整体式）结构。由于散热器立管是由上升立管和下降立管组成的，因此各层散热器的平均温度近似地可以认为是相同的。这种各层散热器的平均温度近似相同的单管式系统，尤其对高层建筑，有利于避免系统垂直失调。这是双线式系统的突出优点。

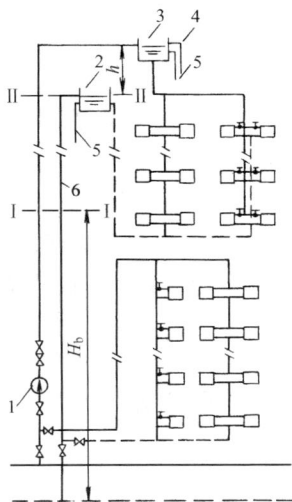

图 3-23　双水箱分层式热水供暖系统

1—加压水泵；2—回水箱；3—进水箱；4—进水箱溢流管；5—信号管；6—回水箱溢流管

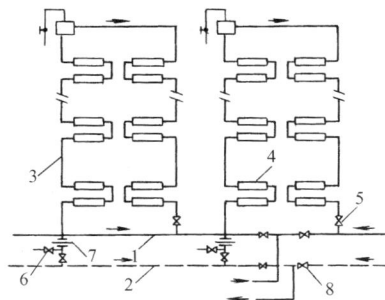

图 3-24　垂直双线式单管热水供暖系统

1—供水干管；2—回水干管；3—双线立管；4—散热器；5—截止阀；6—排水管；7—节流孔板；8—调节阀

垂直双线式系统的每一组Ⅱ形单管最高点处应设置排气装置。此外，由于立管的阻力较小，容易引起水平失调。可考虑在每根立管的回水立管上设置孔板，增大立管阻力，或采用同程式系统来消除水平失调。

2. 水平双线式热水供暖系统（见图 3-25）

水平双线式系统中，在水平方向的各组散热器平均温度近似地认为是相同的。当系统

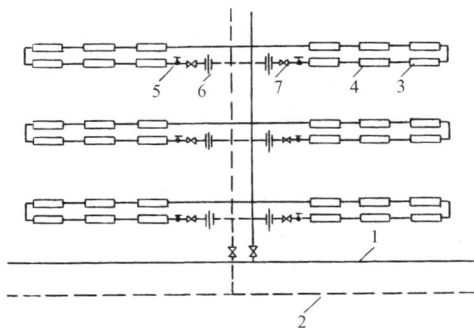

图 3-25　水平双线式热水供暖系统

1—供水干管；2—回水干管；3—双线立管；4—散热器；

5—截止阀；6—节流孔板；7—调节阀

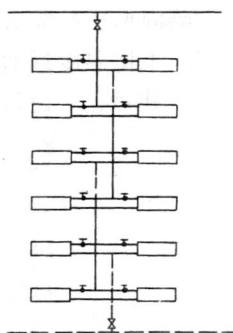

图 3-26　单、双管混合
式系统

的水温度或流量发生变化时，每组双线上各个散热器传热系数 K 值的变化程度近似是相同的。因而对避免冷热不均很有利（垂直双线式也有此特点）。同时，水平双线式与水平单管式一样，可以在每层设置调节阀，进行分层调节。此外，为避免系统垂直失调，可考虑在每层水平分支线上设置节流孔板，以增加各水平环路的阻力损失。

3. 单、双管混合式系统（图 3-26）

若将散热器沿垂直方向分成若干组，在每组内采用双管形式，组与组之间则用单管连接，这就组成了单、双管混合式系统。

这种系统的特点是，既避免了双管系统在楼层数过多时出现的严重竖向失调现象，同时又能避免散热器支管管径过粗的缺点，而且散热器还能进行局部调节。

第六节　室内热水供暖系统的管路布置和主要设备及附件

一、室内热水供暖系统的管路布置

室内热水供暖系统管路布置的合理与否，直接关系到系统的造价和使用效果。应根据建筑物的具体条件（如建筑物的平面外形、结构尺寸等）、与外网连接的形式及运行情况等因素来选择合理的布置方案，力求系统管道走向布置合理，节省管材，便于调节和排气，而且要求各并联环路的阻力损失易于平衡。

供暖系统的引入口宜设置在建筑物热负荷对称分配的位置，大多数在建筑物的中部。这样可以缩短系统的作用半径。系统总立管的布置不宜影响人们的生活和工作。

在布置供、回水干管时，首先应确定供、回水干管的走向。系统应合理地分成若干支路，而且尽量使各支路的阻力损失易于平衡。

图 3-27（a）、（b）、（c）、（d）分别为引入口不同的四种形式。其中图 3-27（a1）、（b1）为两分支环路系统供水干管布置方式，图 3-27（c1）、（d1）为一支环路系统供水干管布置方式。图 3-27（a2）、（b2）、（c2）、（d2）分别为对应的同程系统回水干管布置方式，图 3-27（a3）、（b3）、（c3）、（d3）分别为对应的异程系统回水干管布置方式。

室内热水供暖系统的管路应尽量明装，如有特殊要求，方可根据要求采用暗装。立管尽可能布置在房间的角落，尤其是外墙角处。每根立管的上、下端应装设阀门，以便检修时放水。对于立管很少的系统，也可仅在分环供、回水干管上安装阀门。

对于上供下回式系统，供水干管多设在顶层顶棚下。顶棚的过梁底标高距窗户顶部之间的距离应满足供水干管的坡度和设置集气罐所需的高度。回水干管可敷设在地面上，若地面情况不允许敷设（如过门时）或净空高度不够时，回水干管设置在半通行或不通行地沟内。地沟上每隔一定距离应设活动盖板，过门地沟也应设活动盖板，以便于检修。

为了有效地排除系统内的空气，所有水平供水干管应有不小于 0.002 的坡度（坡向根据重力循环或机械循环而定，如前所述）。如因条件限制，机械循环系统的热水管道可无坡度

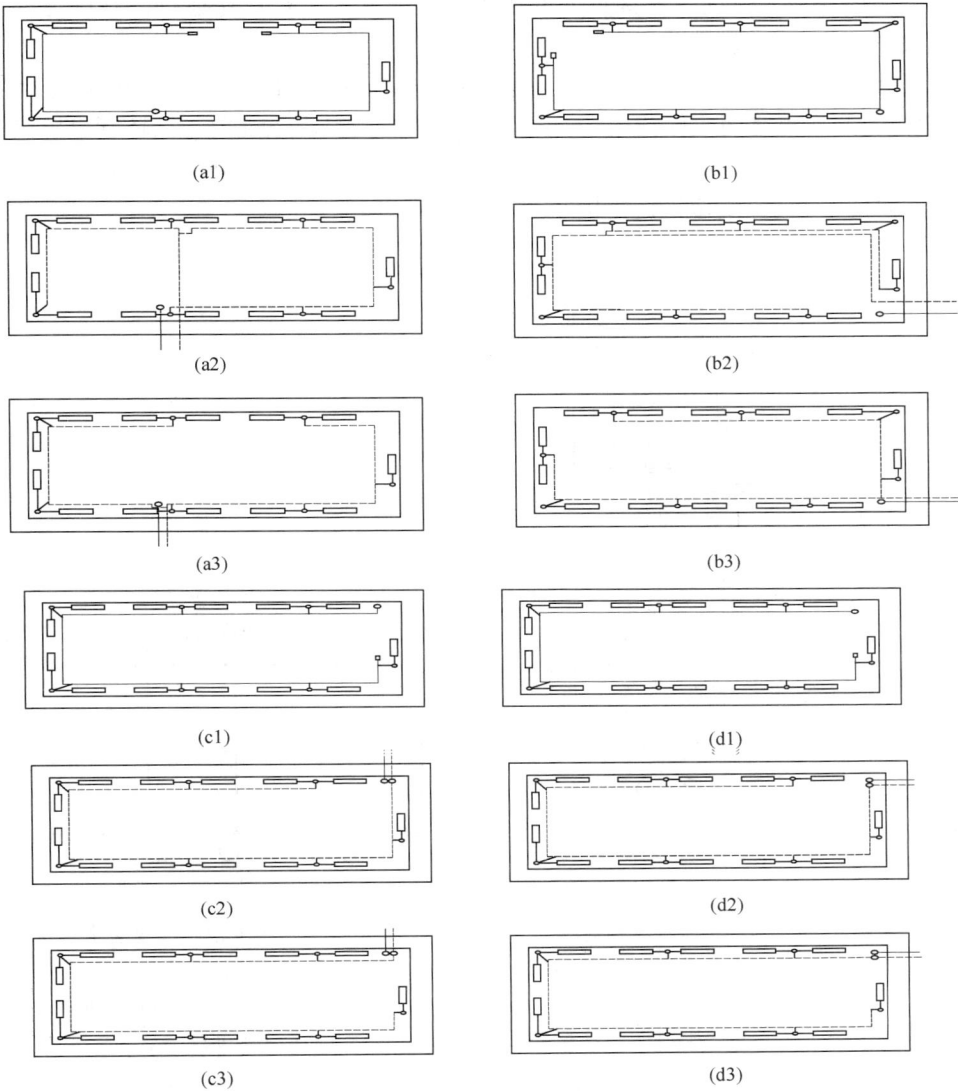

(a1)

(b1)

(a2)

(b2)

(a3)

(b3)

(c1)

(d1)

(c2)

(d2)

(c3)

(d3)

图 3-27 常见的供、回水干管走向布置方式

敷设，但管中的水流速度不得小于 0.25m/s。

二、热水供暖系统的主要设备和附件

（一）膨胀水箱

水受热后，体积要发生膨胀，为了容纳这些水量，系统中必须设置膨胀水箱。在重力循环上供下回式系统中，它还起着排气作用。膨胀水箱的另一作用是恒定供暖系统的压力。膨胀水箱一般安装在屋顶小室或闷顶内。

膨胀水箱一般用钢板制成，通常是圆形或矩形。图 3-28 为圆形膨胀水箱构造图。箱上连有膨胀管、溢流管、信号管、排水管及循环管等管路。每根管的功能及安装位置分述如下：

（1）膨胀管。在重力循环系统中，应接在供水总立管的顶端；机械循环系统中，一般接至回水管上循环水泵入口前。连接点处的压力，无论系统是否正在运行，其压力都是恒定的。因此该点也称为定压点。

（2）循环管。在机械循环系统中，应接到系统定压点前的水平回水干管上（见图3-29）。该点与定压点之间应保持1.5～3m的距离；重力循环系统中，循环管也可接到供水干管上，但也应与膨胀水箱保持一定的距离。这样可让少量的水缓慢地通过循环管和膨胀管流过水箱，以防水箱里的水冻结；同时，膨胀水箱应考虑保温。

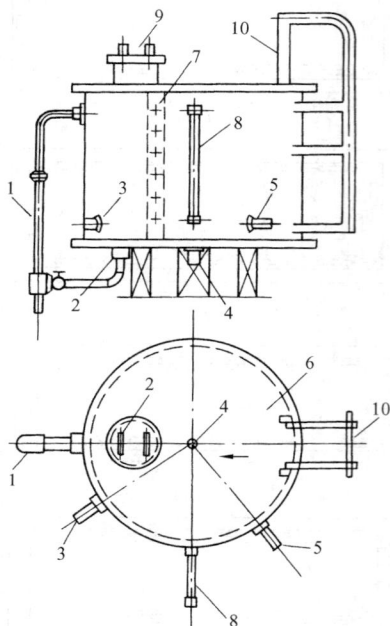

图 3-28 圆形膨胀水箱构造

1—溢流管；2—排水管；3—循环管；4—膨胀管；5—信号管；6—箱体；7—内人梯；8—玻璃管水位计；9—人孔；10—外人梯

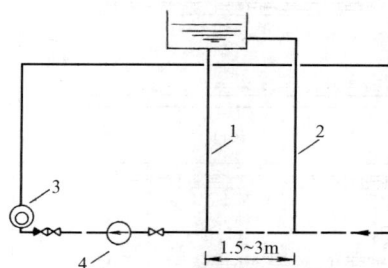

图 3-29 膨胀水箱与机械循环系统的连接方式

1—膨胀管；2—循环管；3—热水锅炉；4—循环水泵

（3）信号管。接至建筑物底层的卫生间或厕所的污水盆或锅炉房等管理人员易观察到的地方，用来检查膨胀水箱是否存水。

（4）溢流管。一般接至附近的下水道，当系统充水的水位超过溢水口时，通过溢流管将水自动溢流排出。

（5）排水管。可与溢流管一起接至附近的下水道，用来清洗水箱时放空存水和污垢。

在膨胀管、循环管和溢流管上，严禁安装阀门，以防止系统超压、水箱冻结或水从水箱溢出。

膨胀水箱的容积，可按下式计算确定

$$V_p = \alpha \Delta t_{max} V_c \tag{3-15}$$

式中　V_p——膨胀水箱的有效容积（即由信号管到溢流管之间的容积），L；

α——水的体积膨胀系数，$\alpha = 0.000\ 6\ 1/℃$；

V_c——系统内的水容量，L；

Δt_{max}——考虑系统内水受热和冷却时水温的最大波动值，一般以 20℃水温算起。

如在 95℃/70℃低温水供暖系统中，水箱容积可按下式计算

$$V = 0.045 V_c \qquad L \tag{3-16}$$

为简化计算，V_c 值可按供给 1kW 热量所需设备的水容量计算，其值可按表 A16 选取。求出所需的膨胀水箱有效容积后，可按《全国通用建筑标准设计图集》（CN501—1）选用所需的型号。

（二）热水供暖系统排除空气的设备

在热水供暖系统中，积存的空气不能及时排除时，就会破坏系统内热水的正常循环。因此，及时而方便地排除空气对维护热水供暖系统的正常运行是至关重要的。

系统在充水之前为空气所充满。充水时，空气经膨胀水箱、集气罐或自动排气阀排除。充水由回水干管进入，沿系统管道缓慢上升，直至空气排尽，水充满整个系统为止。

在系统开始运行，水逐渐被加热时，还会有空气不断从水中分离出来，这是由于空气在水中的溶解量随着水温的升高和压力的降低而减少的缘故（在大气压力下，1kg 水在 5℃时，水中的含气量超过 30mg，而加热到 95℃时，水中的含气量约只有 3mg）。此外，在系统停止运行时，通过不严密处也会渗入空气，充水后，也会有些空气残留在系统内。同样，在系统运行过程中，不可避免地存在着漏水现象，须随时补水，在这部分补水被加热后，也会有空气分离出来。如前所述，系统中如积存空气，就会形成气塞，影响水的正常循环。

热水供暖系统排除空气的设备，可以是手动的，也可是自动的。国内目前常见的排气设备，主要有集气罐、自动排气阀和冷风阀等几种。

1. 集气罐

集气罐用直径为 100～250mm 的短管制成，它有立式和卧式两种（见图 3-30。图中尺寸取国家标准图中最大型号的规格）。顶部连接直径为 15mm 的排气管。

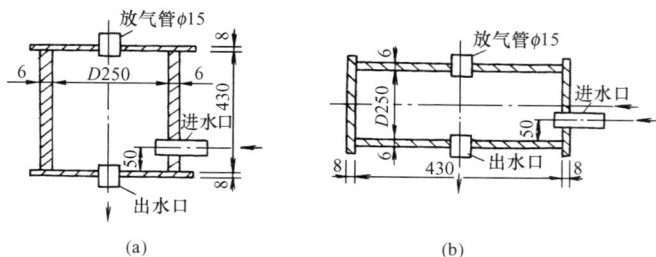

图 3-30 集气罐

在机械循环上供下回式系统中，集气罐应设在系统各分环环路的供水干管末端的最高处（见图 3-31）。在系统运行时，定期手动打开阀门将热水中分离出来并聚集在集气罐内的空气排除。

2. 自动排气阀

目前国内生产的自动排气阀形式较多。它的工作原理，很多都是依靠水对浮体的浮力，通过杠杆机构传动，使排气孔自动启闭，实现

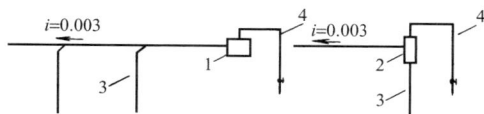

图 3-31 集气罐安装位置示意图

1—卧式集气罐；2—立式集气罐；3—末端立管；
4—DN15 放气管

自动阻水排气的功能。

3. 冷风阀

冷风阀多用在水平式和下供下回式系统中，它旋紧在散热器上部专设的丝孔上，以手动方式排除空气。

（三）散热器温控阀

散热器温控阀是一种自动控制散热器散热量的设备，它由两部分组成。一部分为阀体部分，另一部分为感温元件控制部分。当室内温度高于给定的温度值时，感温元件受热，其顶杆就压缩阀杆，将阀口关小，进入散热器的水流量减小，散热器散热量减小，室温下降。当室内温度下降到低于设定值时，感温元件开始收缩，其阀杆靠弹簧的作用，将阀杆抬起，阀孔开大，水流量增大，散热器散热量增加，室内温度开始升高，从而保证室温处在设定的温度值上。温控阀控温范围在 13～28℃ 之间，控温误差为 ±1℃。

散热器温控阀具有恒定室温、节约热能的主要优点。在欧美国家得到广泛应用，主要用在双管热水供暖系统上。近年来，我国已有定型产品并已使用。至于用在单管跨越式系统上，从工作原理（感温元件作用）来看，是可行的。但散热器温控阀的阻力过大（阀门全开时，阻力系数 ζ 达 18.0 左右），使得通过跨越管的流量过大，而通过散热器的流量过小，设计时散热器面积需增大。研制低阻力散热器温控阀的工作，在国内仍有待进一步开展。

（四）除污器

除污器一般安装在用户引入口的供水总管上。其作用是阻留热网水中的污物，以防它们造成室内系统管路的堵塞。除污器旁应当设有旁通管，以便定期清洗检修。除污器一般为圆形钢制筒体。其工作原理是当热网供水进入除污器内时，水流速度突然减小而使供水中的污物沉降到筒体底部；较清净的水由带有大量小孔的出水管进到室内管道中。

第四章　室内热水供暖系统的水力计算

第一节　热水供暖系统管路水力计算的基本原理

一、供暖系统管路水力计算的基本公式

设计热水供暖系统，为使系统中各管段的水流量符合设计要求，以保证流进各散热器的水流量符合需要，就要进行管路的水力计算。

当水沿管道流动时，由于水分子之间及其与管壁间的摩擦要损失能量；而当水流过管道的一些附件（如阀门、弯头、三通、散热器等）时，由于流动方向或速度的改变，产生局部旋涡和撞击，也要损失能量。前者称为沿程损失，后者称为局部损失。因此，热水供暖系统中计算管段的压力损失，可用下式表示

$$\Delta p = \Delta p_y + \Delta p_j = Rl + \Delta p_j \qquad \text{Pa} \qquad (4\text{-}1)$$

式中　Δp——计算管段的压力损失，Pa；

Δp_y——计算管段的沿程损失，Pa；

Δp——计算管段的局部损失，Pa；

R——每米管长的沿程损失，Pa/m；

l——管段长度，m。

在管路的水力计算中，通常把管路中水流量和管径都没有改变的一段管子称为一个计算管段。任何一个热水供暖系统的管路都是由许多串联或并联的计算管段组成的。

每米管长的沿程损失（比摩阻），可用流体力学的达西·维斯巴赫公式进行计算，即

$$R = \frac{\lambda}{d} \frac{\rho v^2}{2} \qquad \text{Pa/m} \qquad (4\text{-}2)$$

式中　λ——管段的摩擦阻力系数；

d——管子内径，m；

v——热媒在管道内的流速，m/s；

ρ——热媒的密度，kg/m³。

热媒在管内流动的摩擦阻力系数 λ 值取决于管内热媒流动状态和管壁的粗糙程度，即

$$\lambda = f(Re, \varepsilon) \qquad (4\text{-}3)$$

$$Re = \frac{vd}{\nu}, \quad \varepsilon = K/d$$

式中　Re——雷诺数，判别流体流动状态的准则数（当 $Re < 2320$ 时流动为层流流动，当 $Re > 2320$ 时流动为紊流流动）；

v——热媒在管内的流速，m/s；

d——管子内径，m；

ν——热媒的运动黏度，m²/s；

K——管壁的当量绝对粗糙度，m；

ε——管壁的相对粗糙度。

摩擦阻力系数 λ 值是用实验方法确定的。根据实验数据整理曲线,按照流体的不同流动状态,可整理出一些计算摩擦阻力系数 λ 值的公式。在热水供暖系统中推荐使用如下一些计算摩擦阻力系数 λ 值的公式。

(一)层流流动

当 $Re<2320$ 时,流动呈层流状态。在此区域内,摩擦阻力系数 λ 值仅取决于雷诺数 Re 的值,可按下式计算

$$\lambda=64/Re \tag{4-4}$$

在热水供暖系统中很少遇到层流状态,仅在重力循环热水供暖系统的个别水流量很小、管径很小的管段内,才会遇到层流的流动状态。

(二)紊流流动

当 $Re>2320$ 时,流动呈紊流状态。在整个紊流区中,随着 Re 值的增加,还可以分为水力光滑区、过渡区和粗糙区(阻力平方区)三个区域。

(1)水力光滑区。摩擦阻力系数 λ 值可用布拉修斯公式计算,即

$$\lambda=0.316\,4/\,(Re)^{0.25} \tag{4-5}$$

当雷诺数 Re 在 $4000\sim100\,000$ 范围内,布拉修斯公式能给出相当准确的数值。

(2)过渡区。流动状态从水力光滑管区过渡到粗糙区(阻力平方区)的一个区域称为过渡区。过渡区的摩擦阻力系数 λ 值,可用洛巴耶夫公式来计算,即

$$\lambda=1.42/\,(\lg Re\cdot d/K)^2 \tag{4-6}$$

过渡区的范围,大致可用下式确定

$$Re_1=11d/K \text{ 或 } v_1=11v/K \quad \text{m/s} \tag{4-7}$$

$$Re_2=445d/K \text{ 或 } v_2=445v/K \quad \text{m/s} \tag{4-8}$$

式中 v_1、Re_1——流动从水力光滑管区转到过渡区的临界速度和相应的雷诺数值;

v_2、Re_2——流动从过渡区转到粗糙区的临界速度和相应的雷诺数值。

(3)粗糙区(阻力平方区)。在此区域内,摩擦阻力系数 λ 值仅取决于管壁的相对粗糙度。

粗糙管区的摩擦阻力系数 λ 值,可用尼古拉兹公式计算,即

$$\lambda=1/\,[1.14+2\lg\,(d/K)]^2 \tag{4-9}$$

对于管径等于或大于 40mm 的管子,用希弗林松推荐的、更为简单的计算公式也可得出很接近的数值

$$\lambda=0.11\,(K/d)^{0.25} \tag{4-10}$$

此外,也有人推荐计算整个紊流区摩擦阻力系数 λ 值的统一的公式。下面介绍两个统一的计算公式——柯列勃洛克公式(4-11)和阿里特苏里公式(4-12),即

$$1/\,(\lambda)^{0.5}=-2\lg\,\{2.51/\,[Re\,(\lambda)^{0.5}]\,+\,(K/d)\,/3.72\} \tag{4-11}$$

$$\lambda=0.11\,(K/d+68/Re)^{0.25} \tag{4-12}$$

统一的计算公式(4-12),实质上是式(4-5)和式(4-10)两式的综合。当 $Re<10$ (d/K) 时,λ 值与式(4-5)的布拉修斯公式所得的数值很接近;而当 $Re>500$ (d/K) 时,λ 值就会与式(4-10)的希弗林松公式的 λ 值很接近。

管壁的当量绝对粗糙度 K 值与管子的使用状况(流体对管壁腐蚀和沉积水垢等状况)

和管子的使用时间等因素有关。对于热水供暖系统，根据运行实践积累的资料，目前推荐采用下面的数值：

室内热水供暖系统管路 $K=0.2\text{mm}$

室外热水网路 $K=0.5\text{mm}$

室外热水网路（$K=0.5\text{mm}$）设计都采用较高的流速（流速常大于 0.5m/s），因此，水在热水网路中的流动状态，大多处于阻力平方区内。

室内供暖系统的水流量 G，单位通常以 kg/h 表示。热媒流速与流量的关系为

$$v=\frac{G}{3600\rho\pi\dfrac{d^2}{4}}=\frac{G}{900\pi d^2\rho} \qquad (4\text{-}13)$$

式中 G——管段的水流量，kg/h。

其他符号同式（4-2）。

将式（4-13）的流速 v 代入式（4-2），可得出更方便的计算公式

$$R=6.25\times10^{-8}\left(\frac{\lambda}{\rho}\right)\left(\frac{G^2}{d^5}\right) \quad \text{Pa/m} \qquad (4\text{-}14)$$

在给定某一水温和流动状态条件下，式（4-14）的 λ 和 ρ 值是已知值，管路水力计算基本公式（4-2）可以表示为 $R=f(d,G)$ 的函数式。只要已知 R、G、d 中任意两数，就可确定第三个数值。表 A17 给出室内热水供暖系统管道水力计算表。利用计算表或线算图进行水力计算，可以大大减轻计算工作量。

管段的局部损失，可按下式计算

$$\Delta p_{\text{j}}=\Sigma\,\zeta\left(\frac{\rho v^2}{2}\right) \qquad \text{Pa} \qquad (4\text{-}15)$$

式中 $\Sigma\zeta$——管段中总的局部阻力系数。

水流过热水供暖系统管路的附件（如三通、弯头、阀门等）的局部阻力系数 ζ 值，可查表 A18。表中所给定的数值，都是用实验方法确定的。表 A19 给出热水供暖系统局部阻力系数 $\zeta=1$ 时的局部损失 Δp_{d} 值。

利用上述公式，可分别确定系统中各管段的沿程损失 Δp_{y} 和局部损失 Δp_{j}，两者之和就是该管段的压力损失。

二、当量局部阻力法和当量长度法

在实际工程设计中，为了简化计算，也有采用所谓"当量局部阻力法"或"当量长度法"进行管路水力计算的。

1. 当量局部阻力法（动压头法）

当量局部阻力法的基本原理是将管段的沿程损失转变为局部损失来计算。

设管段的沿程损失相当于某一局部损失 Δp_{j}，则

$$\Delta p_{\text{y}}=\zeta_{\text{d}}\,\frac{\rho v^2}{2}=\frac{\lambda}{d}l\,\frac{\rho v^2}{2}$$

$$\zeta_{\text{d}}=\frac{\lambda}{d}l \qquad (4\text{-}16)$$

式中 ζ_{d}——当量局部阻力系数。

如已知管段的水流量 G（kg/h），则根据式（4-13）中流量和流速的关系式，管段的总

压力损失 Δp 可改写为

$$\Delta p = Rl + \Delta p_j = \left(\frac{\lambda l}{d} + \Sigma\,\zeta\right)\frac{(\rho v^2)}{2} = \frac{1}{(900^2\pi^2 d^4 \cdot 2\rho)}\left(\frac{\lambda l}{d} + \Sigma\,\zeta\right)G^2$$

$$= A(\zeta_d + \Sigma\,\zeta)G^2 = A\zeta_{zh}G^2 \qquad \text{Pa} \tag{4-17}$$

$$A = \frac{1}{(900^2\pi^2 d^4 \cdot 2\rho)} \qquad \text{Pa/(kg/h)}^2 \tag{4-18}$$

式中　ζ_{zh}——管段的折算局部阻力系数。

其余符号同前。

表 A20 列出当水的平均温度 $t = 60℃$，相应水的密度 $\rho = 983.284\text{kg/m}^3$ 时，各种不同管径的 A 值和 λ/d 值（摩擦阻力系数 λ 取一平均值计算）。

表 A21 给出按式（4-17）编制的水力计算表。

此外，在工程设计中，对常用的垂直单管顺流式系统，由于整根立管与干管、支管，以及支管与散热器的连接方式，在施工规范中都规定了标准的连接图式；因此，为了简化立管水力计算，也可将由管段组成的立管视为一根管段，根据不同情况，给出整根立管的 ζ_{zh} 值。其编制方法和数值可见表 A22 和表 A23。

式（4-17）还可改写为

$$\Delta p = A\zeta_{zh}G^2 = SG^2 \tag{4-19}$$

式中　S——管段的阻力特性数（简称阻力数），Pa/(kg/h)^2，它的数值表示当管段通过 1kg/h 水流量时的压力损失值。

2. 当量长度法

当量长度法的基本原理是将管段的局部损失折合为管段的沿程损失来计算。

如某一管段的总局部阻力系数为 $\Sigma\,\zeta$，设它的压力损失相当于流经管段 l_d 长度的沿程损失，则

$$\frac{\Sigma\,\zeta\,(\rho v^2)}{2} = Rl_d = \left(\frac{\lambda}{d}\right)l_d\frac{(\rho v^2)}{2}$$

$$l_d = \Sigma\,\zeta\,(d/\lambda) \qquad \text{m} \tag{4-20}$$

式中　l_d——管段中局部阻力的当量长度，m。

水力计算基本公式（4-1），可表示为

$$\Delta p = Rl + \Delta p_j = R\,(l + l_d) = Rl_{zh} \qquad \text{Pa} \tag{4-21}$$

式中　l_{zh}——管段的折算长度，m。

当量长度法一般多用在室外热力网路的水力计算上。

三、室内热水供暖系统管路水力计算的主要任务和方法

室内热水供暖系统管路水力计算的主要任务，通常为：

（1）按已知系统各管段的流量和系统的循环作用压力（压头），确定各管段的管径。此种情况的水力计算通常用于设计计算，有时也用在已知各管段的流量和选定的比摩阻 R 值或流速 v 值的场合，此时选定的 R 值和 v 值，常采用经济值，称经济比摩阻或经济流速。

选用多大的 R 值（或流速 v 值）来确定管径，是一个技术经济问题。如选用较大的 R 值（v 值），则管径可缩小，但系统的压力损失增大，水泵的电能消耗增加。同时，为了各循环环路易于平衡，最不利循环环路的平均比摩阻 R_{pj} 不宜选得过大。目前在设计实践中，

R_{pj}值一般取 $60\sim120Pa/m$ 为宜。

（2）按已知系统各管段的流量和各管段的管径，确定系统所必需的循环作用压力（压头）。此种情况的水力计算，常用于校核计算。根据最不利循环环路各管段改变后的流量和已知各管段的管径，利用水力计算图表，确定该循环环路各管段的压力损失及系统必需的循环作用压力，并检查循环水泵扬程是否满足要求。

（3）按已知系统各管段的管径和该管段的允许压降，确定通过该管的水流量。此种情况的水力计算，就是根据管段的管径 d 和该管段的允许压降 Δp，来确定通过该管段（例如通过系统的某一立管）的流量。对已有的热水供暖系统，在管段已知作用压头下，校核各管段通过的水流量的能力。热水供暖系统采用所谓"不等温降"的水力计算方法，就是按此方法进行计算的。这个问题将在本章第五节"不等温降"计算方法和例题中详细阐述。

室内热水供暖管路系统是由许多串联或并联管段组成的管路系统。管路的水力计算从系统的最不利环路开始，也即从允许的比摩阻 R 值最小的一个环路开始计算。由 n 个串联管段组成的最不利环路，它的总压力损失为 n 个串联管段压力损失的总和，即

$$\Delta p = \sum_1^n (Rl + \Delta p_j) = \sum_1^n A\zeta_{zh}G^2 = \sum_1^n Rl_{zh} \qquad (4\text{-}22)$$

热水供暖系统的循环作用压力的大小取决于：机械循环提供的作用压力，水在散热器内冷却所产生的作用压力和水在循环环路中因管路散热产生的附加作用压力。各种供暖系统形式的总循环作用压力的计算原则和方法，在本章下面几节的例题中详细阐述。

进行第一种情况的水力计算时，可以预先求出最不利循环环路的平均比摩阻 R_{pj}，即

$$R_{pj} = \alpha \Delta p / \sum l \qquad Pa/m \qquad (4\text{-}23)$$

式中　Δp——最不利循环环路或分支环路的循环作用压力，Pa；

　　　$\sum l$——最不利循环环路或分支环路的管路总长度，m；

　　　α——沿程损失占总压力损失的估计百分数（见表 A24）。

根据式（4-23）算出的 R_{pj} 值及环路中各管段的流量，利用水力计算图表，可选出最接近的管径，并求出最不利循环环路或分支环路中各管段的实际压力损失和整个环路的总压力损失值。

当系统的最不利循环环路的水力计算完成后，即可进行其他分支循环环路的水力计算。暖通规范规定：热水供暖系统最不利循环环路与各并联环路之间（不包括共同管段落）的计算压力损失相对差额，不应大于±15℃。

在实际设计过程中，为了平衡各并联环路的压力损失，往往需要提高近循环环路分支管段的比摩阻和流速。但流速过大会使管道产生噪声。暖通规范规定：最大允许的水流速不应大于下列数值：民用建筑为 1.2m/s；生产厂房的辅助建筑物为 2m/s；生产厂房为 3m/s。

整个热水供暖系统总的计算压力损失，宜增加 10％的附加值，以此确定系统必需的循环作用压力。

本章后面几节，将进一步阐述几种典型的室内热水供暖系统的水力计算方法及其计算步骤。

第二节　重力循环双管系统管路水力计算方法和例题

如前所述，重力循环双管系统通过散热器环路的循环作用压力的计算公式为

$$\Delta p_{zh} = \Delta p + \Delta p_f = gh\ (\rho_h - \rho_g)\ + \Delta p_f \qquad \text{Pa} \qquad\qquad (4\text{-}24)$$

式中 Δp——重力循环系统中，水在散热器内冷却所产生的作用压力，Pa；

  g——重力加速度，$g = 9.81 \text{m/s}^2$；

  h——所计算的散热器中心与锅炉中心的高差，m；

 ρ_g、ρ_h——供水和回水密度，kg/m^3；

  Δp_f——水在循环环路中冷却的附加作用压力，Pa。

应注意：通过不同立管和楼层的循环环路及附加作用压力 Δp_f 值是不相同的，应按表 A15 选定。

重力循环异程式双管系统的最不利循环环路是通过最远立管底层散热器的循环环路，计算应由此开始。

【例题 4-1】 确定重力循环双管热水供暖系统管路的管径（见图 4-1）。热媒参数：供水温度 $t'_g = 95℃$，回水温度 $t'_h = 70℃$。锅炉中心距底层散热器距离为 3m，层高为 3m。每组散热器的供水支管上有一截止阀。

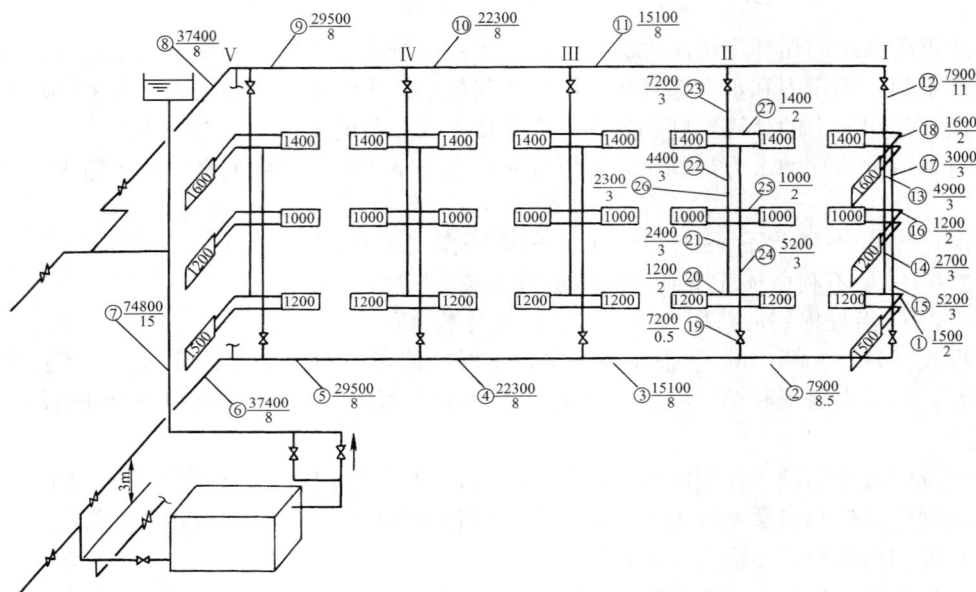

图 4-1 ［例题 4-1］的管路计算图

解 图 4-1 为该系统两个支路中的一个支路。图上小圆圈内的数字表示管段号。圆圈旁的数字：上行表示管段热负荷（W），下行表示管段长度（m）。散热器内的数字表示其热负荷（W）。罗马字表示立管编号。

计算步骤：

1. 选择最不利环路

由图 4-1 可知，最不利环路是通过立管 I 的最底层散热器 I_1（1500W）的环路。这个环路从散热器 I_1 顺序地经过管段①、②、③、④、⑤、⑥，进入锅炉。再经管段⑦、⑧、⑨、⑩、⑪、⑫、⑬、⑭进入散热器 I_1。

2. 计算通过最不利环路散热器 I_1 的作用压力 $\Delta p'_{I1}$

根据式（4-24）

$$\Delta p'_{I1}=gH\left(\rho_h-\rho_g\right)+\Delta p_f \qquad Pa$$

根据图 4-1 中已知条件：立管 I 距锅炉的水平距离在 $30\sim50m$ 范围内，下层散热器中心距锅炉中心的垂直高度小于 $15m$。因此，查表 A15，得 $\Delta p_f=350Pa$。根据供回水温度，查表 A14，得 $\rho_h=977.81kg/m^3$，$\rho_g=961.92kg/m^3$。将已知数据代入上式，得

$$\Delta p'_{I1}=9.81\times3\left(977.81-961.92\right)+350=818Pa$$

3. 确定最不利环路各管段的管径 d

（1）求单位长度平均比摩阻。根据式（4-23）

$$R_{pj}=\alpha\Delta p'_{I1}/\sum l_{I1}$$

查表 A24，得 $\alpha=50\%$。将各数据代入上式，得

$$R_{pj}=\frac{0.5\times818}{106.5}=3.84 \quad Pa/m$$

（2）根据各管段的热负荷，求出各管段的流量，计算公式如下

$$G=\frac{3600Q}{4.187\times10^3\left(t'_g-t'_h\right)}=\frac{0.86Q}{t'_g-t'_h} \quad kg/h \tag{4-25}$$

式中　Q——管段的热负荷，W；

　　　t'_g——系统的设计供水温度，℃；

　　　t'_h——系统的设计回水温度，℃。

（3）根据 G、R_{pj}，查表 A17，选择最接近 R_{pj} 的管径。将查出的 d、R、v 和 G 值列入表 4-1 中第 5、6、7 栏和第 3 栏中。

例如，对管段②，$Q=7900W$，当 $\Delta t=25℃$ 时，$G=0.86\times7900/(95-70)=272kg/h$。查表 A17，选择接近 R_{pj} 的管径。如取 DN32，用内插法计算，可求出 $v=0.08m/s$，$R=3.39Pa/m$。将这些数值分别列入表 4-1 中。

4. 确定长度压力损失 $\Delta p_y=Rl$

将每一管段 R 与 l 相乘，列入水力计算表 4-1 中第 8 栏。

5. 确定局部阻力损失 Z

（1）确定局部阻力系数 ζ。根据系统图中管路的实际情况，列出各管段局部阻力管件名称（见表 4-2）。利用表 A18，将其阻力系数 ζ 值记于表 4-2 中，最后将各管段总局部阻力系数 $\sum\zeta$ 列入表 4-2 中第 9 栏。

应注意：在统计局部阻力时，对于三通和四通管件的局部阻力系数，应列在流量较小的管段上。

（2）利用表 A19，根据管段流速 v，可查出动压头 Δp_d 值，列入表 4-1 中第 10 栏。根据 $\Delta p_j=\Delta p_d\cdot\sum\zeta$，将求出的 Δp_j 值列入表 4-1 中第 11 栏。

6. 求各管段的压力损失 $\Delta p_j=\Delta p_y+\Delta p_j$

将表 4-1 中第 8 栏和第 11 栏相加，列入表 4-1 中第 12 栏。

7. 求环路总压力损失

$$\sum\left(\Delta p_y+\Delta p_j\right)_{1\sim14}=712Pa$$

8. 计算富裕压力值

考虑由于施工的具体情况，可能增加一些在设计计算中未计入的压力损失。因此，要求系统应有10%以上的富裕度，即

$$\Delta\% = \frac{\Delta p'_{\text{I}1} - \Sigma(\Delta p_\text{y} + \Delta p_\text{j})_{1\sim14}}{\Delta p'_{\text{I}1}} \times 100\%$$

式中　　　　　　$\Delta\%$——系统作用压力的富裕率；

　　　　　　　$\Delta p'_{\text{I}1}$——通过最不利环路的作用压力，Pa；

$\Sigma(\Delta p_\text{y} + \Delta p_\text{j})_{1\sim14}$——通过最不利环路的压力损失，Pa。

$$\Delta\% = \frac{818 - 712}{818} \times 100\% = 13\% > 10\%$$

9. 确定通过立管 I 第二层散热器环路中各管段的管径

(1) 计算通过立管 I 第二层散热器环路的作用压力 $\Delta p'_{\text{I}2}$，即

$$\begin{aligned}\Delta p'_{\text{I}2} &= gH_2(\rho_\text{h} - \rho_\text{g}) + \Delta p_\text{f}\\ &= 9.81 \times 6(977.81 - 961.92) + 350\\ &= 1285\text{Pa}\end{aligned}$$

(2) 确定通过立管 I 第二层散热器环路中各管段的管径。

1) 求平均比摩阻 R_{Pj}。根据并联环路节点平衡原理（管段15、16与管段1、14为并联管路），通过第二层管段15、16的资用压力为

$$\Delta p'_{15,16} = p'_{\text{I}2} - \left[\Delta p'_{\text{I}1} - \Sigma(\Delta p_\text{y} + \Delta p_\text{j})_{1,14}\right] = 1285 - 818 + 32 = 499\text{Pa}$$

管段15、16的总长度为5m，平均比摩阻为

$$R_{\text{pj}} = 0.5\Delta p'_{15,16}/\Sigma l = 0.5 \times 499/5 = 49.9\text{Pa/m}$$

2) 根据同样方法，按15和16管段的流量 G 和 R_{pj}，确定管段的 d，将相应的 R、v 值列入表 4-1 中。

(3) 求通过底层与第二层并联环路的压降不平衡率，即

$$\begin{aligned}x_{\text{I}2} &= \frac{\Delta p'_{15,16} - \Sigma(\Delta p_\text{y} + \Delta p_\text{j})_{15,16}}{\Delta p'_{15,16}} \times 100\%\\ &= (499 - 524)/499 \times 100\% = -5\%\end{aligned}$$

此相对差额在允许±15%范围内。

10. 确定通过立管 I 第三层散热器环路上各管段的管径

计算方法与前相同。计算结果如下：

(1) 过立管 I 第三层散热器环路的作用压力

$$\begin{aligned}\Delta p'_{\text{I}3} &= gH_3(\rho_\text{h} - \rho_\text{g}) + \Delta p'_\text{f}\\ &= 9.81 \times 9(977.81 - 961.92) + 350 = 1753\text{Pa}\end{aligned}$$

(2) 管段15、17、18与管段13、14、1为并联管路。通过管段15、17、18的资用压力为

$$\begin{aligned}\Delta p'_{15,17,18} &= \Delta p'_{\text{I}3} - \left[\Delta p'_{\text{I}1} - \Sigma(\Delta p_\text{y} + \Delta p_\text{j})_{1,13,14}\right]\\ &= 1785 - 818 + 41 = 976\text{Pa}\end{aligned}$$

(3) 管段15、17、18的实际压力损失为 459+159.1+119.7=738Pa

(4) 不平衡率 $x_{\text{I}3} = (976 - 738)/976 = 24.4\% > 15\%$

因17、18管段已选用最小管径，剩余压力只能用第三层散热器支管上的阀门消除。

表 4-1　　　　　　　　　　重力循环双管热水供暖系统管路水利计算表（例题 4-1）

管段号	Q (W)	G (kg/h)	l (m)	d (mm)	v (m/s)	R (Pa/m)	$\Delta p_y = RL$ (Pa)	$\Sigma \zeta$	Δp_d (Pa)	$\Delta p_j = \Delta p_d \cdot \Sigma \zeta$ (Pa)	$\Delta p = \Delta p_y + \Delta p_j$ (Pa)	备注
1	2	3	4	5	6	7	8	9	10	11	12	13

立管 I　　第一层散热器 I₁ 环路　　　　作用压力 $\Delta p'_{I1} = 818$Pa

1	1500	52	2	20	0.04	1.38	2.8	25	0.79	19.8	22.6	
2	7900	272	8.5	32	0.08	3.39	28.8	4	3.15	12.6	41.4	
3	15 100	519	8	40	0.11	5.58	44.6	1	5.95	5.95	50.6	
4	22 300	767	8	50	0.1	3.18	25.4	1	4.92	4.92	30.3	
5	29 500	1015	8	50	0.13	5.34	42.7	1	8.31	8.31	51.0	
6	37 400	1287	8	70	0.1	2.39	19.1	2.5	4.92	12.3	31.4	
7	74 800	2573	15	70	0.2	8.69	130.4	6	19.66	118.0	248.4	
8	37 400	1287	8	70	0.1	2.39	19.1	3.5	4.92	17.2	36.3	
9	29 500	1015	8	50	0.13	5.34	42.7	1	8.31	8.31	51.0	
10	22 300	767	8	50	0.1	3.18	25.4	1	4.92	4.92	30.3	
11	15 100	519	8	40	0.11	5.58	44.6	1	5.95	5.95	50.6	
12	7900	272	11	32	0.08	3.39	37.3	4	3.15	12.6	49.9	
13	4900	169	3	32	0.05	1.45	4.4	1	1.23	4.9	9.3	
14	2700	93	3	25	0.04	1.95	5.85	4	0.79	3.2	9.1	

$\Sigma l = 106.5$m　　　　　$\Sigma(\Delta p_y + \Delta p_j)_{1\sim14} = 712$Pa

系统作用压力富裕率 $\Delta\% = [\Delta p'_{I1} - \Sigma(\Delta p_y + \Delta p_j)_{1\sim14}] / \Delta p'_{I1} = (818 - 712)/818 = 13\% > 10\%$

立管 I　　第二层散热器 I₂ 环路　　　　作用压力 $\Delta p'_{I2} = 1285$Pa

15	5200	179	3	15	0.26	97.6	292.8	5.0	33.23	166.2	459	
16	1200	41	2	15	0.06	5.15	10.3	31	1.77	54.9	65	

$\Sigma(\Delta p_y + \Delta p_j)_{15,16} = 524$Pa

不平衡 $x_{I2} = [\Delta p'_{15,16} - \Sigma(\Delta p_y + \Delta p_j)_{15,16}] / \Delta p'_{15,16} = (499 - 524)/499 = -5\%$

立管 I　　第三层散热器 I₃ 环路　　　　作用压力 $\Delta p'_{I3} = 1753$Pa

17	3000	103	3	15	0.15	34.6	103.8	5	11.06	55.3	159.1	
18	1600	55	2	15	0.08	10.98	22.0	31	3.15	97.7	119.7	

$\Sigma(\Delta p_y + \Delta p_j)_{17,18} = 279$Pa

不平衡 $x_{I3} = [\Delta p'_{15,17,18} - \Sigma(\Delta p_y + \Delta p_j)_{15,17,18}] / \Delta p'_{15,17,18} = (976 - 738)/976 = 24.4\% > 15\%$

立管 II　　第一层散热器环路　　　　作用压力 $\Delta p'_{19\sim23} = 132$Pa

19	7200	248	0.5	32	0.07	2.87	1.4	3	2.41	7.2	8.6	
20	1200	41	2	15	0.06	5.15	10.3	27	1.77	47.8	58.1	
21	2400	83	3	20	0.07	5.22	15.7	4	2.41	9.6	25.3	
22	4400	152	3	25	0.07	4.76	14.3	4	2.41	9.6	23.9	
23	7200	248	3	32	0.07	2.87	8.6	4	2.41	7.2	15.8	

$\Sigma(\Delta p_y + \Delta p_j)_{19\sim23} = 132$Pa

不平衡 $x_{II1} = [\Delta p'_{19\sim23} - \Sigma(\Delta p_y + \Delta p_j)_{19\sim23}] / \Delta p'_{19\sim23} = (132 - 132)/132 = 0\%$

立管 II　　第二层散热器环路　　　　作用压力 $\Delta p'_{II2} = 1285$Pa

24	7200	248	0.5	32	0.07	2.87	1.4	3	2.41	7.2	8.6	
25	1200	41	2	15	0.06	5.15	10.3	27	1.77	47.8	58.1	

$\Sigma(\Delta p_y + \Delta p_j)_{24,25} = 432$Pa

不平衡 $x_{II2} = \dfrac{[\Delta p'_{II2} - \Delta p'_{II1} + \Sigma(\Delta p_y + \Delta p_j)_{20,21}] - \Sigma(\Delta p_y + \Delta p_j)_{24,25}}{\Delta p'_{II2} - \Delta p'_{II1} + \Sigma(\Delta p_y + \Delta p_j)_{20,21}}$

$= [(1285 - 818 + 83) - 432]/550 = 21.5\% > 15\%$

管段号	Q (W)	G (kg/h)	l (m)	d (mm)	v (m/s)	R (Pa/m)	$\Delta p_y = RL$ (Pa)	$\Sigma \zeta$	Δp_d (Pa)	$\Delta p_j = \Delta p_d \cdot \Sigma \zeta$ (Pa)	$\Delta p = \Delta p_y + \Delta p_j$ (Pa)	备注
1	2	3	4	5	6	7	8	9	10	11	12	13
立管Ⅱ 第三层散热器环路 作用压力 $\Delta p'_{Ⅱ3} = 1753\text{Pa}$												
26	2800	96	3	15	0.14	30.4	91.2	5	9.64	48.2	139.4	
27	1400	48	2	15	0.07	8.6	17.2	27	2.41	65.1	82.3	

$$\Sigma(\Delta p_y + \Delta p_j)_{26,27} = 222\text{Pa}$$

$$不平衡\ x_{Ⅱ3} = \frac{[\Delta p'_{Ⅱ3} - \Delta p'_{Ⅱ1} + \Sigma(\Delta p_y + \Delta p_j)_{20\sim22}] - \Sigma(\Delta p_y + \Delta p_j)_{24,26,27}}{\Delta p'_{Ⅱ3} - \Delta p'_{Ⅱ1} + \Sigma(\Delta p_y + \Delta p_j)_{20\sim22}}$$

$$= [(1753 - 818 + 107) - 615]/1042 = 41\% > 15\%$$

表 4-2　　　　　　　　　　[例题 4-1]的局部阻力系数计算表

管段号	局部阻力	个数	$\Sigma \zeta$	管段号	局部阻力	个数	$\Sigma \zeta$
1	散热器	1	2.0	9、10、11	直流三通	1	1.0
	$\phi20$、90°弯头	2	2×2.0			$\Sigma \zeta = 1.0$	
	截止阀	1	10	12	$\phi32$ 弯头	1	1.5
	乙字弯	2	2×1.5		直流三通	1	1.0
	分流三通	1	3.0		闸阀	1	0.5
	合流四通	1	3.0		乙字弯	1	1.0
	$\Sigma \zeta = 25.0$				$\Sigma \zeta = 4.0$		
2	$\phi32$ 弯头		1.5	13、14	直流四通	1	2.0
	直流四通		1.0		$\phi32$ 或 $\phi25$ 扩弯	1	2.0
	闸阀		0.5		$\Sigma \zeta = 4.0$		
	乙字弯		1.0	15	直流四通	1	2.0
	$\Sigma \zeta = 4.0$				$\phi15$ 扩弯	1	3.0
3、4、5	直流三通	1	1.0		$\Sigma \zeta = 5.0$		
	$\Sigma \zeta = 1.0$			16	$\phi15$，90°弯头	2	2×2.0
6	$\phi70$、90°煨弯	2	2×0.5		$\phi15$ 乙字弯	2	2×1.5
	直流三通	1	1.0		分合流四通	2	2×3.0
	闸阀	1	0.5		截止阀	1	16
	$\Sigma \zeta = 2.5$				散热器	1	2.0
7	$\phi70$、90°煨弯	5	5×0.5		$\Sigma \zeta = 31.0$		
	闸阀	2	2×0.5	17	直流四通	1	2.0
	锅炉	1	2.5		$\phi15$ 扩弯	1	3.0
	$\Sigma \zeta = 6.0$				$\Sigma \zeta = 5.0$		
8	$\phi70$、90°煨弯	3	3×0.5				
	闸阀	1	0.5				
	旁流三通	1	1.5				
	$\Sigma \zeta = 3.5$						

续表

管段号	局部阻力	个数	Σζ
18	φ15 弯头	2	2×2.0
	φ15 乙字弯	2	2×1.5
	分流四通	1	3.0
	合流三通	1	3.0
	截止阀	1	16.0
	散热器	1	2.0
	Σζ＝31.0		
19	旁流三通	1	1.5
	φ32 闸阀	1	0.5
	φ32 乙字弯	1	1.0
	Σζ＝3.0		
20	φ15 乙字弯	2	2×1.5
	截止阀	1	16.0
	散热器	1	2.0
	分流三通	1	4.0
	合流四通	1	3.0
	Σζ＝27.0		
21	直流四通	1	2.0
22	φ20 或 φ25 扩弯	1	2.0
	Σζ＝4.0		
23	旁流三通	1	1.5
	φ32 乙字弯	1	1.0
	闸阀	1	0.5
	Σζ＝3.0		

管段号	局部阻力	个数	Σζ
24	φ15 扩弯	1	3.0
	直流四通	1	2.0
	Σζ＝5.0		
25	φ15 乙字弯	2	2×1.5
	截止阀	1	16.0
	散热器	1	2.0
	分流四通	2	2×3.0
	Σζ＝27.0		
26	φ15 扩弯	1	3.0
	直流四通	1	2.0
	Σζ＝5.0		
27	φ15 乙字弯	2	2×1.5
	φ15 截止阀	1	16.0
	散热器	1	2.0
	合流三通	1	3.0
	分流四通	1	3.0
	Σζ＝27.0		

11. 确定通过立管 Ⅱ 各层环路各管段的管径

作为异程式双管系统的最不利循环环路是通过最远立管 Ⅰ 底层散热器的环路。对与它并联的其他立管的管径计算，同样应根据节点压力平衡原理与该环路进行压力平衡计算确定。

（1）确定通过立管 Ⅱ 底层散热器环路的作用压力 $\Delta p'_{Ⅱ1}$，即

$$\Delta p'_{Ⅱ1}=gH_1（\rho_h-\rho_g）+\Delta p_f=9.81×3（977.81-961.92）+350=818Pa$$

（2）确定通过立管 Ⅱ 底层散热器环路各管段管径 d。管段 19～23 与管段 1、2、12、13、14 为并联环路，对立管 Ⅱ 与立管 Ⅰ 可列出下式，从而求出管段 19～23 资用压力为

$$\Delta p'_{19～23}=\Sigma（\Delta p_y+\Delta p_j）_{1,2,12～14}-（\Delta p'_{Ⅰ1}-\Delta p'_{Ⅱ1}）$$
$$=132-（818-818）=132Pa$$

管径确定方法与立管Ⅰ中的第二、三层环路计算相同，不再赘述。其计算结果列入表4-1中。

（3）管段 19～23 的水力计算同前，结果列入表 4-1 中，其总阻力损失$\sum(\Delta p_y + \Delta p_j)_{19\sim23} = 132\text{Pa}$。

（4）与立管Ⅰ并联环路相比的不平衡率刚好为零。

通过该双管系统水力计算结果，可以看出，第三层的管段虽然取用了最小管径（DN15），但它的不平衡率大于 15％。这说明对于高于三层以上的建筑物，如采用上供下回式双管系统，若无良好的调节装置（如安装散热器温控阀等），则竖向失调状况难以避免。

第三节　机械循环单管热水供暖系统管路的水力计算方法和例题

与重力循环系统相比，机械循环系统的作用半径大，其室内热水供暖系统的总压力损失一般为 10～20kPa；对水平式或较大型的系统，可达 20～50kPa。

进行水力计算时，机械循环室内热水供暖系统多根据入口处的资用循环压力，按最不利循环环路的平均比摩阻 R_{pj} 来选用该环路各管段的管径。当入口处资用压力较高时，管道流速和系统实际总压力损失可相应提高。但在实际工程设计中，最不利循环环路的各管段水流速度过高，各并联环路的压力损失难以平衡，所以常用控制 R_{pj} 值的方法，按 $R_{pj} = 60\sim120\text{Pa/m}$ 选取管径。剩余的资用循环压力，由入口处的调压装置节流。

在机械循环系统中，循环压力主要是由水泵提供，同时也存在着重力循环作用压力。管道内水冷却产生的重力循环作用压力，占机械循环总循环压力的比例很小，可忽略不计。对机械循环双管系统，水在各层散热器冷却所形成的重力循环作用压力不相等，在进行各立管散热器并联环路的水力计算时，应计算在内，不可忽略。对机械循环单管系统，如建筑物各部分层数相同，每根立管所产生的重力循环作用压力近似相等，也可忽略不计；如建筑物各部分层数不同，高度和各层热负荷分配比不同的立管之间所产生的重力循环作用压力不相等，在计算各立管之间并联环路的压降不平衡率时，应将其重力循环作用压力的差额计算在内。重力循环作用压力可按设计工况下最大值的 2/3 计算（约相应于采暖季平均水温下的作用压力值）。

下面通过常用的机械循环单管热水供暖系统管路水力计算例题，阐述其计算方法和步骤。

一、机械循环单管顺流式热水供暖系统管路水力计算例题

【例题 4-2】　确定图 4-2 所示的机械循环垂直单管顺流式热水供暖系统管路的管径。热媒参数：供水温度 $t'_g = 95℃$，$t'_h = 70℃$。系统与外网连接。在引入口处外网的供回水压差为 30kPa。图 4-2 表示出系统两个支路中的一个支路。散热器内的数字表示散热器的热负荷。楼层高为 3m。

解　计算步骤如下：

1. 管段编号

在轴侧图上，与［例题 4-1］相同，进行管段编号、立管编号，并注明各管段的热负荷

和管长，如图 4-2 所示。

2. 确定最不利环路

该系统为异程式单管系统，一般取最远立管的环路作为最不利环路。如图 4-2 所示，最不利环路是从入口到立管 V。这个环路包括管段 1 到管段 12。

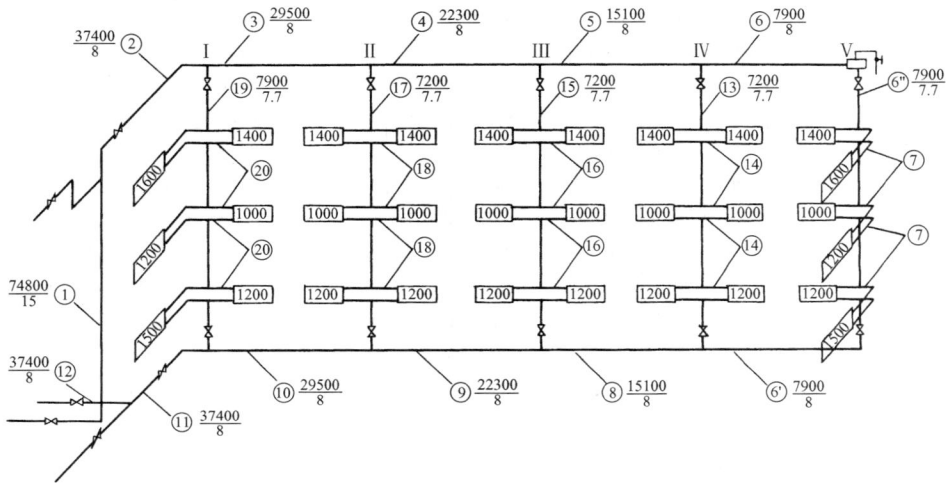

图 4-2　[例题 4-2]的管路计算图

3. 计算最不利环路各管段的管径

如前所述，虽然该例题引入口处外网的供回水压差较大，但考虑系统中各环路的压力损失易于平衡，该例题采用推荐的平均比摩阻 R_{pj}（大致为 $60\sim120\mathrm{Pa/m}$）来确定最不利环路各管段的管径。

水力计算方法与 [例题 4-1] 相同。首先根据式（4-25）确定各管段的流量。根据 G 和选用的 R_{pj} 值，查表 A17，将查出的各管段 d、R、v 值列入表 4-3 中。最后算出最不利环路的总压力损失 $\sum(\Delta p_y+\Delta p_j)_{1\sim12}=8633\mathrm{Pa}$。入口处的剩余循环压力，用调节阀节流消耗掉。

4. 确定立管 IV 的管径

立管 IV 与最末端供回水干管和立管 V，即管段 6、7，为并联环路。根据并联环路节点压力平衡原理，立管 IV 的资用压力 Δp_{IV}，可由下式确定，即

$$\Delta p'_{IV}=\sum(\Delta p_y+\Delta p_j)_{6,7}(\Delta p'_V-\Delta p'_{IV})\qquad\mathrm{Pa}$$

式中　$\Delta p'_V$——水在立管 V 的散热器中冷却时所产生的重力循环作用压力，Pa；

　　　$\Delta p'_{IV}$——水在立管 IV 的散热器中冷却时所产生的重力循环作用压力，Pa。

由于两根立管各层热负荷的分配比例大致相等，$\Delta p'_V=\Delta p'_{IV}$，因而 $\Delta p'_{IV}=\sum(\Delta p_y+\Delta p_j)_{6,7}$。

立管 IV 的平均比摩阻为

$$R_{pj}=0.5\Delta p'_{IV}/\sum l=0.5\times2719/16.7=81.4\mathrm{Pa/m}$$

表 4-3　　　　　　机械循环单管顺流式热水供暖系统管路水利计算表（［例题 4-2］）

管段号	Q (W)	G (kg/h)	l (m)	d (mm)	v (m/s)	R (Pa/m)	$\Delta p_y = RL$ (Pa)	$\Sigma \zeta$	Δp_d (Pa)	$\Delta p_j = \Delta p_d \cdot \Sigma \zeta$ (Pa)	$\Delta p = \Delta p_y + \Delta p_j$ (Pa)	备注
1	2	3	4	5	6	7	8	9	10	11	12	13
						立 管 V						
1	74 800	2573	15	40	0.55	116.41	1746.2	1.5	148.72	223.1	1969.3	
2	37 400	1287	8	32	0.36	61.95	495.6	4.5	63.71	386.7	782.3	
3	29 500	1015	8	32	0.28	39.32	314.6	1.0	38.54	38.5	353.1	
4	22 300	767	8	32	0.21	23.09	184.7	1.0	21.68	21.7	206.4	
5	15 100	519	8	25	0.26	46.19	369.5	1.0	33.23	33.2	402.7	
6	7900	272	23.7	20	0.22	46.31	1097.5	9.0	23.79	214.1	1311.6	6、6′
7	—	136	9	15	0.20	58.08	522.7	45	19.66	884.7	1407.4	
8	15 100	519	8	25	0.26	46.19	369.5	1.0	33.23	33.2	402.7	
9	22 300	767	8	32	0.21	23.09	184.7	1.0	21.68	21.7	206.4	
10	29 500	1015	8	32	0.28	39.32	314.6	1.0	38.54	38.5	353.1	
11	37 400	1287	8	32	0.36	61.95	495.6	5.0	63.71	318.6	814.2	
12	74 800	2573	3	40	0.55	116.41	349.2	0.5	148.72	74.4	423.6	

$\Sigma l = 114.7\text{m}$　　　　　　$\Sigma(\Delta p_y + \Delta p_j)_{1\sim12} = 8633\text{Pa}$

入口处剩余循环作用压力，用阀门截流

				立 管 Ⅳ		资用压力 $\Delta p'_{Ⅳ} = \Sigma(\Delta p_y + \Delta p_j)_{6,7} = 2719\text{Pa}$						
13	7200	248	7.7	15	0.36	182.07	1401.9	9	63.71	573.4	1975.3	
14	—	124	9	15	0.18	48.84	439.6	33	16.93	525.7	965.3	

$\Sigma(\Delta p_y + \Delta p_j)_{13,14} = 2941\text{Pa}$

不平衡 $x_{Ⅳ} = [\Delta p'_{Ⅳ} - \Sigma(\Delta p_y + \Delta p_j)_{13,14}]/\Delta p'_{Ⅳ} = (2719 - 2941)/2719 = -8.2\%$（在±15%以内）

				立 管 Ⅲ		资用压力 $\Delta p'_{Ⅲ} = \Sigma(\Delta p_y + \Delta p_j)_{5\sim8} = 3524\text{Pa}$						
15	7200	248	7.7	15	0.36	182.07	1401.9	9	63.71	573.4	1975.3	
16	—	124	9	15	0.18	48.84	439.6	33	15.93	525.7	965.3	

$\Sigma(\Delta p_y + \Delta p_j)_{15,16} = 2941\text{Pa}$

不平衡 $x_{Ⅲ} = [\Delta p'_{Ⅲ} - \Sigma(\Delta p_y + \Delta p_j)_{15,16}]/\Delta p'_{Ⅲ} = (3524 - 2941)/3524 = 16.5\% > 15\%$（用立管阀门节流）

				立 管 Ⅱ		资用压力 $\Delta p'_{Ⅱ} = \Sigma(\Delta p_y + \Delta p_j)_{4\sim9} = 3937\text{Pa}$						
17	7200	248	7.7	15	0.36	182.07	1401.9	9	63.71	573.4	1975.3	
18	—	124	9	15	0.18	48.84	439.6	33	15.93	525.7	965.3	

$\Sigma(\Delta p_y + \Delta p_j)_{17,18} = 2941\text{Pa}$

不平衡 $x_{Ⅱ} = [\Delta p'_{Ⅱ} - \Sigma(\Delta p_y + \Delta p_j)_{17,18}]/\Delta p'_{Ⅱ} = (3937 - 2941)/3937 = 25.3\% > 15\%$（用立管阀门节流）

				立 管 Ⅰ		资用压力 $\Delta p'_{Ⅰ} = \Sigma(\Delta p_y + \Delta p_j)_{3\sim10} = 4643\text{Pa}$						
19	7900	272	7.7	15	0.39	217.19	1972.4	9	74.48	673.0	2345.4	
20	—	136	9	15	0.20	58.08	522.7	33	19.66	648.8	1171.5	

$\Sigma(\Delta p_y + \Delta p_j)_{19,20} = 3517\text{Pa}$

不平衡 $x_{Ⅰ} = [\Delta p'_{Ⅰ} - \Sigma(\Delta p_y + \Delta p_j)_{19,20}]/\Delta p'_{Ⅰ} = (4643 - 3517)/4643 = 24.3\% > 15\%$（用立管阀门节流）

根据 R_{pj} 和 G 值，选立管Ⅳ的立、支管的管径，取 DN15×15。计算出立管Ⅳ的总压力损失为 2941Pa。与立管Ⅴ的并联环路相比，其不平衡 $x_{Ⅳ} = -8.2\%$。在允许值±15%范围之内。

5. 确定立管Ⅲ的管径

立管Ⅲ与管段 5～8 并联。同理，资用压力 $\Delta p'_{\text{Ⅲ}} = \Sigma(\Delta p_y + \Delta p_j)_{5～8} = 3524Pa$。立管管径选用 DN15×15。计算结果，立管Ⅲ总压力损失为 2941Pa。不平衡 $x_{\text{Ⅲ}} = 16.5\%$，稍超过允许值。

6. 确定立管Ⅱ的管径

立管Ⅱ与管段 4～9 并联。同理，资用压力 $\Delta p'_{\text{Ⅱ}} = \Sigma(\Delta p_y + \Delta p_j)_{4～9} = 3937Pa$。立管选用最小管径 DN15×15。计算结果，立管Ⅱ总压力损失为 2941Pa。不平衡 $x_{\text{Ⅱ}} = 25.3\%$，超出允许值。

7. 确定立管Ⅰ的管径

立管Ⅰ与管段 3～10 并联。同理，资用压力 $\Delta p'_{\text{Ⅰ}} = \Sigma(\Delta p_y + \Delta p_j)_{3～10} = 4643Pa$。立管选用最小管径 DN15×15。计算结果，立管Ⅰ总压力损失为 3517Pa。不平衡 $x_{\text{Ⅰ}} = 24.3\%$，超出允许值，剩余压头用立管阀门消除。

通过机械循环系统水力计算（［例题 4-2］）结果，可以看出：

（1）［例题 4-1］与［例题 4-2］的系统热负荷、立管数、热媒参数和供热半径都相同，机械循环系统的作用压力比重力循环系统大得多，系统的管径也小得多。

（2）由于机械循环系统供回水干管的 R 值选用较大，系统中各立管之间的并联环路压力平衡较难。［例题 4-2］中，立管Ⅰ、Ⅱ、Ⅲ的不平衡百分率超过 ±15% 的允许值。在系统初调节和运行时，只能靠立管上的阀门进行调节，否则［例题 4-2］的异程式系统必然会出现近热远冷的水平失调。如系统的作用半径较大，同时又采用异程式布置管道，则水平失调现象更难以避免。

为避免采用［例题 4-2］的水力计算方法而出现立管之间环路压力不易平衡的问题，在工程设计中，可采用下面的一些设计方法，来防止或减轻系统的水平失调现象。

（1）供、回水干管采用同程式布置；

（2）仍采用异程式系统，但采用"不等温降"方法进行水力计算；

（3）仍采用异程式系统，采用首先计算最近立管环路的方法。

上述前两种计算方法将在本章第四、五节讲述，第三种方法是首先计算通过最近立管环路上各管段的管径，然后以最近立管的总阻力损失为基准，在允许的不平衡率范围内，确定最近立管后面的供、回水干管和其他立管的管径。如仍以［例题 4-2］为例，首先求出最近立管Ⅰ的总压力损失 $\Sigma(\Delta p_y + \Delta p_j)_{19,20} = 3517Pa$，然后根据 $3517×1.15 = 4045Pa$ 的总资用压力，确定管段 3～10 的管径。计算结果表明：如将管段 5、6、8 均改为 DN32，立管Ⅱ～Ⅳ管径改为 DN20×15，则立管间的不平衡率可满足设计要求。这种水力计算方法简单，工作可靠，但增大了系统许多管段的管径；所增加的费用不一定超过同程式系统。

二、散热器的进流系数 a

在单管热水供暖系统中，立管的水流量全部或部分地流进散热器。流进散热器的水流量 G_s 与通过该立管水流量 G_l 的比值，称作散热器进流系数 a，可用下式表示：

$$a = G_s/G_l \tag{4-26}$$

在垂直式顺流热水供暖系统中，散热器单侧连接时，$a = 1.0$；散热器双侧连接，通常两侧散热器的支管管径及其长度都相等时，$a = 0.5$。当两侧散热器支管管径或长度不相等

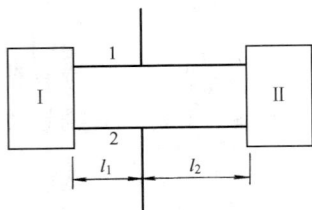

图 4-3 顺流式系统散热器节点

时，两侧的散热器进流系数 a 就不相等了。影响两侧散热器之间水流量分配的因素主要有两个：一个是由于散热器负荷不同致使散热器平均水温不同而产生的重力循环附加作用压力差值；另一个是并联环路在节点压力平衡状况下的水流量分配规律。如图 4-3 所示，在机械循环系统中，节点 1、2 并联环路的压力损失较大（R 值较高）；因此，重力循环附加作用压力差值的影响，在此情况下可忽略不计，也即可以近似地按顺流式两侧的阻力比，来确定散热器的进流系数。

根据并联环路节点压力平衡原理，可列出下式

$$(R_1 l_1 + \Delta p_{j,1})_{1-\mathrm{I}-2} = (R_2 l_2 + \Delta p_{j,2})_{1-\mathrm{II}-2} \quad \mathrm{Pa}$$

或

$$R_1 (l_1 + l_{d,1})_{1-\mathrm{I}-2} = R_2 (l_2 + l_{d,2})_{1-\mathrm{II}-2} \quad \mathrm{Pa} \tag{4-27}$$

如支管 $d_1 = d_2$，并假设两侧水的流动状况相同，摩擦阻力系数 λ 值近似相等，则根据式 (4-14)，R 与水流量 G 的平方成正比，式 (4-27) 可改写为

$$G_{\mathrm{I}}^2 (l_1 + l_{d,1})_{1-\mathrm{I}-2} = G_{\mathrm{II}}^2 (l_2 + l_{d,2})_{1-\mathrm{II}-2}$$

$$\frac{(l_1 + l_{d,1})_{1-\mathrm{I}-2}}{(l_2 + l_{d,2})_{1-\mathrm{II}-2}} = \frac{G_{\mathrm{II}}^2}{G_{\mathrm{I}}^2} = \frac{(G_l - G_{\mathrm{I}})^2}{G_{\mathrm{I}}^2} \tag{4-28}$$

式中　l_1、l_2——通向散热器 I、II 的支管长度，m；

　　　$l_{d,1}$、$l_{d,2}$——通向散热器 I、II 支管的局部阻力当量长度，m；

　　　G_1、G_2——流进散热 I、II 的水流量，kg/h；

　　　G_1——立管的水流量，kg/h。

将式 (4-28) 变换，得

$$a_{\mathrm{I}} = \frac{G_{\mathrm{I}}}{G_l} = \frac{1}{1 + \sqrt{\dfrac{(l_1 + l_{d,1})_{1-\mathrm{I}-2}}{(l_2 + l_{d,2})_{1-\mathrm{II}-2}}}} \tag{4-29}$$

式中　a_{I}——散热器 I 的进流系数。

若已知 a 及 G_1 值，流入散热器 I 和 II 的水流量分别为

$$G_{\mathrm{I}} = a_{\mathrm{I}} G_1 \quad \mathrm{kg/h} \tag{4-30}$$

$$G_{\mathrm{II}} = (1 - a_{\mathrm{I}}) G_1 \quad \mathrm{kg/h} \tag{4-31}$$

在通常管道布置情况下，顺流式系统两侧连接散热器支管管径、长度及其局部阻力都相等时，根据式 (4-29) 可知

$$a_{\mathrm{I}} = a_{\mathrm{II}} = 0.5$$

通过实验或用式 (4-29) 计算，当 $l < (l_1 + l_{d,1})_{1-\mathrm{I}-2} / (l_2 + l_{d,2})_{1-\mathrm{II}-2} < 1.4$ 时，散热器 I 的进流系数 $0.5 > a_{\mathrm{I}} > 0.46$。在工程计算中，可粗略按 $a = 0.5$ 计算。当两侧散热器支管的折算长度相差太大时，应通过式 (4-29) 确定散热器的进流系数。

对于跨越式系统，立管中部分水量流过跨越管段，只有部分水量进入一侧或两侧散热器。通过跨越管段的水没有被冷却，它与散热器平均水温不同而引起重力循环附加作用压力，要比顺流式系统大一些。因此，通常是根据实验方法确定进流系数。实验表明：跨越式系统散热器的进流系数与散热器支管、立管和跨越管的管径组合情况及立管中的流量或流速有关。为了增大进入散热器的水流量，可采用缩小跨越管径的方法。

由于跨越管的进流系数比顺流式的小，因而在相同散热器热负荷条件下，流出跨越式系统散热器的出水温度低于顺流式系统，散热器平均水温也低，因而所需的散热器面积要比顺流式系统的大一些。

第四节　机械循环同程式热水供暖系统管路的水力计算方法和例题

同程式系统的特点是通过各个并联环路的总长度都相等。在供暖半径较大（一般超过 50m 以上）的室内热水供暖系统中，同程式系统得到较普遍地应用。现通过下面例题，阐明同程式系统管路水力计算方法和步骤。

【例题 4-3】　将［例题 4-2］中异程式系统改为同程式系统。已知条件与［例题 4-2］相同。管路系统图见图 4-4。

解　计算方法和步骤如下：

（1）首先计算通过最远立管 V 的环路。确定出供水干管各个管段、立管 V 和回水总干管的管径及其压力损失。计算方法与［例题 4-2］相同，见表 4-4。

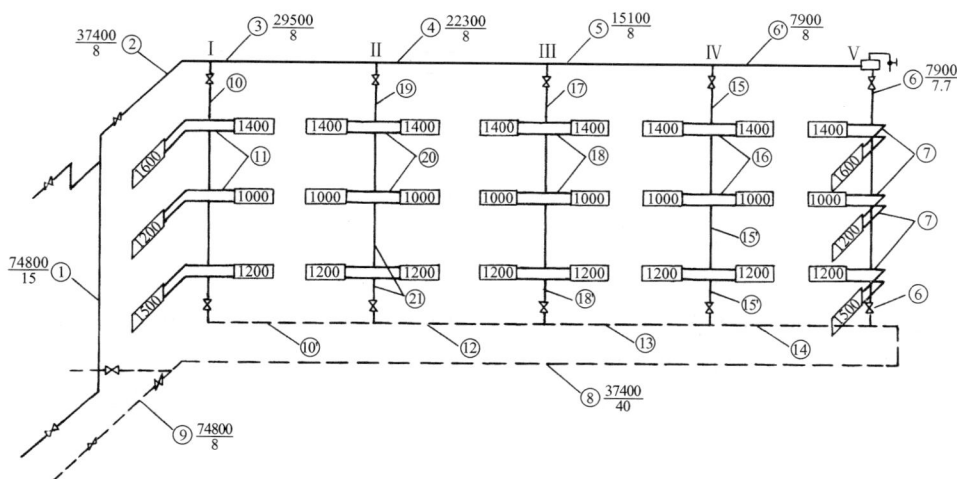

图 4-4　同程式系统管路系统图

（2）用同样方法，计算通过最近立管 I 的环路，从而确定出立管 I、回水干管各管段的管径及其压力损失。

（3）求并联环路立管 I 和立管 V 的压力损失不平衡率，使其不平衡率在 ±5％ 以内。

（4）根据水力计算结果，利用图示方法（见图 4-5），表示出系统的总压力损失及各立管的供、回水节点间的资用压力值。

根据该例题的水力计算表和图 4-5 可知，立管 IV 的资用压力应等于，入口处供水管起点通过最近立管环路到回水干管管段 13 末端的压力损失，减去供水管起点到供水干管管段 5 末端的压力损失的差值，也即等于 6461−4359＝2102Pa（见表 4-4 中第 13 栏数值）。其他立管的资用压力确定方法相同，数值见表 4-4。

应注意：如水力计算结果和图示表明个别立管供、回水节点间的资用压力过小或过大，则会使下一步选用该立管的管径过粗或过细，设计很不合理。此时，应调整第一、第二步骤的水力计算，适当改变个别供、回水干管的管段直径，使易于选择各立管的管径并满足并联环路不平衡率的要求。

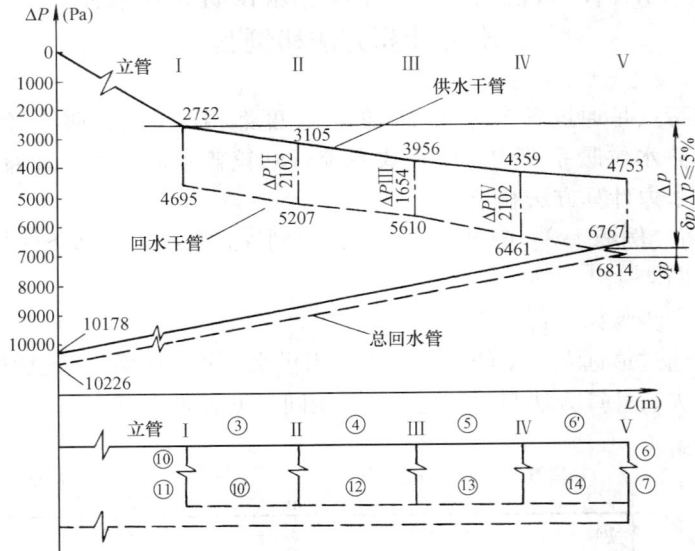

图 4-5 同程式系统管路压力平衡分析图

———— 按通过立管 V 环路的水力计算结果，绘出的相对压降线；

– – – – 按通过立管 I 环路的水力计算结果，绘出的相对压降线；

—·—·— 各立管的资用压力

（5）确定其他立管的管径。根据各立管的资用压力和立管各管段的流量，选用合适的立管管径。计算方法与［例题 4-2］的方法相同。

（6）求各立管的不平衡率。根据立管的资用压力和立管的计算压力损失，求各立管的不平衡率。不平衡率应在 ±10% 以内。

通过［例题 4-3］可知，虽然同程式系统的管道金属耗量，多于异程式系统，但它可以通过调整供、回水干管各管段的压力损失来满足立管间不平衡率的要求。

在上述的三个例题中，都是采用了立管或散热器的水温降相等的预先假定，由此也就预先确定了立管的流量。这样，通过各立管并联环路计算的压力损失就不可能相等而存在压降不平衡率。这种水力计算方法，通常称为等温降水力计算方法。在较大的室内热水供暖系统中，如采用等温降方法进行异程式系统的水力计算（如［例题 4-2］），立管间的压降不平衡率往往难以满足要求，必然会出现系统的水平失调。对于同程式系统，前所述，在水力计算中一些立管的供、回水干管之间的资用压力很小或为零时，该立管的水流量很小，甚至出现停滞现象，同样也会出现系统的水平失调。

一个良好的同程式系统的水力计算，应使各立管的资用压力值不要变化太大，以便于选择各立管的合理管径。为此，在水力计算中，管路系统前半部供水干管的比摩阻 R 值，宜选用稍小于回水干管的 R 值；而管路系统后半部供水干管的 R 值，宜选用稍大于回水干管的。

表 4-4　　　　　机械循环同程式单管热水供暖系统管路水力计算表

管段号	Q (W)	G (kg/h)	l (m)	d (mm)	v (m/s)	R (Pa/m)	$\Delta p_y = Rl$ (Pa)	$\Sigma \zeta$	Δp_d (Pa)	$\Delta p_j = \Delta p_d + \Sigma \zeta$ (Pa)	$\Delta p = \Delta p_y + \Delta p_j$ (Pa)	供水管起点到计算管段末端的压力损失（Pa）
1	2	3	4	5	6	7	8	9	10	11	12	13
							通过立管 V 的环路					
1	74 800	2573	15	40	0.55	116.41	1746.2	1.5	148.72	223.1	1969.3	1969
2	37 400	1287	8	32	0.36	61.95	495.6	4.5	63.71	286.7	782.3	2752
3	29 500	1015	8	32	0.28	39.32	314.6	1.0	38.54	38.5	353.1	3105
4	22 300	767	8	25	0.38	97.51	780.1	1.0	70.99	71.0	851.1	3956
5	15 100	519	8	25	0.26	46.19	369.5	1.0	33.23	33.2	402.7	4359
6'	7900	272	8	20	0.22	46.31	370.5	1.0	23.79	23.8	394.3	4753
6	7900	272	9.5	20	0.22	16.31	439.9	7.0	23.79	166.5	606.4	5359
7	—	136	9	15	0.20	58.08	522.7	45	19.66	884.7	1407.4	6767
8	37 400	1287	40	32	0.36	61.95	2478.0	8	63.71	509.7	2987.7	9754
9	74 800	2573	3	40	0.55	116.41	349.2	0.5	148.72	74.4	423.6	10 178

$$\Sigma (\Delta p_y + \Delta p_j)_{1\sim 9} = 10178 \text{Pa}$$

通过立管 I 的环路

管段号	Q (W)	G (kg/h)	l (m)	d (mm)	v (m/s)	R (Pa/m)	$\Delta p_y = Rl$ (Pa)	$\Sigma \zeta$	Δp_d (Pa)	Δp_j (Pa)	Δp (Pa)	供水管起点
10	7900	272	9	20	0.22	46.31	416.8	5.0	23.79	119.0	535.8	3287
11	—	136	9	15	0.20	58.08	522.7	45	19.66	884.7	1407.1	4695
10'	7900	272	8.5	20	0.22	46.31	393.6	5.0	23.79	119.0	512.6	5207
12	15100	519	8	25	0.26	46.19	369.5	1.0	33.23	33.2	402.7	5610
13	22300	767	8	25	0.38	97.51	780.1	1.0	70.99	71.0	851.1	6461
14	29500	1015	8	32	0.28	39.32	314.6	1.0	38.54	38.5	353.1	6814

管段 3～7 与管段 10～14 并联　　　$\Sigma (\Delta p_y + \Delta p_j)_{10\sim 14} = 4063 \text{Pa}$

$\Delta p_{3\sim 7} = 3931 \text{Pa}$　　　$\Sigma (\Delta p_y + \Delta p_j)_{1,2,8,9,10\sim 14} = 10226 \text{Pa}$

不平衡率 = $(\Delta p_{3\sim 7} - \Delta p_{10\sim 14})/\Delta p_{3\sim 7} = (3931 - 4063)/3931 = -3.4\%$

系统总压力损失为 10226Pa，剩余作用压力，在引入口处用阀门节流

立管 IV　资用压力 $\Delta p_{IV} = 6461 - 4359 = 2102 \text{Pa}$

管段号	Q (W)	G (kg/h)	l (m)	d (mm)	v (m/s)	R (Pa/m)	$\Delta p_y = Rl$ (Pa)	$\Sigma \zeta$	Δp_d (Pa)	Δp_j (Pa)	Δp (Pa)	
15	7200	248	6	20	0.20	38.92	233.5	3.5	19.66	68.8	302.3	
16	—	124	9	15	0.18	48.84	439.6	33.0	15.93	525.7	965.3	
15'	7200	248	3.5	15	0.36	182.07	637.2	4.5	63.71	286.7	923.9	

$$\Sigma (\Delta p_y + \Delta p_j)_{15,15',16} = 2191 \text{Pa}$$

不平衡率 = $[\Delta p_{IV} - \Sigma (\Delta p_y + \Delta p_j)_{15,15',16}]/\Delta p_{IV} = (2102 - 2191)/2102 = -4.2\%$

立管 III　资用压力 $\Delta p_{III} = 5610 - 3956 = 1654 \text{Pa}$

管段号	Q (W)	G (kg/h)	l (m)	d (mm)	v (m/s)	R (Pa/m)	$\Delta p_y = Rl$ (Pa)	$\Sigma \zeta$	Δp_d (Pa)	Δp_j (Pa)	Δp (Pa)	
17	7200	248	9	20	0.20	38.92	350.3	3.5	19.66	68.8	419.1	
18	—	124	9	15	0.18	48.84	439.6	33.0	15.93	525.7	965.3	
18'	7200	248	0.5	20	0.20	38.92	19.5	4.5	19.66	88.5	108.0	

$$\Sigma (\Delta p_y + \Delta p_j)_{17,18,18'} = 1492 \text{Pa}$$

不平衡率 = $[\Delta p_{III} - \Sigma (\Delta p_y + \Delta p_j)_{17,18,18'}]/\Delta p_{III} = (1654 - 1492)/1654 = 9.8\%$

管段号	Q (W)	G (kg/h)	l (m)	d (mm)	v (m/s)	R (Pa/m)	$\Delta p_y = Rl$ (Pa)	$\Sigma \zeta$	Δp_d (Pa)	$\Delta p_j = \Delta p_d + \Sigma \zeta$ (Pa)	$\Delta p = \Delta p_y + \Delta p_j$ (Pa)	供水管起点到计算管段末端的压力损失 (Pa)
1	2	3	4	5	6	7	8	9	10	11	12	13
立管Ⅱ 资用压力 $\Delta p_{\text{Ⅱ}} = 5207 - 3105 = 2102$Pa												
19	7200	248	6	20	0.20	38.92	233.5	3.5	19.66	68.8	302.3	
20	—	124	9	15	0.18	48.84	439.6	33.0	15.93	525.7	695.3	
21	7200	248	3.5	15	0.36	182.07	637.2	4.5	63.71	286.7	923.9	

$$\Sigma (\Delta p_y + \Delta p_j)_{19,20,21} = 2191\text{Pa}$$

不平衡率＝$[\Delta p_{\text{Ⅱ}} - \Sigma (\Delta p_y + \Delta p_j)_{19,20,21}]/\Delta p_{\text{Ⅱ}} = (2102 - 2191)/2102 = -4.2\%$

第五节　不等温降水力计算原理和方法

所谓不等温降水力计算，就是在单管系统中各立管的温降各不相等的前提下进行水力计算。它以并联环路节点压力平衡的基本原理进行水力计算。在热水供暖系统的并联环路上，当其中一个并联支路节点压力损失 Δp 确定后，对另一个并联支路（例如对某根立管），预先给定其管径 d（不是预先给定流量），从而确定通过该立管的流量及该立管的实际温度降。这种计算方法对各立管间的流量分配，完全遵守并联环路节点压力平衡的水力学规律，能使设计工况与实际工况基本一致。

一、热水管路的阻力数

无论是室外热水网路或室内热水供暖系统，热水管路都是由许多串联和并联管段组成的。热水管路系统中各管段的压力损失和流量分配，取决于各管段的连接方法——串联或并联连接，以及各管段的阻力数。

前已述及，根据式（4-19），管段的阻力数表示当管段通过单位流量时的压力损失值。阻力数的概念，同样也可用在由许多管段组成的热水管路上，称为热水管路的总阻力数 S。

对于由串联管段组成的热水管路（见图4-6），串联管段的总压降为

$$\Delta p = \Delta p_1 + \Delta p_2 + \Delta p_3$$

式中　Δp_1、Δp_2、Δp_3——各串联管段的压力损失，Pa。

根据式（4-19），可得 $S_{ch}G^2 = S_1 G^2 + S_2 G^2 + S_3 G^2$

由此可得

$$S_{ch} = S_1 + S_2 + S_3 \tag{4-32}$$

式中　　G——热水管路的流量，kg/h；

S_1、S_2、S_3——各串联管段的阻力数，Pa/ (kg/h)^2；

　　　S_{ch}——串联管段管路的总阻力数，Pa/ (kg/h)^2。

式（4-32）表明：在串联管路中，管路的总阻力数为各串联管段阻力之和。

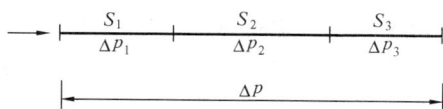

图 4-6　串联管路

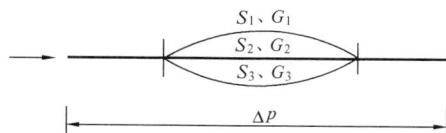

图 4-7　并联管路

对于并联管路（见图 4-7），管路的总流量为各并联管段流量之和，即

$$G = G_1 + G_2 + G_3 \tag{4-33}$$

根据式（4-19），可得

$$G = \sqrt{\frac{\Delta p}{S_b}}, \ G_1 = \sqrt{\frac{\Delta p}{S_1}}, \ G_2 = \sqrt{\frac{\Delta p}{S_2}}, \ G_3 = \sqrt{\frac{\Delta p}{S_3}} \tag{4-34}$$

将式（4-34）代入式（4-33），可得

$$\sqrt{\frac{1}{S_b}} = \sqrt{\frac{1}{S_1}} + \sqrt{\frac{1}{S_2}} + \sqrt{\frac{1}{S_3}} \tag{4-35}$$

设

$$a = 1/\sqrt{S} = G/\Delta p \quad \text{(kg/h)} /Pa^{1/2} \tag{4-36}$$

则

$$a_b = a_1 + a_2 + a_3 \tag{4-37}$$

式中　a_1、a_2、a_3——并联管段的通导数，(kg/h) /Pa$^{1/2}$；

　　　　S_b——并联管段的总阻力数，Pa/ (kg/h)^2；

　　　　a_b——并联管段的总通导数，(kg/h) /Pa$^{1/2}$。

又由于

$$\Delta p = S_1 G_1{}^2 = S_2 G_2^2 = S_3 G_3^2$$

则

$$G_1 : G_2 : G_3 = 1/\sqrt{S_1} : 1/\sqrt{S_1} : 1/\sqrt{S_1} = a_1 : a_2 : a_3 \tag{4-38}$$

由式（4-38）可知，在并联管路上，各分支管段的流量分配与其通导数成正比。此外，各分支管段的阻力状况（即其阻力数 S 值）不变时，管路的总流量在各分支管段上的流量分配比例不变。管路的总流量增加或减少多少倍，并联环路各分支管段也相应增加或减少多少倍。

二、不等温降水力计算方法和步骤

进行室内热水供暖系统不等温降水力计算时，一般从循环环路的最远立管开始。

（1）首先任意给定最远立管的温降。一般按设计温降增加 2～5℃。由此求出最远立管的计算流量 G_j。根据该立管的流量，选用 R（或 v）值，确定最远立管管径和环路末端供、回水干管的管径及相应的压力损失值。

（2）确定环路最末端第二根立管的管径。该立管与上述计算管段为并联管路。根据已知节点的压力损失 Δp，给定该立管管径，从而确定通过环路最末端的第二根立管的计算流量及其计算温度降。

（3）按照上述方法，由远至近，依次确定出该环路上供、回水干管各管段的管径及其相应的压力损失，以及各立管的管径、计算流量和计算温度降。

（4）系统中有多个分支循环环路时，按上述方法计算各个分支循环环路。计算得出的各循环环路在节点压力平衡情况下的流量总和，一般都不会等于计算要求的总流量；然后需要根据并联环路流量分配和压降变化的规律，对初步计算出的各循环环路的流量、温降和压降进行调整。整个水力计算才告结束。最后确定各立管散热器所需的面积。

下面仍以［例题4-2］为例，进一步具体地阐明不等温降水力计算的方法和步骤。

三、机械循环异程式单管顺流式热水供暖系统，采用不等温降进行水力计算的例题

【例题4-4】 将［例题4-2］（见图4-2）中异程式系统采用不等温降法进行系统管路的水力计算。设计供、回水温度为95℃/70℃。用户入口处外网的资用压力为10kPa。

该例题采用当量阻力法进行水力计算。整根立管的折算阻力系数 ζ_{zh}，按表A23选用。

解 1. 求最不利环路的平均比摩阻 R_{pj}

一般从最远立管环路为最不利环路。根据式（4-23）

$$R_{pj}=\alpha\Delta p/\sum l=0.5\times10000/114.7=43.6\text{Pa/m}$$

2. 计算立管Ⅴ

设立管的温降 $\Delta t=30$℃（比设计温降大5℃），立管流量 $G_V=0.86\times7900/30=226\text{kg/}$h。根据流量 G_V，参照 R_{pj} 值，选用立、支管管径为DN20×15。

根据表A23，得整根立管的折算阻力系数 $\zeta_{zh}=(\lambda/d)l+\sum\zeta=72.7$（最末立管设置集气罐 $\zeta=1.5$，刚好与表A23中标准立管的旁流三通 $\zeta=1.5$ 相等）。

根据 $G_V=226\text{kg/h}$，$d=20\text{mm}$，查表A21，当 $\zeta_{zh}=1.0$ 时，$\Delta p=15.93\text{Pa}$。立管的压力损失 $\Delta p_V=\zeta_{zh}\cdot\Delta p=72.7\times15.93=1158\text{Pa}$。

3. 计算供、回水干管6和6′的管径

管段流量 $G_6=G_6'=G_V=226\text{kg/h}$。选定管径为20mm。$\lambda/d$ 值由表A20查出为1.8，管段总长度为8+8=16m。两个直流三通，$\sum\zeta=2\times1.0=2.0$。管段6和6′的 $\zeta_{zh}=(\lambda/d)l+\sum\zeta=1.8\times16+2.0=30.8$。

根据 G 及 d 值，查表A21，当 $\zeta_{zh}=1.0$ 时，管段 $d=20\text{mm}$ 通过流量为 226kg/h 的压力损失 $\Delta p=15.93\text{Pa}$，管段6和6′的压力损失 $\Delta p_{6、6'}=30.8\times15.93=491\text{Pa}$。

4. 计算立管Ⅳ

立管Ⅳ与环路6-Ⅴ-6′并联。因此，立管Ⅳ的作用压力 $\Delta p_{IV}=\Delta p_{6\text{-}V\text{-}6'}=1158+491=1649\text{Pa}$。立、支管选用管径为DN20×15。查表A23，立管的 $\zeta_{zh}=72.7$。

当 $\zeta_{zh}=1.0$ 时，$\Delta p=\Delta p_{IV}/\zeta_{zh}=1649/72.7=22.69\text{Pa}$，根据 Δp_{IV} 和 $d=20\text{mm}$，查表A21，得 $G_{IV}=270\text{kg/h}$［根据 $\Delta p=sG^2$，用比例法求 G 值，在表A21中，当 $G=264\text{kg/h}$ 时，$\Delta p=21.68\text{Pa}$，可求得 $G_{IV}=G(\Delta p/\Delta p)^{0.5}=264(22.69/21.68)^{0.5}=270\text{kg/h}$］。

立管Ⅳ的热负荷 $Q_{IV}=7200\text{W}$。由此可求出该立管的计算温降 $\Delta t_j=0.86Q/G=0.86\times7200/270=22.9$℃。

按照上述步骤，对其他水平供、回水干管和立管从远至近顺次地进行计算。计算结果列于表4-5中。在此不再详述。最后得出图4-2右侧循环环路初步的计算流量 $G_{j,1}=1196\text{kg/}$h，压力损失 $\Delta p_{j,1}=4513\text{Pa}$。

5. 计算图4-2左侧的循环环路

计算方法同前。在图4-2中没有画出左侧循环环路的管路图。现假定同样按不等温降方法进行计算后，得出左侧循环环路的初步计算流量 $G_{j,2}=1180\text{kg/h}$，初步计算压力损失 $\Delta p_{j,2}=4100\text{Pa}$（见图4-8）。

将图4-8中左侧计算压力损失按与右侧相同考虑，则左侧流量变为 $1180(4513/4100)^{0.5}$，则系统初步计算的总流量为

初步计算的总流量$=1180\sqrt{4513/4100}+1196=2434\text{kg/h}$

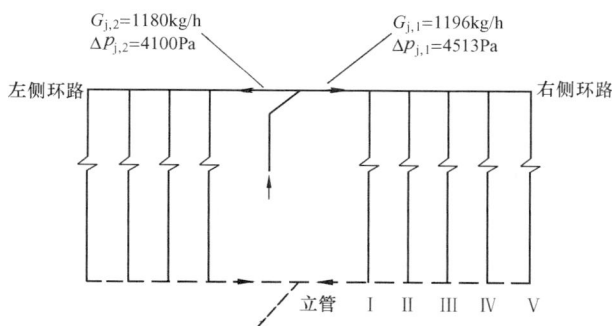

图 4-8　[例题 4-4]的管路系统简化示意图

系统设计的总流量＝$0.86 \sum Q/(t'_{g}-t'_{h})$＝$0.86×74800/(95-70)$＝2573kg/h 两者不相等。因此，需要进一步调整各循环环路的流量、压降和各立管的温度降。

6. 调整各循环环路的流量、压降和各立管的温度降

根据并联环路流量分配和压降变化的规律，按下列步骤进行调整。

(1) 按式 (4-36)，计算各分支循环环路的通导数 a 值。

右侧环路 $a_1=G_{j,1}/\sqrt{\Delta p_{j,1}}=1196/\sqrt{4513}=17.8$

左侧环路 $a_2=G_{j,2}/\sqrt{\Delta p_{j,2}}=1180/\sqrt{4100}=18.43$

(2) 根据并联管路流量分配规律，确定在设计总流量条件下，分配到各并联环路的流量。

根据式 (4-38)，在并联环路中，各并联环路流量分配比等于其通导数比，也即

$$G_1:G_2=a_1:a_2 \tag{4-39}$$

当总流量 $G=G_1+G_2$ 为已知时，并联环路的流量分配比例也可用下式表示

$$G_1=G[a_1/(a_1+a_2)] \tag{4-40}$$

$$G_2=G[a_2/(a_1+a_2)] \tag{4-41}$$

在该例题中，分配到左、右两侧并联环路的流量应为

右侧环路 $G_{t,1}=G_{zh}[a_1/(a_1+a_2)]=2573×17.8/(17.8+18.43)=1264$kg/h

左侧环路 $G_{t,2}=G_{zh}[a_2/(a_1+a_2)]=2573×18.43/(17.8+18.43)=1309$kg/h

式中　$G_{t,1}$、$G_{t,2}$——调整后右侧和左侧并联环路的流量，kg/h。

(3) 确定各并联循环环路的流量、温降调整系数。

右侧环路

流量调整系数 $a_{G,1}=G_{t,1}/G_{j,1}=1264/1196=1.057$

温降调整系数 $a_{t,1}=G_{j,1}/G_{t,1}=1196/1264=0.946$

左侧环路

流量调整系数 $a_{G,2}=G_{t,2}/G_{j,2}=1309/1180=1.109$

温降调整系数 $a_{t,2}=G_{j,2}/G_{t,2}=1180/1309=0.901$

根据右侧和左侧并联环路的不同流量调整系数和温降调整系数，乘以各侧立管第一次算出的流量和温降，求得各立管的最终计算流量和温降。

右侧环路的调整结果，见表 4-5 中第 12 和 13 栏。

（4）并联环路节点的压力损失值，可由下式确定：

压力损失调整系数：

右侧　$a_{p,1}=(G_{t,1}/G_{j,1})^2$

左侧　$a_{p,2}=(G_{t,2}/G_{j,2})^2$

调整后左右侧环路节点处的压力损失

$$\Delta p_{t,2\sim11}=\Delta p_{j,1}a_{p,1}=\Delta p_{j,2}\cdot a_{p,2}$$

右侧　$\Delta p_{t,2\sim11}=4513\,(1264/1196)^2=5041\text{Pa}$

左侧　$\Delta p_{t,2\sim11}=4100\,(1309/1180)^2=5045\text{Pa}\neq5041\text{Pa}$（计算误差）

7. 确定系统供、回水总管管径及系统的总压力损失

并联环路水力计算调整后，剩下最后一步是确定系统供、回水总管管径及系统的总压力损失。供、回水总管管径 1 和 12 的设计流量 $G_{zh}=2573\text{kg/h}$。选用管径 $d=40\text{mm}$。根据表 4-3 水力计算的数据，得出 $\Delta p_1=1969.3\text{Pa}$，$\Delta p_{12}=423.6\text{Pa}$。

系统的总压力损失

$$\Delta p_{1\sim12}=\Delta p_1+\Delta p_{t,2\sim11}+\Delta p_{12}=1969.3+5045+423.6=7438\text{Pa}$$

至此，系统的水力计算全部结束。

水力计算结束后，最后进行所需的散热器面积计算。由于各立管的温降不同，通常近处立管的流量比按等温降法计算的流量大，远处立管的流量会小。因此，即使在同一楼层散热器热负荷相同的条件下，近处立管的散热器的平均水温增高，所需的散热器面积会小些，而远处立管要增加些散热器面积。

综上所述，异程式系统采用不等温降法进行水力计算的主要优点是：完全遵守节点压力平衡分配流量的规律，并根据各立管的不同温降调整散热器面积，从而有可能在设计角度上去解决系统的水平失调现象。因此，当采用异程式系统时，宜采用不等温降法进行管路的水力计算。对大型的室内热水供暖系统，宜采用同程式系统。

表 4-5　　　　　　　　[例题 4-4]的管路水力计算表（不等温降法）

管段号	热负荷 Q (W)	管径 d $d_{立}\times d_{支}$ (mm)	管长 l (m)	$\lambda l/d$	$\Sigma\zeta$	总阻力数 $\Sigma\zeta_{zh}$	$\Sigma\zeta_{zh}=1$ 的压力损失 Δp (Pa)	计算压力损失 Δp_j (Pa)	计算流量 G_j (kg/h)	计算温降 Δt_j (℃)	调整流量 G_t (kg/h)	调整温降 Δt_t (℃)
1	2	3	4	5	6	7	8	9	10	11	12	13
立管 V	7900	20×25				72.7	15.93	1158	226	30	239	28.4
6+6′	7900	20	16	28.8	2.0	30.8	15.93	491	226		239	
立管 Ⅳ	7200	20×15				72.7	22.69	1649	270	22.9	285	21.7
5+8	15 100	25	16	20.8	2.0	22.8	29.50	673	496		524	
立管 Ⅲ	7200	15×15				48.4	48.0	2322	216	28.7	228	27.2
4+9	22 300	32	16	14.4	2.0	16.4	19.72	323	712		753	
立管 Ⅱ	7200	15×15				48.4	54.65	2645	230	26.9	243	25.4
3+10	29 500	32	16	14.4	2.0	16.4	34.54	566	942		996	
立管 Ⅰ	7900	15×15				48.4	66.34	3211	254	26.7	268	25.3
2+11	37 400	32	16	14.4	9.0	23.4	55.66	1302	1196		1264	

第五章 室内蒸汽供暖系统

第一节 蒸汽供暖系统热媒的特点

以蒸汽作为热媒的供暖系统，称为蒸汽供暖系统。图 5-1 是蒸汽供暖原理图。蒸汽从热源 1 沿蒸汽管路 2 进入散热设备 4，蒸汽凝结放出热量后，凝结水通过疏水器 5 再返回热源重新加热。

与热水作为供暖（热）系统的热媒相比，蒸汽具有如下一些特点：

（1）在放热量相同的条件下，蒸汽供暖所需热媒流量少。热水在系统散热设备中，靠其温度降放出热量，而且热水的相态不发生变化。蒸汽在系统散热设备中，靠蒸汽凝结成水放出热量，相态发生了变化。

1kg 蒸汽在散热设备中凝结时放出的热量 q，可按下式确定

$$q = h - h_1 \quad \text{kJ/kg}$$

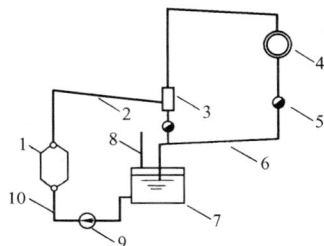

图 5-1 蒸汽供暖原理图
1—热源；2—蒸汽管路；3—分水器；
4—散热设备；5—疏水器；6—凝结水
管路；7—凝结水箱；8—空气管；
9—凝结水泵；10—凝结水管

式中 h——进入散热设备时蒸汽的焓，kJ/kg；

h_1——流出散热设备时凝结水的焓，kJ/kg。

当进入散热设备的蒸汽是饱和蒸汽，流出散热设备的凝结水是饱和凝结水时，上式可变为

$$q = r \quad \text{kJ/kg}$$

式中 r——蒸汽在凝结压力下的汽化潜热，kJ/kg。

通常，流出散热设备的凝结水温度稍低于凝结压力下的饱和温度。低于饱和温度的数值称为过冷却度。过冷却放出的热量很少，一般可忽略不计。当稍为过热的蒸汽进入散热设备，其过热度不大时，也可忽略。这样，所需通入散热设备的蒸汽量，通常可按下式计算

$$G = \frac{AQ}{r} = \frac{3600Q}{1000r} = 3.6\frac{Q}{r} \quad \text{kg/h} \tag{5-1}$$

式中 Q——散热设备热负荷，W；

G——所需蒸汽量，kg/h；

A——单位换算系数，1W=1J/s=3600/1000kJ/h=3.6 kJ/h。

蒸汽的汽化潜热 r 值比起 1kg 水在散热设备中靠温降放出的热量要大得多。例如，当采用高温热水 130℃/70℃ 进行供暖时，则每千克的热水放出的热量也只有 $Q = c\Delta t G = 4.186\ 8$ $(130-70) = 251.2$kJ/kg。如采用表压力为 200kPa 的蒸汽供暖，相应的汽化潜热 $r = 2164.1$kJ/kg。两者相差 8.6 倍。因此，对同样的热负荷，蒸汽供暖时所需的蒸汽质量流量要比热水流量少得多。

（2）热水在封闭系统内循环流动，其状态参数（主要指流量和比体积）很小变化。蒸汽

和凝结水在系统管路内流动时，其状态参数变化比较大，还会伴随相态变化。例如，湿饱和蒸汽沿管路流动时，由于管壁散热会产生沿途凝结水，使输送的蒸汽量有所减少；当湿饱和蒸汽经过阻力较大的阀门时，蒸汽被绝热节流，虽焓值不变，但压力下降，体积膨胀，同时，温度一般要降低。湿饱和蒸汽可成为节流后压力下的饱和蒸汽或过热蒸汽。在这些变化中，蒸汽的密度会随之发生较大的变化。又如，从散热设备流出的饱和凝结水，通过疏水器和在凝结水管路中压力下降，沸点改变，凝结水部分重新汽化，形成所谓"二次蒸汽"，以两相流的状态在管路内流动。

蒸汽和凝结水状态参数变化较大的特点是蒸汽供暖系统比热水供暖系统在设计和运行管理上较为复杂的原因之一。由这一特点而引起系统中出现所谓"跑、冒、滴、漏"问题解决不当时，会降低蒸汽供暖系统的经济性和适用性。

（3）散热器平均温度高，比热水供暖系统节约散热器面积。在热水供暖系统中，散热设备内热媒温度为热水流进和流出散热设备的平均温度。蒸汽在散热设备中定压凝结放热，散热设备的热媒温度为该压力下的饱和温度。如仍以高温水 130℃/70℃ 供暖和采用表压力为 200kPa 的蒸汽供暖为例。高温水供暖系统的散热器热媒平均温度为 $(130+70)/2=100℃$，而蒸汽供暖系统散热器热媒平均温度为 $t=133.5℃$。因此，对同样热负荷，蒸汽供暖要比热水供暖节省散热设备的面积。但蒸汽供暖系统散热器表面温度高，易烧烤积在散热器上有机灰尘，产生异味，卫生条件较差。由于跑、冒、滴、漏而影响能耗及卫生条件等两个主要原因，因此在民用建筑中，不适宜使用蒸汽供暖系统。

（4）蒸汽供暖系统中的蒸汽比体积，比热水比体积大得多。例如，采用表压力为 200kPa 的蒸汽供暖时，饱和蒸汽的比体积是水的比体积的 600 多倍。因此，蒸汽管道中的流速，通常可采用比热水流速高得多的速度，可大大减轻前后加热滞后的现象。

（5）由于蒸汽具有比体积大，密度小的特点，因而在高层建筑供暖时，不会像热水供暖那样，产生很大的静水压力。此外，蒸汽供暖系统的热惰性小，供汽时热得快，停汽时冷得也快，很适用于间歇供暖的用户。

第二节　室内低压蒸汽供暖系统

一、蒸汽供暖系统分类

按照供汽压力的大小，蒸汽供暖可分为三类：供汽的表压力高于 70kPa 时，称为高压蒸汽供暖；供汽的表压力等于或低于 70kPa 时，称为低压蒸汽供暖；当系统中的压力低于大气压时，称为真空蒸汽供暖。

高压蒸汽供暖的蒸汽压力一般由管路和设备的耐压强度确定。例如，使用铸铁柱型和长翼型散热器时，规定散热器内蒸汽表压力不超过 196kPa（2kgf/cm²）；铸铁圆翼型散热器不得超过 392kPa（4kgf/cm²）。因为供汽压力降低时，蒸汽的饱和温度也降低，凝结水的二次汽化量小，运行较可靠而且卫生条件也好些。因此，国外设计的低压蒸汽供暖系统，一般都采用尽可能低的供汽压力，且多数使用在民用建筑中。真空蒸汽供暖在我国很少使用，因它需要使用真空泵装置，系统复杂；但真空蒸汽供暖系统，具有可随室外气温调节供汽压力的优点，在室外温度较高时，蒸汽压力甚至可降低到 10kPa（绝对），其饱和温度仅为 45℃ 左右，卫生条件好。

　　按照蒸汽干管布置的不同，蒸汽供暖系统可有上供式、中供式、下供式三种。

　　按照立管的布置特点，蒸汽供暖系统可分为单管式和双管式。目前国内绝大多数蒸汽供暖系统采用双管式。

　　按照回水动力不同，蒸汽供暖系统可分为重力回水和机械回水两类。高压蒸汽供暖系统都采用机械回水方式。

二、低压蒸汽供暖系统的基本形式及工作原理

　　图 5-2 所示是重力回水低压蒸汽供暖系统示意图。图 5-2（a）是上供式，图 5-2（b）是下供式。在系统运行前，锅炉充水至 I-I 平面。锅炉加热所产生的蒸汽，在其自身压力作用下，克服流动阻力，沿供汽管道输进散热器内，并将积聚在供汽管道和散热器内的空气驱入凝结水管，最后，经连接在凝结水管末端的 B 点处排出。蒸汽在散热器内冷凝放热。凝结水靠重力作用沿凝结水管路返回锅炉，重新加热变成蒸汽。

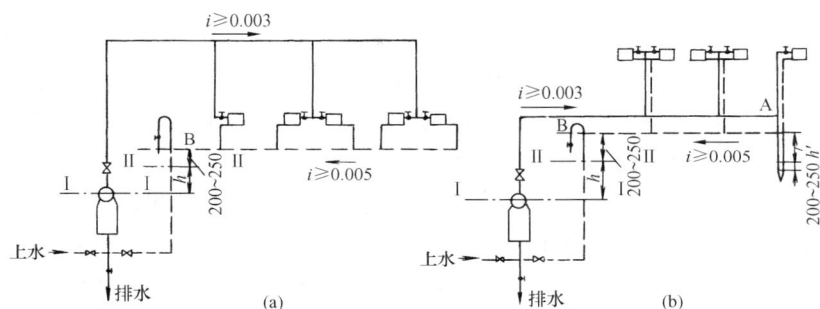

图 5-2　重力回水低压蒸汽供暖系统示意图

　　由图 5-2 可知，重力回水蒸汽供暖系统中的蒸汽管道、散热器及凝结水管路构成一个循环回路。由于总凝结水立管与锅炉连通，在锅炉工作时，在蒸汽压力作用下，总凝结水立管的水位将升高 h 值，达到 II-II 水面。当凝结水干管内为大气压力时，h 值即为锅炉压力所折算的水柱高度。为使系统内的空气能从图 5-2 中 B 点排出，B 点前的凝结水干管就不能充满水。在干管的横断面，上部分应充满空气，下部分充满凝结水，凝结水靠重力流动。这种非满管流动的凝结水管，称为干式凝结水管。显然，它必须敷设在 II-II 水面以上，再考虑锅炉压力波动，B 点处应再高出 II-II 水面 200～500mm，第一层散热器当然应在 II-II 水面以上才不致被凝结水堵塞，排不出空气，从而保证其正常工作。图 5-2 中水面 II-II 以下的总凝结水立管全部充满凝结水，凝结水满管流动，称为湿式凝结水管。

　　重力回水低压蒸汽供暖系统形式简单，无须如机械回水系统那样，需要设置凝结水箱和凝结水泵，运行时不消耗电能，宜在小型系统中采用。但在供暖系统作用半径较长时，就要采用较高的蒸汽压力才能将蒸汽输送到最远散热器。如仍用重力回水方式，凝结水管里水面 II—II 高度就可能达到甚至超过底层散热器的高度，底层散热器就会充满凝结水，并积聚空气，蒸汽就无法进入，从而影响散热。因此，当系统作用半径较大，供汽压力较高（通常供汽表压力高于 20kPa）时，就都采用机械回水系统。

　　图 5-3 是机械回水中供式低压蒸汽供暖系统示意图。不同于连续循环重力回水系统，机械回水系统是一个"断开式"系统。凝结水不直接返回锅炉，而首先进入凝结水箱，然后用

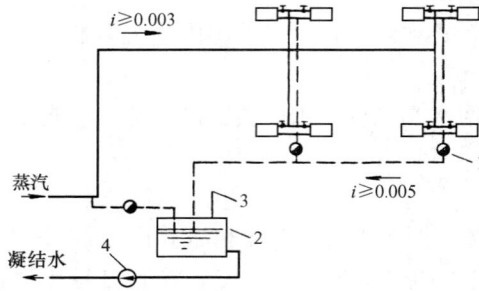

图 5-3　机械回水中供式低压蒸汽供暖系统示意图
1—低压恒温式疏水器；2—凝结水箱；
3—空气管；4—凝结水泵

凝结水泵将凝结水送回热源重新加热。在低压蒸汽供暖系统中，凝结水箱布置应低于所有散热器和凝结水管。进凝结水箱的凝结水干管应作顺流向下的坡度，使从散热器流出的凝结水靠重力自流进入凝结水箱。为了使系统的空气可经凝结水干管流入凝结水箱，再经凝结水箱上的空气管排往大气，凝结水干管同样应按干式凝结水管设计。

机械回水系统最主要的优点是扩大了供暖范围，因而应用最为普遍。

下面进一步阐述低压蒸汽供暖系统在设计中应注意的问题。

在设计低压蒸汽供暖系统时，一方面尽可能采用较低的供汽压力，另一方面系统的干式凝结水管又与大气相通；因此，散热器内的蒸汽压力只需比大气压力稍高一点，即可靠剩余压力补偿蒸汽流入散热器的压力损失，并靠蒸汽压力将散热器中的空气驱入凝结水管。设计时，散热器入口阀门前的蒸汽剩余压力通常为 $1500 \sim 2000 \mathrm{Pa}$。

当供汽压力符合设计要求时，散热器内充满蒸汽，进入的蒸汽量恰能被散热器表面冷凝下来，形成一层凝结水薄膜，凝结水顺利流出，不积留在散热器内，空气排除干净，散热器工作正常［见图 5-4(a)］。当供汽压力降低时，进入散热器中的蒸汽量减少，不能充满整个散热器，散热器中的空气不能排净，或由于蒸汽冷凝，造成微负压而从干式凝结水管吸入空气。由于低压蒸汽的比体积比空气的大，蒸汽将只占据散热器上部空间，空气则停留在散热器下部，如图5-4(b)所示。在此情况下，沿散热器壁流动的凝结水，在通过散热器下部的空气区时，将因蒸汽饱和分压力降低及器壁的散热而发生过冷却，散热器表面平均温度降低，散热器的散热量减少。根据此原理，国外在 20 世纪 50 年代就有利用改变散热器的蒸汽充满度以调节散热量的可调式低压蒸汽供暖系统。反之，当供汽压力过高时，进入散热器的蒸汽量超过了散热表面的凝结能力，便会有未凝结的蒸汽窜入凝结水管；同时，散热器的表面温度随蒸汽压力升高而高出设计值，散热器的散热量增加。

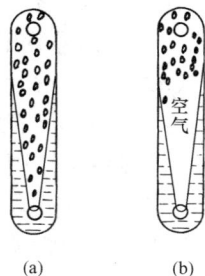

(a)　　(b)

图 5-4　蒸汽在散热器
内凝结示意图

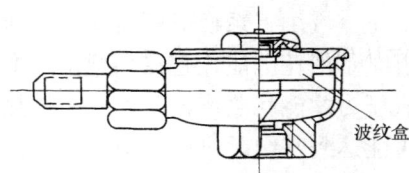

图 5-5　恒温式疏水器

在实际运行过程中，供汽压力总有波动，为了避免供汽压力过高时未凝结的蒸汽窜入凝结水管，可在每个散热器出口或在每根凝结水立管下端安装疏水器。

疏水器的作用是自动阻止蒸汽逸漏，而且能迅速地排出用热设备及管道中的凝结水，同时能排除系统中积留的空气和其他不凝性气体。图 5-5 所示是低压疏水装置中常用的一种疏水器，称为恒温式疏水器。凝结水流入疏水器后，经过一个缩小的孔口排出。此孔的启闭由一个能热胀冷缩的薄金属片波纹管盒操纵。盒中装有少量受热易蒸发的液体（如酒精）。当蒸汽流入疏水器时，小盒被迅速加热，液体蒸发产生压力，使波纹盒伸长，带动盒底的锥形阀，堵住小孔，防止蒸汽逸漏，直到疏水器内蒸汽冷凝成饱和水并稍过冷却后，波纹盒收缩，阀孔打开，排出凝结水。当空气或较冷的凝结水流入时，阀门一直打开，它们可以顺利通过。

恒温式疏水器正常工作情况下，流出的凝结水可经常维持在过冷却状态，不再出现二次汽化。恒温式疏水器后干式凝结水管中的压力接近大气压力，因此，在干式凝结水管路中凝结水的流动是依靠管路的坡度（应大于 0.005），即靠重力使凝结水流回凝结水箱去。

在重力回水低压供暖系统中，通常供汽压力设定得比较低，只要初调节好散热器的入口阀门，原则上可以不装疏水器。当然，也可以如上述方法设置疏水器，这对系统的工作会有好处，但造价将提高。

在蒸汽供暖管路中，排除沿途凝结水，以免发生蒸汽系统常有的"水击"现象，是设计中必须认真重视的一个问题。在蒸汽供暖系统中，沿管壁凝结的沿途凝结水可能被高速的蒸汽流裹带，形成随蒸汽流动的高速水滴；落在管底的沿途凝结水也可能被高速蒸汽流重新掀起，形成"水塞"，并随蒸汽一起高速流动，在遭到阀门、拐弯或向上的管段等使流动方向改变时，水滴或水塞在高速下与管件或管子撞击，就产生"水击"，出现噪声、振动或局部高压，严重时能破坏管件接口的严密性和管路支架。

为了减轻水击现象，水平敷设的供汽管路，必须具有足够的坡度，并尽可能保持汽、水同向流动（如图 5-2 和图 5-3 所标的坡向），蒸汽干管汽水同向流动时，坡度 i 宜采用 0.003，不得小于 0.002。进入散热器支管的坡度 $i = 0.01 \sim 0.02$。

供汽干管向上拐弯处，必须设置疏水装置，通常宜装置耐水击的双金属片型的疏水器，定期排出沿途流来的凝结水（如图 5-3 供水干管入口处所示）；当供汽压力低时，也可用水封装置，如图 5-2（b）下供式系统末端的连接方式。其中 h' 的高度至少应等于 A 点蒸汽压力的折算高度加 200mm 的安全值。同时，在下供式系统的蒸汽立管中，汽、水呈逆向流动，蒸汽立管要采用比较低的流速，以减轻水击现象。

在图 5-2（a）所示的上供式系统中，供水干管中汽、水同向流动，干管沿途产生的凝结水，可通过干管末端凝结水装置排除。为了保持蒸汽的干度，避免沿途凝结水进入供汽立管，供汽立管宜从供水干管的上方或侧上方接出。

蒸汽供暖系统经常采用间歇工作的方式供暖。当停止供汽时，原充满在管路和散热器内的蒸汽冷凝成水。由于凝结水的容积远小于蒸汽的容积，散热器和管路内会因此出现一定的真空度。此时，应打开图 5-2 所示空气管的阀门，使空气通过干式凝结水干管迅速地进入系统内，以免空气从系统的接缝处渗入，逐渐使接缝处生锈、不严密，造成渗漏。在每个散热器上设置蒸汽自动排气阀是较理想的补进空气的措施，蒸汽自动排气阀的工作原理，同样是靠阀体内膨胀芯热胀冷缩来防止蒸汽外逸和让冷空气通过阀体进入散热器。

第三节　室内高压蒸汽供暖系统

在工厂中，生产工艺用热往往需要使用较高压力的蒸汽。因此，利用高压蒸汽作为热媒，向工厂车间及其辅助建筑物各种不同用途的热用户（生产工艺、热水供应、通风及供暖热用户等）供暖，是一种常用的供暖方式。

图 5-6 所示是一个厂房的用户入口和室内高压蒸汽供暖系统示意图。高压蒸汽通过室外蒸汽管路进入用户入口的高压分汽缸。根据各种热用户的使用情况和要求的压力不同，季节性的室内蒸汽供暖管道系统宜与其他热用户的管道系统分开，即从不同的分汽缸中引出蒸汽分送不同的用户。当蒸汽入口压力或生产工艺用热的使用压力高于供暖系统的工作压力时，应在分汽缸之间设置减压装置（见图 5-6 中 4）。室内各供暖系统的蒸汽，在用热设备中冷凝放热，凝结水沿凝结水管道流动，经过疏水器后汇流到凝结水箱，然后，用凝结水泵压送回锅炉房重新加热。凝结水箱可布置在该厂房内，也可布置在工厂区的凝结水回收分站或直接布置在锅炉房内。凝结水箱可以与大气相通，称为开式凝结水箱（如图 5-6 中 7 所示），也可以密封且具有一定的压力，称为闭式凝结水箱。

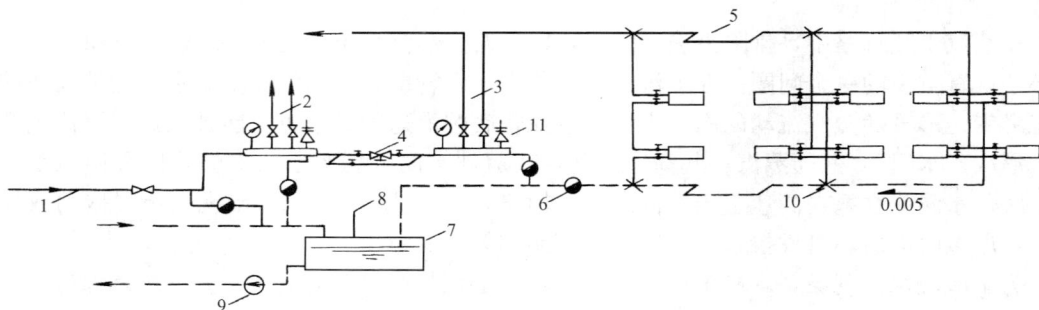

图 5-6　室内高压蒸汽供暖系统示意图

1—室外蒸汽管；2、3—室内高压蒸汽供热管；4—减压装置；5—补偿器；6—疏水器；7—开式凝结水箱；
8—空气管；9—凝结水泵；10—固定支架；11—安全阀

图 5-6 右面部分是室内高压蒸汽供暖系统的示意图。由于高压蒸汽的压力较高，容易引起水击，为了使蒸汽管道的蒸汽与沿途凝结水同向流动，减轻水击现象，室内高压蒸汽供暖系统大多采用双管上供下回式布置。各散热器的凝结水通过室内凝结水管路进入集中的疏水器。疏水器起着阻汽排水的功能，并靠疏水器后的余压，将凝结水送回凝结水箱去。高压蒸汽系统因采用集中的疏水器，故排水量较大，远超过每组散热器的排水量，且因蒸汽压力高，需消除剩余压力，因此，常采用其他形式的疏水器（见本章第四节）。当各分支的用汽压力不同时，疏水器可设置在各分支凝结水管道的末端。

在系统开始运行时，借高压蒸汽的压力，将管道系统及散热器内的空气驱走。空气沿干式凝结水管路流至疏水器，通过疏水器内的排气阀或空气旁通阀，最后由凝结水箱顶的空气管排出系统外；空气也可能通过疏水器前设置启动排气管直接排出系统外。因此，必须再次着重指出，散热设备到疏水器前的凝结水管路应按干式凝结水管路设计，必须保证凝结水管路的坡度，沿凝结水流动方向的坡度不得小于 0.005。同时，为使空气能顺利排除，当干式凝结水管路（无论低压或高压蒸汽系统）通过过门地沟时，必须设空气绕行管（见图 5-7）。当室内高压蒸汽供暖系统的某个散热器需要停止供汽时，为防止蒸汽通过凝结水管窜入散热器，每个散热器的凝结水支管上都应增设阀门，供关断用。

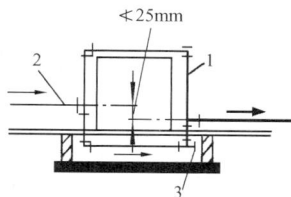

图 5-7　干式凝结水管路过门装置
1—φ15 空气绕行管；2—凝结水管；
3—泄水口

高压蒸汽和凝结水温度高，在供汽和凝结水干管上，往往需要设置固定支架和补偿器，以补偿管道的热伸长。

凝结水通过疏水器的排水孔和沿疏水器后面的凝结水管路流动时，由于压力降低，相应的饱和温度降低，凝结水会部分重新汽化，生成二次蒸汽。同时，疏水器因动作滞后或阻汽不严也必会有部分漏汽现象。因此，疏水器后的管道流动状态属两相流（蒸汽与凝结水）。靠疏水器后的余压输送凝结水的方式，通常称为余压回水。

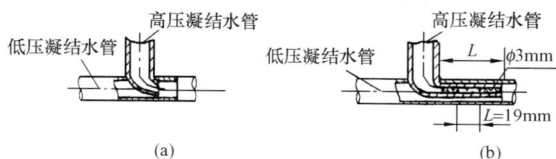

图 5-8　高低压凝结水合流的简单措施
图（b）中 $L=6.5n$（mm）　$n=12.4A$
n—开孔数；A—高压凝结水管截面积（cm²）

余压回水设备简单，是目前国内应用最为普遍的一种凝结水回收方式。但不同余压下的汽水两相流合流时会相互干扰，影响低压凝结水的排除，严重时甚至能破坏管件及设备。为使两股压力不同的凝结水顺利合流，可采用将压力高的凝结水管作成喷嘴或多孔管等形式，顺流插入压力低的凝结水管中（见图 5-8）。此外，由于汽水混合物的比体积很大，因而输送相同质量的凝结水时，所需的管径要比输送纯凝结水（如采用机械回水方式）时大很多。

当工业厂房的蒸汽供暖系统使用较高压力时，凝结水管道内生成的二次汽量就会增多。如有条件利用二次汽，则可将使用压力较高的室内各热用户的高温凝结水先引入专门设置的二次蒸发箱（器），通过二次蒸发箱分离出二次蒸汽，再就地利用。分离后留下的纯凝结水靠位差作用送回凝结水箱。

图 5-9 所示是厂房车间内设置二次蒸发箱的室内蒸汽供暖系统示意图。二次蒸发箱的设置高度一般为 3m 左右。室内各热用户的凝结水，通过疏水器后进入二次蒸发箱。二次蒸发箱的设计蒸汽表压力一般为 20～40kPa。运行时，当二次蒸汽用量大于二次汽化量时，箱内蒸汽压力降低，通过自动补汽阀补汽，以维持箱内蒸汽压力和保证二次蒸汽热用户的需要。当二次汽化量大于二次蒸汽热用户需要量时，箱内蒸汽压力增高，当超压时，通过箱上安装的安全阀 6 排汽降压。

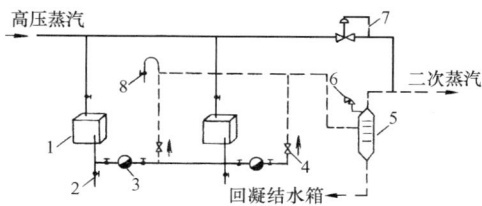

图 5-9　设置二次蒸发箱的室内
高压蒸汽供热系统示意图
1—暖风机；2—泄水阀；3—疏水装置；
4—止回阀；5—二次蒸发箱；6—安全阀；
7—蒸汽压力调节阀；8—排气阀

与余压回水方式相比，这种回水方式设备增多，但在有条件就地利用二次蒸汽时，它可避免室外余压回水系统汽水两相流动易产生水击、高低压凝结水合流相互干扰、外网管径较粗等缺点。

如前述及，室内蒸汽供暖系统管道布置大多采用上供下回式。但当车间地面不便布置凝结水管时，也可采用如图 5-9 所示的上供上回式，实践证明，上供上回管道布置方式不利于运行管理。系统停汽检修时，各用热设备和立管要逐个排放凝结水；系统启动升压过快时，极易产生水击，且系统内空气也不易排除。因此，此系统必须在每个散热设备的凝结水排出管上安装疏水器和止回阀。通常只有在散热量较大的暖风机供暖系统，且又难以在地面敷设凝结水管时（如在多跨车间中部布置暖风机等场合），才考虑采用上供上回布置方式。

第四节　疏水器及其他附属设备

一、疏水器

如前所述，蒸汽疏水器的作用是自动阻止蒸汽逸漏而且迅速地排出用热设备及管道中的凝结水，同时能排除系统中积留的空气和其他不凝性气体。疏水器是蒸汽供暖系统中重要的设备。它的工作状况对系统运行的可靠性和经济性影响极大。

（一）疏水器的分类和几种疏水器简介

根据疏水器的作用原理不同，可分为三种类型。

（1）机械型疏水器。利用蒸汽和凝结水的密度不同，形成凝结水液位，以控制凝结水排水孔自动启闭工作的疏水器。主要产品有浮筒式、钟形浮子式、自由浮球式、倒吊筒式疏水器等。

（2）热动力型疏水器。利用蒸汽和凝结水热动力学（流动）特性的不同来工作的疏水器，主要产品有圆盘式、脉冲式、孔板或迷宫式疏水器等。

（3）热静力型（恒温式）疏水器。利用蒸汽和凝结水的温度不同引起恒温元件膨胀或变形来工作的疏水器。主要产品有波纹管式、双金属片式和液体膨胀式疏水器等。

国内外使用的疏水器产品种类繁多，不可能一一叙述。下面就上述三大类型疏水器，各选择一种疏水器，对其工作原理、结构特点等予以简要介绍。其他形式的疏水器，可见有关设计手册及产品说明。

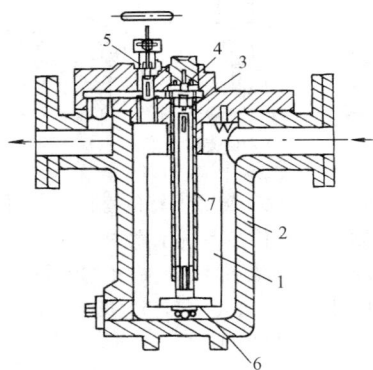

图 5-10　浮筒式疏水器

1—浮筒；2—外壳；3—顶针；4—阀孔；
5—放气阀；6—可换重块；7—水封套筒
上的排气孔

1. 浮筒式疏水器

浮筒式疏水器属机械型疏水器。浮筒式疏水器的构造如图 5-10 所示。其动作原理：凝结水流入疏水器外壳 2 内，当壳内水位升高时，浮筒 1 浮起，将阀孔 4 关闭。继续进水，凝结水进入浮筒。当水即将充满浮筒时，浮筒下沉，阀孔打开，凝结水借蒸汽压力排到凝结水管去。当凝结水排出一定数量后，浮筒的总质量减轻，浮筒再度浮起，又将阀孔关闭。

图 5-11 是浮筒式疏水器动作原理示意图。图 5-11 中（a）表示浮筒即将下沉，阀孔尚关闭，凝结水装满（90％程度）浮筒的情况；图 5-11（b）表示浮筒即将上浮，阀孔尚开启，余留在浮筒内的一部分凝结水起到水封作用，封住了蒸汽逸漏通路的情况。

浮筒的容积，浮筒及阀杆等的质量，阀孔直径及阀孔前后凝结水的压差决定着浮筒的正常沉浮工作。浮筒底附带的可换重块 6，可用来调节它们之间的配合关系，适合不同凝结水压力和差别等工作条件。

浮筒式疏水器在正常工作情况下，漏汽量只等于水封套筒上排气孔的漏汽量，数量很小。它能排出具有饱和温度的凝结水。疏水器前凝结水的表压力 p_1 在 500kPa 或更小时便能启动疏水。排水孔阻力较小，因而疏水器的背压可较高。它的主要缺点是体积大、排量小、活动部件多、筒内易沉渣垢、阀孔易磨损、维修量较大。

2. 圆盘式疏水器

图 5-12 是圆盘式疏水器结构示意，它属于热动力型疏水器。圆盘式疏水器的工作原理是：当过冷的凝结水流入孔 A 时，靠圆盘形阀片上下的压差顶开阀片 2，水经环形槽 B，从向下开的小孔排出。由于凝结水的比体积几乎不变，凝结水流动通畅，阀片常开，连续排水。

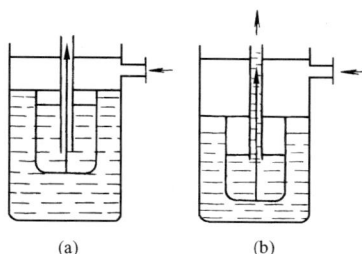

图 5-11　浮筒式疏水器的动作原理

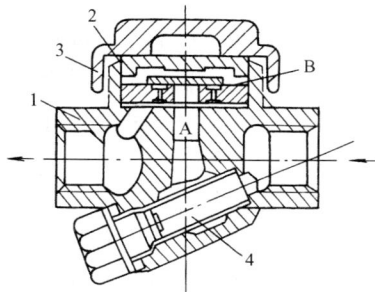

图 5-12　圆盘式疏水器结构
1—阀体；2—阀片；3—阀盖；4—过滤器

当凝结水带有蒸汽时，蒸汽在阀片下面从 A 孔经 B 槽流向出口，在通过阀片和阀座之间的狭窄通道时，压力下降，蒸汽比体积急骤增大，阀片下面蒸汽流速激增，遂造成阀片下面的静压下降。与此同时，蒸汽在 B 槽与出口孔受阻，被迫从阀片和阀盖 3 之间的缝隙冲入阀片上部的控制室，动压转化为静压，在控制室内形成比阀片下更高的压力，迅速将阀片向下关闭阻汽。阀片关闭一段时间后，由于控制室内蒸汽凝结，压力下降，会使阀片瞬时开启，造成周期性漏汽。因此，新型的圆盘式疏水器先通过阀盖夹套再进入中心孔，以减缓控制室内蒸汽凝结。

圆盘式疏水器的优点是体积小、质量轻、结构简单、安装维修方便。其缺点是：有周期漏气现象；在凝结水量较小或输水器前后压差过小（$p_1 - p_2 < 0.5p_1$）时，会发生连续漏汽；当周围环境温度较高，控制室内蒸汽凝结缓慢，阀片不易打开，会使排水量减少。

3. 温调式疏水器

温调式疏水器属热静力型疏水器，疏水器的动作部件是一个波纹管的温度敏感元件，见图 5-13。波纹管内部部分充以易

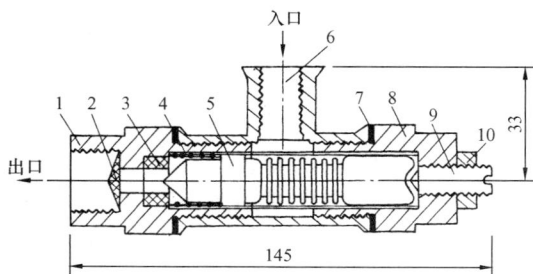

图 5-13　温调式疏水器
1—大管接头；2—过滤网；3—网座；4—弹簧；5—温度敏感元件；6—三通；7—垫片；8—后盖；9—调节螺钉；
10—锁紧螺母

蒸发的液体。当具有饱和温度的凝结水到来时，由于凝结水温度较高，使液体的饱和压力增高，波纹管轴向伸长，带动阀芯，关闭凝结水阀通路，防止蒸汽逸漏。当疏水器中的凝结水由于向四周散热而温度下降时，液体的饱和压力下降，波纹管收缩，打开阀孔，排放凝结水。疏水器尾部带有调节螺钉，向前调节可减小疏水器的阀孔间隙，从而提高凝结水过冷度。此种疏水器的凝结水排放温度为 60～100℃。为使疏水器前凝结水温度降低，疏水器前 1～2m 管道不保温。

温调式疏水器加工工艺要求较高，适用于排除过冷凝结水，安装位置不受水平限制，但不宜安装在周围环境温度高的场合。

前面介绍应用在低压蒸汽供暖系统中的恒温式疏水器（见图 5-5）也属于这一类型。

无论是哪种类型的疏水器，在性能方面，应能在单位压降下的排放凝结水量较大，漏汽量要小（标准为不应大于实际排水量的 3%），同时能顺利地排除空气，而且应对凝结水的流量、压力和温度的波动适应性强。在构造方面，结构应简单，活动部件少，便于维修，体积小，金属耗量少，使用寿命长。近年来，我国疏水器的制造有了长足的进步，开发了不少新产品，但对于蒸汽供暖系统的重要设备，疏水器的漏（密封面漏汽）、短（使用寿命短）、缺（品种规格不全）问题却仍未能很好地解决。

（二）疏水器的选择计算

1. 疏水器排水量计算

无论哪种形式的疏水器，其内部均有一排水小孔，选择疏水器的规格尺寸，确定疏水器的排水能力，就是选择排水小孔的直径或面积。

当过冷却的凝结水通过疏水器时，液体的流动相当于不可压缩液体的孔口或管嘴淹没出流的状况。用水力学理论便可较准确地求出排水量。进入疏水器的凝结水通常是疏水器前压力下的饱和温度。当凝结水通过疏水器孔口时，因压力突然降低，凝结水被绝热节流，在通过孔口时便开始二次汽化。由于蒸汽的比体积比水的比体积大得多，所以，二次蒸汽通过阀孔时，要占去很大一部分孔口面积，因而排水量就要比排出过冷凝结水时大为减少。因此，疏水器的排水量计算公式，仍以水力学孔口或管嘴淹没出流的理论公式为基础，但应根据疏水器进出口压力差不同而生成二次蒸汽的比例不同，对排水量予以修正。

疏水器的排水量 G，可按下式计算

$$G = 0.1 A_P d^2 \sqrt{\Delta p} \quad \text{kg/h} \tag{5-2}$$

式中　d——疏水器的排水阀孔直径，mm；

Δp——疏水器前后的压力差，kPa；

A_P——疏水器的排水系数，当通过冷水时，$A_P = 32$，当通过饱和凝结水时，按表 A25 选用。

表 A25 中数据是基于疏水器背压（表压力）$p_2 = 0$（大气压力）的条件下给定的。由表 A25 中可知，由于考虑二次蒸汽的影响，$A_P < 32$；在相同排水孔直径情况下，Δp 越大，二次蒸汽占的比例越大，因而排水系数 A_P 减小，排水量减小。此外，在同样的 Δp 情况下，当背压 p_2 增高时，它要比当 p_2 为大气压条件下的二次汽化量减小，排水能力要比表 A25 中数值有所增加，因而表 A25 中的数据是偏于安全的。

2. 疏水器的选择倍率

选择疏水器阀孔尺寸时，应使疏水器的排水能力大于用热设备的理论排水量，即

$$G_{sh}=KG_l \quad kg/h \tag{5-3}$$

式中　G_{sh}——疏水器设计排水量，kg/h；

　　　G_l——用热设备的理论排水量，kg/h；

　　　K——疏水器的选择倍率。

引入 K 值是考虑以下因素：

（1）安全因素，理论计算与实际运行情况不会一致。如用汽压力下降，背压升高等因素，都会使疏水器的排水能力下降。同样，提高用汽设备生产率时，凝结水量也会增多等。

（2）使用情况，用热设备在低压力、大负荷的情况下启动时，或需要迅速加热用热设备时，疏水器的排水能力要大于设备正常运行时的疏水量。

此外，对间歇工作的疏水器（如浮筒式疏水器），选择倍率 K 应适当，以避免疏水器间歇频率太大，阀孔及阀座很快磨损。

不同热用户系统的疏水器选择倍率 K 值，可按表 5-1 选用。

表 5-1　　　　　　　　　　　　　疏水器选择倍率 K 值

系　统	使 用 情 况	选择倍率 K	系　统	使 用 情 况	选择倍率 K
供　暖	$p_b \geqslant 100kPa$ $p_b < 100kPa$	2～3	淋　浴	单独换热器 多喷头	2 4
热　风	$p_b \geqslant 200kPa$ $p_b < 200kPa$	2 3	生　产	一般换热器 大容量、常间歇、速加热	3 4

注　p_b—表压力。

3. 疏水器前、后压力的确定原则

疏水器前、后的设计压力及其设计压差值，关系到疏水器的选择及疏水器后余压回水管路资用压力的大小。

疏水器前的表压力 p_1 取决于疏水器在蒸汽供热系统中连接的位置。

（1）当疏水器用于排除蒸汽管路的凝结水时，$p_1 = p_b$，此处 p_b 表示疏水点处的蒸汽表压力。

（2）当疏水器安装在用热设备（如热交换器暖风机等）的出口凝结水支管上时，$p_1 = 0.95p_b$，此处 p_b 表示用热设备前的蒸汽表压力。

（3）当疏水器安装在凝结水干管末端时，$p_1 = 0.7p_b$。此处 p_b 表示该供热系统的入口蒸汽表压力（注：考虑高压蒸汽管道供汽管的压力损失约为 $0.25p_b$，见本章第六节水力计算说明）。

凝结水通过疏水器及其排水阀孔时，要损失部分能量，疏水器后的出口压力 p_2 降低。为保证疏水器正常工作，必须保证疏水器有一个最小的压差 Δp_{min}；也即在疏水器前压力 p_1 给定后，疏水器后的压力 p_2 不得超过某一最大允许背压 $p_{2,max}$ 值，即

$$p_{2,max} \leqslant p_1 - \Delta p_{min} \tag{5-4}$$

疏水器的最大允许背压 $p_{2,max}$ 值，取决于疏水器的类型和规格，通常由生产厂家提供实验数据。多数疏水器的 $p_{2,max}$ 值约为 $0.5p_1$ 左右。

设计时选用较高的疏水器后背压 p_2 值，对疏水器后的余压凝结水管路水力计算有利，但疏水器前后压差减小，对选择疏水器不利。同时，疏水器后的背压 p_2 值不得高于疏水器

的最大允许背压 $p_{2,\max}$ 值。通常，可采用如下值作为疏水器后的设计背压值，即

$$p_2 = 0.5p_1 \tag{5-5}$$

疏水器后如按干式凝结水管路设计时（如低压蒸汽供暖系统），p_2 等于大气压力。

4. 疏水器与管路的连接方式

疏水器通常多为水平安装。疏水器与管路的连接方式，见图 5-14。疏水器前后需设置阀门，用以截断检修用。疏水器前后应设置冲洗管和检查管。冲洗管位于疏水器前阀门的前面，用以放空气和冲洗管路。检查管位于疏水器与后阀门之间，用以检查疏水器的工作情况。图 5-14（b）为带有旁通管的安装方式。旁通管可水平安装或垂直安装（旁通管在疏水器上面绕行）。旁通管的主要作用是在开始运行时排除大量凝结水和空气。运行中不应打开旁通管，以防蒸汽窜入回水系统，影响其他用热设备和凝结水管路的正常工作，并且会浪费热量。实践表明：安装旁通管极易产生副作用。因此，对小型供暖系统和热风供暖系统，可考虑不设旁通管，如图 5-14（a）所示。对于不允许中断供汽的生产用热设备，为了进行疏水器检修，应安装旁通管道和阀门。

当多台疏水器并联安装〔见图 5-14（f）〕时，也可不设旁通管〔见图 5-14（e）〕。

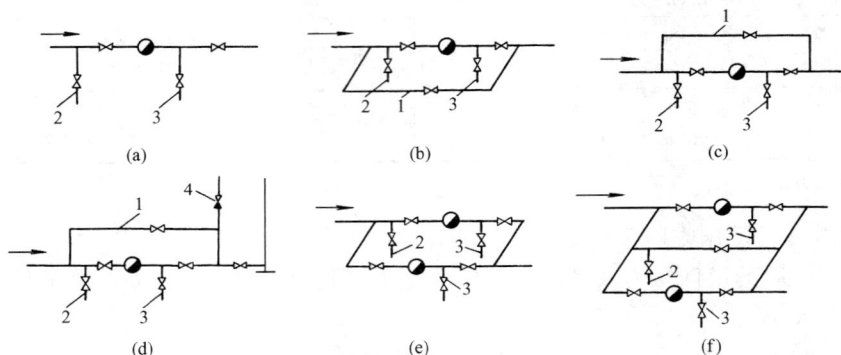

图 5-14　疏水器的安装方式

（a）不带旁通管水平安装；（b）带旁通管水平安装；（c）旁通管垂直安装；

（d）旁通管垂直安装（上返）；（e）不带旁通管并联安装；（f）带旁通管并联安装

1—旁通管；2—冲洗管；3—检查管；4—止回阀

此外，供暖系统的凝结水往往含有渣垢杂质，在疏水器前端应设过滤器（疏水器本身带有过滤网时，可不设）。过滤器应经常清洗，以防堵塞。在某些情况下，为了防止用热设备在下次启动时产生蒸汽冲击，在疏水器后还应加装止回阀。

二、减压阀

减压阀是通过调节阀孔大小对蒸汽进行节流而达到减压目的的，并能自动地将阀门后的压力维持在一定范围内。

目前，国产减压阀有活塞式、波纹管式和薄膜式等几种。下面就前两种的工作原理加以说明。

活塞式减压阀主阀由活塞上面的阀前蒸汽压力与下面弹簧的弹力相互平衡控制作用而上下移动，增大或减小阀孔的流通面积。针阀由薄膜片带动升降，开大或关小室内的通道，薄膜片的弯曲度由上弹簧和阀后蒸汽压力的相互作用来操纵。启动前，主阀关闭。启动时，旋紧螺栓

压下薄膜片和针阀，阀前压力为 p_1 的蒸汽便通过阀体内通道到达活塞上部空间，推下活塞，打开主阀。蒸汽流过主阀，压力下降为 p_2，经阀体内通道进入薄膜片下部空间，作用在薄膜片上的力与旋紧的弹簧力相平衡。调节旋紧螺栓使阀后压力达到设定值。当某种原因使阀后压力 p_2 升高时，薄膜片由于下面的作用力变大而上弯，针阀关小，活塞的推动力下降，主阀上升，阀孔通路变小，p_2 下降。反之，动作相反。这样可以保持 p_2 在一个较小的范围（一般在 ±0.05MPa）内波动，基本处于稳定状态。活塞式减压阀适用于工作温度低于 300℃、工作压力达 1.6MPa 的蒸汽管道，阀前与阀后最小调节压差为 0.15MPa。

活塞式减压阀工作可靠，工作温度和压力较高，适用范围广。

波纹管式减压阀的主阀开启大小靠通至波纹箱的阀后蒸汽压力和阀杆下的调节弹簧的弹力相互平衡来调节。压力波动范围在 ±0.025MPa 以内。阀前与阀后的最小调压差为 0.025MPa。波纹管适用于工作温度低于 200℃、工作压力达 1.0MPa 的蒸汽管道上。

波纹管式减压阀的调节范围大，压力波动范围较小，特别适用于减为低压的低压蒸汽供暖系统。

图 5-15 所示为减压阀安装标准图式。旁通管的作用是保证供汽。当减压阀发生故障需要检修时，可关闭减压阀两侧的截止阀，暂时通过旁通管供汽，减压阀两侧应分别装设高压和低压压力表，为防止减压后的压力超过允许的限度，阀后应装安全阀。

三、二次蒸发箱（器）

前已述及，二次蒸发箱的作用是将室内各用汽设备排出的凝结水，在较低的压力下分离出一部分二次蒸汽，并将低压的二次蒸汽输送到热用户利用。二次蒸发箱构造简单，如图 5-16 所示。高压含汽凝结水沿切线方向的管道进入箱内，由于进口阀的节流作用，压力下降，

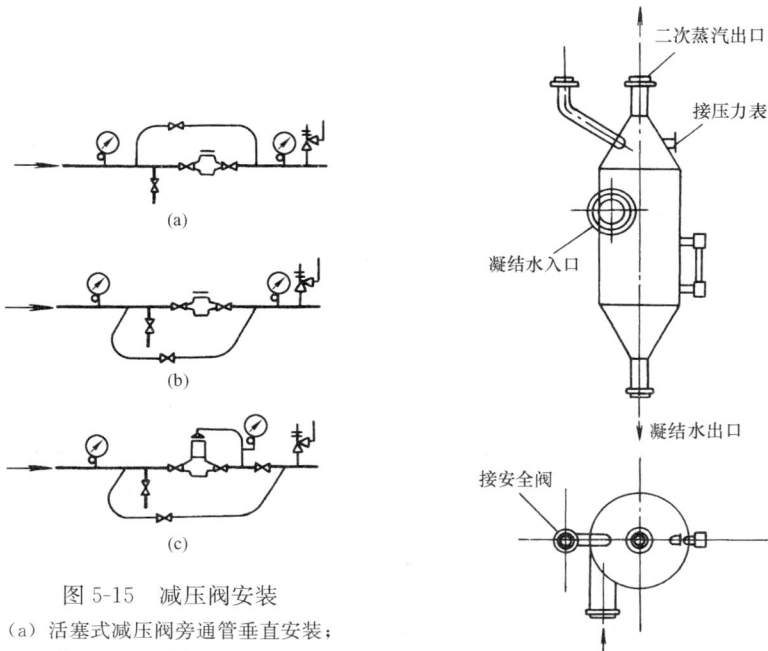

图 5-15　减压阀安装
(a) 活塞式减压阀旁通管垂直安装；
(b) 活塞式减压阀旁通管水平安装；
(c) 薄模式或波纹管式减压阀安装

图 5-16　二次蒸发箱

凝结水分离出一部分二次蒸汽。水的旋转运动更易使汽水分离，水向下流动，沿凝结水管送回凝结水箱去。

二次蒸发箱的容积 V 可按每立方米容积每小时分离出 $2000m^3$ 蒸汽来确定。箱中按 20% 的体积存水，80% 的体积为蒸汽分离空间。

因此，如果每小时有 Gkg 凝结水流入二次蒸发箱，每千克凝结水的二次汽化率为 x，蒸发箱内的压力为 p_3，相应蒸汽比体积为 $v(m^3/kg)$，则每小时凝结水产生的二次蒸汽的体积应为 $Gxv(m^3)$。

二次蒸发箱的容积应为

$$V = Gxv/2000 = 0.005Gxv \quad m^3 \tag{5-6}$$

蒸发箱的截面面积按蒸汽流速不大于 $2.0m/s$ 来设计，而水流速应不大于 $0.25m/s$。二次蒸发箱的型号及规格可见国家标准图集。

第五节　室内低压蒸汽供暖系统管路的水力计算方法和例题

一、室内低压蒸汽供暖系统水力计算原则和方法

在低压蒸汽供暖系统中，靠锅炉出口处蒸汽本身的压力，使蒸汽沿管道流动，最后进入散热器凝结放热。

蒸汽在管道内流动时，同样有摩擦压力损失 Δp_y 和局部阻力损失 Δp_j。

计算蒸汽管道内的单位长度摩擦压力损失（比摩阻）时，同样可利用本书第四章式(4-2)，即达西·维斯巴赫公式进行计算，即

$$R = \lambda/d \cdot \rho v^2/2 \quad Pa/m$$

在利用上式为基础进行水力计算时，虽然蒸汽的流量因沿途凝结而减少，蒸汽的密度也因蒸汽压力沿管路降低而变小，但这些变化并不大，在计算时可以忽略，而认为每个管段内的流量和整个系统的密度 ρ 是不变的。在低压蒸汽供暖管路中，蒸汽的流动状态多处于紊流过渡区，其摩擦阻力系数 λ 值可按本书第四章式(4-6)或综合式(4-11)、式(4-12)进行计算。室内低压蒸汽供暖系统管壁的粗糙度 $K=0.2mm$。

表 A26 给出低压蒸汽管径计算表，制表时蒸汽的密度取值均为 $0.6kg/m^3$。

低压蒸汽供暖管路的局部压力损失的确定方法与热水供暖管路相同，各构件的局部阻力系数 ζ 值同样可按表 A18 确定，其动压头值可见表 A27。

在散热器入口处，蒸汽应有 $1500\sim2000Pa$ 的剩余压力，以克服阀门和散热器入口的局部阻力，使蒸汽进入散热器，并将散热器内的空气排出。

在进行低压蒸汽供暖系统管路的水力计算时，同样先从最不利环路开始，也即从锅炉到最远散热器的管路开始计算。为保证系统均匀可靠地供暖，尽可能使用较低的蒸汽压力，进行最不利管路的水力计算时，通常采用控制比压降或按平均比摩阻方法进行。

按控制比压降法是将最不利管路的每米总压力损失约控制在 $100Pa$ 来设计。

平均比摩阻法是在已知锅炉或室内入口蒸汽压力的条件下进行计算，即

$$R_{pj} = \alpha(p_g - 2000)/\Sigma l \quad Pa/m \tag{5-7}$$

式中　α——沿程压力损失占总压力损失的百分数，取 $\alpha=60\%$（见表 A24）；

p_g——锅炉出口或室内用户入口的蒸汽表压力，Pa；

2000——散热器入口处的蒸汽剩余压力，Pa；

$\sum l$——最不利环路管段的总长度，m。

当锅炉出口或室内用户入口处蒸汽压力过高时，得出的平均比摩阻 R_{pj} 值会较大，此时仍建议控制比压降值按不超过 100Pa/m 设计。

最不利环路各管段的水力计算完成后，即可进行其他立管的水力计算。可按平均比摩阻法来选择其他立管的管径，但管内流速不得超过最大允许流速：当汽、水同向流动时为 30m/s，当汽、水逆向流动时为 20m/s。

规定最大允许流速主要是为了避免水击和噪声，便于排除蒸汽管路中的凝结水。因此，对汽水逆向流动时，蒸汽在管道中的流速限制得低一些，在实际工程设计中，常采用比上述数值更低一些的流速，使运行更可靠些。

低压蒸汽供暖系统凝结水管路，在排气管前的管路为干式凝结水管路，管路截面的上半部为空气，管路截面下半部流动凝结水，凝结水管路必须保证 0.005 以上的向下坡度，属非满管流状态。确定干式凝结水管路管径的理论计算方法，是以坡度无压流动的水力计算公式为依据，并根据实践经验总结，制订出不同管径下所能担负的输热能力（也即其在 0.005 坡度下的通过凝结水量）。

排水管后面的凝结水管路，可以全部充满凝结水，称为湿式凝结水干管；其流动状态为满管流。在相同热负荷条件下，湿式凝结水管选用的管径比干式的小。

低压蒸汽供暖系统干式凝结水管路和湿式凝结水管路的管径选择表可见表 A28。

二、室内低压蒸汽供暖系统管路水力计算例题

【例题 5-1】　图 5-17 为重力回水的低压蒸汽供暖管路系统的一个支路。锅炉房设在车间一侧。每个散热器的热负荷均为 4000W。每根立管及每个散热器的蒸汽支管上均装有截止阀。每个散热器凝结水支管上装一个恒温式疏水器。总蒸汽立管保温。

图 5-17 中小圆圈内的数字表示管段号。圆圈旁的数字：上行表示热负荷（W），下行表示管段长度（m）。罗马数字表示立管编号。

解　1. 确定锅炉压力

根据已知条件，从锅炉出口到最远散热器的最不利支路的总长度为 $\sum l = 80m$。如按控制

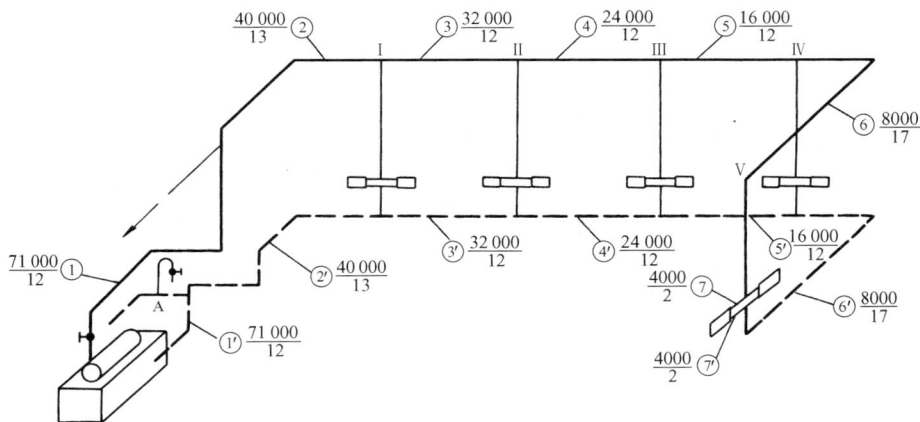

图 5-17　［例题 5-1］的管路计算图

每米总压力损失（比压降）为 100Pa 设计，并考虑散热器前所需的蒸汽剩余压力为 2000Pa，则锅炉的运行表压力 p_b 应为

$$p_b = 80 \times 100 + 2000 = 10\text{kPa}$$

在锅炉正常运行时，凝结水总立管在比锅炉蒸发面高出约 1.0m 下面的管段必然全部充满凝结水。考虑锅炉工作压力波动因素，增加 200～500mm 的安全高度。因此，重力回水的干式凝结水干管（即图 5-17 中排气管 A 点前的凝结水管路）的布置位置，至少要比锅炉蒸发面高出 $h = 1.0 + 0.25 = 1.25\text{m}$。否则，系统中的空气无法从排气管排出。

2. 最不利环路的水力计算

采用控制比压降法进行最不利管路的水力计算。

低压蒸汽供暖系统摩擦压力损失约占总压力损失的 60%。因此，根据预计的平均比摩阻 $R_{pj} = 100 \times 0.6 = 60\text{Pa/m}$ 和各管段的热负荷，选择各管段的管径及计算其压力损失。

计算时利用表 A26、表 A27 和表 A18。

附带说明，利用表 A26 时，当计算热量在表中两个热量之间，相应的流速值可用线性关系折算。比摩阻 R 与流速 v（热量 Q），可按平方关系折算得出。

如计算管段 1，热负荷 $Q_1 = 710\,00\text{W}$，按表 A26，选用 $d = 70\text{mm}$。根据表 A26 中数据可知：当 $d = 70\text{mm}$，$Q = 61\,900\text{W}$ 时，相应的流速 $v = 12.1\text{m/s}$，比摩阻 $R = 20\text{Pa/m}$。当选用相同的管径 $d = 70\text{mm}$，热负荷改变为 $Q_1 = 71\,000\text{W}$ 时，相应的流速 v_1 和比摩阻 R_1 的数值，可按下列关系式折算得出

$$v_1 = v \times Q_1/Q = 12.1 \times 71\,000/61\,900 = 13.9\text{m/s}$$
$$R_1 = R \times (Q_1/Q)^2 = 20 \times (71\,000/61\,900)^2 = 26.3\text{Pa/m}$$

计算结果列于表 5-2 和表 5-3 中。

表 5-2　　　　　　　低压蒸汽供暖系统管路水力计算表　（［例题 5-1]）

管段号	热量 Q (W)	长度 l (m)	管径 d (mm)	比摩阻 R (Pa/m)	流速 v (m/s)	摩擦压力损失 $\Delta p_y = Rl$ (Pa)	局部阻力系数 $\Sigma\zeta$	动压头 p (Pa)	局部压力损失 $\Delta p_j = p_d \cdot \Sigma\zeta$ (Pa)	总压力损失 $\Delta p = \Delta p_y + \Delta p_j$ (Pa)
1	2	3	4	5	6	7	8	9	10	11
1	71 000	12	70	26.3	13.9	315.6	10.5	61.2	642.6	958.2
2	40 000	13	50	29.3	13.1	380.9	2.0	54.3	108.6	489.5
3	32 000	12	40	70.4	16.9	844.8	1.0	90.5	90.5	935.3
4	24 000	12	32	86.0	16.9	1032	1.0	90.5	90.5	1122.5
5	16 000	12	32	40.8	11.2	489.6	1.0	39.7	39.7	529.3
6	8000	17	25	47.6	9.8	809.2	12.0	30.4	364.8	1174.0
7	4000	2	20	37.1	7.8	74.2	4.5	19.3	86.9	161.1
$\Sigma l = 80\text{m}$									$\Sigma\Delta p = 5370\text{Pa}$	
立管Ⅳ　资用压力 $\Delta p_{6,7} = 1335\text{Pa}$										
立管	8000	4.5	25	47.6	9.8	214.2	11.5	30.4	349.6	563.8
支管	4000	2	20	37.1	7.8	74.2	4.5	19.3	86.9	161.1
$\Sigma\Delta p = 725\text{Pa}$										
立管Ⅲ　资用压力 $\Delta p_{5\sim7} = 1864\text{Pa}$										
立管	8000	4.5	25	47.6	9.8	214.2	11.5	30.4	349.6	563.8
支管	4000	2	15	194.4	14.8	388.8	4.5	69.4	312.3	701.1
									$\Sigma\Delta p = 1265\text{Pa}$	
立管Ⅱ　资用压力 $\Delta p_{4\sim7} = 2987\text{Pa}$　　　立管Ⅰ　资用压力 $\Delta p_{3\sim7} = 3922\text{Pa}$										
立管	8000	4.5	20	137.9	15.5	620.6	13.0	76.1	989.3	1609.9
支管	4000	2	15	194.4	14.8	388.8	4.5	69.4	312.3	701.1
									$\Sigma\Delta p = 2311\text{Pa}$	

表 5-3	低压蒸汽供暖系统（［例题 5-1]）的局部阻力系数汇总表							
局部阻力名称	管　段　号							
	1	2	3,4,5	6	7	其他立管		其他支管	
						$d=25mm$	$d=20mm$	$d=20mm$	$d=15mm$
截止阀	7.0			9.0		9.0	10.0		
锅炉出口	2.0								
90°煨弯	3×0.5	2×0.5		2×1.0		1.0	1.5		
乙字弯					1.5			1.5	1.5
直流三通		1.0	1.0	1.0					
分流三通					3.0			3.0	3.0
旁流三通						1.5	1.5		

3. 其他立管的水力计算

通过最不利管路的水力计算后，即可确定其他立管的资用压力。该立管的资用压力应等于从该立管与供汽干管节点起到最远散热器管路的总压力损失值。根据该立管的资用压力，可以选择该立管与支管的管径。其水力计算成果列于表 5-2 和表 5-3 中。

通过水力计算，低压蒸汽供暖系统并联环路压力损失的相对差额，即所谓节点压力不平衡率是较大的，特别是近处的立管，即使选用了较小的管径，蒸汽流速已采用得很高，也不可能达到平衡的要求，只好靠系统投入运行时，调整近处立管或支管的阀门节流解决。

蒸汽供暖系统远近立管并联环路节点压力不平衡而产生水平失调的现象与热水供暖系统相比，有些不同的地方。在热水供暖系统中，如不进行调节，则通过远近立管的流量比例总不会发生变化。在蒸汽供暖系统中，疏水器工作正常情况下，当近处散热器流量增多后，疏水器阻汽工作，使近处散热器压力升高，进入近处散热器的蒸汽就自动减少；待近处疏水器正常排水后，进入近处散热器的蒸汽量又再增多，因此，蒸汽供暖系统水平失调具有自调性和周期性的特点。

4. 低压蒸汽供暖系统凝结水管路管径选择

如图 5-19 所示，排气管 A 处前的凝结水管路为干式凝结水管路。计算方法简单，根据各管段所负担的热量，按表 A28 选择管径即可，对管段 1，属于湿式凝结水管路，因管路不长，仍按干式选择管径，将管径稍选粗一些，计算结果见表 5-4。

表 5-4	［例题 5-1] 的低压蒸汽供暖系统凝结水管径							
管段编号	7′	6′	5′	4′	3′	2′	1′	其他立管的凝结水立管段
热负荷（W）	4000	8000	16 000	24 000	32 000	40 000	71 000	8000
管径 d（mm）	15	20	20	25	25	32	32	20

第六节　室内高压蒸汽供暖系统管路的水力计算方法和例题

室内高压蒸汽供暖管路的水力计算原理与低压蒸汽完全相同。

在计算管路的摩擦阻力损失时，由于室内系统作用半径不大，仍可将整个系统的蒸汽密度作为常数带入达西·维斯巴赫公式进行计算。沿途凝结水使蒸汽流量减少的因素也可忽略不计。管内蒸汽流动状态属于紊流过渡区及阻力平方区。管壁的绝对粗糙度 K 值，在设计中仍采用 0.2mm。为了计算方便，一些供暖通风设计手册中载有不同蒸汽压力下的蒸汽管径计算表。在进行室内高压蒸汽管路的局部压力损失计算时，习惯将局部阻力换算为当量长度进行计算。

室内蒸汽供暖管路的水力计算任务同样也是选择管径和计算其压力损失，通常采用平均比摩阻法或流速法进行计算，计算从最不利环路开始。

1. 比摩阻法

当蒸汽系统的起始压力已知时，最不利环路的压力损失为该管路到最远用热设备处各管段的压力损失的总和。为使疏水器能正常工作和留有必要的剩余压力使凝结水排入凝结水管网，最远用热设备处还应有较高的蒸汽压力。因此在工程设计中，最不利环路的总压力损失不宜超过起始压力的 1/4。平均比摩阻可按下式确定

$$R_{pj} = 0.25\alpha p / \sum l \quad \text{Pa/m} \tag{5-8}$$

式中　α——摩擦压力损失占总压力损失的百分数，高压蒸汽系统一般为 0.8，参见表 A24；

　　　p——蒸汽供暖系统的起始表压力，Pa；

　　　$\sum l$——最不利管路的总长度，m。

2. 流速法

通常，室内高压蒸汽供暖系统的起始压力较高，蒸汽管路可以采用较高的流速，仍能保证在用热设备处有足够的剩余压力。按暖通规范规定，高压蒸汽供暖系统的最大允许流速不应大于：汽、水同向流动时为 80m/s，汽、水逆向流动时为 60m/s。

在工程设计中，取常用的流速来确定管径并计算压力损失。为了使系统节点压力不要相差太大，保证系统正常运行，最不利管路的推荐流速值要比最大允许流速低得多。通常采用 $v=15\sim40\text{m/s}$（小管径取低值）。

在确定其他支路的立管管径时，可采用较高的流速，但不得超过规定的最大允许流速。

3. 限制平均比摩阻法

由于蒸汽干管压降过大，末端散热器有充水不热的可能，因而国外有些资料推荐，高压蒸汽供暖系统的干管的总压降不应超过凝结水干管总压降的 1.2～1.5 倍。选用管径较粗，但工作正常可靠。

【例题 5-2】　图 5-18 所示为室内高压蒸汽供暖管路系统的一个支路。各散热器的热负荷与［例题 5-1］相同，均为 4000W。用户引入口处设分汽缸，与室外蒸汽热网连接。在每一个凝结水支路上设置疏水器。散热器的蒸汽工作表压力要求为 200kPa。试选择高压蒸汽供暖管路的管径和用户引入口处的供暖蒸汽管路的起始压力。

解　1. 计算最不利环路

按推荐流速法确定最不利管路各管段的管径。表 A29 为蒸汽表压力 200kPa 时的水力计算表，按此表选择管径。

室内高压蒸汽管路的局部压力损失，通常按当量长度法计算。局部阻力当量长度值见表 A30。

该例题的水力计算过程和结果列在表 5-5 和表 5-6 中。

最不利管路的总压力损失为 25kPa，考虑 10% 的安全裕度，则蒸汽入口处供暖蒸汽管路起始的表压力不得低于

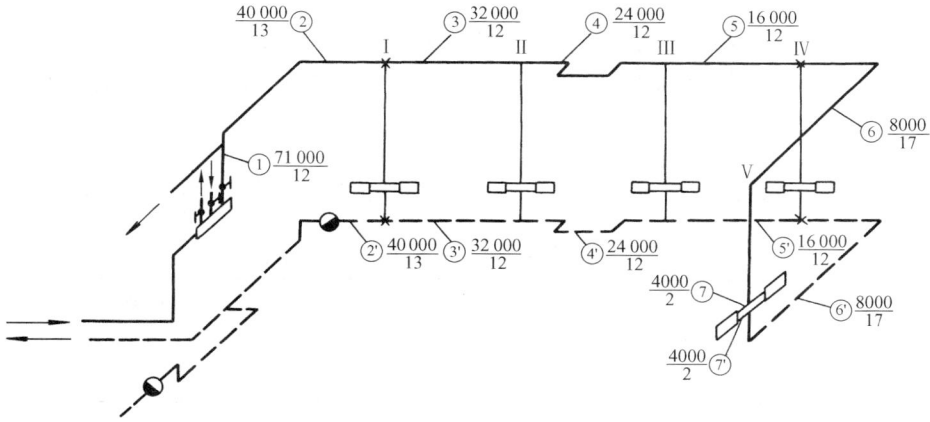

图 5-18 ［例题 5-2］的管路计算图

$$p_b = 200 + 1.1 \times 25 = 227.5 \text{kPa}$$

表 5-5   室内高压蒸汽供暖管路水力计算表（［例题 5-2］）

管段编号	热负荷 Q (W)	管长 l (m)	管径 d (mm)	比摩阻 R (Pa/m)	流速 v (m/s)	当量长度 l_d (m)	折算长度 l_{zh} (m)	压力损失 $\Delta p = Rl_{zh}$ (Pa)
1	2	3	4	5	6	7	8	9
1	71 000	4.0	32	282	19.8	10.5	14.5	4089
2	40 000	13.0	25	390	19.6	2.4	15.4	6006
3	32 000	12.0	25	252	15.6	0.8	12.8	3226
4	24 000	12.0	20	494	18.9	2.1	14.1	6965
5	16 000	12.0	20	223	12.6	0.6	12.6	2810
6	8000	17.0	20	58	6.3	8.4	25.4	1473
7	4000	2.0	15	71	5.7	1.7	3.7	263
$\sum l = 72.0$m								$\sum \Delta p \approx 25$kPa
其他立管	8000	4.5	20	58	6.3	7.9	12.4	719
其他支管	4000	2.0	15	71	5.7	1.7	3.7	263
								$\sum \Delta p = 982$Pa

表 5-6   室内高压蒸汽供暖系统各管段的局部阻力当量长度（［例题 5-2］）   m

| 局部阻力名称 | 管 段 号 | | | | | | | 其他立管 | 其他支管 | 备注 |
| | 1 | 2 | 3 | 4 | 5 | 6 | 7 | | | |
	DN=32	DN=25	DN=25	DN=20	DN=20	DN=20	DN=15	DN=20	DN=15	
分汽缸出口	0.6									
截止阀	9.9					6.4		6.4		
直流三通		0.8	0.8	0.6	0.6	0.6				
90°煨弯		2×0.8				2×0.7		0.7		
方形补偿器				1.5						
分流三通							1.1		1.1	
乙字弯							0.6		0.6	
旁流三通							0.8			
总　计	10.5	2.4	0.8	2.1	0.6	8.4	1.7	7.9	1.7	

2. 其他立管的水力计算

由于室内高压蒸汽系统供汽干管各管段的压力损失较大，各分支立管的节点压力难以平衡，通常就按流速法选用立管管径。剩余过高压力，可通过关小散热器前的阀门方法来调节。

3. 凝结水管段管径的确定

按表 A28，根据凝结水管段所担负的热负荷，确定各干凝结水管段的管径，见表 5-7。

表 5-7　　　　　　　　室内高压蒸汽供暖系统凝结水管径表（[例题 5-2]）

管段编号	2′	3′	4′	5′	6′	7′	其他立管的凝结水立管段
热负荷（W）	40 000	32 000	24 000	16 000	8000	4000	8000
管径 DN（mm）	25	25	20	20	20	15	20

第二篇 集 中 供 热

第六章 集中供热系统的热负荷

第一节 集中供热系统热负荷的概算和特征

集中供热是以热水或蒸汽作为热媒,从一个或多个热源通过供热管道,向一个城镇或较大区域的各热用户供应热能的方式。集中供热系统的热用户有供暖、通风、热水供应、空气调节、生产工艺等用热系统。这些用热系统热负荷的大小及其性质是供热规划和设计的最重要依据。

上述用热系统的热负荷,按其性质可分为两大类:

(1)季节性热负荷。供暖、通风、空气调节系统的热负荷是季节性热负荷。季节性热负荷的特点是:与室外温度、湿度、风向、风速和太阳辐射热等气候条件密切相关,其中对它的大小起决定性作用的是室外温度,因而在全年中有很大的变化。

(2)常年性热负荷。生活用热(主要指热水供应)和生产工艺系统用热属于常年性热负荷。常年性热负荷的特点是:与气候条件关系不大,而且,它的用热状况在全日中变化较大。

生产工艺系统的用热量直接取决于生产状况,热水供应系统的用热量与生活水平、生活习惯及居民成分等有关。

对集中供热系统进行规划或初步设计时,往往尚未进行各类建筑物的具体设计工作,不可能提供较准确的建筑物热负荷的资料。因此,通常是采用概算指标法来确定各类热用户的热负荷。

一、供暖设计热负荷

供暖热负荷是城市集中供热系统中最主要的热负荷。它的设计热负荷占全部设计热负荷的 80%～90% 以上(不包括生产工艺用热)。供暖设计热负荷的概算,可采用体积热指标法或面积热指标法等进行计算。

1. 体积热指标法

建筑物的供暖设计热负荷,可按下式进行概算

$$Q'_h = q_v V_w (t_n - t'_w) \times 10^{-3} \quad \text{kW} \tag{6-1}$$

式中　Q'_h——建筑物的供暖设计热负荷,kW;

V_w——建筑物的外围体积,m^3;

t_n——供暖室内计算温度,℃;

t'_w——供暖室外计算温度,℃;

q_v——建筑物的供暖体积热指标,$W/(m^3 \cdot ℃)$,它表示各类建筑物,在室内外温差为 1℃ 时,每立方米建筑物外围体积的供暖热负荷。

根据本书第一章供暖系统的设计热负荷所阐述的基本原理,供暖体积热指标 q_v 的大小,主要与建筑物的围护结构及外形有关。建筑物围护结构传热系数越大、采光率越大、外部建筑体积越小或建筑物的长宽比越大,单位体积的热损失,也即 q_v 值也越大。因此,从建筑物的围护结构及其外形方面考虑降低 q_v 值,是建筑节能的主要途径,也是降低集中供热系统的供热设计热负荷的主要途径。

各类建筑物的供暖体积热指标 q_v,可通过对许多建筑物进行理论计算或对许多实测数据进行统计归纳整理得出,可见有关设计手册或当地设计单位历年积累的资料数据。

2. 面积热指标法

建筑物的供暖设计热负荷,也可按下式进行概算

$$Q'_h = A q_h \times 10^{-3} \quad \text{kW} \tag{6-2}$$

式中　Q'_h——建筑物的供暖设计热负荷,kW;

A——建筑物的建筑面积,m^2;

q_h——建筑物供暖面积热指标,W/m^2,它表示每平方米建筑面积的供暖设计热负荷。

应该说明:建筑物的供暖热负荷,主要取决于通过垂直围护结构(墙、门、窗等)向外传递的热量,它与建筑物平面尺寸和层高有关,因而不是直接取决于建筑平面面积。用供暖体积热指标表征建筑物供暖热负荷的大小,物理概念清楚,但采用供暖面积热指标法,比体积热指标更易于概算,所以近年来在城市集中供热系统规划设计中,内外也多采用供暖面积热指标法进行概算。

在总结我国许多单位进行建筑物供暖热负荷的理论计算和实测数据工作的基础上,《城镇供热管网设计规范》(CJJ 34—2010)给出的供暖面积热指标的推荐值,见表 A31。

3. 城市规划指标法

对一个城市新区供热规划设计,各类型的建筑面积尚未具体落实时,可用城市规划指标来估算整个新区的供暖设计热负荷。

根据城市规划指标,首先确定该区的居住人数,然后根据街区规划的人均建筑面积,街区住宅与公共建筑的建筑比例指标,来估算该街区的综合供暖热指标值。

表 A31 给出《城镇供热管网设计规范》(CJJ 34—2010)推荐的居住区综合供暖面积热指标值为 $60\sim67W/m^2$。此数据是根据北京市许多居住街区的规划资料,按居住区公共建筑占居住区总建筑面积的 14% 和公共建筑的平均供暖热指标为住宅的 1.3 倍条件估算的。当然,各个地区和街区建设具体情况不同,综合热指标值会有不小差别。利用城市规划指标确定供热规划热负荷的方法,目前在我国应用不多,有待进一步整理和总结这方面的资料。

二、通风空调设计热负荷

为了保证室内空气具有一定的清洁度及温湿度等要求,就要求对生产厂房、公共建筑及居住建筑进行通风或空气调节。在供暖季节中,加热从室外进入的新鲜空气所耗的热量,称为通风热负荷。通风热负荷也是季节性热负荷,但由于通风系统的使用和各班次工作情况不同,一般公共建筑和工业厂房的通风热负荷在一昼夜间波动也较大。建筑物的通风设计热负荷,可采用通风体积热指标法或百分数法进行概算。

1. 通风体积热指标法

可按下式计算通风设计热负荷

$$Q'_v = q_v V_w (t_n - t'_{wt}) \times 10^{-3} \quad kW \tag{6-3}$$

式中　Q'_v——建筑物的通风设计热负荷，kW；

　　　V_w——建筑物的外围体积，m^3；

　　　t_n——供暖室内计算温度，℃；

　　　t'_{wt}——通风室外计算温度，℃；

　　　q_v——通风的体积热指标，$W/(m^3 \cdot ℃)$，它表示建筑物在室内外温差为1℃时，每立方米建筑物外围体积的通风热负荷。

通风体积热指标 q_v 值，取决于建筑物的性质和外围体积。工业厂房的供暖体积热指标和通风体积热指标 q_v 值，可参考有关设计手册选用。对于一般的民用建筑，室外空气无组织地从门窗等缝隙进入，预热这些空气到室温所需的渗透和侵入耗热量，已计入供暖设计热负荷中，不必另行计算。

2. 百分数法

对有通风空调的民用建筑（如旅馆、体育馆等），通风设计热负荷可按该建筑物的供暖设计热负荷的百分数进行概算，即

$$Q'_v = K_v Q'_h \quad kW \tag{6-4}$$

式中　K_v——计算建筑物通风热负荷系数，一般取 0.3～0.5。

　　　其他符号同前。

3. 空调热负荷

（1）空调冬季热负荷

$$Q'_a = q_a A \times 10^{-3} \quad kW \tag{6-5}$$

式中　Q'_a——空调冬季设计热负荷，kW；

　　　q_a——空调热指标，W/m^2；

　　　A——空调建筑物的建筑面积，m^2。

（2）空调夏季热负荷

$$Q'_c = \frac{q_c A \times 10^{-3}}{COP} \tag{6-6}$$

式中　Q'_c——空调夏季设计热负荷，kW；

　　　q_c——空调冷指标，W/m^2；

　　　A——空调建筑物的建筑面积，m^2；

　　　COP——吸收式制冷机的制冷系数，可取 0.7～1.2。

q_a、q_c 可按《城镇供热管网设计规范》（CJJ 34—2010）查取。

三、生活用热的设计热负荷

1. 热水供应用热

热水供应热负荷为日常生活中用于洗脸、洗澡、洗衣服及洗刷器皿等所消耗的热量。热水供应的热负荷取决于热水用量。住宅建筑的热水用量，取决于住宅内卫生设备的完善程度

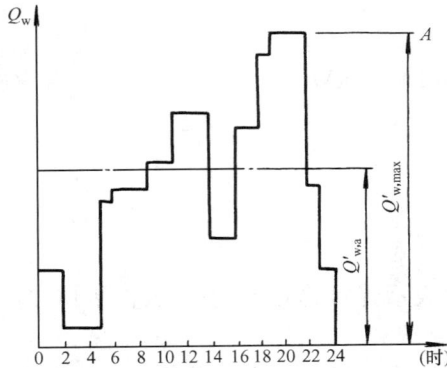

图 6-1 某居住区热水供应热
负荷全日变化图

和人们的生活习惯。公用建筑（如浴池、食堂、医院等）和工厂的热水用量，还与其生产性质和工作制度有关。

热水供应系统的工作特点是热水用量具有昼夜的周期性。每天的热水用量变化不大，但小时热水用量变化较大。图 6-1 所示为一个居住区的典型日的小时热水用热变化示意图。因此，通常首先根据用热水的单位数（如人数、每人次数、床位数等）和相应的热水用水量标准，先确定全天的热水用量和耗热量，然后进一步计算热水供应系统的设计小时热负荷。

供暖期的热水供应平均小时热负荷可按下式计算

$$Q'_{w,a} = \frac{cm\rho V(t_r - t_1)}{T} = 0.001\ 163\ \frac{mV(t_r - t_1)}{T} \quad kW \tag{6-7}$$

式中　$Q'_{w,a}$——供暖期的热水供应平均小时热负荷，kW；

　　　m——用热水单位数（住宅为人数、公共建筑为每日人次数、床位数等）；

　　　V——每个用热水单位每天的热水用量，L/d，可按《室内给水排水和热水供应设计规范》的标准选用（见表 A32）；

　　　t_r——生活热水温度，℃，按热水用量标准中规定的温度取用，一般为 60～65℃；

　　　t_1——冷水计算温度，取最低月平均水温，℃，如无资料，可按上述规范的数值计算；

　　　T——每天供水小时数，h/d，对住宅、旅馆、医院等，一般取 24h；

　　　c——水的比热容，$c = 4.186\ 8kJ/(kg \cdot ℃)$；

　　　ρ——水的密度，按 $\rho = 1000kg/m^3$ 计算；

　0.001 163——公式化简和单位换算后的数值（$0.001\ 163 = 4.186\ 8 \times 10^3/3600 \times 1000$）。

计算城市居住区热水供应的平均热负荷时，《热网规范》在总结北京城市集中供热资料的基础上，给出了一个估算公式

$$Q'_{w,a} = Aq_w \times 10^{-3} \quad kW \tag{6-8}$$

式中　$Q'_{w,a}$——居住区供暖期的热水供应平均热负荷，kW；

　　　A——居住区的总建筑面积，m^2；

　　　q_w——居住区热水供应的热指标，W/m^2，当无实际统计资料时，可按表 A33 取用。

建筑物或居住区的热水供应最大热负荷取决于该建筑物或居住区每天使用热水的规律，最大热水用量（热负荷）与平均热水用量（热负荷）的比值称为小时变化系数。如图 6-1 中，纵坐标 0A 表示最大值 $Q'_{w,max}$。在一天 24h 内的总热水用热量，等于曲线所包围的面积。将全天总用热量除以每天供水小时数，即为平均热负荷 $Q'_{w,a}$，即

$$K_h = Q'_{w,max}/Q'_{w,a} \tag{6-9}$$

或

$$Q'_{w,max} = K_h Q'_{w,a} \quad kW \tag{6-10}$$

式中　K_h——小时变化系数，根据用热水单位数，按《室内给水排水和热水供应设计规范》

选用，见表 A34。

建筑物或居住区的用水单位数越多，全天中的最大小时用水量（用热量）越接近于全天的平均小时用水量（用热量），小时变化系数 K_h 值越接近 1。对全日使用热水的用户，如住宅、医院、旅馆等，小时变化系数按表 A34 取用。对短时间使用热水的用户，如工业厂房、体育馆和学校等的淋浴设备，K_h 值可取大些，可按 $K_h = 5 \sim 12$ 取用。

热网的热水供应设计热负荷，与用户热水供应系统和热网的连接方式有关。当用户的热水供应系统中有储水箱时，可采用供暖期的热水供应平均热负荷 $Q'_{w,a}$ 计算。当用户无储水箱时，应以供暖期的热水供应最大热负荷 $Q'_{w,max}$ 作为设计热负荷。

对城市集中供热系统热网的干线，由于连接的用水单位数目很多，干线的热水供应设计热负荷可按热水供应的平均热负荷 $Q'_{w,a}$ 计算。

2. 其他生活用热

在工厂、医院、学校等地方，除热水供应以外，还可能有开水供应、蒸饭等项用热。这些用热负荷的概算，可根据一些指标，参照上述方法计算。例如，计算开水供应用热量，加热温度可取 105℃，用水标准可取 $2 \sim 3$ L/（天·人），蒸锅的蒸汽消耗量，当蒸煮量为 100kg 时，约需耗蒸汽 $100 \sim 250$ kg（蒸煮量越大，单位耗汽量越小）。一般开水和蒸锅要求的加热蒸汽表压力为 $0.15 \sim 0.25$ MPa。

四、生产工艺热负荷

生产工艺热负荷是为了满足生产过程中用于加热、烘干、蒸煮、清洗、溶化等过程的用热，或作为动力用于驱动机械设备（汽锤、汽泵等）。

生产工艺热负荷和生活用热热负荷一样，属于全年性热负荷。生产工艺设计热负荷的大小及需要的热媒种类和参数，主要取决于生产工艺过程的性质、用热设备的形式及工厂的工作制度等因素。

集中供热系统中，生产工艺热负荷的用热参数，按照工艺要求热媒温度的不同，大致可分为三种：供热温度在 $130 \sim 150$℃ 以下称为低温供热，一般靠 $0.4 \sim 0.6$ MPa 蒸汽供热；供热温度在 $130 \sim 150$℃ 以上到 250℃ 以下时，称为中温供热。这种供热的热源往往是中、小型蒸汽锅炉或热电厂供热汽轮机 $0.8 \sim 1.3$ MPa 级或 4.0MPa 级的抽汽，当供热温度高于 $250 \sim 300$℃ 时，称为高温供热。这种供热的热源通常为大型锅炉房或热电厂的新汽经过减压减温后的蒸汽。

由于生产工艺的用热设备繁多，工艺过程对热媒要求参数不一，工作制度各有不同，因而生产工艺热负荷很难用固定的公式表述。在确定集中供热系统的生产工艺热负荷时，对新增加的热负荷，应按生产工艺系统提供的设计数据为准，并参考类似企业确定其热负荷。对已有工厂的生产工艺热负荷，由工厂提供。为了避免用户多报热负荷量，规划或设计部门应对所报的热负荷进行核算。通常可采用以产品单位能耗指标方法，或按全年实际耗煤量来核算，最后确定较符合实际情况的热负荷。

工业成品单位耗热量的扩大概算指标，可参用表 A35 中数值。向工业企业供热的集中供热系统，各个工厂或车间的最大生产工艺热负荷不可能同时出现。因此，在计算集中供热系统热网的最大生产工艺热负荷时，应以核实的各工厂（或车间）的最大生产工艺热负荷之和乘以同时使用系数 k_{sh}。同时使用系数的概念，可用下式表示

$$k_{sh} = Q'_{w,max} / Q'_{rsh,max} \tag{6-11}$$

式中　$Q'_{w,max}$——工厂区（工厂）的生产工艺最大热负荷，GJ/h；

　　　$Q'_{rsh,max}$——经核实的各工厂（各车间）的生产工艺最大热负荷，GJ/h；

　　　k_{sh}——生产工艺热负荷的同时使用系数，一般可取 0.7～0.9。

当热源（如热电厂）的蒸汽参数与各工厂用户使用的蒸汽压力和温度参数不一致时，确定热电厂出口热网的设计流量应进行必要的换算，计算公式为

$$D' = \frac{10^6 Q_{w,max}}{(h_r - h_{r,b})\eta_w} = \frac{k_{sh}\sum D'_{g,max}(h_g - h_{g,b})}{(h_r - h_{r,b})\eta_w} \quad \text{kg/h} \quad (6\text{-}12)$$

式中　　D'——热源出口的设计蒸汽流量，kg/h；

　　h_r、$h_{r,b}$——热源出口蒸汽的焓与凝结水的焓值，kJ/kg；

　　$D'_{g,max}$——各工厂核实的最大蒸汽流量，kg/h；

　　h_g、$h_{g,b}$——各工厂使用蒸汽压力下的焓值和凝结水焓值，kJ/kg；

　　η_w——热网效率，一般取 $\eta_w=0.9～0.95$。

对于热电厂供热系统，根据"以热定电"的原则，必须对生产工艺热负荷在全年中的变化情况有更多的设计数据。除供暖期的最大热负荷外，还应有供暖期的平均热负荷、非供暖期的平均热负荷、非供暖期的最小热负荷等资料，以及典型的周期（日或一段时间）的蒸汽热负荷曲线和年延续时间曲线等资料。这些数据对选择供热机组形式，分析热电厂的经济性和运行工况都是非常必要的。

第二节　热　负　荷　图

热负荷图是用来表示整个热源或用户系统热负荷随室外温度或时间变化的图。热负荷图形象地反映热负荷变化的规律，对集中供热系统设计、技术经济分析和运行管理都很有用处。

在供热工程中，常用的热负荷图主要有热负荷时间图、热负荷随室外温度变化图和热负荷延续时间图。

一、热负荷时间图

热负荷时间图的特点是图中热负荷的大小按照它们出现的先后排列。热负荷时间图中的时间期限可长可短，可以是一天、一个月或一年，相应称为全日热负荷图、月热负荷图和年热负荷图。

（一）全日热负荷图

全日热负荷图用以表示整个热源或用户的热负荷，在一昼夜中每小时变化的情况。

全日热负荷图是以小时为横坐标，以小时热负荷为纵坐标，从零时开始逐时绘制的。图 6-1 所示是一个典型的热水供应全日热负荷图。

对全年性热负荷，如前所述，它受室外温度影响不大，但在全天中每小时的变化较大，因此，对生产工艺热负荷，必须绘制全日热负荷图为设计集中供热系统提供基础数据。

一般来说，工厂生产不可能每天一致，冬夏期间总会有差别。因此，需要分别绘制出冬季和夏季典型工作日的全日生产工艺热负荷图，由此确定生产工艺的最大、最小热负荷和冬季、夏季平均热负荷值。

对季节性的供暖、通风等热负荷，它的大小主要取决于室外温度，而在全天中每小时的

变化不大（对工业厂房供暖、通风热负荷，会受工作制度影响而有些规律性的变化）。通常用它的热负荷随室外温度变化图来反映热负荷变化的规律。

（二）年热负荷图

年热负荷图是以一年中的月份为横坐标，以每月的热负荷为纵坐标绘制的负荷时间图。图 6-2 为典型全年热负荷图，对季节性的供暖、通风热负荷，可根据该月份的室外平均温度确定，热水供应热负荷按平均小时热负荷确定，生产工艺热负荷可根据日平均热负荷确定。年热负荷图是规划供热系统全年运行的原始资料，也是用来制订设备维修计划和安排职工休假日等方面的基本参考资料。

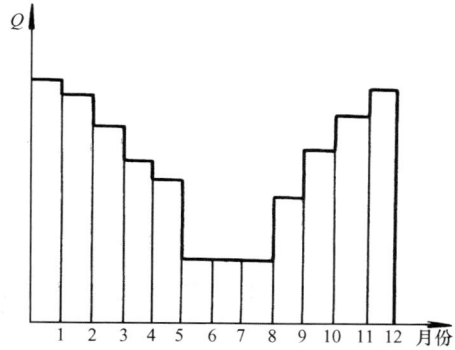

图 6-2　年热负荷图

二、热负荷随室外温度变化图

季节性的供暖、通风热负荷的大小，主要取决于当地的室外温度，利用热负荷随室外温度变化图能很好地反映季节性热负荷的变化规律。图 6-3 为一个居住区的热负荷随室外温度的变化图。图 6-3 中横坐标为室外温度，纵坐标为热负荷。开始供暖的室外温度定为 5℃。根据式 (6-1)，建筑物的供暖热负荷应与室内外温度差成正比，因此，$Q_h = f(t_w)$ 为线性关系。图 6-3 中的线 1 代表供暖热负荷随室外温度的变化曲线。同理，根据式 (6-3)，冬季通风热负荷 Q_v，在室外温度 5℃$> t_w \geqslant t'_{w,t}$ 时，$Q_h = f(t_w)$ 也为线性关系。当室外温度低于冬季通风室外计算温度 $t'_{w,t}$ 时，通风热负荷为最大值，不随室外温度改变。图 6-3 中的线 2 代表冬季通风热负荷随室外温度变化的曲线。

图 6-3 还给出了热水供应随室外温度变化曲线（见曲线 3）。热水供应热负荷受室外温度影响较小，因而它是一条水平直线，但在夏季期间，热水供应的热负荷比冬季的低。

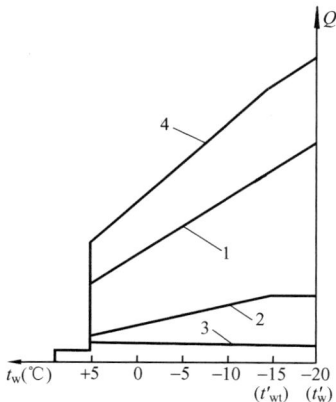

图 6-3　热负荷随室外
温度变化曲线图

1—供暖热负荷随室外温度变化曲线；
2—冬季通风热负荷随室外温度变化曲
线；3—热水供应热负荷变化曲线；
4—总热负荷随室外温度变化曲线

将这三条线的热负荷在纵坐标上的表示值相加，得图 6-3 中的曲线 4。曲线 4 即为该居住区总热负荷随室外温度变化的曲线。

三、热负荷延续时间图

在供热工程规划设计过程中，需要绘制热负荷延续时间图。热负荷延续时间图的特点与热负荷时间图不同，在热负荷延续时间图中，热负荷不是按出现时间的先后来排列，而按其数值的大小来排列。热负荷延续时间图需要有热负荷随室外温度变化曲线和室外气温变化规律的资料才能绘出。

在供暖热负荷延续时间图中，横坐标的左方为室外温度 t_w；纵坐标为供暖热负荷 Q_h；横坐标的右方表示小时数（见图 6-4）。如横坐标 n' 代表供暖期中室外温度 $t_w \leqslant t'_w$（t'_w 为供暖室外计算温度）出现的总小时数，n_1 代表室外温度 $t_w \leqslant t_{w1}$ 出现的总小时数，n_2 代表室外温度 $t_w \leqslant t_{w2}$ 出现的总小时数，n_{zh} 代表整个供暖期的供暖总小时数。

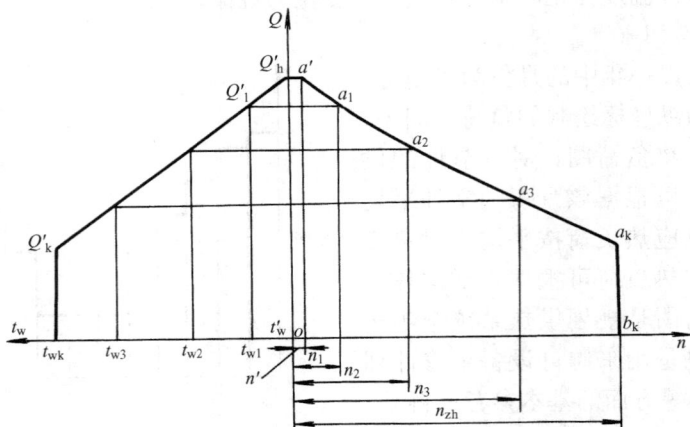

图 6-4　供暖热负荷延续时间图的绘制方法

　　供暖热负荷延续时间图的绘制方法如下：图左方首先绘出供暖热负荷随室外温度变化曲线（以直线 Q'_h-Q'_k 表示）。然后，通过 t'_w 时的热负荷 Q'_h 引一水平线，与相应出现的总小时数 n' 的横坐标上引的垂直线相交于 a' 点。同理，通过 t_{w1} 时的热负荷 Q'_1 引一水平线，与相应出现的总小时数 n_1 的横坐标上引的垂直线相交于 a_1 点。依此类推，在图 6-4 右侧连接 $Q'_h a' a_1 a_2 a_2 \cdots a_k$ 等点形成的曲线，得出供暖热负荷延续时间图。图 6-4 中曲线 $Q'_h a' a_1 a_2 \cdots a_k O$ 所包围的面积就是供暖期间的供暖年总耗热量。

　　当一个供热系统或居住区具有供暖、通风和热水供应等多种热负荷时，也可根据整个热负荷随室外温度变化的曲线（见图 6-3 曲线 4），按上述同样的绘制方法，绘制相应的总热负荷延续时间图。

第三节　年耗热量计算

　　集中供热系统的年耗热量是各类热用户年耗热量的总和。各类热用户的年耗热量可分别按下述方法计算。

　　一、供暖年耗热量 $Q_{h,a}$

$$Q_{h,a} = 24Q'_h\left(\frac{t_n - t_{pj}}{t_n - t_w}\right)N \quad kW \cdot h/a$$

$$= 0.086\,4Q'_h\left(\frac{t_n - t_{pj}}{t_n - t_w}\right)N \quad GJ/a$$

$$(6\text{-}13)$$

式中　　Q'_h——供暖设计热负荷，kW；

　　　　N——供暖期天数，d；

　　　　t'_w——供暖室外计算温度，℃；

　　　　t_n——供暖室内计算温度，℃；一般取 18℃；

　　　　t_{pj}——供暖期室外平均温度，℃；

　　0.086 4——公式化简和单位换算后的数值（0.086 4＝24×3600×10⁻⁶）。

二、通风年耗热量 $Q_{v,a}$

通风年耗热量可近似按下式计算

$$Q_{v,a} = ZQ'_v \left(\frac{t_n - t_{pj}}{t_n - t'_{w,t}} \right) N \quad kW \cdot h/a$$

$$= 0.003\,65 ZQ'_v \left(\frac{t_n - t_{pj}}{t_n - t'_{w,t}} \right) N \quad GJ/a \tag{6-14}$$

式中 Q'_v——通风设计热负荷，kW；

      $t'_{w,t}$ ——冬季通风室外计算温度，℃；

      Z——供暖期内通风装置每日平均运行小时数，h/d；

    0.003 6——单位换算系数（$1kWh = 3600 \times 10^{-6} GJ$）。

其他符号同式（6-13）。

由于冬季通风室外计算温度 $t'_{w,t}$ 通常都高于供暖室外计算温度 t'_w，在室外温度等于和低于 $t'_{w,t}$ 时，通风耗热量保持不变，即 Q'_v 为定值，因而采用整个供暖期的室外平均温度 t_{pj} 来计算通风年耗热量就偏大了。

三、热水供应全年耗热量 $Q_{w,a}$

热水供应热负荷是全年性热负荷。考虑冬季与夏季冷水温度不同，热水供应年耗热量可按下式计算

$$Q_{w,a} = 24 \left[Q'_{w,p} N + Q'_{w,p} \left(\frac{t_r - t_{l,x}}{t_r - t_l} \right) (350 - N) \right] \quad kW \cdot h/a$$

$$= 0.086\,4 Q'_{w,p} \left[N + \left(\frac{t_r - t_{l,x}}{t_r - t_l} \right) (350 - N) \right] \quad GJ/a \tag{6-15}$$

式中 $Q'_{w,p}$——供暖期热水供应的平均热负荷，kW；

      $t_{l,x}$——夏季冷水温度（非供暖期平均水温），℃；

      t_l——冬季冷水温度（供暖期平均水温），℃；

      t_r——热水供应设计温度，℃；

    350 - N——全年非供暖期的工作天数（扣去 15 天检修期），d。

四、生产工艺年耗热量 $Q_{s,a}$

生产工艺年耗热量可用下式求出

$$Q_{s,a} = \sum Q_i T_i \quad GJ/a \tag{6-16}$$

式中 Q_i——全年 12 个月中第 i 个月的日平均耗热量，GJ/d；

    T_i——全年 12 个月的第 i 个月的天数。

第七章 集中供热系统

第一节 热水供热系统

热水供热系统的供热对象多为供暖、通风和热水供应热用户。

按用户是否直接取用热网循环水，热水供热系统又分为闭式系统和开式系统。

闭式系统：热用户不从热网中取用热水，热网循环水仅作为热媒，起转移热能的作用，供给用户热量。

开式系统：热用户全部或部分地取用热网循环水，热网循环水直接消耗在生产和热水供应用户上，只有部分热媒返回热源。

闭式系统从理论上讲流量不变，但实际上热媒在系统中循环流动时，总会有少量循环水向外泄漏，使系统流量减少。在正常情况下，一般系统的泄漏水量不应超过系统总水量的1‰，泄漏的水靠热源处的补水装置补充。

闭式系统容易监测网路系统的严密程度，补水量大，就说明网路的漏水量大。

开式系统由于热用户直接耗用外网循环水，即使系统无泄漏，补水量仍很大。系统补水量应为热水用户的消耗水量和系统泄漏水量之和。

开式系统的补给水由热源处的补水装置补充。热水供应系统用水量波动较大，无法用热源补水量的变化情况判别热水网路的漏水情况。

闭式双管热水供热系统是应用最广泛的一种供热系统形式。

一、闭式供热系统热用户与热水网路的连接方式

闭式供热系统热用户与热水网路的连接方式分为直接连接和间接连接两种。

直接连接：热用户直接连接在热水网路上，热用户与热水网路的水力工况直接发生联系，两者热媒温度相同。

间接连接：外网水进入表面式水-水换热器加热用户系统的水，热用户与外网各自是独立的系统，两者温度不同，水力工况互不影响。

闭式供热系统热用户与热水网路的常见连接有多种方式。

1. 无混合装置的直接连接

系统连接如图 7-1 (a) 所示。当热用户与外网水力工况和温度工况一致时，热水经外网供水管直接进入供暖系统热用户，在散热设备散热后，回水直接返回外网回水管路。这种连接方式简单，造价低。

2. 设水喷射器的直接连接

系统连接如图 7-1 (b) 所示。外网高温水进入喷射器，由喷嘴高速喷出后，喷嘴出口处形成低于用户回水管的压力，回水管的低温水被抽入水喷射器，与外网高温水混合，使用户入口处的供水温度低于外网温度，符合用户系统的要求。

水喷射器（又叫混水器）无活动部件，构造简单、运行可靠，网路系统的水力稳定性好。但由于水喷射器抽引回水时需消耗能量，通常要求管网供回水管在用户入口处留有

0.08～0.12MPa的压差，才能保证水喷射器正常工作。

3. 设混合水泵的直接连接

系统连接如图7-1（c）所示。当建筑物用户引入口处外网的供、回水压差较小，不能满足水喷射器正常工作所需压差，或设集中泵站将高温水转为低温水向建筑物供暖时，可采用设混合水泵的直接连接方式。

混合水泵设在建筑物入口或专设的热力站处，外网高温水与水泵加压后的用户回水混合，降低温度后送入用户供热系统，混合水的温度和流量可通过调节混合水泵的阀门或外网供回水管进出口处阀门的开启度进行调节。为防止混合水泵扬程高于外网供、回水管的压差，将外网回水抽入外网供水管，在外网供水管入口处应装设止回阀。

设混合水泵的连接方式是目前高温水供热系统中应用较多的一种直接连接方式。但其造价比设水喷射器的方式高，运行中需要经常维护并消耗电能。

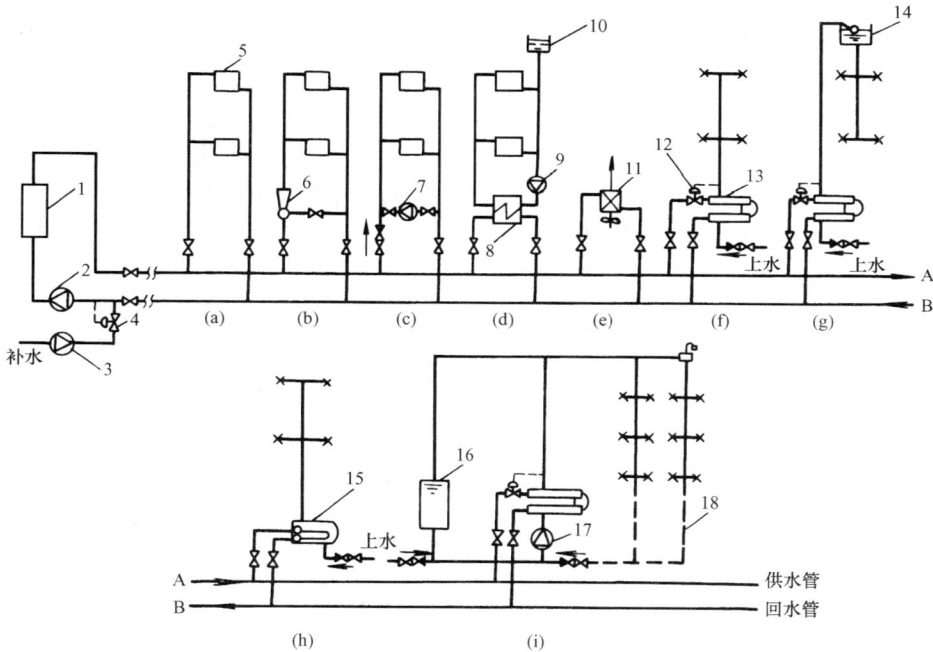

图7-1 双管闭式热水供热系统

（a）无混合装置的直接连接；（b）设水喷射器的直接连接；（c）设混合水泵的直接连接；（d）供暖热用户与热网的间接连接；（e）通风热用户与热网的直接连接；（f）无储水箱的连接方式；（g）装设上部储水箱的连接方式；（h）设容积式换热器的连接方式；（i）设下部储水箱的连接方式

1—热源的加热装置；2—网路循环水泵；3—补给水泵；4—补给水压力调节器；5—散热器；6—水喷射器；7—混合水泵；8—表面式水-水换热器；9—供暖热用户系统的循环水泵；10—膨胀水箱；11—空气加热器；12—温度调节器；13—水-水式换热器；14—储水箱；15—容积式换热器；16—下部储水箱；17—热水供应系统的循环水泵；18—热水供应系统的循环管路

4. 供暖热用户与热网的间接连接

系统连接如图7-1（d）所示。外网高温水通过设置在用户引入口或热力站的表面式水-水换热器，将热量传递给供暖用户的循环水，在换热器内冷却后的回水，返回外网回水管。用户循环水靠用户水泵驱动循环流动，用户循环系统内部设置膨胀水箱、集气罐及补给水装置，形成独立系统。

间接连接方式系统造价比直接连接高得多，而且运行管理费用也较高，适用于局部用户系统必须和外网水力工况隔绝的情况。例如，外网水在用户入口处的压力超过了散热器的承压能力；或个别高层建筑供暖系统要求压力较高，又不能普遍提高整个热水网路的压力；或外网为高温水，而用户是低温水供暖用户时，均可以采用这种间接连接方式。

5. 通风热用户与热网的直接连接

系统连接如图 7-1（e）所示。如果通风系统的散热设备承压能力较高，对热媒参数无严格限制，可采用最简单的直接连接方式与外网相连。

6. 热水供应用户的间接连接

热水供应用户与外网间接连接时，必须设有水-水换热器。

（1）无储水箱的连接方式，如图 7-1（f）所示。外网水通过水-水换热器将城市生活给水加热，冷却后的回水返回外网回水管。该系统用户供水管上应设温度调节器，控制系统供水温度不随水量的改变而剧烈变化。这是一种最简单的连接方式，适用于一般住宅或公共建筑连续用热水且用水量较稳定的热水供应系统上。

（2）设上部储水箱的连接方式，如图 7-1（g）所示。城市生活给水被表面式水-水换热器加热后，先送入设在用户最高处的储水箱，再通过配水管输送到各配水点。上部储水箱起着储存热水和稳定水压的作用；适用于用户需要稳压供水且用水时间较集中，用水量较大的浴室、洗衣房或工矿企业处。

（3）设容积式换热器的连接方式，如图 7-1（h）所示。容积式换热器不仅可以加热水，还可以储存一定的水量，不需要设上部储水箱，但需要较大的换热面积；适用于工业企业和小型热水供应系统。

（4）设下部储水箱的连接方式，如图 7-1（i）所示。该系统设有下部储水箱、热水循环管和循环水泵。当用户用水量较小时，水-水换热器的部分热水直接流入用户，另外的部分流入储水箱储存；当用户用水量较大，水-水换热器供水量不足时，储水箱内的水被城市生活给水挤出供给用户系统。装设循环水泵和循环管的目的是使热水在系统中不断流动，保证用户打开水龙头就能流出热水。这种方式复杂、造价高，但工作稳定可靠，适用于对热水供应要求较高的宾馆或高级住宅。

7. 闭式双级串联和混合连接的热水供热系统

为了减少热水供应热负荷所需的网路循环水量，可采用供暖系统与热水供热系统串联或混合连接的方式，见图 7-2（a）、（b）。

图 7-2（a）是双级串联的连接方式。热水供应系统的用水首先由串联在网路回水管上的水加热器（Ⅰ级加热器）加热。经过Ⅰ级加热后，热水供应水温仍低于要求温度，水温调节器将阀门打开，进一步利用网路中的高温水通过第Ⅱ级加热器将水加热到所需温度，经过第Ⅱ级加热器后的网路供水进入到供暖系统中去。供水管上应安装流量调节器，控制供暖用户系统流量，稳定供暖系统水力工况。

图 7-2（b）是混合连接的方式。热网供水分别进入热水供应和供暖系统的热交换器中（通常采用板式热交换器）。上水同样采用两级加热，通过热水供应热交换器的终热段 6b〔相当于图 7-2（a）中的Ⅱ级加热器〕的热网回水并不进入供暖系统，而是与热水供暖系统

的热网回水混合，进入热水供应热交换器的预热段 6a［相当于图 7-2（a）中的 Ⅰ 级加热器］将上水预热，上水最后通过热交换器的终热段 6b，被加热到热水供应所需的温度。可根据热水供应的热水温度和供暖系统保证的室温，调节各自热交换器的热网供水阀门的开启度，控制进入各热交换器的网路水流量。

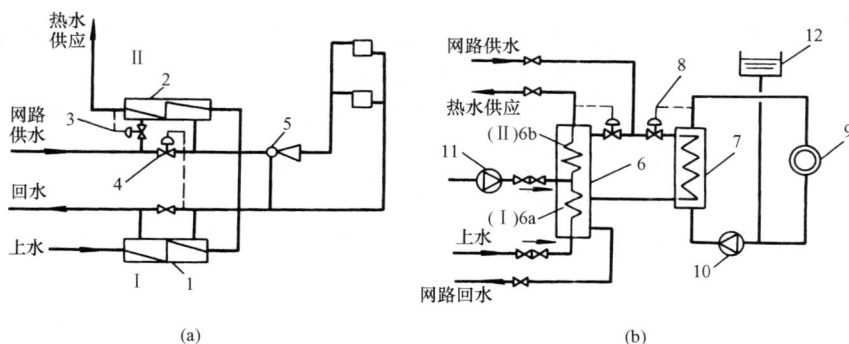

图 7-2 闭式双级串联和混合连接的热水供热系统

（a）闭式双级串联水加热器；（b）闭式混合连接水加热器

1—Ⅰ 级热水供应水加热器；2—Ⅱ 级热水供应水加热器；3—水温调节器；4—流量调节器；5—水喷射器；6—热水供应水加热器；7—供暖系统水加热器；8—流量调节装置；9—供暖热用户系统；10—供暖系统循环水泵；11—热水供应系统的循环水泵；12—膨胀水箱；6a—水加热器的预热段；6b—水加热器的终热段

串联或混合连接的方式，利用了供暖系统回水的部分热量预热上水，减少了网路的总计算循环水量，适用于热水供应热负荷较大的城市热水供热系统上。全部热用户（供暖、热水供应、通风空调等）与热水网路均采用间接连接的方式，使用户系统与热水网路的水力工况完全隔开，便于管理。

二、开式热水供热系统与热水网路的连接方式

1. 无储水箱的连接方式

系统连接如图 7-3（a）所示。热网水直接经混合三通送入热水用户，混合水温由温度调节器控制。为防止外网供应的热水直接流入外网回水管，回水管上应设止回阀。

这种方式网路最简单，适用于外网压力任何时候都大于用户压力的情况。

2. 设上部储水箱的连接方式

系统连接如图 7-3（b）所示。网路供水和回水经混合三通送入热水用户的高位储水箱，热水再沿配水管路送到各配水点。这种方式常用于浴室、洗衣房或用水量较大的工业厂房内。

3. 与城市生活给水混合的连接方式

系统连接如图 7-3（c）所示。当热水供应用户用水量很大并且需要的水温较低时，可采用这种连接方式。混合水温

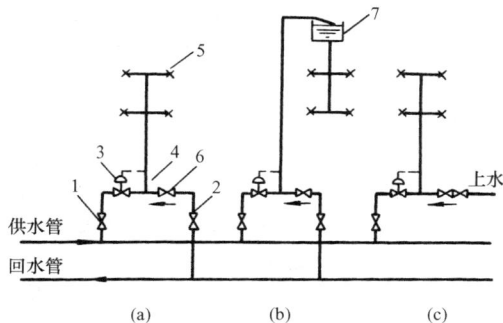

图 7-3 开式热水供热系统

1、2—进水阀门；3—温度调节器；4—混合三通；5—取水栓；6—止回阀；7—上部储水箱

同样可用温度调节器控制。为了便于调节水温，外网供水管的压力应高于城市生活给水管的压力，在生活给水管上要安装止回阀，以防止外网水流入生活给水管。

第二节　蒸汽供热系统

蒸汽供热系统能够向供暖、通风空调和热水供应用户提供热能，同时还能满足各类生产工艺用热的要求。它在工业企业中得到了广泛的应用。

蒸汽供热管网一般采用双管制，即一根蒸汽管，一根凝结水管。有时，根据需要还可以采用三管制，即一根管道供应生产工艺用汽和加热生活热水用汽，一根管道供给供暖、通风用汽，它们的回水共用一根凝结水管道返回热源。

蒸汽供热管网与用户的连接方式取决于外网蒸汽的参数和用户的使用要求，也分为直接连接和间接连接两大类。

图 7-4 为蒸汽供热管网与用户的连接方式。锅炉生产的高压蒸汽进入蒸汽管网，以直

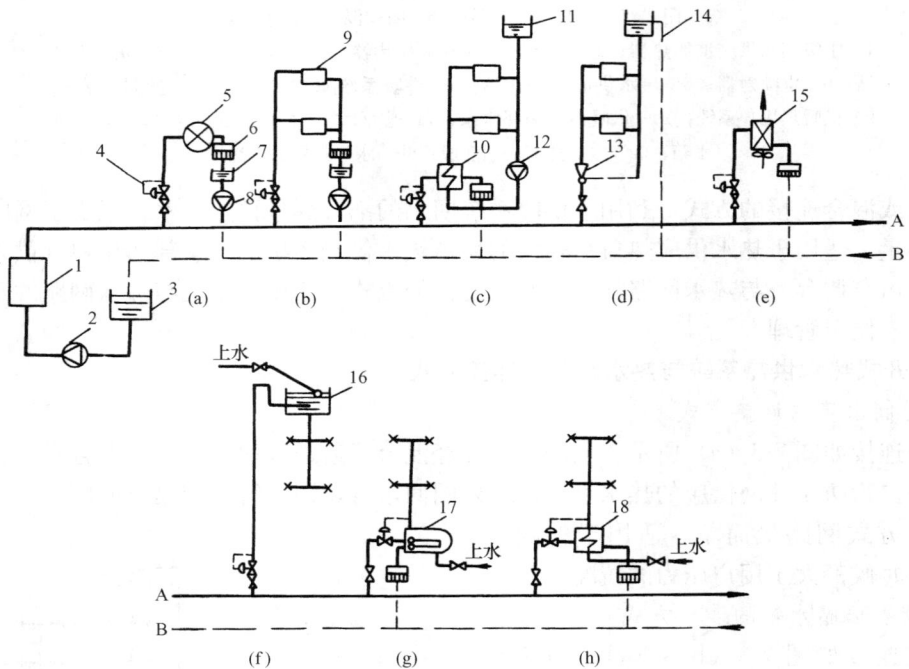

图 7-4　蒸汽供热系统

（a）生产工艺热用户与蒸汽网路的连接图；（b）蒸汽供暖用户系统与蒸汽网直接连接图；（c）采用蒸汽-水换热器的连接图；（d）采用蒸汽喷射器的连接图；（e）通风系统与蒸汽网路的连接图；（f）蒸汽直接加热的热水供应图示；（g）采用容积式换热器的热水供应图式；（h）无储水箱的热水供应图式

1—蒸汽锅炉；2—锅炉给水泵；3—凝结水箱；4—减压阀；5—生产工艺用热设备；6—疏水器；7—用户凝结水箱；8—用户凝结水泵；9—散热器；10—供暖系统用的蒸汽—水换热器；11—膨胀水箱；12—循环水泵；13—蒸汽喷射器；14—溢流管；15—空气加热装置；16—上部储水箱；17—容积式换热器；18—热水供应系统的蒸汽-水换热器

接或间接的方式向各用户提供热能，凝结水经凝结水管网返回热源凝结水箱，经凝结水泵加压后注入锅炉重新被加热成蒸汽。

图 7-4（a）为生产工艺热用户与蒸汽网路的直接连接，即蒸汽经减压阀减压后送入用户系统，放热后生成凝结水，凝结水经疏水器后流入用户凝结水箱，再由用户凝结水泵加压后返回凝结水管网。

图 7-4（b）为蒸汽供暖用户与蒸汽网路的直接连接，即高压蒸汽经减压阀减压后向供暖用户供热。

图 7-4（c）为热水供暖用户与蒸汽网路的间接连接。在这种连接方式中，高压蒸汽减压后，经蒸汽-水换热器将用户循环水加热，用户内部采用热水供暖形式。

图 7-4（d）是采用蒸汽喷射器的直接连接，在这种连接方式中，蒸汽经喷射器喷嘴喷出后，产生低于热水供暖系统回水的压力，回水被抽进喷射器，混合加热后送入用户供暖系统，用户系统的多余凝结水经凝结水箱溢流管返回凝结水管网。

图 7-4（e）是通风系统与蒸汽网路的直接连接。如果蒸汽压力过高，可用入口处减压阀调节。

图 7-4（f）是蒸汽直接加热热水的热水供热系统。

图 7-4（g）是采用容积式汽-水换热器的间接连接热水供热系统。

图 7-4（h）是无储水箱的间接连接热水供热系统。

第三节　集中供热系统形式、热源形式与热媒选择

集中供热系统中，供热管道把热源与用户连接起来，将热媒输送到各个用户。集中供热系统形式取决于热源与热用户的相互位置、热用户类型、热负荷大小和性质、对热媒参数的要求等。合理地确定供热系统设计方案是一项重要的、影响全局的工作，涉及能源的利用问题，应遵循安全和经济的原则。

集中供热系统热源形式主要有：区域锅炉房集中供热、热电厂集中供热及利用其他能源的集中供热等。集中供热系统热源形式，涉及热电联合生产和热电分供的能源利用问题，应根据城市的现实条件、发展规划及能源政策等因素经多方论证，进行比较后选择确定。以热电厂和区域锅炉房作为热源的集中供热系统是目前最常见的形式。

集中供热系统的热媒主要有热水和蒸汽，应根据建筑物的用途、供热情况和当地气候特点等因素，经过技术经济比较后选定。

供热管道（供热管网）的形式根据热媒的不同可分为热水管网和蒸汽管网，热水管网多为双管式，既有供水管，又有回水管，并行敷设。蒸汽管网分为单管式、双管式和多管式，单管式只有供汽管，没有凝结水管；双管式既有供汽管，又有凝结水管；多管式的供汽管和凝结水管都有一根以上，按热媒压力的不同分别输送。

常用的集中供热系统形式如下。

1. 热电厂集中供热系统

图 7-5 为抽汽式热电厂集中供热系统，该系统以热电厂作为热源，可以进行热能和电能的联合生产。蒸汽锅炉产生的高温高压蒸汽进入汽轮机膨胀做功，带动发电机组发出电能。该汽轮机组带有中间可调节抽汽口，故称抽汽式。可以从绝对压力为 0.8～1.3MPa 的抽汽

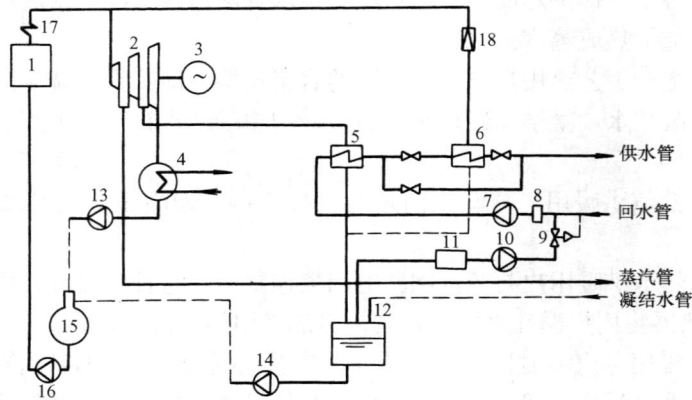

图 7-5　抽汽式热电厂集中供热系统

1—锅炉；2—汽轮机；3—发电机；4—凝汽器；5—主加热器；6—高峰加热器；
7—循环水泵；8—除污器；9—压力调节阀；10—补给水泵；11—补充水处理装
置；12—凝结水箱；13、14—凝结水泵；15—除氧器；16—锅炉给水泵；17—过
热器；18—减压装置

口抽出蒸汽，向工业用户直接供应蒸汽；也可以从绝对压力为 0.12～0.25MPa 的抽汽口抽出蒸汽用以加热热网循环水，通过主加热器可使水温达到 95～118 ℃，再通过高峰加热器进一步加热后，水温可达到 130～150℃或更高温度以满足供暖、通风与热水供应等用户的需要。在汽轮机最后一级做完功的乏汽排入凝汽器后变成凝结水和水加热器内产生的凝结水，以及工业用户返回的凝结水，经凝结水回收装置收集后，作为锅炉给水送回锅炉。

　　图 7-6 为背压式热电厂集中供热系统。因为该系统汽轮机最后一级排出的乏汽压力在 0.1MPa（绝对压力）以上，故称背压式。一般排汽压力为 0.3～0.6 MPa 或 0.8～1.3MPa，可将该压力下的蒸汽直接供给工业用户，同时还可以通过凝汽器加热热网循环水。

　　热电厂集中供热系统中，可以利用低位热能的热用户（如供暖、通风、热水供应等用户）宜采用热水作热媒。因为以水作热媒，可以对系统进行质调节，能利用供热汽轮机组的低压抽汽来加热网路循环水，对热电联合生产的经济效益有利。

　　生产工艺的热用户，可以利用供热汽轮机的高压抽汽或背压排汽，以蒸汽作为热媒进行供热。

　　热电厂热水供热系统的热媒温度，一般设计供水温度为 110～150℃，回水温度为 70℃ 或更低一些。

　　热电厂供热系统，用户要求的最高使用压力给定后，可以采用较低的抽汽压力，这有利于电厂的经济运行。但蒸汽管网的管径会相应粗些，应经过技术

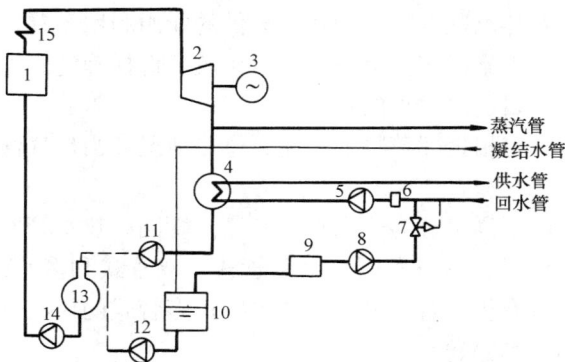

图 7-6　背压式热电厂集中供热系统

1—锅炉；2—汽轮机；3—发电机；4—凝汽器；5—循环水泵；6—除污器；7—压力调节阀；8—补给水泵；9—水处理装置；10—凝结水箱；11、12—凝结水泵；13—除氧器；14—锅炉给水泵；15—过热器

经济比较后确定热电厂的最佳抽汽压力。

2. 区域锅炉房集中供热系统

以区域锅炉房（装置热水锅炉或蒸汽锅炉）为热源的供热系统称为区域锅炉房集中供热系统。

图 7-7 为区域热水锅炉房集中供热系统。热源处主要设备有热水锅炉、循环水泵、补给水泵及水处理设备。室外管网由一条供水管和一条回水管组成。热用户包括供暖用户、生活热水供应用户等。系统中的水在锅炉中被加热到需要的温度，以循环水泵为动力使水沿供水管流入各用户，散热后回水沿回水管返回锅炉，水不断地在系统中循环流动。

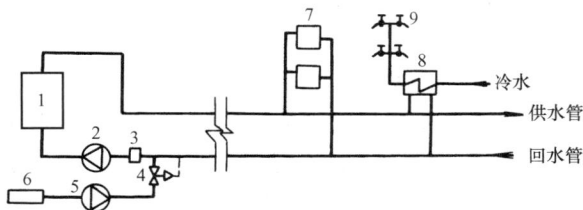

图 7-7　区域热水锅炉房集中供热系统
1—热水锅炉；2—循环水泵；3—除污器；4—压力调节阀；5—补给水泵；6—补充水处理装置；7—供暖散热器；8—生活热水加热器；9—水龙头

系统在运行过程中的漏水量或被用户消耗的水量，由补给水泵把经过处理后的水从回水管补充到系统内。补充水量的多少可通过压力调节阀控制。除污器设在循环水泵吸入口侧，用以清除水中的污物、杂质，避免进入水泵与锅炉内。

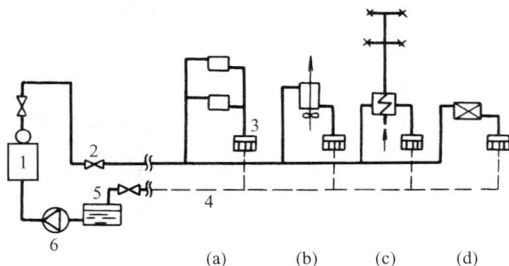

图 7-8　区域蒸汽锅炉房集中供热系统
(a)、(b)、(c) 和 (d) 室内供暖、通风、热水供应和生产工艺用热系统
1—蒸汽锅炉；2—蒸汽干管；3—疏水器；4—凝水干管；5—凝结水箱；6—锅炉给水泵

图 7-8 为区域蒸汽锅炉房集中供热系统。蒸汽锅炉产生的蒸汽，通过蒸汽干管输送到各热用户，如供暖、通风、热水供应和生产工艺用户等。各室内用热系统的凝结水经疏水器和凝结水干管返回锅炉房的凝结水箱，再由锅炉补给水泵将水送进锅炉重新被加热。

如果系统中只有供暖、通风和热水供应热负荷，可采用高温水作热媒。

工业区内的集中供热系统，如果既有生产工艺热负荷，又有供暖、通风热负荷，生产工艺用热可采用蒸汽作热媒，供暖、通风用热可根据具体情况，经过全面的技术经济比较确定；如果以生产用热为主，供暖用热量不大，且供暖时间又不长时，宜全部采用蒸汽供热系统，对其室内供暖系统部分可考虑用蒸汽换热器加热室内热水供暖系统或直接利用蒸汽供暖；如果供暖用热量较大，且供暖时间较长，宜采用单独的热水供暖系统向建筑物供暖。

区域锅炉房热水供热系统可适当提高供水温度，加大供回水温差，这可以缩小热网管径，降低网路的电耗和用热设备的散热面积，应选择适当。

区域锅炉房蒸汽供热系统的蒸汽起始压力主要取决于用户要求的最高使用压力。

我国地域辽阔，供热区域不同，供暖时间差别很大，应按照具体条件，根据合理利用能源的政策，通过技术经济比较来确定集中供热系统的方案。

第四节 热 力 站

集中供热系统的热力站可以根据热网的工况和用户的需要，采用合理的连接方式，将热网输送的热媒，调节转换后输入用户系统以满足用户需要，还能够集中计量、检测热媒的参数和流量。

一、用户热力站

用户热力站又叫用户引入口。设置在单幢民用建筑及公共建筑的地沟入口或该用户的地下室或底层处，通过它向该用户或相邻几个用户分配热能。图 7-9 是用户引入口示意图。在用户供、回水总管上均应设置阀门、压力表和温度计。

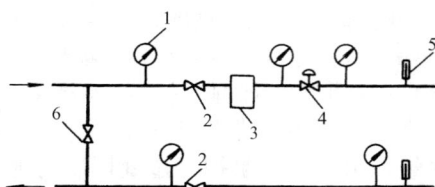

图 7-9 用户引入口

1—压力表；2—用户供回水总管阀门；3—除污器；4—手动调节阀；5—温度计；6—旁通管阀门

为了能对用户进行供热调节，应在用户供水管上设置手动调节阀或流量调节器。在用户进水管上还安装了除污器，可避免室外管网中的杂质进入室内系统。

如果用户引入口前的分支管线较长，应在用户供、回水总管的阀门前设置旁通管，当用户停止供暖或检修时，可将用户引入口总阀门关闭，将旁通管阀门打开，使水在分支管线内循环，避免分支管线内的水冻结。

用户引入口要求有足够的操作和检修空间，净高一般不小于 2m，各设备之间检修、操作通道不应小于 0.7m。对于位置较高而需要经常操作的入口装置应设操作平台、扶梯和防护栏等设施，应有良好的照明，通风设施，还应考虑设置集水坑或其他排水设施。

二、小区热力站

小区热力站通常又叫集中热力站，多设在单独的建筑物内，向多栋房屋或建筑小区分配热能。集中热力站比用户引入口装置更完善，设备更复杂，功能更齐全。

图 7-10 为小区热力站，热水供应用户（a）与热水网路采用间接连接，用户的回水和城市生活给水一起进入水-水换热器被外网水加热，用户供水靠循环水泵提供动力在用户循环管路中流动，热网与热水供应用户的水力工况完全隔开。温度调节器依据用户的供水温度调节进入水-水换热器的网路循环水量；设置上水流量计，计量热水供应用户的用水量。

用户（b）是供暖热用户与热水网路的直接连接。该系统热网供水温度高于供暖用户的设计水温，在热力站内设混合水泵，抽引供暖系统的回水，与热网供水混合后直接送入用户。

混合水泵的设计流量

$$G'_h = \mu' G'_o \quad \text{t/h} \tag{7-1}$$

$$\mu' = (\tau'_1 - t'_g)/(t'_g - t'_h)$$

式中 G'_o——承担该热力站供暖设计热负荷的网路流量，t/h；

G'_h——从供暖系统抽引的网路回水量，t/h；

μ'——混水装置的设计混合比，按下式计算；

τ'_1——热水网路的设计供水温度，℃；

t'_g、t'_h——供暖系统的设计供、回水温度，℃。

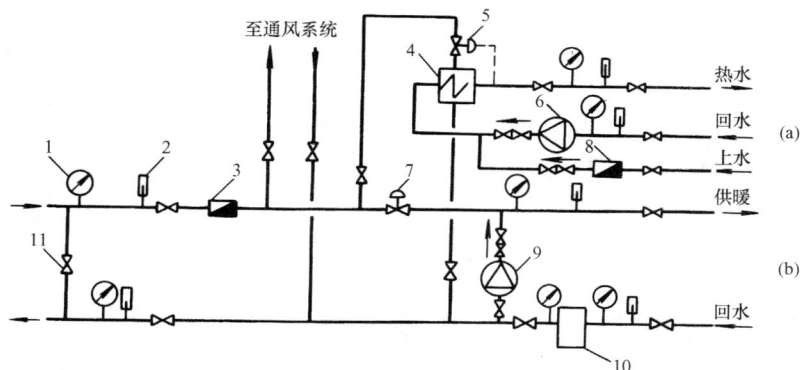

图 7-10　小区热力站

1—压力表；2—温度计；3—热网流量计；4—水-水换热器；5—温度调节器；6—热水供应循环
水泵；7—手动调节阀；8—上水流量计；9—供暖系统混合水泵；10—除污器；11—旁通管

混合水泵扬程应不小于混水点后所有用户的总水头损失。

热力站内水加热器外表面之间或距墙面应有不小于 0.7m 的净通道。前端应留有抽出加热排管的空间和放置检修加热排管操作面的空间。热力站内所有阀门应设置在便于控制操作和便于检修时拆卸的位置。

设小区热力站，比在每幢建筑物设热力引入口能减少运行管理工作量，便于检测、计量和遥控，可以提高管理水平和供热质量。

第五节　换 热 器 和 喷 射 装 置

一、换热器

换热器（又叫水加热器）是用来把温度较高流体的热能传递给温度较低流体的一种热交换设备，特别是被加热介质是水的换热器，在供热系统中得到了广泛的应用。热换器可集中设在热电站或锅炉房内，也可以根据需要设在热力站或用户引入口处。

根据热媒种类的不同，换热器可分为汽-水换热器（以蒸汽为热媒），水-水换热器（以高温热水为热媒）。

根据换热方式的不同，换热器可分为表面式换热器（被加热水与热媒不接触，通过金属表面进行换热），混合式换热器（被加热水与热媒直接接触，如淋水式换热器、喷管式换热器等）。下面介绍常用换热器的形式及构造特点。

1. 壳管式换热器

（1）壳管式汽-水换热器。

1）固定管板式汽-水换热器，如图 7-11（a）所示。主要包括以下几个部分：带有蒸汽出口连接短管的圆形外壳，由小直径管子组成的管束，固定管束的管栅板，带有被加热水进出口连接短管的前水室及后水室。蒸汽在管束外表面流过，被加热水在管束的小管内流过，通过管束的壁面进行热交换。管束通常采用铜管、黄铜管或锅炉碳素钢钢管，少数采用不锈钢管。钢管承压能力高，但易腐蚀，铜管、黄铜管导热性能好，耐腐蚀，但造价高。一般，超过 140℃的高温热水加热器最好采用钢管。

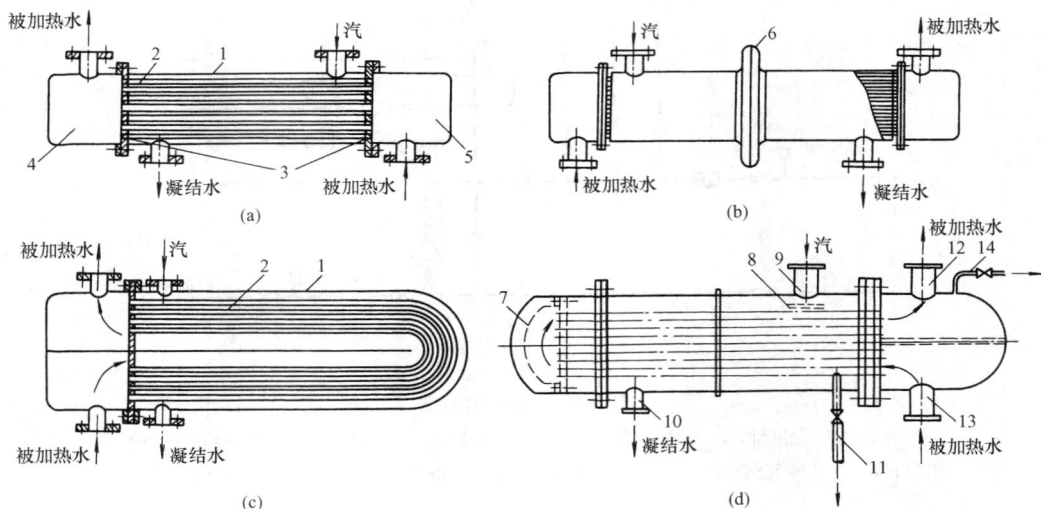

图 7-11　壳管式汽-水换热器

（a）固定管板式汽-水换热器；（b）带膨胀节的壳管式汽-水换热器；

（c）U 形管式汽-水换热器；（d）浮头壳管汽-水换热器

1—外壳；2—管束；3—固定管栅板；4—前水室；5—后水室；6—膨胀节；7—浮头；

8—挡板；9—蒸汽入口；10—凝水出口；11—汽侧排气管；12—被加热水出口；

13—被加热水入口；14—水侧排气管

为了强化传热，通常在前室、后室中间加隔板，使水由单流程变成多流程，流程通常取偶数，这样进出水口在同一侧，便于管道布置。

固定管板式汽-水换热器结构简单，造价低。但蒸汽和被加热水之间温差较大时，由于壳、管膨胀性不同，热应力大，会引起管子弯曲或造成管束与管板、管板与管壳之间开裂；此外，管间污垢较难清理。

这种形式的汽-水换热器只适用于小温差、低压力、结垢不严重的场合。为解决外壳和管束热膨胀不同的缺点，常需在壳体中部加波形膨胀节，以达到热补偿的目的，图 7-13（b）所示为带膨胀节的壳管式汽-水换热器。

2）U 形管式汽-水换热器，如图 7-11（c）所示。它是将管子弯成 U 形，再将两端固定在同一管板上。由于每根管均可自由伸缩，解决了热膨胀问题，且管束可以从壳体中整体抽出进行管间清洗；缺点是管内污垢无法机械清洗，管板上布置的管子数目少，使单位容量和单位质量的传热量少。该换热器多用于温差大，管内流体不易结垢的场合。

3）浮头式汽-水换热器，如图 7-11（d）所示。为解决热应力问题，可将固定板的一端不与外壳相连，不相连的一头称为浮头，浮头通常封闭在壳体内，可以自由膨胀。浮头式汽-水换热器除补偿好外，还可以将管束从壳体中整个拔出，便于清洗。

（2）分段式水-水换热器（见图 7-12）。采用高温水作热媒时，为提高热交换强度，常常需要使冷热水尽可能采用逆流方式，并提高水的流速，为此常采用分段式或套管式的水-水换热器。

分段式水-水换热器是将管壳式的整个管束分成若干段，将各段用法兰连接起来。每段采用固定管板，外壳上有波形膨胀节，以补偿管子的热膨胀。分段后既能使流速提高，又能使冷、热水的流动方向接近于纯逆流的方式；此外，

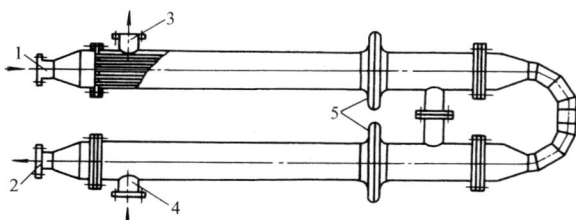

图 7-12　分段式水-水换热器
1—被加热水入口；2—被加热水出口；3—加热
水出口；4—加热水入口；5—膨胀节

换热面积的大小还可以根据需要的分段数来调节。为了便于清除水垢，高温水多在管外流动，被加热水则在管内流动。

（3）套管式水-水换热器（见图7-13）。它是用标准钢管组成套管组焊接而成的，结构简单，传热效率高，但占地面积大。

2. 板式换热器

板式换热器是一种新型的热交换器，它质量轻、体积小，传热效率高，拆卸容易，已得到广泛应用。如图7-14所示，它是由许多传热板片叠加而成，板片之间用密封垫密封，冷、热水在板片之间流动，两端用盖板加螺栓压紧。

换热板片的结构形式有很多种，板片的形状既要有利于增强传热，又要使板片的刚性好，图 7-15 为人字形换热板片。在安装时应注意水流方向要和人字纹路的方向一致，板片两侧的冷、热水应逆向流动。

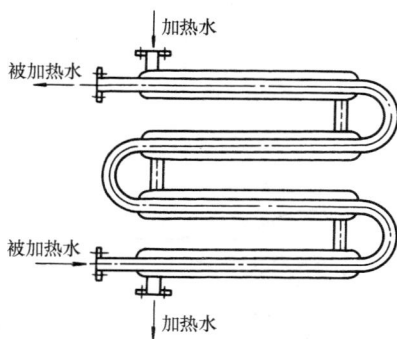

图 7-13　套管式水-水换热器

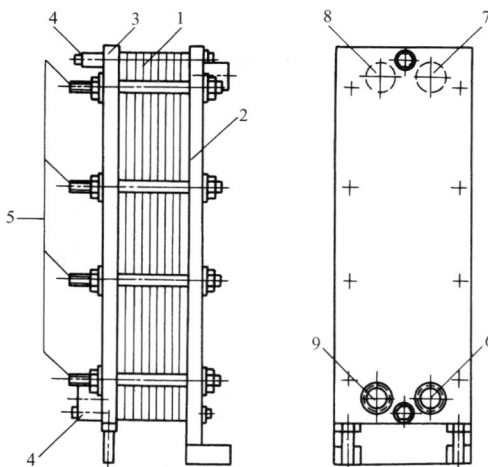

图 7-14　板式换热器
1—加热板片；2—固定盖板；3—活动盖板；4—定位螺栓；5—压紧螺栓；6—被加热水进口；7—被加热水出口；8—加热水进口；9—加热水出口

板片之间密封用的垫片形式如图7-16所示，密封垫的作用不仅把流体密封在换热器内，而且使加热和被加热流体分隔开，不互相混合。通过改变垫片的左右位置，使加热与被加热流体在换热器中交替通过人字形板面。信号孔可检查内部是否密封，如果密封不好而有渗漏，信号孔就会有流体流出。

板式换热器传热系数高，结构紧凑，适应性好、拆洗方便、节省材料；但板片间流通截

面窄，水质不好形成水垢或沉积物时容易堵塞，密封垫片耐温性能差时，容易渗漏和影响使用寿命。

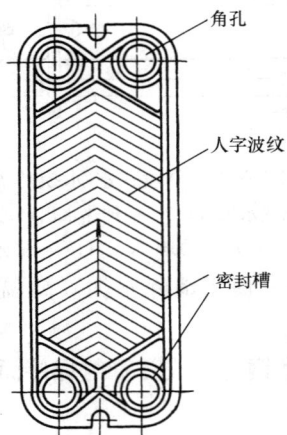

图 7-15　人字形换热板片

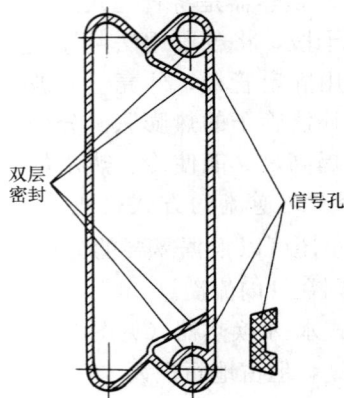

图 7-16　密封垫片

3. 容积式换热器

容积式换热器分为容积式汽-水换热器（见图 7-17）和容积式水-水换热器。这种换热器兼起储水箱的作用，外壳大小应根据储水的容量确定。换热器中 U 形弯管管束并联在一起，蒸汽或加热水自管内流过。

容积式换热器易于清除水垢，主要用于热水供应系统，但其传热系数比壳管式换热器低。

4. 混合式换热器

混合式换热器是一种直接式热交换器，热媒和水在交换器中直接接触，将水加热。

（1）淋水式汽-水换热器。如图 7-18 所示，蒸汽从换热器上部进入，被加热水也从上部进入，为了增加水和蒸汽的接触面积，在加热器内装了若干级淋水盘，水通过淋水盘上的细

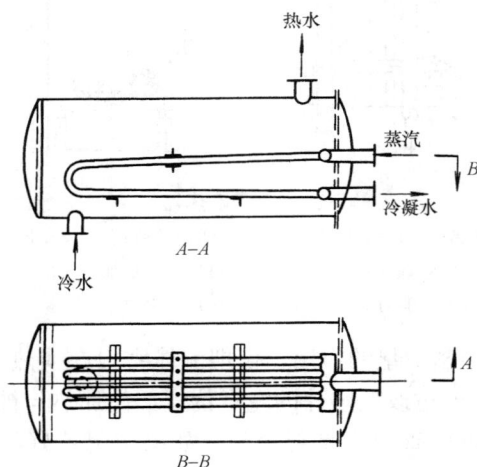

图 7-17　容积式汽-水换热器

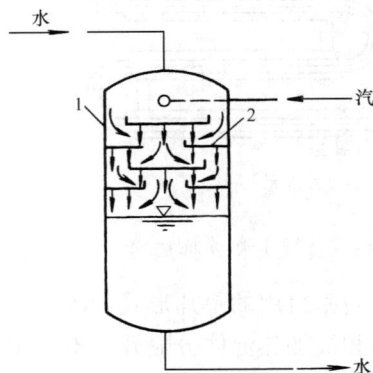

图 7-18　淋水式汽-水换热器
1—壳体；2—淋水板

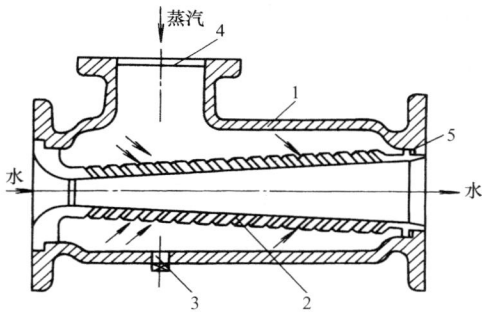

图 7-19　喷射式汽-水换热器

1—外壳；2—喷嘴；3—泄水栓；

4—网盖；5—填料

孔分散地落下和蒸汽进行热交换，加热器的下部用于蓄水并起膨胀容积的作用。淋水式汽-水加热器可以代替热水供暖系统中的膨胀水箱，同时还可以利用壳体内的蒸汽压力对系统进行定压。

淋水式汽-水换热器换热效率高，在同样热负荷时换热面积小，设备紧凑。由于直接接触换热，不能回收纯凝结水，这会增加集中供热系统热源处水处理设备的容积。

（2）喷射式汽-水换热器。图 7-19 为喷射式汽-水换热器。喷射式汽-水换热器可以减少蒸汽直接通入水中产生的振动和噪声。蒸汽通过喷管壁上的倾斜小孔射出，形成许多蒸汽细流，并和水迅速均匀地混合。在混合过程中，蒸汽多余的势能和动能用来引射水做功，从而消耗了产生振动和噪声的那部分能量。蒸汽与水正常混合时，要求蒸汽压力至少应比换热器入口水压高 0.1MPa 以上。

喷射式汽-水换热器体积小，制造简单，安装方便，调节灵敏，加热温差大，运行平稳。但换热量不大，一般只用于热水供应和小型热水供暖系统上。用于供暖系统时，多设于循环水泵的出水口侧。

5. 壳管式换热器的计算

换热器的计算是在换热量和结构已经确定，换热器出入口的加热介质和被加热介质温度已知的条件下，确定换热器必需的换热面积，或校核已选用的换热器是否满足需要。

（1）换热器的传热面积

$$A = \frac{Q}{K \Delta t_{pj} B} \quad m^2 \tag{7-2}$$

式中　A——换热器的传热面积，m^2；

　　　Q——被加热水所需的热量，W；

　　　K——换热器的传热系数，$W/(m^2 \cdot ℃)$；

　　　B——考虑水垢影响而取的系数，汽-水换热器时 $B=0.9 \sim 0.85$，水-水换热器时 $B=0.8 \sim 0.7$；

　　　Δt_{pj}——加热与被加热流体间的对数平均温差，℃。

式中各项系数确定如下：

1）对数平均温差 Δt_{pj}

$$\Delta t_{pj} = \frac{\Delta t_a - \Delta t_b}{\ln \dfrac{\Delta t_a}{\Delta t_b}} \quad ℃ \tag{7-3}$$

式中　Δt_a、Δt_b——换热器进、出口处热媒的最大、最小温差，℃，见图 7-20。

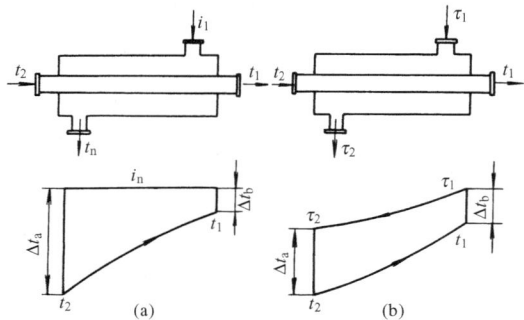

图 7-20　换热器内热媒的温度变化图

（a）汽-水换热器内的温度变化；

（b）水-水换热器内的温度变化

当$\dfrac{\Delta t_a}{\Delta t_b} \leqslant 2$ 时，对数平均温差 Δt_{pj} 可近似按算术平均温差计算，这时的误差小于 4%，即

$$\Delta t_{pj} = \frac{(\Delta t_a - \Delta t_b)}{2} \quad ℃ \tag{7-4}$$

2）传热系数 K

$$K = \frac{1}{\dfrac{1}{\alpha_1} + \dfrac{\delta}{\lambda} + \dfrac{1}{\alpha_2}} \tag{7-5}$$

式中　K——换热器的传热系数，$W/(m^2 \cdot ℃)$；

　　　α_1——热媒和管壁间的换热系数，$W/(m^2 \cdot ℃)$；

　　　α_2——管壁和被加热水之间换热系数，$W/(m^2 \cdot ℃)$；

　　　δ——管壁厚度，m；

　　　λ——管壁的热导率，$W/(m \cdot ℃)$，一般钢管 $\lambda = 45 \sim 58W/(m \cdot ℃)$，黄铜管 $\lambda = 81 \sim 116W/(m \cdot ℃)$，紫铜管 $\lambda = 348 \sim 465W/(m \cdot ℃)$。

3）换热系数 α。计算传热系数 K 时，又需要计算换热系数 α_1 和 α_2，α_1、α_2 可用下列简化公式计算：

水在管内或管间沿管壁做紊流运动（$Re \leqslant 10^4$）时的换热系数

$$\alpha = 1.163 \ (1400 + 18t_{pj} - 0.035t_{pj}^2) \ \frac{v^{0.8}}{d^{0.2}} \quad W/ \ (m^2 \cdot ℃) \tag{7-6}$$

水横穿过管束做紊流流动时的换热系数

$$\alpha = 1.163 \ (1000 + 15t_{pj} - 0.04t_{pj}^2) \ \frac{v^{0.64}}{d^{0.36}} \quad W/ \ (m^2 \cdot ℃) \tag{7-7}$$

式中　t_{pj}——水的平均温度，即进出口水温的算术平均值，$t_{pj} = (t_j + t_c)/2$；

　　　d——计算管径，m，当水在管内流动时，采用管内径，即 $d = d_n$。

当水在管间流动时，采用管束间的当量直径

$$d = d_d = 4A/l \quad m^2/m \tag{7-8}$$

式中　A——水在管间流动的流通截面面积，m^2；

　　　l——在流动断面上和水接触的那部分长度，即湿周，湿周包括水和换热管束的接触周缘和壳体与水的接触周缘，m；

　　　v——水的流速，m/s，通常管内水流速为 $1 \sim 3m/s$；管外水流速为 $0.5 \sim 1.5 \ m/s$。

水蒸气在竖壁（管）上膜状凝结，且流速 $v \leqslant 1 \sim 2m/s$ 时的换热系数

$$\alpha = 1.163 \frac{(5689 + 76.3t_m - 0.2118t_m^2)}{[H(t_b - t_{bm})]^{0.25}} \tag{7-9}$$

水蒸气在水平管束上呈膜状凝结时的换热系数

$$\alpha = 1.163 \frac{(4320 + 47.5t_m - 0.14t_m^2)}{[md_w(t_s - t_{bm})]^{0.25}} \tag{7-10}$$

式中　H——竖壁（管）上层流液膜高度，一般即竖管的高度；

　　　d_w——管子外径，m；

　　　m——沿垂直方向管子的平均根数，$m = n/n'$，其中 n 为管束的总根数，n' 为最宽的横排中管子的根数；

　　　t_s——蒸汽的饱和温度，℃；

t_{bm}——管壁壁面的温度，℃；

t_m——凝结水薄膜温度，即饱和蒸汽温度 t_s 与管壁壁面温度 t_{bm} 的平均温度，℃。

式（7-9）和式（7-10）中管束的壁面温度也是未知的，计算时可采用试算法求解，先假定一个 t_{bm}，求出 α 值后，再根据热平衡关系式求出管束壁面的试算温度 t_{bm}。若满足设计精确度要求，则试算成功。否则，应重新假设 t_{bm}，再确定 t_{bm} 值，直到满足要求为止。

热平衡关系式：

当蒸汽在管内流动时

$$t'_{bm} = t_b - \frac{K\Delta t_{pj}}{\alpha_n} \quad ℃ \qquad (7\text{-}11)$$

当蒸汽在管外流动时

$$t'_{bm} = t_b - \frac{K\Delta t_{pj}}{\alpha_w} \quad ℃ \qquad (7\text{-}12)$$

式中　Δt_{pj}——换热器内换热流体之间的对数平均温差，℃；

　　　α_n——流体在管内的换热系数，W/(m²·℃)；

　　　α_w——流体在管外的换热系数，W/(m²·℃)；

　　　K——换热器的传热系数，W/(m²·℃)。

考虑换热器换热面上机械杂质、污泥、水垢的影响，以及流体在换热器内分布不均匀等因素，设计换热器的换热面积应比计算值大。对于钢管换热器，换热面积一般增加 25%～30%；对于铜管换热器，换热面积一般增加 15%～20%。

表 7-1 给出了常用换热器传热系数 K 值的范围，表中数值也可作为估算时的参考值。

表 7-1　　　　　　　　　常用换热器的传热系数 K 值

设　备　名　称	传热系数 K [W/(m²·℃)]	备　注
壳管式水-水换热器	2000～4000	$v_n = 1～3\text{m/s}$
分段式水-水换热器	1150～2300	$v_w = 0.5～1.5\text{m/s}, \ v_n = 1～3\text{m/s}$
容积式汽-水换热器	700～930	
容积式水-水换热器	350～465	$v_n = 1～3\text{m/s}$
板式水-水换热器	2300～4000	$v = 0.2～0.8\text{m/s}$
螺旋板式水-水换热器	1200～2500	$v = 0.4～1.2\text{m/s}$
淋水式换热器	5800～9300	

注　v_n—管内水流速（m/s）；v_w—管间水流速（m/s）。

（2）热媒耗量的计算。汽-水换热器的蒸汽耗量

$$G_q = \frac{Q}{277.7(h_0 - 4.187t_n)} \quad \text{t/h} \qquad (7\text{-}13)$$

式中　G_q——蒸汽耗量，t/h；

　　　Q——被加热水的热量，W；

　　　h_0——蒸汽进入换热器时的焓，kJ/kg；

　　　t_n——流出换热器的凝结水温度，℃。

水-水换热器中热媒水的耗量

$$G_s = \frac{Q}{1.163(\tau_1 - \tau_2)} \quad \text{kg/h} \qquad (7\text{-}14)$$

式中　　G_s——加热水的流量，kg/h；

　　　τ_1、τ_2——加热水的进、出水温，℃；

　　　　Q——被加热水的热量，W。

（3）计算换热器的压力损失。

流体在管内流动时，压力损失

$$\Delta p_n = \left(\frac{\lambda L}{d_n} + \Sigma\,\zeta\right)\frac{\rho v^2}{2}\quad \text{Pa} \tag{7-15}$$

流体在管间流动时，压力损失

$$\Delta p_i = \left(\frac{\lambda L}{Z\cdot d_{di}} + \Sigma\,\zeta\right)\frac{\rho v_1^2}{2}\quad \text{Pa} \tag{7-16}$$

式中　　Δp_n——管内流体的压力损失，Pa；

　　　Δp_i——管间流体的压力损失，Pa；

　　　L——管束的总长度，m；

　　　Z——行程数；

　　　d_d——管子内径，m；

　　　d_{di}——管段断面的当量直径，m；

　　　v——管内流体的流速，m/s；

　　　v_1——管间流体的流速，m/s；

　　　ρ——热水的密度，kg/m³；

　　　λ——沿程阻力系数，钢管 $\lambda = 0.029 \sim 0.035$，黄铜管 $\lambda = 0.023$；

　　　$\Sigma\,\zeta$——流体通过换热器时的局部阻力系数之和，见表7-2。

表 7-2　　　　　　　　　　局部阻力系数（相应管内流体）表

局部阻力形式	ζ	局部阻力形式	ζ
水室的进口和出口	1.0	U形管的180°弯头	0.5
由一管束经过水室转180°进入另一管束	2.5	管间流体从一分段过渡到另一分段	2.5
由一管束经过弯头转180°进入另一管束	2.0	绕过管子挡板	0.5
水进入管间（其方向与管子垂直）	1.5	管子与管子之间转180°弯头	1.5
由管子之间转90°排出	1.0		

定型标准换热器的压力损失一般由实验测定，可按下列数值估算：

汽-水换热器　　　20～120kPa

水-水换热器　　　10～30kPa

当管间为蒸汽时，蒸汽通过换热器的压降是不大的，一般为 5～10kPa。

二、喷射器

喷射器可以使不同压力下的两种流体相互混合，在混合过程中进行能量交换，形成一种中间压力的混合流体。喷射器结构简单，工作可靠，在供暖系统中得到广泛的应用。

根据工作流体和被引射流体的性质，在供暖系统中有三种不同形式的喷射器。

两种流体均为水的水-水喷射器，俗称水喷射泵或混水器，它常设在用户入口处，将热网的高温水和室内供暖系统的部分回水混合，以满足供水温度的要求。

工作流体为蒸汽，被引射的流体为水的汽-水喷射器，俗称蒸汽喷射泵。它可代替表面式水加热器和循环水泵，适用于中小型热水供暖系统。

两相流体均为蒸汽的汽-汽喷射器，俗称蒸汽引射器。常用于工业废气的回收利用，即用新蒸汽来提高废气的压力和温度，在供暖系统中也用于凝结水回收中的二次蒸汽利用。

下面介绍供热系统中常用的蒸汽喷射器和水-水喷射器。它们的构造、工作原理和设计计算方法基本相同，只是工作介质不同。

1. 蒸汽喷射器

蒸汽喷射器构造如图 7-21 所示，由喷管、引水室、混合室和扩压管组成。混合室有圆筒形和圆锥形两种，由于圆筒形混合室参数变动范围大，适应性强，运行稳定，噪声和振动小于圆锥形混合室，且其制造简单，因此大多数蒸汽喷射器采用圆筒形混合室。

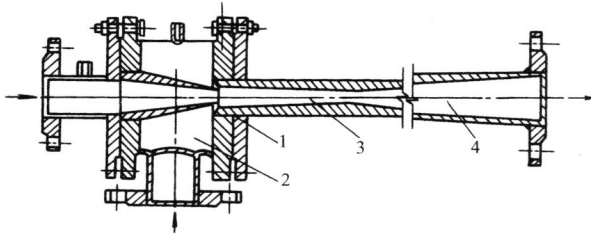

图 7-21　蒸汽喷射器构造图
1—喷管；2—引水室；3—混合室；4—扩压管

图 7-22 为蒸汽喷射器在热水供暖系统的工作简图，它的工作原理是：高压的工作蒸汽在喷管内做绝热膨胀后，以很高的速度从喷管出口喷射出来，它卷吸引水室的水，使其以一定速度进入混合室，同时蒸汽被水凝结，水温升高。在混合室入口处，水的速度很不均匀，经混合室后水的流速均衡，压力升高，然后进入扩压管，使压力进一步升高后，再从喷射器流出。

图 7-22 中 Ⅰ-Ⅰ 线为系统不工作时的系统测压管水头线，$1'-2'-3'-4'-5'-6'-7'-1'$ 为喷射器工作时的测压管水头线，p_h 表示热水供暖系统的总水头损失，h'' 表示定压点 0 至喷射器引水室入口间的管路水头损失，当定压点 0 控制在喷射器入口附近时，可以认为 $h'' \approx 0$。

从喷射器的工作压力变化可知，混合室入口或喷嘴出口是压力最低和水温最高的地方，为了保证喷射器正常工作，必须使混合室入口处不发生汽化现象，即应满足下列条件

$$p_p = (p_H - \beta p_h) > p_s \quad \text{kPa} \tag{7-17}$$

式中　p_p——喷嘴出口处的压力，相当于混合室入口处的回水压力 p_2，kPa；

p_H——喷射器入口处的回水压力，kPa；

β——喷射器工作时混合室入口处的压力降低值与系统压力损失的比值，称为负压系数；

p_h——供暖系统的压力损失，kPa；

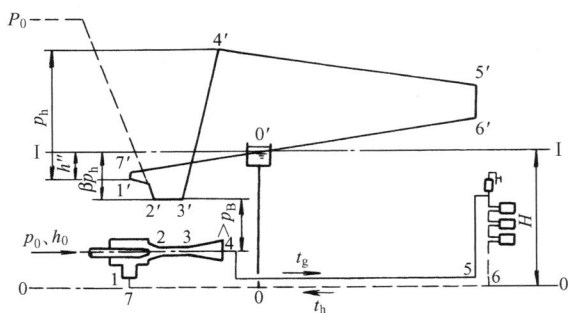

图 7-22　蒸汽喷射器在热水供暖系统的工作简图

p_s——与供水温度相应的饱和的压力，kPa。

为了满足上述条件，当喷射器入口处的回水压力（即相当于系统膨胀水箱高度）及系统阻力一定时，必须控制 β 值不超过一定数值，一般建议采用下列数值：

当 $p_h < 20$ kPa 时，$\beta = 2$；$p_h = 20 \sim 50$ kPa 时，$\beta = 1$；$p_h > 50$ kPa 时，$0 < \beta < 1$。

蒸汽喷射器的设计方法与步骤是：

计算喷射器的混合比

$$\mu = \frac{G_2}{G_0} \tag{7-18}$$

式中　G_0——喷射器内喷入的蒸汽量，t/h；

G_2——喷射器的引水量，t/h。

根据能量守恒定律，水得到的热量等于蒸汽失去的热量，即

$$G_2 c(t'_g - t'_h) = G_0(h_0 - Ct'_g)$$

则

$$\mu = \frac{G_2}{G_0} = \frac{h_0 - ct'_g}{c(t'_g - t'_h)} \tag{7-19}$$

式中　t'_g、t'_h——蒸汽喷射器出口和吸入口处的水温，即供暖系统设计的供、回水温度，℃；

h_0——蒸汽进入喷射器前的焓，kJ/kg；

c——水的质量比热容，kJ/(kg·℃)。

根据动量守恒定律，并考虑两股流体在混合室内的碰撞和流动能量损失，混合室进、出口两个截面的动量方程式，可用下式表示

$$G_0 v_p \eta_h + G_2 v_2 = (G_2 + G_0) v_3$$

则

$$\mu = \frac{G_2}{G_0} = \frac{v_p \eta_h - v_3}{v_3 - v_2} \tag{7-20}$$

式中　v_p——喷嘴出口的蒸汽流速，m/s；

v_2——混合室进口处水的流速，m/s；

v_3——混合室出口处水的流速，m/s；

η_h——混合室效率，取 $\eta_h = 0.975$。

由于蒸汽喷射器在系统中既要加热循环水，又要克服整个系统的压力损失，因此喷射器的混合比 μ 必须既符合式（7-19），又要符合式（7-20）。从式（7-19）可以看出，当喷射器进口压力 p_0 及供、回水温度 t'_g 和 t'_h 给定后，喷射器的混合比 μ 就已经确定。但是从式（7-20）中又可以看出喷射器的混合比 μ 还取决于喷嘴出口蒸汽流速 v_p 和混合室进、出口水流速度 v_2、v_3 值，它与蒸汽和水在混合室内实现的动能与热能相互转换过程密切相关。

喷嘴出口蒸汽流速 v_p

$$v_p = 44.7\sqrt{(h_0 - h_p)\eta_l} \quad \text{m/s} \tag{7-21}$$

式中　h_0——压力为 p_0 时蒸汽的焓，kJ/kg；

h_p——压力由 p_0 膨胀到 p_p 时蒸汽的焓，kJ/kg；

η_l——喷嘴的效率，取 $\eta_l = 0.95$。

混合室进口处水的流速 v_2

$$v_2 = \sqrt{2g\beta h\eta_2} \quad \text{m/s} \tag{7-22}$$

式中　η_2——引水室效率，取 $\eta_2 = 0.9$；

　　　H——供暖系统压力损失 p_h 折合的水柱高度，mH_2O。

混合室出口处水的流速 v_3

$$v_3 = \sqrt{\frac{2gH(1+\beta)}{\eta_3}} \quad \text{m/s} \tag{7-23}$$

式中　η_3——扩压管效率，取 $\eta_3 = 0.8$。

将 v_p、v_2、v_3 的计算公式代入式（7-20）中，得

$$\mu = \frac{h_0 - ct'_g}{t'_g - t'_h} = \frac{8.58\sqrt{\dfrac{h_0 - h_p}{h}} - \sqrt{1+\beta}}{\sqrt{1+\beta} - 0.85\sqrt{\beta}} \tag{7-24}$$

装设蒸汽喷射器的热水供暖系统的设计供、回水温差不宜过大，一般应选 $\Delta t = t'_g - t'_h = 10\sim20℃$，此时相应的汽水混合比在 28~60 范围内。实践证明，在某一进汽压力下，蒸汽喷射器可在最大和最小混合比之间正常工作。如果超过此范围，蒸汽喷射器就会出现运行不正常，产生噪声或强烈振动。

在工程设计中，通常供暖系统的压力损失 p_h 和设计供、回水温度 t'_g 和 t'_h 为给定值。如果设计时选用某一负压系数 β 值，则在喷射器入口处回水压力（即供暖系统膨胀水箱水位高度）已定情况下，就可确定喷嘴出口的蒸汽压力 p_p 值和蒸汽焓 h_p 值。再根据式（7-24），就可确定进入蒸汽喷射器的蒸汽焓 h_0 和相应的蒸汽压力 p_0 值。

蒸汽喷射器的引水量 G_2

$$G_2 = \frac{3.6Q}{c(t'_g - t'_h)\left(1 + \dfrac{1}{\mu}\right)} \quad \text{t/h} \tag{7-25}$$

式中　Q——供暖系统的总热负荷（包括网路的热损失），kW。

由于 G_0 远小于 G_2，为了计算方便，上式近似计算可改写为

$$G_2 = \frac{3.6Q}{c(t'_g - t'_h)} \quad \text{t/h} \tag{7-26}$$

蒸汽喷射器的喷汽量 G_0

$$G_0 = \frac{G_2}{\mu} \quad \text{t/h} \tag{7-27}$$

根据供热系统的热负荷，可近似按下式确定喷汽量

$$G_0 = \frac{3.6Q}{h_0 - ct'_g} \quad \text{t/h} \tag{7-28}$$

蒸汽喷射器的主要几何尺寸的确定：

（1）喷嘴尺寸的确定

喷嘴出口内径

$$d_p = 90\sqrt{\frac{G_0 v_p}{\sqrt{h_0 - h_p}}} \quad \text{mm} \tag{7-29}$$

喷嘴临界断面至喷管出口断面之间的长度 L_z

$$L_z = \frac{d_p - d_1}{2\tan\dfrac{\theta}{2}} \quad \text{mm} \tag{7-30}$$

式中 θ——最佳扩散角，$\theta = 6° \sim 10°$。

（2）混合室尺寸的确定

混合室入口直径

$$d_2 = \sqrt{(d_p + 2s)^2 + \frac{84G_2}{\sqrt{\beta h}}} \quad \text{mm} \tag{7-31}$$

式中 s——喷嘴出口处的壁厚，一般采用 $0.5 \sim 1.0\text{mm}$。

混合室出口直径

$$d_3 = 15\sqrt{\frac{G_0(1 + \mu)}{(1 + \beta)p_w}} \quad \text{mm} \tag{7-32}$$

混合室长度 L_h，通常取 $(6 \sim 10)d_3$。

（3）扩压管尺寸的确定

扩压管出口直径 d_4，一般取 $d_4 = (2 \sim 3)d_3$。

扩压管长度

$$L_k = \frac{d_4 - d_3}{2\tan\dfrac{\theta}{2}} \quad \text{mm} \tag{7-33}$$

式中 θ——扩散角，一般取 $\theta = 6° \sim 10°$。

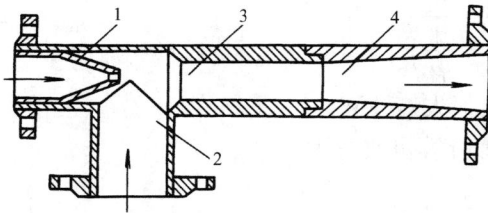

图 7-23 水喷射器
1—喷嘴；2—引水室；3—混合室；4—扩压管

2. 水喷射器

水喷射器也是由喷嘴、引水室、混合室和扩压管组成，如图 7-23 所示。

水喷射器的工作流体和被抽引的流体均为水，从管网供水管进入水喷射器的高温水在其压力作用下，由喷嘴高速喷出，使喷嘴出口处的压力低于用户系统的回水压力，将用户系统的一部分回水吸入，一起进入混合室。在混合室内进行热能与动能交换，使混合后的水温达到用户要求，再进入扩压管。在渐扩型的扩压管内，热水流速逐渐降低而压力逐渐升高，当压力升至足以克服用户系统阻力时被送入用户。

按水力学原理，水喷射器各断面流速分别为

$$v_p = G_0 v'_p / A_p \quad \text{m/s} \tag{7-34}$$

$$v_2 = \mu G_0 v'_h / A_2 \quad \text{m/s} \tag{7-35}$$

$$v_3 = (1 + \mu)G_0 v'_g / A_3 \quad \text{m/s} \tag{7-36}$$

式中 v_p——混合室入口处加热水的流速，m/s；

v_2——混合室入口处被抽引水的流速，m/s；

v_3——混合室出口处混合水的流速，m/s；

G_0——外网进入用户的加热水流量，kg/s；

μ——水喷射器的混合比；

v'_p——加热水的比体积，m^3/kg；

v'_h——被抽引水的比体积，m^3/kg；

v'_g——混合水的比体积，m^3/kg；

A_p——喷管出口截面面积，m^2；

A_2——被抽引水在混合室入口截面上所占的面积，m^2；

A_3——圆筒形混合室的截面面积，m^2。

水喷射器的动量方程为

$$\phi_2(v_p + \mu w_2) - (1+\mu)v_3 = (p_3 - p_2)A_3/G_0 \tag{7-37}$$

式中　ϕ_2——混合室的流速系数，取 $\phi_2 = 0.975$；

p_3——混合水在混合室出口的压力，Pa；

p_2——被抽引水在混合室入口处的压力，Pa。

假定加热水在混合室入口截面上所占的面积与喷管出口面积 A_p 相等，此假设对水喷射器 $A_3/A_p \geqslant 4$ 的情况足够准确，则有 $A_2 = A_3 - A_p$。

因此通过喷管的加热水的流量为

$$G_0 = \phi_1 A_p \sqrt{\frac{2(p_0 - p_h)}{v'_p}} \quad \text{kg/s} \tag{7-38}$$

式中　ϕ_1——喷管的流速系数，取 $\phi_1 = 0.95$；

p_0——加热水进喷管时的压力，Pa；

p_h——被抽引水在引水室中的压力，Pa。

引水室中被引抽水的流速和混合水流出扩压管的流速比很小，可以忽略。

由能量守恒定律知

$$p_2 = p_h - \left(\frac{v_2}{\phi_2}\right)^2 / 2v'_h \tag{7-39}$$

$$p_3 = p_g - (\phi_3 v_3)^2 / 2v'_g \tag{7-40}$$

式中　p_g——扩压管出口混合水的压力，Pa；

ϕ_3——扩压管的流速系数，取 $\phi_3 = 0.9$；

ϕ_2——混合室入口的流速系数，取 $\phi_2 = 0.925$。

如果取 $v'_p = v'_h = v'_g$，则水喷射器的扬程为

$$\Delta p_g = p_g - p_h = \left[\frac{1.76}{A_3/A_p} + 1.76 \frac{\mu_2}{A_3/A_p(A_3/A_p - 1)} \right.$$

$$\left. - 1.05 \frac{\mu^2}{(A_3/A_p - 1)^2} - 1.07 \frac{(1+\mu)^2}{(A_3/A_p)^2} \right] \Delta p_p \tag{7-41}$$

式中　$\Delta p_p = p_0 - p_h$ 为工作水在喷管中的压降，Pa。

由式（7-41）可知，水喷射器的扬程取决于喷射器的混合比 μ 和截面比 A_3/A_p，而与水喷射器的绝对尺寸无关，即具有相同截面比 A_3/A_p 的水喷射器都具有相同的特征。

在热水供暖系统中，水喷射器的设计，主要是要求选择最佳的截面比。水喷射器的最佳截面比应使水喷射器的效率最佳，也就是在已知热网供、回水资用压差和混合比 μ 时，能提

供水喷射器最大扬程以克服供暖用户系统的压力损失，或者在供暖系统压力损失一定和混合比 μ 一定时，水喷射器能提供供热管网供、回水管所需的最小资用压差。

不同混合比 μ 条件下的最佳截面比和最佳压降比，见表 7-3。

表 7-3　　　　　　　　　　不同混合比条件下的最佳截面比和最佳压降比

μ	0.3	1.0	1.2	1.4	1.6	1.8	2.0	2.2
$(\Delta p_{\mathrm{g}} / \Delta p_{\mathrm{p}})_{\mathrm{opt}}$	0.242	0.205	0.176	0.154	0.136	0.121	0.109	0.0983
$(A_3 / A_{\mathrm{p}})_{\mathrm{opt}}$	3.8	4.5	5.2	5.9	6.7	7.5	8.3	9.2

在工程设计中，只要已知水喷射器的混合比 μ 值，就可从表 7-3 中查出相应的最优值，相应喷管出口截面面积可由下式确定

$$A_{\mathrm{p}} = \frac{G_0}{\phi_1} \sqrt{\frac{v'_{\mathrm{p}}}{2 \Delta p_{\mathrm{p}}}} \quad \mathrm{m}^2 \tag{7-42}$$

喷管出口截面与圆筒形混合室入口截面之间的最佳距离，一般采用 $L_{\mathrm{p}} = (1.0 \sim 1.5) d_3$，$d_3$ 为圆筒形混合室的直径。

圆筒形混合室的长度 L_{h}，一般取 $L_{\mathrm{h}} = (6 \sim 10) d_3$；扩散管的扩散角 θ 一般取 $6° \sim 8°$。

第八章　热水网路的水力计算和水压图

第一节　热水网路水力计算的基本公式

室外热水供热管网水力计算的主要任务是：

（1）已知热媒流量和压力损失，确定管道直径。

（2）已知热媒流量和管道直径，计算管道的压力损失，进而确定网路循环水泵的流量和扬程。

（3）已知管道直径和允许的压力损失，校核计算管道中的流量。

室外热水供热管网水力计算的基本原理与室内热水供暖系统的水力计算原理完全相同。

一、沿程压力损失的计算

因室外管网流量较大，所以计算每米长沿程压力损失（比摩阻）的公式中的流量，用 t/h 作单位，即

$$R = 6.25 \times 10^{-2} \frac{\lambda}{\rho} \cdot \frac{G^2}{d^5} \qquad \text{Pa/m} \qquad (8-1)$$

式中　R——每米管长的沿程压力损失，Pa/m；

G——管段的热媒流量，t/h；

λ——沿程阻力系数；

ρ——热媒密度，kg/m^3；

d——管道内径，m。

通常室外管网内水的流速大于 0.5m/s，水的流动状态多处于紊流的粗糙区，沿程阻力系数 λ 可用公式 $\lambda = \dfrac{1}{\left(1.14 + 2\lg\dfrac{d}{K}\right)^2}$ 计算。

对于管径等于或大于 40mm 的管道，λ 也可用下式计算

$$\lambda = 0.11\left(\frac{K}{d}\right)^{0.25}$$

公式中 K 是管道内壁面的绝对粗糙度，室外热水网路取 $K=0.5mm$。

将沿程阻力系数 $\lambda = 0.11\left(\dfrac{K}{d}\right)^{0.25}$ 代入式（8-1）中，得

$$R = 6.88 \times 10^{-3} \cdot K^{0.25} \frac{G^2}{\rho d^{5.25}} \qquad \text{Pa/m} \qquad (8-2)$$

表 A36 是根据式（8-2）编制的热水网路水力计算表。该表的编制条件为绝对粗糙度 $K=0.5mm$，温度 $t=100℃$，密度 $\rho=958.38\ kg/m^3$，运动黏度 $\nu=0.295\times10^{-6}\ m^2/s$，如果实际使用条件与制表条件不符，应对流速、管径、比摩阻进行修正。

（1）管道的实际绝对粗糙度与制表的绝对粗糙度不符，则

$$R_{sh} = \left(\frac{K_{sh}}{K_b}\right)^{0.25} R_b = mR_b \qquad (8-3)$$

式中　R_b、K_b——制表中的比摩阻和表中规定的管道绝对粗糙度;

　　　　R_{sh}、K_{sh}——热媒的实际比摩阻和管道的实际绝对粗糙度;

　　　　m——绝对粗糙度 K 的修正系数,见表 8-1。

表 8-1 　　　　　　　　　　　　　　K 值修正系数 m 和 $β$ 值

K（mm）	0.1	0.2	0.5	1.0
m	0.669	0.795	1.0	1.189
$β$	1.495	1.26	1.0	0.84

(2) 如果流体的实际密度与制表的密度不同,但质量流量相同,则

$$v_{sh} = \left(\frac{\rho_b}{\rho_{sh}}\right) v_b \tag{8-4}$$

$$R_{sh} = \left(\frac{\rho_b}{\rho_{sh}}\right) R_b \tag{8-5}$$

$$D_{sh} = \left(\frac{\rho_b}{\rho_{sh}}\right)^{0.19} d_b \tag{8-6}$$

式中　ρ_b、v_b、R_b、d_b——制表密度和表中查得的流速、比摩阻、管径;

　　　　ρ_{sh}、v_{sh}、R_{sh}、d_{sh}——热媒的实际密度和实际密度下的流速、比摩阻、管径。

　　在热水网路的水力计算中,由于水的密度随温度变化很小,可以不考虑不同密度下的修正计算,但对于蒸汽管网和余压凝结水管网,流体在管中流动,密度变化较大时,应考虑不同密度下的修正计算。

二、局部压力损失的计算

　　在室外管网的水力计算中,经常采用当量长度法进行管网局部压力损失的计算。局部阻力的当量长度 $l_d = \sum \zeta \cdot d / \lambda$,将公式 $\lambda = 0.11 (K/d)^{0.25}$ 代入上式得

$$l_d = 9.1 \frac{d^{1.25}}{K^{0.25}} \sum \zeta \quad \text{m} \tag{8-7}$$

式中　l_d——管段的局部阻力当量长度,m;

　　　　$\sum \zeta$——管段的总局部阻力系数。

　　表 A37 为 $K = 0.5$mm 条件下一些局部构件的局部阻力系数和当量长度值。

　　如果使用条件下的绝对粗糙度与制表的绝对粗糙度不符,应对当量长度 l_d 进行修正,即

$$l_{dsh} = \left(\frac{K_b}{K_{sh}}\right)^{0.25} l_{db} = \beta l_{db} \quad \text{m} \tag{8-8}$$

式中　K_b、l_{db}——制表的绝对粗糙度及表中查得的当量长度;

　　　　K_{sh}——管网的实际绝对粗糙度;

　　　　l_{dsh}——实际粗糙度条件下的当量长度;

　　　　$β$——绝对粗糙度的修正系数 ,见表 8-1。

　　室外管网的总压力损失

$$\Delta p = \sum R(l + l_d) = R l_{zh} \tag{8-9}$$

式中　l_{zh}——管段的折算长度,m。

　　进行压力损失的估算时,局部阻力的当量长度 l_d 可按管道实际长度 l 的百分数估算,即

$$l_d = \alpha_j l \quad \text{m} \tag{8-10}$$

式中　α_j——局部阻力当量长度百分数，%，见表 A37；

　　　l——管段的实际长度，m。

第二节　热水网路水力计算方法和例题

进行室外热水管网水力计算时，需要的已知条件有：

（1）网路的平面布置图，需注明管道所有的附件、伸缩器及有关设备；

（2）热源的位置及热媒参数；

（3）用户的热负荷及各管段长度。

外网水力计算时，各管段的计算流量应根据管段所担负的各热用户的计算流量确定。如果热用户只有热水供暖用户，流量可按下式确定：

$$G = 0.86 \frac{Q'}{(t'_g - t'_h)} \quad \text{t/h} \tag{8-11}$$

式中　G——各管段流量，t/h；

　　　Q'——各管段的热负荷，kW；

t'_g、t'_h——外网的供、回水温度，℃。

下面通过室外管网的水力计算例题介绍水力计算的方法和步骤。

【例题 8-1】 某厂区闭式双管热水供热系统网路平面布置如图 8-1 所示。管网中各管段长度、阀门的位置、方形补偿器的个数及各个用户的热负荷（kW）已标注图中。管网设计供水温度 t'_g =130℃，回水温度 t'_h =70℃，各用户内部已确定压力损失均为 50kPa，试进行管网水力计算。

解 首先确定各段流量，可利用式（8-11）计算。

计算结果列于表 8-2 中。

一、主干线的水力计算

1. 确定热水网路的主干线及其平均比摩阻

热水网路的水力计算应从主干线开始计算，主干线是允许平均比摩阻最小的一条管线。一般情况下，热水网路各用户要求预留的作用压头基本相等，所以热源到最远用户的管线是主干线。

该设计中，各用户内部压力损失均为 50kPa，所以从热源 A 到最远用户 E 的管线是主干线。

平均比摩阻 R_{pj} 的取值大小，直接决定着系统中各管段的管径，当管网设计温差较小或供热半径较大时，R_{pj} 应取较小值，这时管网管径较大，基建投资和热损失也较大，但网路循环水泵的投资和电耗较小。应经过技术经济比较经济

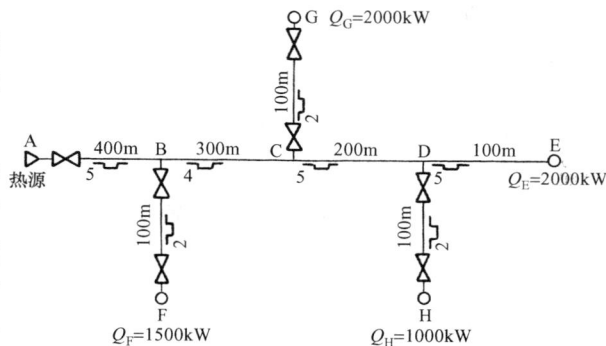

图 8-1　室外热水管网

合理地选定平均比摩阻 R_{pj}。

暖通规范规定：热水网路主干线的设计平均比摩阻可取 40～80Pa/m。

2. 确定各管段管径和实际比摩阻

可根据主干线各管段流量和平均比摩阻，查表 A36。

例如，管段 A-B：

热负荷 $Q=1500+2000+1000+2000=6500kW$

流量 $G=\dfrac{0.86\times6500}{(130-70)}=93.17t/h$

再根据推荐的平均比摩阻 40～80Pa/m，查表 A36 确定：$d=200mm$，$R=36.77Pa/m$，$v=0.81m/s$。

其他各管段的计算结果见表 8-2。

3. 确定各管段总压降

根据各管段的管径和局部构件的类型，查表 A37 确定各管段的局部阻力当量长度 $\sum l_d$，计算各管段的折算长度 $l_{zh}=(\sum l_d+l_{sh})$，确定各管段的总压降 $\Delta p=Rl_{zh}$。

例如，管段 A-B：

DN=200mm，局部阻力当量长度 l_d：

闸阀　　3.36×1=3.36m

方形补偿器　23.4×5=117m

局部阻力当量长度　$\sum l_d=120.36m$

管段 A-B 的折算长度　$l_{zh}=\sum(l_d+l_{sh})=520.36m$

管段 A-B 的总压降　$\Delta p=Rl_{zh}=19133.64Pa$

管段 B-C：

DN=200mm，局部阻力当量长度 l_d：

分流三通　3.4×1=3.4m

异径接头　0.84×1=0.84m

方形补偿器　23.4×4=93.6m

局部阻力当量长度　$\sum l_d=97.84m$

管段 C-D：

DN=150mm，局部阻力当量长度 l_d：

分流三通　5.6×1=5.6m

异径接头　0.56×1=0.56m

方形补偿器　15.4×5=77m

局部阻力当量长度 $\sum l_d=83.16m$

管段 D-E：

DN=125mm，局部阻力当量长度 l_d：

分流三通　4.4×1=4.4m

异径接头　0.44×1=0.44m

方形补偿器　12.5×5=62.5

局部阻力当量长度 $\sum l_d=67.34m$

各管段的计算结果见表8-2。

4. 计算主干线的总压降

主干线 A-E 的总压降

$$\Delta p_{AE} = 49108.29 \text{Pa}$$

二、支线水力计算

首先确定支线资用压力，计算其平均比摩阻。再根据平均比摩阻查表 A36 确定管径、实际比摩阻和实际流速。

在支线水力计算中有两个控制指标，即

热水流速 $v \leqslant 3.5 \text{m/s}$

比摩阻 $R \leqslant 300 \text{Pa/m}$

（1）对于管径 $D \leqslant 400 \text{mm}$ 的管道，因其实际比摩阻达不到 300Pa/m，应控制其流速不大于 3.5m/s；

（2）对于管径 $D \geqslant 400 \text{mm}$ 的管道，因其实际流速达不到 3.5m/s，应控制其平均比摩阻不超过 300Pa/m。

例如，管段 B-F：

资用压力为

$$\Delta p_{\text{资BF}} = \Delta p_{BC} + \Delta p_{CD} + \Delta p_{DE} = 8633.13 + 12982.89 + 8358.63 = 29974.65 \text{Pa}$$

查表 A38 可知：带方形补偿器的输配干线，热水网路中局部损失与沿程损失的估算比值为 0.6，则管段 B—F 的平均比摩阻

$$R_{pj} = \frac{\Delta p_{\text{资BF}}}{(1+0.6) \cdot l_{BF}} = \frac{29974.65}{(1+0.6) \times 100} = 187.34 \text{Pa/m}$$

因管径小于 400mm，符合控制比摩阻不超过 300Pa/m 的要求。

根据流量 $G'_{BF} = 0.86 \times \dfrac{1500}{(130-70)} = 21.5 \text{t/h}$，$R_{pj} = 187.34 \text{Pa/m}$，查表 A36 确定

$$d_{BF} = 100 \text{mm}, R = 91.65 \text{Pa/m}, v = 0.79 \text{m/s}$$

$DN = 100 \text{mm}$，管段 B-F 的局部阻力当量长度 l_d：

分流三通　$4.95 \times 1 = 4.95 \text{m}$

闸阀　$1.65 \times 2 = 3.3 \text{m}$

方形补偿器　$9.8 \times 2 = 19.6 \text{m}$

局部阻力当量长度　$\sum l_d = 27.85 \text{m}$

管段 B-F 的折算长度　$l_{zh} = l_d + l_{sh} = 27.85 + 100 = 127.85 \text{m}$

管段 B-F 的总压降　$\Delta P_{BF} = 11717.45 \text{Pa}$

可用同样方法计算支线 C-G：

$DN = 125 \text{mm}$，管段 C-G 的局部阻力当量长度 l_d：

分流三通　$6.6 \times 1 = 6.6 \text{m}$

闸阀　$2.2 \times 2 = 4.4$

方形补偿器　$12.5 \times 2 = 25$

局部阻力当量长度　$\sum l_d = 36 \text{m}$

支线 D-H：

DN＝100mm，管段 D-H 的局部阻力当量长度 l_d：

分流三通　4.95×1＝4.95m

闸阀　1.65×2＝3.3m

方形补偿器　9.8×2＝19.6m

局部阻力当量长度　$\sum l_d＝27.85m$

计算结果见表 8-2。

各用户入口处剩余压力可安装调压板、调压阀门或流量调节器消除。

表 8-2　　　　　　　　　　　　室外热水管网水力计算表

管段编号	热负荷 Q (W)	流量 G (t/h)	管段长度 L (m)	管径 d (mm)	流速 v (m/s)	比摩阻 R (Pa/m)	局部阻力当量长度 l_d (m)	折算长度 l_{zh} (m)	压力损失 $\Delta p＝Rl_{zh}$ (Pa)
1	2	3	4	5	6	7	8	9	10
主干线 A-E									
A-B	6500	93.17	400	200	0.81	36.77	120.36	520.36	19133.64
B-C	5000	71.67	300	200	0.62	21.7	97.84	397.84	8633.13
C-D	3000	43	200	150	0.73	45.85	83.16	283.16	12982.89
D-E	2000	28.67	100	125	0.68	49.95	67.34	167.34	8358.63
									$\Delta p_{AE}＝49108.29Pa$
支线 B-F	资用压力 $\Delta p_{BF}＝29974.65Pa$								
B-F	1500	21.5	100	100	0.79	91.65	27.85	127.85	11717.45
支线 C-G	资用压力 $\Delta p_{CG}＝24251.57Pa$								
C-G	2000	28.67	125	125	0.68	49.95	36.0	136.0	6793.2
支线 D-H	资用压力 $\Delta p_{DH}＝11268.68Pa$								
D-H	1000	14.33	100	100	0.53	40.68	27.85	128.85	5200.94

第三节　水压图的基本概念及热水网路水压图

一、绘制水压图的基本原理

室外供热管网是由多个用户组成的复杂管路系统，各用户之间既相互联系，又相互影响。通过进行室外热水网路的水力计算可以确定各管段的压力损失，但不能确定出管网上各点的压力值。管网上各点的压力分布是否合理直接影响系统的正常运行，水压图可以清晰地表示管网和用户各点的压力大小及分布状况，是分析研究管网压力状况的有力工具。

绘制水压图是以流体力学中恒定流实际液体总流的能量方程——伯努力方程为理论基础的。如图 8-2 所示，当流体流过某一管段时，根据伯努力方程可以列出断面 1 和断面 2 之间的能量方程

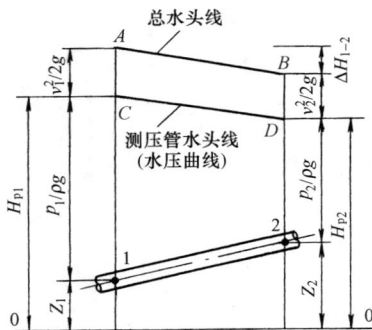

图 8-2　热水管路的水头线

$$Z_1 + \frac{p_1}{\rho g} + \frac{\alpha_1 v_1^2}{2g} = Z_2 + \frac{p_2}{\rho g} + \frac{\alpha_2 v_2^2}{2g} + \Delta H_{1-2}$$

(8-12)

式中　Z_1、Z_2——断面 1、2 处管中心至基准面 0-0 的垂直距离，m；

p_1、p_2——断面 1、2 处的压强，Pa；

v_1、v_2——断面 1、2 处的断面平均流速，m/s；

ρ——水的密度，kg/m^3；

g——重力加速度，$g=9.81m/s^2$；

ΔH_{1-2}——断面 1、2 间的水头损失，mH_2O；

α_1、α_2——断面 1、2 处的动能修正系数，取 $\alpha_1=\alpha_2=1.0$。

能量方程的各项也可以用"水头"来表示：Z 称为位置水头；$\dfrac{p}{\rho g}$ 称为压强水头；$\dfrac{v^2}{2g}$ 称为流速水头。

位置水头 Z、压强水头 $\dfrac{p}{\rho g}$ 和流速水头 $\dfrac{v^2}{2g}$ 三项之和表示断面 1、2 间任意一点的总水头 H，即

$$H = Z + \frac{p}{\rho g} + \frac{v^2}{2g} \tag{8-13}$$

位置水头 Z 与压强水头 $\dfrac{p}{\rho g}$ 之和表示断面 1、2 间任意一点的测压管水头 H_p，即

$$H_p = Z + \frac{p}{\rho g} \tag{8-14}$$

顺次连接图中 1、2 两点间各点的总水头高度可得到断面 1、2 间的总水头线 AB，AB 是一条下降的斜直线。

ΔH_{1-2} 表示 1、2 两点间总水头的差值，即水头损失

$$\Delta H_{1-2} = H_1 - H_2 \tag{8-15}$$

连接 1、2 两点间各点的测压管水头高度可得到 1、2 断面的测压管水头线 CD，将测压管水头线 CD 称为断面 1、2 间的水压曲线。

绘制热水网路水压图的实质就是将管路中各点的测压管水头顺次连接起来就可得到热水网路的水压曲线。

通过分析热水网路的水压图可知：

（1）确定管网中任意一点的压强水头。管网中任意一点的压强水头应等于该点的测压管水头高度与该点位置高度之差，如图 8-2 中

$$\frac{p_A}{\rho g} = H_{pA} - Z_A \quad mH_2O \tag{8-16}$$

（2）表示出各管段的水头损失。由于热水管路中各点的流速相差不大，式（8-12）中 $\dfrac{\alpha_1 v_1^2}{2g}$ 和 $\dfrac{\alpha_2 v_2^2}{2g}$ 的差值可以忽略不计，水在管道内流动时，任意两点间的水头损失就等于两点间的测压管水头之差。如图 8-2 中，断面 1、2 间的水头损失可以表示成

$$\Delta H_{1-2} = \left(Z_1 + \frac{p_1}{\rho g}\right) - \left(Z_2 + \frac{p_2}{\rho g}\right) \quad mH_2O \tag{8-17}$$

（3）根据水压曲线的坡度，确定计算管段单位长度的平均比压降（即平均比摩阻）。如图 8-2 中，AB 两点间的平均比摩阻

$$R_{pj} = \frac{\Delta H_{AB}}{l_{AB}} \tag{8-18}$$

水压曲线越陡，计算管段单位长度的平均比压降就越大（即平均比摩阻越大）。

（4）由于整个管网是一个相互连通的循环环路，已知管网中任意一点的水头，就可以确定其他各点的水头，如图 8-2 中

$$Z_A + \frac{p_A}{\rho g} = Z_B + \frac{p_B}{\rho g} + \Delta H_{AB} \tag{8-19}$$

二、绘制水压图的要求、方法和步骤

在设计阶段绘制水压图，就是要分析管网中各点的压力分布是否合理，能否安全可靠地运行。利用水压图可以正确决定各用户与热网的连接方式及自动调节措施，检查管网水力计算是否正确，判断选定的平均比摩阻是否合理。对于地形复杂的大型管网，通过水压图还可以分析是否需要设加压泵站，以及加压泵站的位置和数量。

绘制水压图时，室外热水网路的压力状况应满足以下基本要求：

（1）与室外热水网路直接连接的用户系统内的压力不允许超过该用户系统的承压能力。如果用户系统使用常用的柱型铸铁散热器，其承压能力一般为 0.4MPa，在系统的管道、阀件和散热器中，底层散热器承受的压力最大。因此，作用在该用户系统底层散热器上的压力，无论在管网运行还是停止运行，都不允许超过底层散热器的承压能力，一般为 0.4MPa。

（2）与室外热水网路直接连接的用户系统，应保证系统始终充满水，不出现倒空现象。无论网路运行还是停止运行，用户系统回水管出口处的压力必须高于用户系统的充水高度，以免倒空吸入空气，破坏正常运行和空气腐蚀管道。

（3）室外高温水网路和高温水用户内，水温超过 100℃ 的地方，热媒压力必须高于该温度下的汽化压力，而且还应留有 30～50kPa 的富裕值。不同水温下的汽化压力见表 8-3。如果高温水用户系统内最高点的水不汽化，那么其他点的水就不会汽化。

表 8-3　　　　　　　　　　　　不同水温下的汽化压力

水温（℃）	100	110	120	130	140	150
汽化压力（mH₂O）	0	4.6	10.3	17.6	26.9	38.6

（4）室外管网回水管内任何一点的压力都至少比大气压力高出 $5mH_2O$，以免吸入空气。

（5）在用户的引入口处，供、回水管之间应有足够的作用压差。各用户引入口的资用压差取决于用户与外网的连接方式，应在水力计算的基础上确定各用户所需的资用压力。

用户引入口的资用压差与连接方式有关，以下数值可供选用参考：

1）与网路直接连接的供暖系统，为 10～20kPa（1～2mH₂O）；

2）与网路直接连接的暖风机供暖系统或大型的散热器供暖系统，为 20～50kPa（2～5mH₂O）；

3）采用水喷射器的供暖系统，为 80～120kPa（8～12mH₂O）；

4）采用水-水换热器间接连接的用户系统，为 30～80kPa（3～8mH₂O）。

设置混合水泵的热力站，网路供、回水管的预留资用压差值，应等于热力站后两级网路及其用户系统的设计压力损失值。

现以一个连接着四个用户的高温水供热管网为例，说明绘制水压图的方法和步骤。

【例题 8-2】　　如图 8-3 所示，某室外高温水供暖网路，供、回水温度为 130℃ /70℃ ，

用户Ⅰ、Ⅱ为高温水供暖用户，用户Ⅲ、Ⅳ为低温水供暖用户，各用户均采用柱型铸铁散热器，供、回水干线通过水力计算可知压降均为 $7mH_2O$，试绘制该供热管网的水压图。

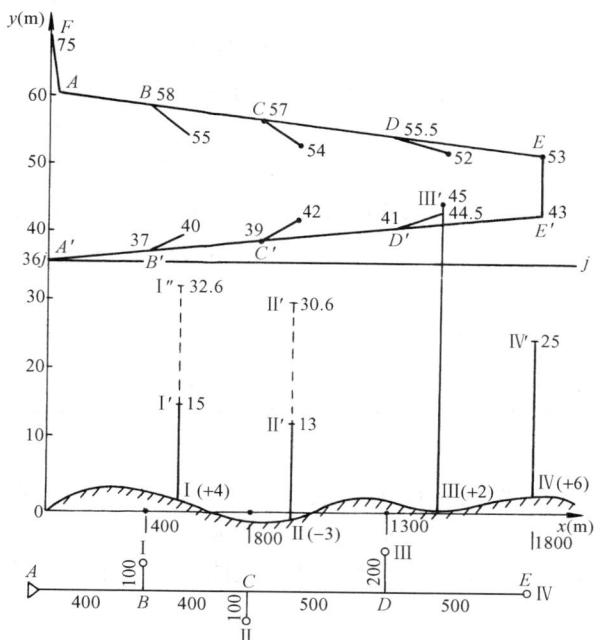

图 8-3　热水网路的水压图

解　如图 8-3 所示，可按如下步骤绘制热水网路的水压图：

（1）在图纸下部绘制出热水网路的平面布置图（可用单线展开图表示）。

（2）在平面图的上部以网路循环水泵中心线的高度（或其他方便的高度）为基准面，沿基准面在纵坐标上按一定的比例尺做出标高刻度，如图上的 oy 轴；沿基准面在横坐标上按一定的比例尺做出距离的刻度，如图上的 ox 轴。

（3）在横坐标上，找到网路上各点或各用户距热源出口沿管线计算距离的点，在相应点上沿纵坐标方向绘制出网路相对于基准面的标高，构成管线的地形纵剖面图，如图 8-3 中带阴影的部分；还应注明建筑物的高度，如图 8-3 中 Ⅰ-Ⅰ′、Ⅱ-Ⅱ′、Ⅲ-Ⅲ′、Ⅳ-Ⅳ′；对高温水用户还应在建筑物高度顶部标出汽化压力折合的水柱高度，如图 8-3 中虚线 Ⅰ′-Ⅰ″、Ⅱ′-Ⅱ″。

（4）绘制静水压曲线。静水压曲线是网路循环水泵停止工作时，网路上各点测压管水头的连线。因为网路上各用户是相互连通的，静止时网路上各点的测压管水头均相等，静水压曲线就应该是一条水平直线。

绘制出的静水压曲线应满足对水压图的三条基本技术要求，即

1）因各用户采用铸铁散热器，所以与室外热水网路直接连接的用户系统内压力最大不应超过底层散热器的承压能力，一般为 $0.4MPa$（$40mH_2O$）。

2）与热水网路直接连接的用户系统内不应出现倒空现象。

3）高温水用户最高点处不应出现汽化现象。

该设计中，如果所有用户均采用直接连接，并保证所有的用户不汽化、不倒空，要求的

静水压线高度就不能低于 48m（即用户Ⅲ的高度加 3m 的富裕高度）。如果静水压线定得高，用户Ⅰ、Ⅱ、Ⅲ、Ⅳ底层散热器承受的压力都将超过 0.4MPa（40mH$_2$O）。若所有的用户都采用间接连接方式，这就增加了系统的投资和费用，不合理、不经济。所以不能按用户Ⅲ的要求定静水压线位置，应按照能满足多数用户直接连接的要求来确定。

如果用户Ⅲ采用间接连接，其他用户采用直接连接，按用户Ⅰ不汽化的要求，静水压线高度最低应定为 15＋17.6＋3＝35.6m（其中 17.6 为 130℃ 水的汽化压力，3m 为富裕值）。按用户Ⅱ底层散热器不超压的要求，静水压线最高定为 40－3＝37m。

因此，该设计中将静水压线定为 36m，除用户Ⅲ采用间接连接方式外，其他所有用户都可以直接连接。这样当网路循环水泵停止运行时，能够保证系统不汽化、不倒空，而且底层散热器不超压。

选定的静水压线位置靠系统采用的定压方式来保证，目前热水供暖系统采用的定压方式主要有高位水箱定压和补给水泵定压。

（5）绘制回水干管动水压曲线。当网路循环水泵运行时，网路回水管各点测压管水头的连线称为回水管动水压曲线。绘制回水管动水压曲线应满足下列基本技术要求：

1）回水管动水压曲线应保证所有直接连接的用户系统不倒空、不汽化，网路上任何一点的压力不应低于 5mH$_2$O，这控制的是动水压线的最低位置。

2）与热水网路直接连接的用户，回水管动水压曲线应保证底层铸铁散热器承受的压力不超过 0.4MPa（40mH$_2$O），这控制的是动水压线的最高位置。

该设计采用补给水泵定压，定压点设在回水干管循环水泵的入口处，定压点压力应满足静水压力的要求维持在 36m。因此，该设计中回水管动水压曲线末端的最低点就是回水管动水压线与静水压线的交点 A' 点处，压力仍是 36m。

实际上，底层散热器承受的压力比用户系统回水管出口处的压力高，它应等于底层散热器供水支管上的压力。但由于两者的差值比用户系统的热媒压力小很多，可近似认为用户系统底层散热器所承受的压力就是热网回水管在用户出口处的压力。

再根据热水网路的水力计算结果，按各管段实际压力损失绘出回水管动水压线。该设计中回水干线总压降为 7mH$_2$O，回水干线起始端 E' 点的水位高度为 36＋7＝43m，回水管动水压线在静水压线之上，能满足回水管动水压线绘制要求的第一条。但确定的热网回水管在用户出口处的压力有的超过了散热器的承压能力（如用户Ⅱ），只能靠用户与外网的连接方式解决这个问题。

（6）绘制供水干管的动水压曲线。当网路循环水泵运行时，网路供水管各点测压管水头的连线称为供水管动水压曲线。供水干管的动水压曲线也是沿流向逐渐下降的，它在每米长度上降低的高度反映了供水管的比压降（比摩阻）值。

绘制供水管动水压曲线应满足下列基本要求：

1）网路供水干管及与管网直接连接的用户系统的供水管路中，任何一点都不应出现汽化现象。

2）在网路上任何一处用户引入口供、回水管之间的资用压差能满足用户所需的循环作用压力。

这两条限制了供水管动水压曲线的最低位置。

该设计中用户Ⅳ在网路末端，供、回水管之间的资用压差为最小，用户Ⅳ为低温水用户，考虑采用设水喷射器的直接连接，资用压差选定为 $10mH_2O$，则供水干管末端 E（用户 Ⅳ 的入口）的测压管水头应为 $43+10=53m$。再根据外网水力计算结果可知供水干线的压降为 $7mH_2O$，在热源出口处供水管动水压曲线的高度，即 A 点的高度应为 $53+7=60m$。

该设计中定压点位置在网路循环水泵的吸入端，确定的回水管动水压曲线已全部高于静水压线 $j-j$，所以供水干管内各点的高温水均不会汽化。

这样就绘制出供、回水干管的动水压曲线 $AEE'A'$ 和静水压线 $j-j$，组成了该网路主干线的水压图。

（7）绘制各分支管线的动水压曲线。可根据各分支管线在分支点处供、回水管的测压管水头高度和分支线的水力计算结果，按上述同样方法和要求绘制。

如图 8-3 所示，用户 Ⅰ 供水支线和干管的连接点 B 的水头为 $58m$，考虑 B-Ⅰ 段供水支管的水头损失 $3m$，在用户 Ⅰ 入口处的测压管水头为 $58-3=55m$。

用户 Ⅰ 回水支管和干管的连接点 B' 的水头为 $37m$，考虑 B'-Ⅰ′ 段回水支管的水头损失 $3m$，在用户 Ⅰ 出口处测压管水头为 $37+3=40m$。

各用户分支管线的供、回水管路动水压曲线已绘入图 8-3 中。

三、用户与热网的连接形式

绘制完热水网路的水压图后，就可以分析确定用户与管网的连接形式。

根据［例题 8-2］绘制的水压图现分析如下：

（1）用户 Ⅰ。该用户是高温水供暖用户，从水压图（见图 8-3）可知，用户 Ⅰ 中 130℃ 的高温水考虑不汽化的要求，压力应为 $32.6m$，静水压线定在 $36m$，可以保证用户 Ⅰ 不汽化、不倒空，而且无论运行还是静止时底层散热器都不会超压。

用户 Ⅰ 的资用压力 $\Delta H=55-40=15m$，用户 Ⅰ 是大型高温水供暖用户，假设内部设计水头损失为 $\Delta H_j=5m$，资用压力远远超过了用户系统的设计水头损失，需要在用户 Ⅰ 入口处供水管上设阀门或调压板节流降压，使进入用户的测压管水头降到 $40+5=45m$，阀门节流的压降为 $\Delta H_f=55-45=10m$，这样可以满足用户对压力的要求以维持正常工作，如图 8-4（a）所示。

（2）用户 Ⅱ。该用户也是一个直接取用高温水的供暖用户，静水压线高度可以保证该用户不汽化、不倒空，虽然静止时底层散热器不会超压，即 $36+3=39m$，但由于该用户地势较低，运行工况时，用户 Ⅱ 回水管的压力为 $42-(-3)=45m$，已超过了散热器的允许压力，所以不能采用简单的直接连接方式。可在供水管上设阀门节流降压，回水管上再设水泵加压，如图 8-4（b）所示。

其设计步骤如下：

1）先假定一个安全的回水压力，回水管的测压管水头不超过 $40-3=37m$，可定为 $35m$。

2）该用户所需的资用压力如果为 $4m$，则供水管测压管水头应为 $35+4=39m$。

供水管应设阀门或调压板降压，压降为 $\Delta H_f=54-39=15m$。

用户回水管加压水泵的扬程 $\Delta H_B=42-35=7m$。

用户系统设回水泵加压的连接方式，热网供、回水管提供的资用压差不仅未被利用，反而供水管上需要节流降压，而回水管上又要设加压水泵，不经济，应尽量避免。

（3）用户 Ⅲ。该用户是高层建筑低温水供暖用户，系统静水压线和回水动水压线高度均

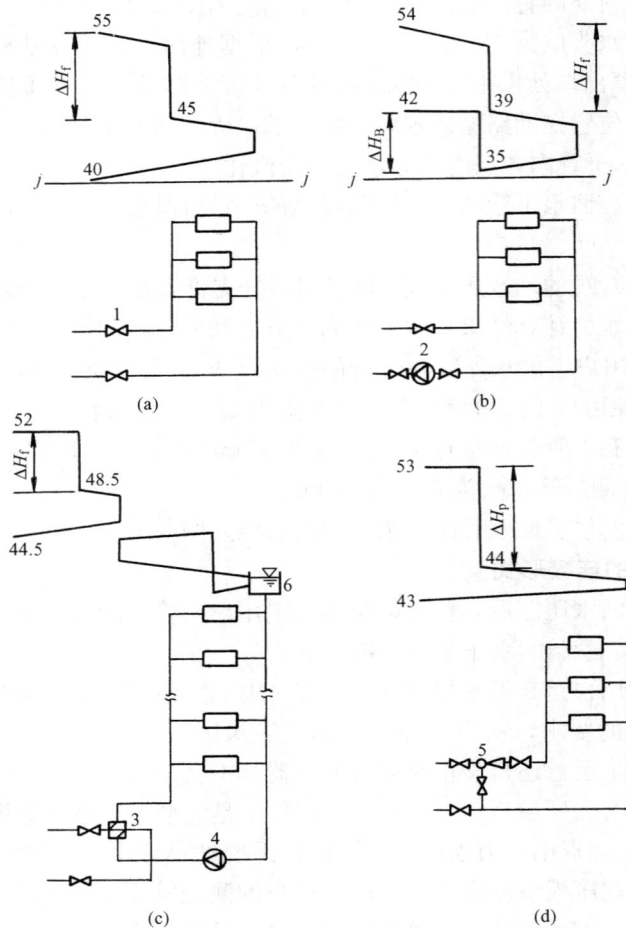

图 8-4　用户与热网的连接方式及其水压图

1—阀门；2—回水加压泵；3—水-水换热器；4—用户循
环水泵；5—水喷射器；6—膨胀水箱

ΔH_f—阀门节流压降；ΔH_B—水泵扬程；ΔH_p—水喷射器压降

低于系统充水高度 45m（也就是该用户的静水压线高度），不能保证其始终充满水和不倒空。因此需采用设表面式水-水换热器的间接连接方式，如图 8-4（c）所示。

由水压图可知，该用户与热网连接处供水管的压力为 52m，如果水-水换热器的压力损失为 $4mH_2O$，水-水换热器前的供水压力应为 44.5＋4＝48.5m，用户 Ⅲ 供水管路应设阀门节流降压，压降应为 ΔH_f＝52－48.5＝3.5m。

应注意，该用户的静水压线为 45m，超过了常用铸铁散热器的承压能力，系统应采用承压能力较高的散热器。

如果该用户欲与管网直接连接，可在用户回水管上安装一个保证系统始终充满水、不倒空的阀前压力调节器，在供水管上安装止回阀。

用户 Ⅲ 如果直接连接在网路系统中，且没有安装阀前压力调节器，只能在网路正常运行时，利用用户引入口处回水管上的阀门节流，使流出用户系统的回水压力高于用户的静水压力，这样保证用户Ⅲ运行时始终充满水且正常运行。但网路循环水泵一旦停止运行，必须立即关闭设在用户Ⅲ回水管上的电磁阀，让其和供水管上的止回阀一起，将用户完全与网路隔开，避免低处其他用户承受过高压力。这种方式不如间接连接和设阀前压力调节器安全可靠。

（4）用户Ⅳ。该用户是低温水供暖用户，从水压图可以看出，网路循环水泵停止运行时，静水压线能保证用户Ⅳ不汽化、不超压。

该用户内部的水头损失如果为 $1mH_2O$，而外网提供的资用压力为 $10mH_2O$，可以考虑采用设水喷射器的直接连接方式，如图 8-4（d）所示。水喷射器出口的测压管水头为 $43+1=44m$，喷射器本身消耗的压降为 $\Delta H_p=53-44=9m$，满足水喷射器的设置要求。

虽然该用户回水管动水压曲线的高度为 43m，但用户地势较高，作用在底层散热器上的压力为 $43-6=37m$，没有超过底层散热器的承压能力。

第四节　热水供热管网的定压方式

通过绘制水压图可以正确地进行管网分析，分析用户的压力状况和连接方式，合理地组织热网运行。

热水供热管网应具有合理的压力分布，以保证系统在设计工况下正常运行。对于低温热水供热系统，应保证系统内始终充满水处于正压运行状态，任何一点都不得出现负压；对于高温热水供热系统，无论是运行状态还是静止状态都应保证管网和局部系统内任何地点的高温水不汽化，即管网的局部系统内各点的压力不得低于该点水温下的汽化压力。

要想使管网按水压图给定的压力状态运行，需采用正确的定压方式和定压点位置，控制好定压点所要求的压力。

热水供热系统的定压方式很多，以下介绍最常用的几种。

一、开式高位水箱定压

开式高位水箱定压是依靠安装在系统最高点的开式膨胀水箱形成的水柱高度来维持管网定压点（膨胀管与管网连接点）的压力稳定。由于开式膨胀水箱与管网相通，水箱水位的高度与系统的静水压线高度是一致的。

对于低温热水供暖系统，当定压点设在循环水泵的吸入口附近时，只要控制静水压线的高度高出室内供暖系统的最高点（即充水高度），就可保证用户系统始终充满水，任何一点都不会出现负压。确定膨胀水箱安装高度时，一般可考虑 2m 左右的安全裕量，如图 8-5 所示。

室内低温热水供暖系统常用这种设高位膨胀水箱的定压方式，其设备简单，工作安全可靠。

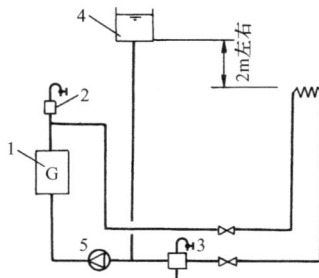

图 8-5　低温热水供暖系统的开式高位水箱定压示意图

1—热水锅炉；2—集气罐；3—除污器；4—高位开式水箱；5—循环水泵

但是高温热水供热系统如果采用高位水箱定压，为了避免系统倒空和汽化，要求高位水箱的安装高度大大增加。实际上很难在热源附近安装比所有用户都高很多，且能保证不汽化要求的膨胀水箱，所以往往需要采用其他定压方式。

二、补给水泵定压

补给水泵定压是目前集中供热系统广泛采用的一种定压方式。

补给水泵定压主要有三种形式：

1. 补给水泵的连续补水定压

图 8-6 是补给水泵连续补水定压方式的示意图，定压点设在网路回水干管循环水泵吸入口前的 O 点处。系统工作时，补给水泵连续向系统内补水，补水量与系统的漏水量相平衡，通过补给水调节阀采用节流方法控制补给水量，维持补水点压力稳定。系统内压力过高时，可通过安全阀泄水降压。

该方式补水装置简单，压力调节方便，水力工况稳定；但突然停电，补给水泵停止运行时，不能保证系统所需压力，由于供水压力降低而可能产生汽化现象。为避免锅炉和供热管网内的高温水汽化，停电时应立即关闭阀门 3，使热源与网路断开，上水在自身压力的作用下，将止回阀 8、13 顶开向系统充水，同时还应打开集气罐上的放气阀排气。考虑突然停电时可能产生水击现象，在循环水泵吸入管路和压水管路之间可连接一根带止回阀的旁通管作为泄压管。

补给水泵连续补水定压方式能耗较大，效率较低，适用于大型供热系统，补水量波动不大的情况下采用。

图 8-7 是补给水泵变频调速连续补水定压方式示意图。该方式可以改变水泵的转速，从而调节输出流量以适应系统漏水量的变化。在运行过程中，水泵的供水量与转速成正比关系，补水量多时，水泵电动机转速加快，输出流量增多；反之，电动机处于低速状态，输出流量减少，这可保证管网压力恒定。系统内压力过高时，可通过安全阀泄水降压。变速调节流量在提高机械效率和减少能源消耗方面，是比较经济合理的，目前新投入运行的供暖系统大都采用该定压方式。

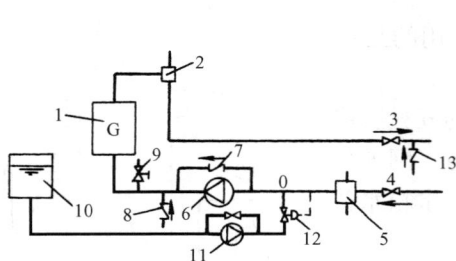

图 8-6　连续补水定压

1—热水锅炉；2—集气罐；3、4—供、回水管阀门；5—除污器；6—循环水泵；7—止回阀；8—给水止回阀；9—安全阀；10—补水箱；11—补水泵；12—压力调节器；13—给水止回阀

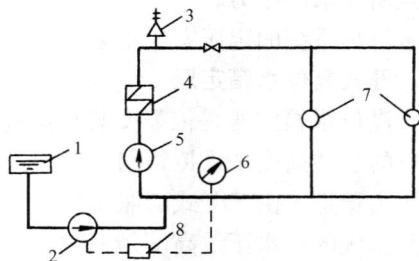

图 8-7　补给水泵变频调速连续
补水定压方式示意图

1—补给水箱；2—补给水泵；3—安全阀；4—加热装置（锅炉或换热器）；5—网路循环水泵；6—电阻远传压力表；7—热用户；8—变频控制柜

2. 补给水泵的间歇补水定压

图 8-8 为补给水泵间歇补水定压方式示意图，补给水泵的启动和停止运行，是由电触点式压力表表盘上的触点开关控制的。压力表指针达到系统定压点的上限压力时，补给水泵停止运行；当网路循环水泵吸入端压力下降到系统定压点的下限压力时，补给水泵启动向系统补水，保持循环水泵吸入口处压力在上限和下限值范围内波动。

间歇补水定压方式比连续补水定压方式少耗电能，设备简单，但其动水压曲线上下波动，压力不如连续补水定压方式稳定。通常波动范围为 5m 左右，不宜过小，否则触点开关动作过于频繁易于损坏。

3. 补给水泵补水定压点设在旁通管处的定压方式

补给水泵连续补水定压和间歇补水定压都是将定压点设在循环水泵的吸入口处，这是较常用的定压方式，这两种方式供回水干管的动水压曲线都在静水压曲线之上，也就是说管网运行时网路和用户

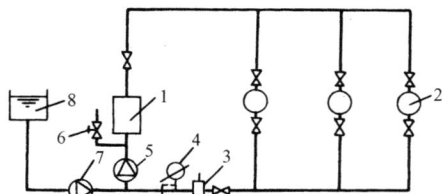

图 8-8　补给水泵间歇补水定压
1—热水锅炉；2—用户；3—除污器；
4—压力控制开关；5—循环水泵；
6—安全阀；7—补给水泵；8—补给水箱

系统各点均承受较大压力。大型热水供暖系统为了适当地降低网路的运行压力和便于调节，可采用将定压点设在旁通管处的连续补水定压方式，如图 8-9 所示。

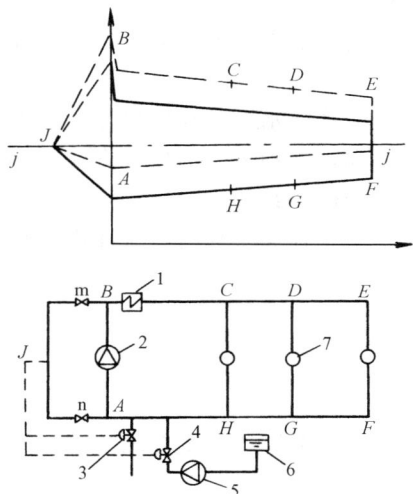

图 8-9　补给水泵补水定压点设在
旁通管处的定压方式
1—加热装置（锅炉或换热器）；2—网路循环水泵；3—泄水调节阀；4—压力调节阀；5—补给水泵；6—补给水箱；7—热用户

该方式在热源供回水干管之间连接一根旁通管，利用补给水泵使旁通管上 J 点压力符合静水压力要求。在网路循环水泵运行时，如果定压点 J 的压力低于控制值，压力调节阀 4 的阀孔开大，补水量增加；如果定压点 J 的压力高于控制值，压力调节阀 4 关小，补水量减少。如果由于某种原因（如水温不断急剧升高），即使压力调节阀完全关闭，压力仍不断升高，则泄水调节阀 3 开启泄水，一直到定压点 J 的压力恢复正常为止。当网路循环水泵停止运行时，整个网路压力先达到运行时的平均值然后下降，通过补给水泵的补水作用，使整个系统压力维持在定压点 J 的静压力上。

该方式可以适当地降低运行时的动水压曲线，网路循环水泵吸入端 A 点的压力低于定压点 J 的压力。调节旁通管上的两个阀门 m 和 n 的开启度，可控制网路的动水压曲线升高或降低。如果将旁通管上的阀门 m 关小，旁通管段 BJ 的压降增大，J 点压力降低传递到压力调节阀 4 上，调节阀的阀孔开大，作用在 A 点上的压力升高，整个网路的动水压曲线将升高到如图 8-9 中虚线位置。如果将阀门 m 完全关闭，则 J 点压力与 A 点压力相等，网路的整个动水压曲线位置都将高于静水压曲线。反之，如果将旁通管上的阀门 n 关小，网路的动水压曲线可以降低。

将定压点设在旁通管上的连续补水定压方式，可灵活调节系统的运行压力，但旁通管不断通过网路循环水，计算循环水泵流量时应计入这部分流量。循环水泵流量增加后会多消耗电能。

三、惰性气体定压方式

气体定压大多采用的是惰性气体（氮气）定压。图 8-10 为热水供热系统采用变压式氮

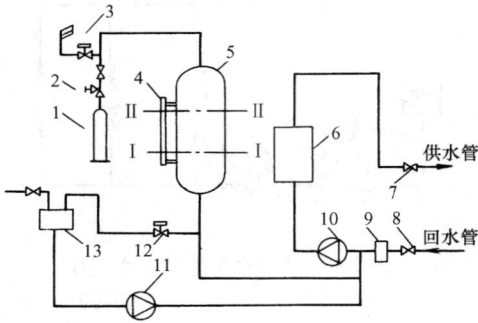

图 8-10　热水供热系统采用变压式氮气定
压方式的原理图

1—氮气瓶；2—减压阀；3—排气阀；4—水位控制器；
5—氮气罐；6—热水锅炉；7、8—供、回水管总阀门；
9—除污器；10—网路循环水泵；11—补给水泵；12—排
水电磁阀；13—补给水箱

气定压原理图。如图 8-10 所示，氮气从氮气瓶经减压后进入氮气罐，充满氮气罐 I-I 水位之上的空间，保持 I-I 水位时罐内压力 p_1 一定。当热水供热系统内水受热膨胀时，氮气罐内水位升高，气空间减小，气体压力升高，水位超过 II-II，压力达到 p_2 值后，氮气罐顶部设置的安全阀排气泄压。

当系统漏水或冷却时，氮气罐内水位降到 I-I 水位之下，氮气罐上的水位控制器自动控制补给水泵启动补水。水位升高到 II-II 水位之后，补给水泵停止工作。

罐内氮气如果溶解或漏失，当水位降到 I-I 附近时，罐内氮气压力将低于规定值 p_1，氮气瓶向罐内补气，保持 p_1 压力不变。

氮气加压罐既起定压作用，又起容纳系统膨胀水量、补充系统循环水的作用，相当于一个闭式的膨胀水箱。

采用氮气定压方式，系统运行安全可靠，由于罐内压力随系统水温升高而增加，罐内气体可起到缓冲压力传播的作用，能较好地防止系统出现汽化和水击现象。但这种方式需要消耗氮气，设备较复杂，罐体体积较大，主要适用于高温热水的供暖系统。

目前还有采用空气定压罐的方式，它要求空气与水必须采用弹性密封材料（如橡胶）隔离，以免增加水中的溶氧量。

四、蒸汽定压

1. 蒸汽锅筒定压

如图 8-11 为蒸汽锅筒定压方式原理图。

热水供热系统的热水锅炉通常是满水运行，如果采用蒸汽锅筒定压，则要求锅炉是非满水运行，或采用蒸汽热水两用锅炉。

热水供热系统的网路回水经网路循环水泵加压后送入锅炉上锅筒，在锅炉内被加热到饱和温度后，从上锅筒水面之下引出，为防止饱和水因压力降低而汽化，锅炉供水立即引入混水器中，在混水器中，饱和水与部分网路回水混合，使其水温下降到网路要求的供水温度。系统漏水由网路补给水泵补水，以控制上锅筒的正常水位。

蒸汽锅筒定压热水供热系统，采用锅炉加热过程中伴生的蒸汽来定压，经济简单。因突然停电产生的系统定压和补水问题，比较容易解决，锅炉内部即使出现汽化，也不会出现炉内局部的汽水冲击现象，在供热水的同时，也可以供蒸汽。

但该系统锅炉燃烧状况不好时，会影响系统的压

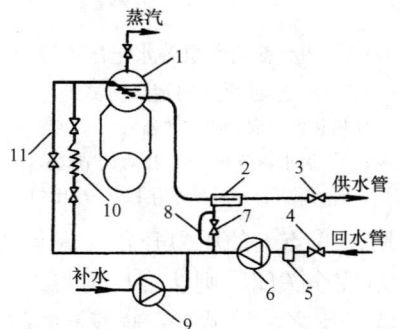

图 8-11　蒸汽锅筒定压方式原理

1—蒸汽、热水两用锅炉；2—混水器；3、4—供、回水总阀门；5—除污器；6—网路循环水泵；7—混水阀；8—混水旁通管；9—补给水泵；10—锅炉省煤器；11—省煤器旁通管

力状况，锅炉如果出现低水位，蒸汽易窜入管路，引起严重的汽水冲击现象。

2. 蒸汽罐定压方式

当区域锅炉房只设置高温热水锅炉时，可采用外置蒸汽罐的蒸汽定压方式，如图 8-12 所示。

从充满水的热水锅炉引出高温水，经阀门 10 适当减压后送入置于高处的蒸汽罐内，在其中因减压而产生少量蒸汽，用以维持罐内蒸汽空间的汽压，达到定压目的。网路所需热水从蒸汽罐的水空间抽出，通过混水器混合网路回水适当降温后，经供水管输送到各热用户。

蒸汽罐内蒸汽压力不随蒸汽空间的大小而改变，只取决于罐内高温水层的水温。

外置蒸汽罐的定压方式，适用于大型而又连续的热水供暖系统。

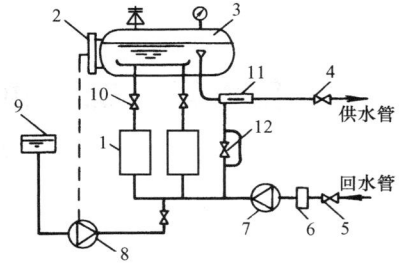

图 8-12　蒸汽罐定压方式

1—热水锅炉；2—水位控制器；3—蒸汽罐；
4、5—供、回水总阀门；6—除污器；7—网
路循环水泵；8—补给水泵；9—补给水箱；
10—锅炉出水管总阀门；11—混水器；
12—混水阀

第九章 热水供热系统的供热调节与水力工况

第一节 概 述

热水供热系统的热用户，主要有供暖、通风、热水供应和生产工艺用热系统等。这些用热系统的热负荷并不是恒定的，如供暖通风热负荷随室外气象条件（主要是室外气温）变化，热水供应和生产工艺随使用条件等因素而不断地变化。为了保证供热质量，满足使用要求，并使热能制备和输送经济合理，就要对热水供热系统进行供热调节。

在城市集中热水供热系统中，供暖热负荷是系统的最主要的热负荷，甚至是唯一的热负荷。因此，在供热系统中，通常按照供暖热负荷随室外温度的变化规律，作为供热调节的依据。供热（暖）调节的目的，在于使供暖用户的散热设备的放热量与用户热负荷的变化规律相适应，以防止供暖热用户出现室温过高或过低。

根据供热调节地点不同，供热调节可分为集中调节、局部调节和个体调节三种调节方式。集中调节在热源处进行调节，局部调节在热力站或用户入口处调节，而个体调节直接在散热设备（如散热器、暖风机、换热器等）处进行调节。

集中供热调节容易实施，运行管理方便，是最主要的供热调节方法。但即使对只有单一供暖热负荷的供热系统，也往往需要对个别热力站或用户进行局部调节，调整用户的用热量。对有多种热负荷的热水供热系统，通常根据供暖热负荷进行集中供热调节，而对于其他热负荷（如热水供应、通风等热负荷），由于其变化规律不同于供暖热负荷，则需要在热力站或用户处配以局部调节，以满足其要求。对多种热用户的供热调节，通常也称为供热综合调节。

集中供热调节的方法，主要有下列几种：

(1) 质调节——改变网路的供水温度；

(2) 分阶段改变流量的质调节；

(3) 间歇调节——改变每天供暖小时数。

近年来，在热水供热系统中，由于供暖热用户与网路采用间接连接，以及采用变速水泵技术来改变网路循环水量，故也采用了质量、流量调节，即同时改变网路供水温度和流量，进行集中供热调节。

第二节 供暖热负荷供热调节的基本公式

供暖热负荷供热调节的主要任务是维持供暖房屋的室内计算温度 t_n。

当热水网路在稳定状态下运行时，如不考虑管网沿途热损失，则网路的供热量应等于供暖用户系统散热设备的放热量，同时也应等于供暖热用户的热负荷。

根据第一篇供暖工程各章所述，在供暖室外计算温度为 t'_w，散热设备采用散热器时，则有如下的热平衡方程式

$$Q'_1 = Q'_2 = Q'_3 \qquad \text{W} \tag{9-1}$$

$$Q'_1 = q'V(t_n - t'_w) \qquad \text{W} \tag{9-2}$$

$$Q'_2 = K'A(t_{pj} - t_n) \qquad \text{W} \tag{9-3}$$

$$Q'_3 = G'c(t'_g - t'_h)/3600 = 4187G'/(t'_g - t'_h)/3600 = 1.163G'(t'_g - t'_h) \quad \text{W} \tag{9-4}$$

式中　Q'_1——建筑物的供暖设计热负荷，W；

　　　Q'_2——在供暖室外计算温度 t'_w 下，散热器放出的热量，W；

　　　Q'_3——在供暖室外计算温度 t'_w 下，热水网路输送给供暖热用户的热量，W；

　　　q'——建筑物的体积供暖热指标，即建筑物每立方米外部体积在室内外温度差为 1℃时的耗热量，W/(m³·℃)；

　　　V——建筑物的外部体积，m³；

　　　t'_w——供暖室外计算温度，℃；

　　　t_n——供暖室内计算温度，℃；

　　　t'_g——进入供暖热用户的供水温度，℃，如用户与热网采用无混水装置的直接连接方式，则热网的供水温度 $\tau'_1 = t'_g$，如用户与热网采用混水装置的直接连接方式，则 $\tau'_1 > t'_g$；

　　　t'_h——供暖热用户的回水温度，℃，如供暖热用户与热网采用直接连接，则热网的回水温度与供暖系统的回水温度相等，即 $\tau'_2 = t'_h$；

　　　t_{pj}——散热器内的热媒平均温度，℃；

　　　G'——供暖热用户的循环水量，kg/h；

　　　c——热水的质量比热容，$c = 4187$ J/(kg·℃)；

　　　K'——散热器在设计工况下的传热系数，W/(m²·℃)；

　　　A——散热器的散热面积，m²。

　　散热器的放热方式属于自然对流放热，它的传热系数具有 $K = a(t_{pj} - t_n)^b$ 的形式。如就整个供暖系统来说，可近似地认为：$t_{pj} = (t'_g + t'_h)/2$，则式（9-3）可改写为

$$Q'_2 = aA[(t'_g + t'_h)/2 - t_n]^{1+b} \qquad \text{W} \tag{9-5}$$

　　若以带"′"上标符号表示在供暖室外计算温度 t'_w 下的各种参数，而不带上标符号表示在某一室外温度 t_w（$t_w > t'_w$）下的各种参数，在保证室内计算温度 t_n 条件下，可列出与上面相对应的热平衡方程式，即

$$Q_1 = Q_2 = Q_3 \tag{9-6}$$

$$Q_1 = qV(t_n - t_w) \qquad \text{W} \tag{9-7}$$

$$Q_2 = aA[(t_g + t_h)/2 - t_n]^{1+b} \qquad \text{W} \tag{9-8}$$

$$Q_3 = 1.163G(t_g - t_h) \qquad \text{W} \tag{9-9}$$

　　在运行调节时，若令相应 t_w 下的供暖热负荷与供暖设计热负荷之比，称为相对供暖热负荷比 $\overline{Q}$，而称其流量之比为相对流量比 $\overline{G}$，则

$$\overline{Q} = Q_1/Q'_1 = Q_2/Q'_2 = Q_3/Q'_3 \tag{9-10}$$

$$\overline{G} = G/G' \tag{9-11}$$

　　同时，为了便于分析计算，假设供暖热负荷与室内外温差的变化成正比，即把供暖热指标视为常数（$q' = q$）。但实际上，由于室外的风速和风向，特别是太阳辐射热的变化与室内外温差无关，因此这个假设会有一定的误差。如不考虑这一误差影响，则

$$\overline{Q} = \frac{Q_1}{Q_1'} = \frac{t_n - t_w}{t_n - t_w'} \tag{9-12}$$

也即相对供暖热负荷比 $\overline{Q}$ 等于相对的室内外温差比。

综合上述公式，可得

$$\overline{Q} = \frac{t_n - t_w}{t_n - t_w'} = \frac{(t_g + t_h - 2t_n)^{1+b}}{(t_g' + t_h' - 2t_n)^{1+b}} = \overline{G} \frac{t_g - t_h}{t_g' - t_h'} \tag{9-13}$$

式（9-13）是供暖热负荷供热调节的基本公式。式中分母的数值，均为设计工况下的已知参数。在某一室外温度 t_w 的运行工况下，如要保持室内温度 t_n 值不变，则应保证有相应的 t_g、t_h、$\overline{Q}$（Q）和 $\overline{G}$（G）四个未知值，但只有三个联立方程式，因此需要引进补充条件，才能求出四个未知值的解。所谓引进补充条件，就是要选定某种调节方法。可能实现的调节方法主要有：改变网路的供水温度（质调节）、改变网路流量（量调节），同时改变网路的供水温度和流量（质量-流量调节）及改变每天供暖小时数（间歇调节）。如采用质调节，即增加了补充条件 $\overline{G}=1$。此时即可确定相应的 t_g、t_h、$\overline{Q}$（Q）值。

第三节　直接连接热水供暖系统的集中供热调节

一、质调节

在进行质调节时，只改变供暖系统的供水温度，而用户的循环水量保持不变，即 $\overline{G}=1$。

对无混合装置的直接连接的热水供暖系统，将此补充条件 $\overline{G}=1$ 代入热水供暖系统供热调节的基本公式（9-13），可求出质调节的供、回水温度的计算公式

$$\tau_g = t_g = t_n + 0.5(t_g' + t_h' - 2t_n)\overline{Q}^{1/(1+b)} + 0.5(t_g' - t_h')\overline{Q} \quad ℃ \tag{9-14}$$

$$\tau_h = t_h = t_n + 0.5(t_g' + t_h' - 2t_n)\overline{Q}^{1/(1+b)} - 0.5(t_g' - t_h')\overline{Q} \quad ℃ \tag{9-15}$$

或写成下式

$$\tau_g = t_g = t_n + \Delta t_s'\overline{Q}^{1/(1+b)} + 0.5\Delta t_j'\overline{Q} \quad ℃ \tag{9-16}$$

$$\tau_g = t_g = t_n + \Delta t_s'\overline{Q}^{1/(1+b)} - 0.5\Delta t_j'\overline{Q} \quad ℃ \tag{9-17}$$

式中　$\Delta t_s'=0.5$ $(t_g'+t_h'-2t_n)$——用户散热器的设计平均计算温差，℃；

$\Delta t_j' = (t_g' - t_h')$——用户的设计供、回水温度差，℃。

对设混合装置的直接连接的热水供暖系统（如用户或热力站处设置水喷射器或混合水泵），则 $\tau_1 > t_g$，$\tau_2 = t_h$。式（9-16）所求的 t_g 值是混水后进入供暖用户的供水温度，网路的供水温度 τ_1，还应根据混合比再进一步求出。

混合比（或喷射系数）μ，可用下式表示

$$\mu = G_h/G_0 \tag{9-18}$$

式中　G_0——网路的循环水量，kg/h；

G_h——从供暖系统抽引的回水量，kg/h。

在设计工况下，根据热平衡方程式（见图 9-1）

$$cG_0'\tau_1' + cG_h't_h' = (G_0' + G_h')ct_g'$$

由此可得

图 9-1　带混水装置的直接连接供暖系统与热水网路连接示意图

$$\mu' = \frac{\tau_1' - t_g'}{t_g' - t_h'} \tag{9-19}$$

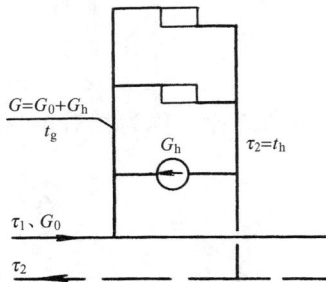

式中　τ_1'——网路的设计供水温度,℃。

在任意室外温度 t_w 下,只要没有改变供暖用户的总阻力数 S 值,则混合比 μ 不会改变,仍与设计工况下的混合比 μ' 相同,即

$$\mu = \mu' = \frac{\tau_1 - t_g}{t_g - t_h} = \frac{\tau_1' - t_g'}{t_g' - t_h'} \tag{9-20}$$

即

$$\tau_1 = t_g + \mu(t_g - t_h) = t_g + \mu \overline{Q}(t_g' - t_h') \quad ℃ \tag{9-21}$$

根据式 (9-21),即可求出在热源处进行质调节时,网路的供水温度 τ_1 随室外温度 t_w (即 $\overline{Q}$) 的变化关系式。

将式 (9-16) 中 t_g 值和式 (9-20) 中 $\mu = (\tau_1' - t_g') / (t_g' - t_h')$ 代入式 (9-21),由此可得出对设混合装置的直接连接热水供暖系统的网路供、回水温度

$$\tau_g = t_n + \Delta t_s' \overline{Q}^{1/(1+b)} + (\Delta t_w' + 0.5\Delta t_j')\overline{Q} \quad ℃ \tag{9-22}$$

$$\tau_h = t_h = t_n + \Delta t_s' \overline{Q}^{1/(1+b)} - 0.5\Delta t_j' \overline{Q} \quad ℃ \tag{9-23}$$

式中　$\Delta t_w' = \tau_1' - t_g'$——网路与用户系统的设计供水温度差,℃。

根据式 (9-16)、式 (9-17)、式 (9-22) 和式 (9-23),可绘制质调节的水温曲线。

散热器传热系数 K 的公式中指数 b 值,按用户选用的散热器形式确定。实际上,整个供热系统中各用户选用的散热器形式不一,通常多选用柱型和 M-132 型散热器。根据表 A9,以按 $b=0.3$ 计算为宜,即按 $1/(1+b) = 0.77$ 计算。

【例题 9-1】　当采用质调节时,试计算并绘出设计水温为 95℃/70℃ 和 130℃/95℃/70℃ 的热水供暖系统 $\tau_1 = f(\overline{Q})$、$\tau_2 = f(\overline{Q})$ 的水温调节曲线。

如哈尔滨市,供暖室外计算温度为 $-26℃$,求在室外温度 $t_w = -15℃$ 时的供、回水温度。

解　(1) 对 95℃/70℃ 热水供暖系统,根据式 (9-16)、式 (9-17)

$$\tau_1 = t_g = t_n + \Delta t_s' \overline{Q}^{1/(1+b)} + 0.5\Delta t_j' \overline{Q} \quad ℃$$

$$\tau_2 = t_g = t_n + \Delta t_s' \overline{Q}^{1/(1+b)} - 0.5\Delta t_j' \overline{Q} \quad ℃$$

其中　$\Delta t_s' = 0.5(t_g' + t_h' - 2t_n) = 0.5(95 + 70 - 2 \times 18) = 64.5℃$

$\Delta t_j' = (t_g' - t_h') = 95 - 70 = 25℃, 1/(1+b) = 0.77, t_n = 18℃$

将上列数据代入上式,得

$$\tau_1 = t_g = 18 + 64.5 \overline{Q}^{0.77} + 12.5\overline{Q} \quad ℃$$

$$\tau_2 = t_g = 18 + 64.5 \overline{Q}^{0.77} - 12.5\overline{Q} \quad ℃$$

由此可求出 $\tau_1 = f(\overline{Q})$、$\tau_2 = f(\overline{Q})$ 的质调节水温曲线。计算结果见表 9-1。水温曲线见图 9-2。

又如,在哈尔滨市 ($t_w' = -26℃$),室外温度 $t_w = -15℃$ 时的相对供暖热负荷比 $\overline{Q}$ 为

$$\overline{Q} = \frac{t_n - t_w}{t_n - t_w} = \frac{18 - (-15)}{18 - (-26)} = 0.75$$

将 $\overline{Q} = 0.75$ 代入上两式,可求得

$\tau_1 = 79.1℃$,$\tau_2 = 60.3℃$

(2) 对设混合装置的 (130℃/95℃/70℃) 热水供暖系统,根据式 (9-22) 和式 (9-23)

$$\tau_1 = t_n + \Delta t_s' \overline{Q}^{1/(1+b)} + (\Delta t_w' + 0.5\Delta t_j')\overline{Q} \quad ℃$$

$$\tau_2 = t_h = t_n + \Delta t_s' \overline{Q}^{1/(1+b)} - 0.5\Delta t_j' \overline{Q} \quad ℃$$

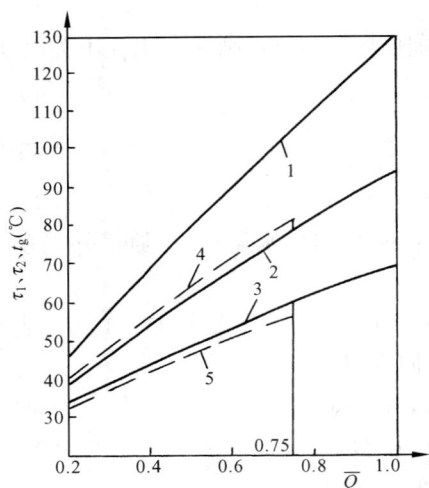

图 9-2　按供暖热负荷进行供热质调节
的水温调节曲线图

1—130℃/95℃/70℃热水供暖系统，网路供水温度 τ_1 曲线；2—130℃/95℃/70℃的系统，混水后的供水温度 t_g 曲线，或 95℃/70℃的系统，网路和用户的供水温度 $\tau_1=t_g$ 曲线；3—130℃/95℃/70℃和 95℃/70℃的系统，网路和用户的回水温度 $\tau_2=t_h$ 曲线；4、5—95℃/70℃的系统，按分阶段改变流量的质调节的供水温度（曲线 4）和回水温度（曲线 5）

其中　　　$\Delta t'_w = \tau'_g - t'_g = 130 - 90 = 35℃$

将数据代入式中，得

$$\tau_1 = 18 + 64.5\,\overline{Q}^{0.77} + 47.5\overline{Q} \quad ℃$$

$$\tau_2 = 18 + 64.5\,\overline{Q}^{0.77} - 12.5\overline{Q} \quad ℃$$

计算结果见表 9-1，水温曲线见图 9-2。

对哈尔滨市，室外温度 $t_w = -15℃$（$\overline{Q}=0.75$）时，代入上两式，可求得

$$\tau_1 = 105.3℃，\tau_2 = 60.3℃$$

由上述的供热质调节公式可知，热网的供、回水温度 τ_1、τ_2 是对相对供暖热负荷比 $\overline{Q}$ 的单值函数。表 9-1 给出不同设计供回水参数的系统的 $\tau_1=f(\overline{Q})$ 和 $\tau_2=f(\overline{Q})$ 数值。

根据上述质调节基本公式、水温曲线及例题分析，网路的供、回水温度随室外温度的变化有如下的规律：

（1）随着室外温度 t_w 的升高，网路和供暖系统的供、回水温度随之降低，供、回水温差也随之减小，其相对供、回水温差比等于该室外温度下的相对热负荷比，也即

$$\overline{Q} = \Delta\overline{\tau}_w = \Delta\overline{t}_j$$

$$\frac{t_n - t_w}{t_n - t'_w} = \frac{\tau_1 - \tau_2}{\tau'_1 - \tau'_2} = \frac{t_g - t_h}{t'_g - t'_h} \tag{9-24}$$

式中　$\Delta\overline{\tau}_w$——网路的相对供回水温差。

其他符号同前。

（2）由于散热器传热系数 K 值的变化规律为 $K = a\,(t_{pj} - t_n)^b$，供回水温度呈一条向上凸的曲线。

表 9-1　　　　　　　　　直接连接热水供暖系统供热质调节的热网水温　　　　　　　　　　℃

系统型式与设计参数	设混合装置的供暖系统				无混合装置的供暖系统					
	110℃/95℃/70℃	130℃/95℃/70℃	150℃/95℃/70℃	t'_g/τ'_2 =95℃/70℃	95℃/70℃		110℃/70℃		130℃/80℃	
$\overline{Q}$	τ_1	τ_1	τ_1	τ_2	τ_1	τ_2	τ_1	τ_2	τ_1	τ_2
0.2	42.2	46.2	50.2	34.2	39.2	34.2	42.9	34.9	48.2	38.2
0.3	51.8	67.8	63.8	39.8	47.2	39.8	52.5	40.9	69.9	44.9
0.4	60.9	68.9	76.9	44.9	54.9	44.9	61.6	45.6	71.0	51.0
0.5	69.6	79.6	89.6	49.6	62.1	49.6	70.2	50.2	81.5	56.5
0.6	78.0	90.0	102.0	54.0	69.0	54.0	78.6	54.6	91.7	61.7
0.7	86.3	100.3	114.3	68.3	75.8	58.3	86.7	58.7	101.6	66.6
0.8	94.3	110.3	126.3	62.3	82.3	62.3	94.6	62.6	111.3	71.3
0.9	102.2	120.2	138.2	66.2	88.7	66.2	102.4	66.4	120.7	75.7
0	110	130	150	70	95	70	110	70	120	80

（3）随着室外温度 t_w 的升高，散热器的平均计算温差也随之降低。在某一室外温度 t_w 下，散热器的相对平均计算温差比与相对热负荷比具有如下关系式

$$\overline{Q}^{1/(1+b)} = \Delta \overline{t}_s$$

$$\left(\frac{t_n - t_w}{t_n - t'_w}\right)^{1/(1+b)} = \frac{t_g + t_h - 2t_n}{t'_g + t'_h - 2t_n} \qquad (9-25)$$

式中　　$\Delta t_s = \Delta t_s / \Delta t'_s$ 表示在 t_w 温度下，散热器的计算温差与设计工况下计算温差的比值。

由此可知，在给定散热器面积 A 的条件下，散热器的平均温差是散热器放热量的单值函数。因此，进行热水供暖系统的供热调节，实质上就是调节散热器的平均计算温差，或即调节供、回水的平均温度，来满足不同工况下散热器的放热量，它与采用质或量的调节无关。

集中质调节只需在热源处改变网路的供水温度，运行管理简便。网路循环水量保持不变，网路的水力工况稳定。对于热电厂供热系统，由于网路供水温度随室外温度升高而降低，可以充分利用供热汽轮机的低压抽汽，从而有利于提高热电厂的经济性，节约燃料。所以，集中质调节是目前最为广泛采用的供热调节方式。但由于在整个供暖期间，网路循环水量总保持不变，消耗电能较多。同时，对于有多种热负荷的热水供热系统，在室外温度较高时，如仍按质调节供热，往往难以满足其他热负荷的要求。例如，对连接有热水供应用户的网路，供水温度就不应低于 70℃。热水网路中连接通风用户系统时，如网路供水温度过低，在实际运行中，通风系统的送风温度过低也会产生吹冷风的不舒适感。在这些情况下，就不能再按质调节方式，用过低的供水温度进行供热了，而是需要保持供水温度不再降低，用减小供热小时数的调节方法，即采用间歇调节，或其他调节方式进行供热调节。

二、分阶段改变流量的质调节

分阶段改变流量的质调节，是在供暖期间按室外温度高低分成几个阶段，在室外温度较低的阶段，保持设计最大流量，而在室外温度较高的阶段，保持较小的流量。在每一阶段内，网路的循环水量始终保持不变，按改变网路供水温度的质调节进行供热调节，即令

$$\varphi = \overline{G} = \text{const}$$

将这一补充条件代入供暖系统的供热调节基本公式（9-13），可求出

对无混合装置的供暖系统

$$\tau_1 = t_g = t_n + \Delta t'_s \overline{Q}^{1/(1+b)} + 0.5 \frac{\Delta t'_j}{\varphi} \overline{Q} \qquad ℃ \qquad (9-26)$$

$$\tau_2 = t_h = t_n + \Delta t'_s \overline{Q}^{1/(1+b)} - 0.5 \frac{\Delta t'_j}{\varphi} \overline{Q} \qquad ℃ \qquad (9-27)$$

对设混合装置的供暖系统

$$\tau_1 = t_n + \Delta t'_s \overline{Q}^{1/(1+b)} + (\Delta t'_w + 0.5\Delta t'_j) \frac{\overline{Q}}{\varphi} \qquad ℃ \qquad (9-28)$$

$$\tau_2 = t_h = t_n + \Delta t'_s \overline{Q}^{1/(1+b)} - 0.5\Delta t'_j \frac{\overline{Q}}{\varphi} \qquad ℃ \qquad (9-29)$$

式中代表符号同前。

在中小型热水供热系统中，一般可选用两组（台）不同规格的循环水泵。如其中一组（台）循环水泵的流量按设计值 100% 选择，另一组（台）可按设计值的 70%～80% 选择。

在大型热水供热系统中，也可考虑选用三组不同规格的水泵。由于水泵扬程与流量的平方成正比，水泵的电功率 P 与流量的立方成正比，节约电能效果显著。因此，分阶段改变流量的质调节的供热调节方式，在区域锅炉房热水供热系统中，得到较多的应用。

对直接连接的供暖用户系统，采用此调节方式时，应注意不要使进入供暖系统的流量过少。通常不应小于设计流量的 60%，即 $\varphi=\overline{G}\geqslant 60\%$。如流量过少，对双管供暖系统，由于各层的重力循环作用压头的比例差增大，会引起用户系统的垂直失调。对单管供暖系统，由于各层散热器传热系数 K 值变化程度不一致的影响，也同样会引起垂直失调。

【例题 9-2】 哈尔滨市一热水供暖系统，设计供、回水温度 $\tau_1'=95℃$、$\tau_2'=t_h'=70℃$。采用分阶段改变流量的质调节。室外温度从 $-15℃$ 到 $-26℃$ 为一个阶段，水泵流量为 100% 的设计流量，从 $+5℃$ 到 $-15℃$ 的一个阶段，水泵流量为设计流量的 75%。试绘制水温调节曲线图，并与 95℃/70℃ 的系统采用质调节的水温调节曲线相对比。

解 （1）室外温度 $t_w'=-15℃$ 时，相应的相对供暖热负荷比 $\overline{Q}=[18-(-15)]/[18-(-26)]=0.75$。

从室外温度 $-15℃$（$\overline{Q}=0.75$）到室外温度 $t_w'=-26℃$（$\overline{Q}=1$）的这个阶段，流量采用设计流量 $\overline{Q}=1$。此阶段的水温调节是质调节。供回水温度数据与 [例题 9-1] 完全相同，见表 9-1。

（2）开始供暖的室外温度 $t_w=+5℃$，此时相应的 $\overline{Q}=(18-5)/[18-(-26)]=0.295$。从开始供暖 $t_w=+5℃$（$\overline{Q}=0.295$）到室外温度 $t_w=-15℃$（$\overline{Q}=0.75$）的这个阶段，流量为设计流量的 75%，也即 $\varphi=\overline{G}=0.75$。将 $\varphi=0.75$ 代入式（9-26）、式（9-27），并将 $\Delta t_s'=64.5℃$、$\Delta t_j'=25℃$、$1/(1+b)=0.77$ 等已知值代入，可得出此阶段 $\tau_1=f(\overline{Q})$ 和 $\tau_2=f(\overline{Q})$ 的关系式

$$\tau_1 = 18+64.5\overline{Q}^{0.77}+16.67\overline{Q} \qquad ℃$$

$$\tau_2 = 18+64.5\overline{Q}^{0.77}-16.67\overline{Q} \qquad ℃$$

计算结果列于表 9-2 中，水温调节曲线见图 9-2。

表 9-2 计 算 结 果 列 表

供暖相对热负荷比 $\overline{Q}$	0.295	0.4	0.6	0.75	0.8	1.0
相应哈尔滨市的室外温度 t_w（℃）	+5.0	0.4	−8.4	−15	−17.2	−26
网路和用户的供水温度 τ_1（℃）	48.1	56.5	71.5	82.2	82.3	95
网路和用户的回水温度 τ_2（℃）	38.3	43.2	51.5	67.2	62.3	70
相对流量比	0.75				1.0	

（3）通过质调节与分阶段改变流量的质调节两种调节方式相比的方法，也可容易地确定后一种调节方式流量改变后相应变化的供、回水温度。

在某一相同室外温度 t_w 下，采用不同调节方式，网路的供热量和散热器的放热量应是等值的。

根据网路供热量的热平衡方程式

$$cG_f(t_{gf}-t_{hf}) = cG(t_g-t_h)$$

得

$$t_{gf}-t_{hf} = \frac{1}{\overline{G}}(t_g-t_h) \qquad (9-30)$$

根据散热器的放热量热平衡方程式

$$0.5(t_{gf} + t_{hf} - 2t_n) = 0.5(t_g + t_h - 2t_n)$$

得

$$t_{gf} + t_{hf} = t_g + t_h \quad ℃ \tag{9-31}$$

式中　t_g、t_h——在某一室外温度 t_w 下，采用质调节的供、回水温度，℃；

　　　　G——采用质调节时的设计流量，kg/h；

　t_{gf}、t_{hf}——在相同的室外温度下，采用分阶段改变流量的质调节的供、回水温度，℃；

　　　　G_f——采用分阶段改变流量的质调节的流量，kg/h；

　$\overline{G} = G_f/G$——相对流量比；

　　　　t_n——室内保证的温度，℃。

联立求解式（9-30）、式（9-31），可得

$$t_{gf} = \left(\frac{1+\overline{G}}{2\overline{G}}\right)t_g - \left(\frac{1-\overline{G}}{2\overline{G}}\right)t_h \quad ℃ \tag{9-32}$$

$$t_{hf} = \left(\frac{1+\overline{G}}{2\overline{G}}\right)t_h - \left(\frac{1-\overline{G}}{2\overline{G}}\right)t_g \quad ℃ \tag{9-33}$$

如该例题，当 $t_w = -15℃$（$\overline{Q} = 0.75$），采用质调节时，利用式（9-16）、式（9-17）可得出 $\tau_1 = t_g = 79.1℃$，$\tau_2 = t_h = 60.3℃$。

当采用分阶段改变流量的质调节时，在 $t_w = -15℃$（$\overline{Q} = 0.75$），$\varphi = 0.75$ 时，利用式（9-26）、式（9-27）或式（9-32）、式（9-33），可得出 $t_{gf} = 82.2℃$，$t_{hf} = 57.2℃$。

通过上述分析可知，采用分阶段改变流量的质调节，与纯质调节相比，由于流量减少，网路的供水温度升高，回水温度降低，供、回水温差增大。但从散热器的放热量的热平衡来看，散热器的平均温度应保持相等，因而供暖系统供水温度的升高和回水温度降低的数值，应该是相等的。

三、间歇调节

当室外温度升高时，不改变网路的循环水量和供水温度，而只减少每天供暖小时数，这种供热调节方式称为间歇调节。

间歇调节可以在室外温度较高的供暖初期和末期，作为一种辅助的调节措施。当采用间歇调节时，网路的流量和供水温度保持不变，网路每天工作总时数 n 随室外温度的升高而减少。它可按下式计算

$$n = 24\frac{t_n - t_w}{t_n - t_w''} \quad h/d \tag{9-34}$$

式中　t_w——间歇运行时的某一室外温度，℃；

　　　t_w''——开始间歇调节时的室外温度（相应于网路保持的最低供水温度），℃。

【例题 9-3】　对［例题 9-1］的哈尔滨市 130℃/95℃/70℃ 的热水网路，网路上并联连接有供暖和热水供应用户系统。采用集中质调节供热。试确定室外温度 $t_w = +5℃$ 时，网路的每日工作小时数。

解　对连接有热水供应用户的热水供热系统，网路的供水温度不得低于 70℃，以保证在换热器内，将生活热水加热到 60～65℃。

根据［例题 9-1］的计算式

$$\tau_1 = 18 + 64.5\overline{Q}^{0.77} + 74.5\overline{Q} \quad ℃$$

由上式反算，当采用质调节，室外温度 $t_w=0℃$（$\overline{Q}=0.41$）时，网路的供水温度 $\tau_1=69.9\approx70℃$。因此，在室外温度 $t_w=0℃$ 时，应开始进行间歇调节。

当室外温度 $t_w=5℃$ 时，网路的每天工作小时数为

$$n = 24\frac{t_n-t_w}{t_n-t'_w} = 24\frac{(18-5)}{18-0} = 17.3\text{h/d}$$

当采用间歇调节时，为使网路远端和近端的热用户通过热媒的小时数接近，在区域锅炉房的锅炉压火后，网路循环水泵应继续运转一段时间。运转时间相当于热媒从离热源最近的热用户流到最远热用户的时间。因此，网路循环水泵的实际工作小时数，应比由式（9-34）计算的值大一些。

第四节　间接连接热水供暖系统的集中供热调节

供暖用户系统与热水网路采用间接连接时（见图9-3），随室外温度 t_w 的变化，需同时对热水网路和供暖用户进行供热调节。通常，对供暖用户按质调节方式进行供热调节，以保持供暖用户系统的水力工况稳定。供暖用户系统质调节的供、回水温度 t_g/t_h，可以按式（9-16）、式（9-17）确定。

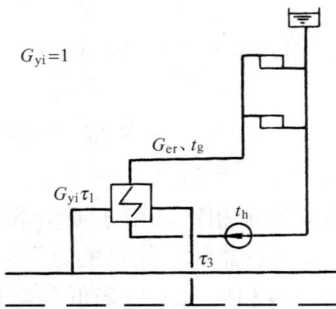

图9-3　间接连接供暖系统与热水网路连接的示意图

热水网路的供、回水温度 τ_1 和 τ_2，取决于一级网路采取的调节方式和水-水换热器的热力特性。通常可采用集中质调节或质量-流量调节方法。

1. 热水网路采用质调节

当热水网路同时也采用质调节时，可引进补充条件 $\overline{G}_{yi}=1$。

根据网路供给热量的热平衡方程式，得出

$$\overline{Q}_{yi} = \overline{G}_{yi}\frac{\tau_1-\tau_2}{\tau'_1-\tau'_2} = \frac{\tau_1-\tau_2}{\tau'_1-\tau'_2} \tag{9-35}$$

根据用户系统入口水－水换热器放热的热平衡方程式，可得

$$\overline{Q} = \overline{K}\frac{\Delta t}{\Delta t'} \tag{9-36}$$

式中　$\overline{Q}$——在室外温度 t_w 时的相对供暖热负荷；

τ'_1、τ'_2——网路的设计供、回水温度，℃；

τ_1、τ_2——在室外温度 t_w 时的网路的供、回水温度，℃；

$\overline{K}$——水－水换热器的相对传热系数，也即在运行工况 t_w 时水－水换热器传热系数 K 值与设计工况时 K' 的比值；

$\Delta t'$——在设计工况下，水-水换热器的对数平均温差，℃；

Δt——在运行工况 t_w 时，水-水换热器的对数平均温差，℃。

$\Delta t'$ 和 Δt 的计算式为

$$\Delta t' = \frac{(\tau'_1-t'_g)-(\tau'_2-t'_h)}{\ln\dfrac{\tau_1-t_g}{\tau_2-t_h}}℃ \tag{9-37}$$

$$\Delta t = \frac{(\tau_1 - t_g) - (\tau_2 - t'_h)}{\ln \dfrac{\tau_1 - t_g}{\tau_2 - t_h}} \text{°C} \tag{9-38}$$

水-水换热器的相对传热系数 $\overline{K}$ 值取决于选用的水-水换热器的传热特性，由实验数据整理得出。对壳管式水-水换热器，$\overline{K}$ 值可近似地由下列公式计算

$$\overline{K} = \overline{G}_{yi}^{0.5} \overline{G}_{er}^{0.5} \tag{9-39}$$

式中 $\overline{G}_{yi}$——水-水换热器中，加热介质的相对流量比，此处也即热水网路的相对流量比；

$\overline{G}_{er}$——水-水换热器中，被加热介质的相对流量比，此处也即供暖用户系统的相对流量比。

当热水网和供暖用户系统均采用质调节，$\overline{G}_{yi}=1$、$\overline{G}_{er}=1$ 时，可近似地认为两工况下水－水换热器的相对传热系数相等，即

$$\overline{K} = 1 \tag{9-40}$$

根据式（9-35），将式（9-38）、式（9-40）值代入式（9-36），可得出供热质调节的基本公式，即

$$\overline{Q} = \frac{\tau_1 - \tau_2}{\tau'_1 - \tau'_2} = \frac{t_g - t_h}{t'_g - t'_h} \tag{9-41}$$

$$\overline{Q} = \frac{(\tau_1 - t_g) - (\tau_2 - t_h)}{\Delta t' \ln \dfrac{\tau_1 - t_g}{\tau_2 - t_h}} \tag{9-42}$$

在某一室外温度 t_w 下，上两式中 $\overline{Q}$、$\Delta t'$、τ'_1、τ'_2 为已知值，t_g 及 t_h 值可由供暖系统质调节计算公式确定。未知数仅为 τ_1、τ_2。通过联立求解，即可确定热水网路采用质调节的相应供、回水温度 τ_1 和 τ_2 值。

2. 热水网路采用质量-流量调节

供暖用户系统与热水网路间接连接，网路和用户的水力工况互不影响。热水网路可考虑采用质量-流量调节，即同时改变供水温度和流量的供热调节方法。

随室外温度的变化，如何选定流量变化的规律是一个优化调节方法的问题。目前采用的一种方法是调节流量使之随供暖热负荷的变化而变化，使热水网路的相对流量等于供暖的相对热负荷，即

$$\overline{G}_{yi} = \overline{Q} \tag{9-43}$$

也即人为增加了一个补充条件，进行供热调节。

同样，根据网路和水－水换热器的供热和放热的热平衡方程式，得出

$$\overline{Q} = \overline{G}_{yi} \frac{\tau_1 - \tau_2}{\tau'_1 - \tau'_2}$$

$$\overline{Q} = \overline{K} \frac{\Delta t}{\Delta t'}$$

根据式（9-39）在此调节方式下，相对传热系数 $\overline{K}$ 值为

$$\overline{K} = \overline{G}_{yi}^{0.5} \overline{G}_{er}^{0.5} = \overline{Q}^{0.5} \tag{9-44}$$

将式（9-43）、式（9-44）代入上述两个热平衡方程式中，可得

$$\tau_1 - \tau_2 = \tau'_1 - \tau'_2 = \text{const} \tag{9-45}$$

$$\overline{Q}^{0.5} = \frac{(\tau_1 - t_g) - (\tau_2 - t_h)}{\Delta t' \ln \dfrac{\tau_1 - t_g}{\tau_2 - t_h}} \tag{9-46}$$

在某一室外温度 t_w 下,上两式中,$\overline{Q}$、$\Delta t'$、τ_1'、τ_2' 为已知值,t_w 和 t_h 值可由供暖系统质调节计算公式确定。通过联立求解,即可确定热水网路按 $\overline{G}_{yi} = \overline{Q}$ 规律进行质量-流量调节时的相应供、回水温度 τ_1 和 τ_2 值。

采用质量-流量调节方法,网路流量随供暖热负荷的减少而减小,可以大大节省网路循环水泵的电能消耗。但在系统中需设置变速循环水泵和配置相应的自控设施(如控制网路供、回水温差为恒定值,控制变速水泵转速等),才能达到满意的运行效果。

分阶段改变流量的质调节和间歇调节,也可在间接连接的供暖系统上应用。

【例题 9-4】 在一热水供热系统中,供暖用户系统与热水网路采用间接连接。热水网路和供暖用户系统的设计水温参数为:$\tau_1' = 120℃$、$\tau_2' = 70℃$、$t_g' = 85℃$、$t_h' = 60℃$。试确定,当采用质调节或质量-流量调节方式时,在不同的供暖相对热负荷 $\overline{Q}$ 下的供、回水温度,并绘制水温调节曲线图。

解 (1)首先确定供暖用户系统的水温调节曲线。采用质调节。根据式(9-16)、式(9-17),可列出 $t_g = f(\overline{Q})$ 和 $t_h = f(\overline{Q})$ 的关系式,即

$$t_g = 18 + 0.5(85 + 60 - 2 \times 18)\overline{Q}^{0.77} + 0.5(85 - 60)\overline{Q} = 18 + 54.5\overline{Q}^{0.77} + 12.5\overline{Q}$$

$$t_h = 18 + 54.5\overline{Q}^{0.77} - 12.5\overline{Q}$$

t_g 和 t_h 值的计算结果列于表 9-3 中,水温调节曲线见图 9-4。

(2)热水网路采用质调节。利用式(9-41)、式(9-42),联立求解。由式(9-41),得

$$\tau_1 - \tau_2 = (\tau_1' - \tau_2')\overline{Q}$$

$$t_g - t_h = (t_g' - t_h')\overline{Q}$$

表 9-3 [例题 9-4] 计算结果

相对热负荷 $\overline{Q}$	0.3	0.4	0.5	0.6	0.7	0.8	0.9	1.0
供暖用户系统								
t_g	43.3	49.9	56.2	62.3	68.2	73.9	79.5	85.0
t_h	35.8	39.9	43.7	47.3	50.7	53.9	57.0	60.0
热水网路,质调节								
τ_1	53.8	63.9	73.7	83.3	92.7	101.9	111.0	120.0
τ_2	38.8	43.9	48.7	53.3	57.7	61.9	66.0	70.0
热水网路,质量-流量调节								
τ_1	86.7	91.7	96.5	101.4	106.1	110.8	115.4	120.0
τ_2	36.7	41.7	46.5	51.4	56.1	60.8	65.4	70.0
相对流量 $\overline{G}_{yi}$	0.3	0.4	0.5	0.6	0.7	0.8	0.9	1.0

将上式代入式(9-42),经整理得出

$$\ln \frac{\tau_1 - t_g}{\tau_1 - (\tau_1' - \tau_2')\overline{Q} - t_h} = \frac{(\tau_1' - \tau_2') - (t_g' - t_h')}{\Delta t'}$$

设 $\dfrac{(\tau_1' - \tau_2') - (t_g' - t_h')}{\Delta t'} = D$,则

$$\frac{\tau_1 - t_g}{\tau_1 - (\tau_1' - \tau_2')\overline{Q} - t_h} = e^D$$

由此得出

$$\tau_1 = \frac{[(\tau_1' - \tau_2')\overline{Q} + t_h]e^D - t_g}{e^D - 1} \quad ℃ \tag{9-47}$$

$$\tau_2 = \tau_1 - (\tau_1' - \tau_2')\overline{Q} \quad ℃ \tag{9-48}$$

现举例说明，试求 $\overline{Q}=0.8$ 时的 τ_1 和 τ_2 值。

首先计算在设计工况下的水-水换热器的对数平均温差

$$\Delta t' = [(\tau_1' - t_g') - (\tau_2' - t_h')]/\ln[(\tau_1' - t_g')/(\tau_2' - t_h')]$$
$$= [(120-85) - (70-60)]/\ln[(120-85)/(70-60)] = 19.96℃$$

则常数　　$D = \dfrac{(\tau_1' - \tau_2') - (t_g' - t_h')}{\Delta t'} = \dfrac{(120-70) - (85-60)}{19.96} = 1.2525$

根据式 (9-47)、式 (9-48)，又当 $\overline{Q}=0.8$ 时，计算得出 $t_g=73.9℃$，$t_h=53.9℃$，则

$$\tau_1 = \frac{[(120-70)0.8 + 53.9]e^{1.2525} - 73.9}{e^{1.2525} - 1} = 101.9℃$$

$$\tau_2 = 101.9 - (120-70)0.8 = 61.9℃$$

一些计算结果列于表 9-3 中，水温调节曲线见图 9-4。

（3）热水网路采用质量-流量调节。利用式 (9-45)、式 (9-46) 联合求解，因

$$\tau_1 - \tau_2 = \tau_1' - \tau_2' = const$$
$$t_g - t_h = (t_g' - t_h')\overline{Q}$$

将上式代入式 (9-46)，经整理得出

$$\ln \frac{\tau_1 - t_g}{\tau_1 - (\tau_1' - \tau_2') - t_h} = \frac{(\tau_1' - \tau_2') - (t_g' - t_h')\overline{Q}}{\Delta t' \overline{Q}^{0.5}}$$

在给定值下，上式右边为一已知值。

设　$\ln \dfrac{(\tau_1' - \tau_2') - (t_g' - t_h')\overline{Q}}{\Delta t' \overline{Q}^{0.5}} = C$，则

$$\frac{\tau_1 - t_g}{\tau_1 - (\tau_1' - \tau_2') - t_h} = e^D$$

由此得出

$$\tau_1 = \frac{(\tau_1' - \tau_2' + t_h)e^c - t_g}{e^c - 1} \quad ℃ \tag{9-49}$$

$$\tau_2 = \tau_1 - (\tau_1' - \tau_2') \quad ℃ \tag{9-50}$$

现举例说明，试求 $\overline{Q}=0.8$ 时的 τ_1 和 τ_2 值。

根据上式

$$C = \frac{(120-70) - (85-60)0.8}{19.96 \times 0.8^{0.5}} = 1.6804$$

根据式 (9-49)、式 (9-50)，又当 $\overline{Q}=0.8$ 时，$t_g=73.9℃$，$t_h=53.9℃$，得

$$\tau_1 = \frac{(120-70+53.9)e^{1.6804} - 73.9}{e^{1.6804} - 1} = 110.8℃$$

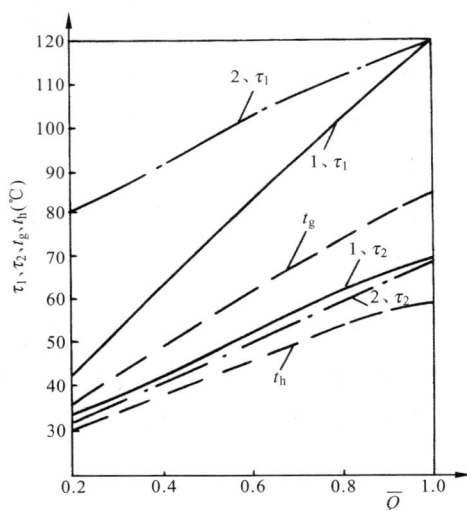

图 9-4　[例题 9-4] 的水温调节曲线

曲线 1、τ_1、1、τ_2——一级网路按质量调节的供、回水温曲线

曲线 2、τ_1、2、τ_2——一级网路按质量-流量调节的供、回水温曲线

$$\tau_2 = 110.8 - (120 - 70) = 60.8℃$$

计算结果列于表 9-3 中，相应的水温调节曲线见图 9-4。

第五节　供热综合调节

如前所述，对具有多种热负荷的热水供热系统，通常是根据供暖热负荷进行集中供热调节，对其他热负荷则在热力站或用户处进行局部调节。这种调节称作供热综合调节。

本节主要阐述目前常用的闭式并联热水供热系统（见图 9-5），当按供暖热负荷进行集中质调节时，对热水供应和通风热负荷采用局部调节的方法。

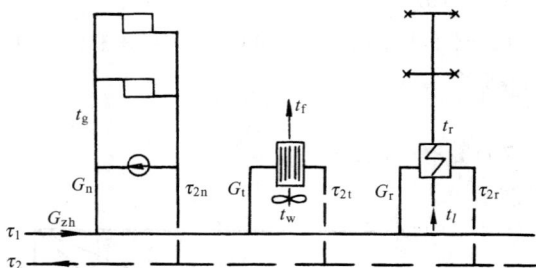

图 9-5　闭式并联热水供热系统示意图

为便于分析，假设下面所讨论的热水供热系统，在整个供暖季节都采用集中质调节。在室外温度 $t_w = +5℃$ 开始供暖时，网路的供水温度 τ'' 高于 70℃，完全可以保证热水供应用户系统用热要求。网路可不必采用间歇调节。

如图 9-6 所示，网路根据供暖热负荷进行集中质调节。网路供水温度曲线为 $\tau'_1 - \tau'''_1 - \tau''_1$，流出供暖用户系统的回水温度曲线为 $\tau'_2 - \tau'''_{2t} - \tau''_{2n}$。

研究对热水供应和通风热负荷进行供热调节之前，首先需要确定热水供应和通风系统的设计工况。

1. 热水供应用户系统

热水供应的用热量和用水量，受室外温度影响较小。在设计热水供应用的水—水换热器及其管路系统时，最不利的工况应是在网路供水温度 τ_1 最低时的工况。因此时换热器的对数平均温差最小，所需散热面积和网路水流量最大。此时

$$\Delta t''_r = \frac{(\tau''_1 - t_r) - (\tau''_{2r} - t_l)}{\ln \dfrac{\tau''_1 - t_r}{\tau''_{2r} - t_l}}　℃ \tag{9-51}$$

式中　$\Delta t''_r$——在设计工况下，热水供应用的水—水换热器的对数平均温差，℃；

t_r、t_l——热水供应系统中热水和冷水的温度，℃；

τ''_1——供暖季内，网路最低的供水温度，℃；

τ''_{2r}——在设计工况下，流出水—水换热器的网路设计回水温度，℃。

网路设计回水温度 τ''_{2r} 可由设计者给定。给定较高的值，则换热器的对数平均温差较大，换热器的面积可小些；但网路进入换热器的水量较大，管径较粗，因而是一个技术经济问题。通常可按 $\tau''_1 - \tau''_{2r} = 30 \sim 40℃$ 来确定设计工况下的 $\Delta t''_r$ 值。

当室外温度 t_w 下降时，热水供应用热量认为变化很小（$\overline{Q}_r = 1$），但此时网路供水温度 τ_1 升高。为保持换热器的供热能力不变，流出换热器的回水温度 τ_{2r} 应降低，因此就需要进行局部流量调节。

在某一室外温度 t_w 下，可列出如下的供热调节的热平衡方程式

$$\overline{Q}_r = \overline{G}_{yir} \frac{\tau_1 - \tau_{2r}}{\tau''_1 - \tau''_{2r}} = 1 \tag{9-52}$$

$$\overline{Q}_r = \overline{K} \frac{\Delta t_r}{\Delta t''_r} = 1 \tag{9-53}$$

又据式（9-39）可得

$$\overline{K} = \overline{G}_{yir}^{0.5} \tag{9-54}$$

$$\Delta t_r = \frac{(\tau_1 - t_r) - (\tau_{2r} - t_1)}{\ln \dfrac{\tau_1 - t_r}{\tau_{2r} - t_1}} \tag{9-55}$$

式中 τ_1、τ_{2r}——在室外温度 t_w 下，网路供水温度和流出换热器的网路回水温度，℃；

$\quad\quad\overline{G}_{yir}$——网路供给热水供应用户系统的相对流量；

$\quad\quad\overline{K}$——换热器的相对传热系数；

$\quad\quad\Delta t_r$——在室外温度 t_w 下，热水供应用的水－水换热器的对数平均温差，℃；

其他符号代表意义同前。

将式（9-54）代入热平衡方程式，可得

$$\overline{G}_{yir} \frac{\tau_1 - \tau_{2r}}{\tau''_1 - \tau''_{2r}} = 1 \tag{9-56}$$

$$\overline{G}_{yir}^{0.5} \frac{(\tau_1 - t_r) - (\tau_{2r} - t_1)}{\Delta t''_r \ln \dfrac{\tau_1 - t_r}{\tau_{2r} - t_1}} = 1 \tag{9-57}$$

在上两式中，$\overline{G}_{yir}$ 与 τ_{2r} 为未知数。通过试算或迭代方法，可确定在某一室外温度 t_w 下，对热水供应热负荷进行流量调节的相对流量和相应的流出水-水换热器的网路回水温度。热水供应热用户的网路回水温度曲线为 $\tau''_{2r} - \tau'_{2r}$［见图 9-6（a）］，相应的流量图见图 9-6（b）。

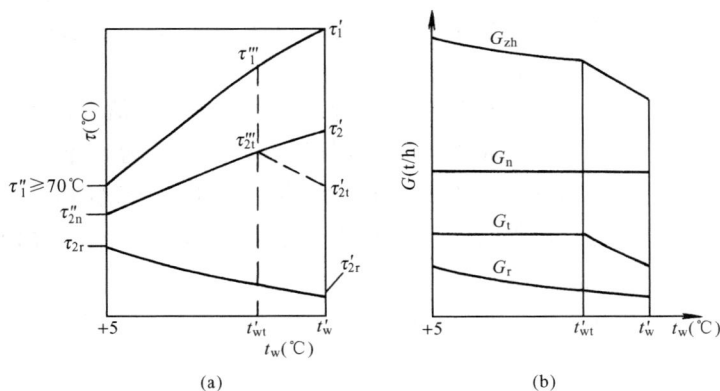

图 9-6　热水供应热用户网路回水温度与流量
（a）并联闭式热水供热系统供热综合调节水温曲线示意图；（b）各热用户和网路总水流量图
t'_w—供暖室外计算温度，℃；t'_{wt}—冬季通风室外计算温度，℃；G_n、G_t、G_r—网路向供暖、通风、热水供应用户系统供给的水流量，t/h；G_{zh}—网路的总循环水量，t/h

2. 通风用户系统

在供暖期间，通风热负荷随室外温度变化。最大通风热负荷开始出现在冬季通风室外计

算温度 t'_{wt} 的时刻，当 t_w 低于 t'_{wt} 时，通风热负荷保持不变，但网路供水温度升高，通风的网路水流量减小，故应以 t'_{wt} 作为设计工况。

在设计工况 t'_{wt} 下，可列出下面的热平衡方程式

$$Q'_t = G'_t c(\tau''_1 - \tau''_{2t}) = K'''_t A(\tau'''_{pj} - t'''_{pj}) \tag{9-58}$$

式中　Q'_t——通风设计热负荷；

　　　G'_t——在设计工况 t'_{wt} 下，网路进入通风用户系统空气加热器的水流量；

　　τ''_1、τ''_{2t}——在设计工况 t'_{wt} 下，空气加热器加热热媒（网路水）的进、出口水温，可由供暖热负荷进行集中质调节的水温曲线确定；

　　　A——空气加热器的加热面积；

　　τ'''_{pj}——在设计工况 t'_{wt} 下，空气加热器加热热媒（网路水）的平均温度，$\tau'''_{pj} = (\tau''_1 + \tau''_{2t})/2$；

　　t'''_{pj}——在设计工况 t'_{wt} 下，空气加热器被加热热媒（空气）的进、出口平均温度，$t'''_{pj} = (t'_{wt} + t'_f)/2$；

　　　t'_f——在设计工况 t'_{wt} 下，通风用户系统的送风温度；

　　K'''_t——在设计工况 t'_{wt} 下，空气加热器的传热系数。

空气加热器的传热系数，在运行过程中，如通风量不变，加热热媒温度和流量参数变化幅度不大时，可近似认为常数，即

$$\overline{K}_t = K_t / K'''_t \tag{9-59}$$

式中　$\overline{K}_t$——空气加热器的相对传热系数，即任一工况下的传热系数与设计工况时的比值。

在室外温度 $t_w \geqslant t'_{wt}$ 的区域内，通风热负荷随着室外温度 t_w 升高而减少。相应地，由于网路是按供暖热负荷进行集中质调节，网路的供水温度 τ_1 也相应下降。如对通风热负荷也采用质调节，可以得出：通风质调节与供暖质调节曲线中的回水温差别很小。因此，在此区域内，流出空气加热器的网路回水温度 τ_{2t}，认为与供暖的回水温度曲线接近，可按同一条回水温度曲线绘制水温调节曲线图。

在室外温度 $t'_{wt} > t_w \geqslant t'_w$ 时，通风热负荷保持不变，保持最大值 Q'_t（$\overline{Q}_t = 1$）。室内再循环空气与室外空气相混合，使空气加热器前的空气温度始终保持为 t'_{wt} 值。

当室外温度 t_w 降低，通风热负荷不变，但网路供水温度 τ_1 升高时，因而流出空气加热器的网路回水温度 τ_{2t} 应降低，以保持空气加热器的平均计算温差不变。为此需要进行局部的流量调节。

根据式（9-59），认为 $\overline{K}_t = 1$，在此区间内某一室外温度 t_w 下，可列出下列两个热平衡方程式

$$\overline{Q}_t = \overline{G}_t \frac{\tau_1 - \tau_{2t}}{\tau''_1 - \tau''_{2t}} = 1 \tag{9-60}$$

$$\overline{Q}_t = \frac{\tau_1 + \tau_{2t} - t'_{wt} - t'_f}{\tau''_1 + \tau''_{2t} - t'_{wt} - t'_f} = 1 \tag{9-61}$$

上两式联立求解，得出

$$\tau_{2t} = \tau''_1 + \tau''_{2t} - \tau_1 \qquad ℃ \tag{9-62}$$

$$\overline{G}_t = \frac{\tau''_1 - \tau''_{2t}}{2\tau_1 - \tau''_1 - \tau''_{2t}} \tag{9-63}$$

在整个供暖季中，流出空气加热器的网路回水温度曲线以 $\tau''_{2n}-\tau'''_{2t}-\tau'_{2t}$ 表示 [见图 9-6 (a)]，相应的水流量曲线见图 9-6 （b）。

通过上述分析和由图 9-6 （b）可知，对具有多种热用户的热水供热系统，热水网路的设计（最大）流量，并不是在室外供暖计算温度 t'_w 时出现，而是在网路供水温度 τ_1 最低的时刻出现。因此，制定供热调节方案，是进行具有多种热用户的热水供热系统网路水力计算的重要步骤。

如前所述，前面分析的热水供热系统，假设是不需要采用间歇调节的情况。如对供暖室外计算温度 t'_w 较低而供热系统的设计供水温度 τ_1 又较低的情况（如 $t'_w \leqslant -13℃$，$\tau_1 \leqslant 130℃$ 时），在开始和停止供热期间，网路的供水温度 τ_1 如按质调节供热，就会低于70℃，因此不得不辅以间歇调节供热，以保证热水供应系统用水水温的要求。

对需要采用间歇调节的热水供热系统，在连续供热期间，供热综合调节的方法与上述例子完全相同。在间歇调节期间，对通风热用户，由于通风热负荷随室外温度升高而减少，但网路供水温度 τ_1 在间歇调节期间总保持不变，因而需要辅以局部的流量调节。对热水供应和供暖热用户的影响，视其采用间歇调节方式而定，即采用热源处集中间歇调节，还是利用自控设施，在热力站处进行局部的间歇调节。

第六节　热水网路水力工况计算的基本原理

在热水供热系统运行过程中，往往由于种种原因，使网路的流量分配不符合各热用户要求的计算流量，因而造成各热用户的供热量不符合要求。

热水供热系统中各热用户的实际流量与要求的流量之间的不一致性，称为该热用户的水力失调。它的水力失调程度可用实际流量与规定流量的比值来衡量，即

$$x = V_s/V_g \tag{9-64}$$

式中　x——水力失调度；

　　　V_s——热用户的实际流量；

　　　V_g——热用户的规定流量。

引起热水供热系统水力失调的原因是多方面的。例如，开始网路运行时没有很好地进行初调节，热用户的用热量要求发生变化等。这些情况是难以避免的。由于热水供热系统是一个具有许多并联环路的管路系统，各环路之间的水力工况相互影响，系统中任何一个热用户的流量发生变化，必然会引起其他热用户的流量发生变化，也就是在各热用户之间流量重新分配，引起了水力失调。

掌握这些规律和分析问题的方法，对热水供热系统设计和运行管理都很有指导作用。例如：在设计中应考虑哪些原则使系统的水力失调程度较小（或使系统的水力稳定性高）和易于进行系统的初调节；在运行中如何掌握系统水力工况变化时，热水网路上各热用户的流量及其压力、压差的变化规律；用户引入口自动调节装置（流量调节器、压力调节器等）的工作参数和波动范围的确定等问题，都必须分析系统的水力工况。

在室外热水网路中，水的流动状态大多处于阻力平方区。因此，流体的压降与流量关系服从二次幂规律。它可用下式表示

$$\Delta p = R(l+l_d) = SV^2 \qquad \text{Pa} \tag{9-65}$$

式中　Δp——网路计算管段的压降，Pa；

　　　V——网路计算管段的水流量，m^3/h；

　　　S——网路计算管段的阻力数，$Pa/(m^3/h)^2$，代表管段通过 $1m^3/h$ 水流量时的压降；

　　　R——网路计算管段的比摩阻，Pa/m；

　l、l_d——网路计算管段的长度和局部阻力当量长度，m。

如将式 $R=6.88\times10^{-3}K^{0.25}\dfrac{G_t^2}{\rho d^{5.25}}$ 代入式 (9-64)，可得

$$S = 6.88\times10^{-9}\frac{K^{0.25}}{d^{5.25}}(l+l_d)\rho \qquad Pa/(m^3/h)^2 \tag{9-66}$$

由式 (9-65) 可知，在已知水温参数下，网路各管段的阻力数，只和管段的管径 d、长度 l、管壁内壁当量绝对粗糙度 K 及管段局部阻力当量长度 l_d 的大小有关，也即网路各管段的阻力数 S 仅取决于管段本身，它不随流量变化。

任何热水网路都是由许多串联管段和并联管段组成的。串联管段和并联管段总阻力数的确定方法，在本书第四章中已阐述，只是计算单位不同。

在串联管段中，串联管段的总阻力数为各串联管段阻力数之和

$$S_{ch} = S_1 + S_2 + S_3 + \cdots \tag{9-67}$$

式中　S_{ch}——串联管段的总阻力数；

S_1、S_2、S_3——各串联管段的阻力数。

在并联管段中，并联管段的总通导数为各并联管段通导数之和

$$a_b = a_1 + a_2 + a_3 + \cdots \tag{9-68}$$

即

$$\frac{1}{\sqrt{S_b}} = \frac{1}{\sqrt{S_1}} + \frac{1}{\sqrt{S_2}} + \frac{1}{\sqrt{S_3}} \tag{9-69}$$

$$V_1 : V_2 : V_3 := \frac{1}{\sqrt{S_1}} : \frac{1}{\sqrt{S_2}} : \frac{1}{\sqrt{S_3}} = a_1 : a_2 : a_3 \tag{9-70}$$

式中　a_b、S_b——并联管段的总通导数和总阻力数；

　a_1、a_2、a_3——各并联管段的通导数；

　S_1、S_2、S_3——各并联管段的阻力数；

　V_1、V_2、V_3——各并联管段的水流量。

根据上述并联管段和串联管段各阻力数的计算方法，可以逐步算出整个热水网路的总阻力数 S_{zh} 值。再利用图解法或计算法，可进一步确定循环水泵的工作点，求出热源输出的总流量。

图解法：根据 $\Delta p = S_{zh}q_V$，可绘出热水网路的水力特性曲线。它表示出热水网路循环水泵流量 q_V 及其压降 Δp 的相互关系（见图 9-7 中曲线 1）。根据水泵样本，绘出水泵的特性曲线（Δp-G 曲线，见图 9-7 中曲线 2）。这两条曲线的交点 A 即水泵的工作点，也即确定了网路的总流量和总压降。

计算法：计算法的实质是将水泵的特性曲线用 $\Delta p = f(V)$ 的函数式表示出来，然后根据已知的热水网路水力特性曲线 $\Delta p = S_{zh}V^2$ 公式，两个公式联合求解，得出循环水泵工作

点的 Δp 和 V 值。

水泵的特性曲线，通常可用下列函数式表示

$$\Delta p = a + bV + cV^2 + dV^3 + \cdots \tag{9-71}$$

式中　a、b、c、d——根据水泵的特性曲线数据拟合的函数式中的数值。

当热水网路的任一管段的阻力数，在运行期间发生了变化（如调整用户阀门，接入新用户等等），则必然使热水网路的总阻力 S 值改变，工作点 A 的位置随之改变（如改到图9-7曲线3的 B 点位置），热水网路的水力工况也就改变了。不仅网路总流量和总压降变化，而且由于分支管段的阻力数变化，也要引起流量分配的变化。

图 9-7　水泵与热水网路的特性曲线

如要定量地算出网路正常水力工况改变后的流量再分配，其计算步骤如下：

（1）根据正常水力工况下的流量和压降，求出网路各管段和用户系统的阻力数。

（2）根据热水网路中管段的连接方式，利用求串联管段和并联管段总阻力数的计算公式〔见式（9-67）、式（9-68）〕，逐步地求出正常水力工况改变后整个系统的总阻力数。

（3）得出整个系统的总阻力数后，可以利用上述图解法，画出网路的特性曲线，与网路循环水泵的特性曲线相交，求出新的工作点。也可利用上述计算法求解确定新的工作点的 Δp 和 V 值，当水泵特性曲线较平缓时，也可近似视为 Δp 不变，利用下式求出水力工况变化后的网路总流量 V'

$$V' = \sqrt{\frac{\Delta p}{S'_{zh}}} \qquad \mathrm{m^3/h} \tag{9-72}$$

式中　V——网路水力工况变化后的总流量，$\mathrm{m^3/h}$；

Δp——网路循环水泵的扬程（设水力工况变化前后的扬程不变），Pa；

S'_{zh}——网路水力工况改变后的总阻力数，$\mathrm{Pa/(m^3/h)^2}$。

（4）顺次按各并联管段流量分配的计算方法〔见式（9-70）〕分配流量，求出网路各管段及各用户在正常工况改变后的流量。

第七节　热水网路水力工况的分析和计算

根据上述水力工况计算的基本原理，就可分析和计算热水网路的流量分配，研究它的水力失调状况。

对于整个网路系统来说，各热用户的水力失调状况是多种多样的。

当网路中各热用户的水力失调度 x 都大于1（或都小于1）时，称为一致失调。一致失调又可分为等比失调和不等比失调。所有热用户的水力失调度 x 值都相等的水力失调状况，称为等比失调。热用户的水力失调度 x 值不相等的水力失调状况，称为不等比失调。当网路中各热用户的水力失调度有的大于1，有的小于1的水力失调状况，则为不一致失调。

当网路各管段和各热用户的阻力数已知时，也可以采用求出各热用户占总流量的比例方法，来分析网路水力工况变化的规律。

如一热水网路系统有几个热用户，如图9-8所示，干线各管段的阻力数以 S_{I}、S_{II}、

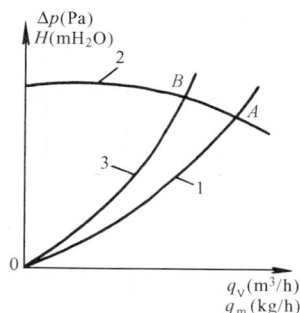

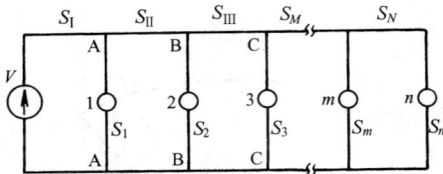

图 9-8　热水网路系统示意图

S_{III}、…表示，支线与热用户的阻力数以 S_1、S_2、S_3、…表示。

网路总流量为 V。热用户流量以 V_1、V_2、V_3、…表示。

利用总阻力数的概念，热用户 1 处的 Δp_{AA} 可用下式确定

$$\Delta p_{AA} = S_1 V_1^2 = S_{1-n} V^2 \tag{9-73}$$

式中　S_{1-n}——热用户 1 分支点的网路总阻力数（热用户 1 到热用户 n 的总阻力数）。

由式（9-73），可得出热用户 1 占总流量的比例，即相对流量 $\overline{V}_1$

$$\overline{V}_1 = V_1 / V = \sqrt{\frac{S_{1-n}}{S_1}} \tag{9-74}$$

对用户 2，同理，Δp_{BB} 可用下式表示

$$\Delta p_{BB} = S_2 V_2^2 = S_{2-n}(V - V_1)^2 \tag{9-75}$$

式中　S_{2-n}——热用户分支点的网路总阻力数（热用户 2 到热用户 n 的总阻力数）。

从另一分析来看，热用户 1 分支点处的 Δp_{AA} 也可写成

$$\Delta p_{AA} = S_{1-n} V^2 = (S_{II} + S_{2-n})(V - V_1)^2$$

或

$$\Delta p_{AA} = S_{1-n} V^2 = S_{II-n}(V - V_1)^2 \tag{9-76}$$

式中　$S_{II-n} = S_{II} + S_{2-n}$——热用户 1 之后的网路总阻力数（注意：不包括热用户 1 及其分支线）。

式（9-75）与式（9-76）两式相除，可得

$$\frac{S_2 V_2^2}{S_{1-n} V^2} = \frac{S_{2-n}}{S_{II-n}}$$

则

$$\overline{V}_2 = \frac{V_2}{V} = \sqrt{\frac{S_{1-n} S_{2-n}}{S_2 S_{II-n}}} \tag{9-77}$$

根据上述推算，可以得出第 m 个热用户的相对流量比为

$$\overline{V}_m = \frac{V_m}{V} = \sqrt{\frac{S_{1-n} S_{2-n} S_{3-n} \cdots S_{m-n}}{S_m S_{II-n} S_{III-n} \cdots S_{m-n}}} \tag{9-78}$$

由式（9-78）可以得出如下结论：

（1）各热用户的相对流量比仅取决于网路各管段和热用户的阻力数，而与网路流量无关。

（2）第 d 个热用户与第 m 个热用户（$m > d$）之间的流量比，仅取决于热用户 d 和热用户 d 以后（按水流动方向）各管段和热用户的阻力数，而与热用户 d 以前各管段和热用户的阻力数无关。因为，如假定 $d = 4$，$m = 7$，则由式（9-78）可得

$$\frac{V_m}{V_d} = \frac{V_7}{V_4} = \sqrt{\frac{S_{5-n} S_{6-n} S_{7-n} S_4}{S_{V-n} S_{VII-n} S_{VI-n} S_7}} \tag{9-79}$$

下面再以几种常见的水力工况变化情况为例，根据上述的基本原理，并利用水压图，定性地分析水力失调的规律性。

如图 9-9（a）所示为一个带有 5 个热用户的热水网路。假定各热用户的流量已调整到规

定的数值。如改变阀门 A、B、C 的开启度，网路中各热用户将产生水力失调。同时，水压图也将发生变化。

1. 当阀门 A 节流（阀门关小）时的水力工况

当阀门 A 节流时，网路的总阻力数增大，总流量 V 将减小（为便于分析起见，假定网路循环水泵的扬程是不变的）。由于热用户 1～5 的网路干管和热用户分支管的阻力数无改变，因而根据式（9-79）的推论可以肯定，各热用户的流量分配比例也不变，即都按同一比例减小，网路产生一致的等比失调。网路的水压图如图 9-9（b）所示。图 9-9（b）中实线为正常工况下的水压曲线，虚线为阀门 A 节流后的水压曲线。由于各管段流量均减少，因而虚线的水压曲线比原水压曲线变得较平缓一些。各热用户的流量是按同一比例减少的。因而，各热用户的作用压差也是按相同的比例减小。

2. 当阀门 B 节流时的水力工况

当阀门 B 节流时，网路的总阻力数增大，总流量 V 将减小。供水管和回水管水压线将变得平缓一些，并且供水管水压线将在 B 点出现一个急剧的下降，变化后的水压图如图 9-9（c）虚线所示。

水力工况的这个变化，对于阀门 B 以后的热用户 3、4、5，相当于本身阻力数未变而总的作用压力却减小了。根据式（9-79）的推论，流量也是按相同的比例减小，这些用户的作用压力也按同样比例减小。因此，将出现一致的等比失调。

对于阀门 B 以前的热用户 1、2，根据式（9-79）推论，可以看出热用户流量将按不同的比例增加，它们的作用压差都有增加但比例不同，这些热用户将出现不等比的一致失调。

对于全部热用户来说，既然流量有增有减，那么整个网路的水力工况就发生了不一致失调。

3. 当阀门 C 关闭（热用户 3 停止工作）时的水力工况

阀门 C 关闭后，网路的总阻力数将增大，总流量 V 将减少。从热源到热用户 3 之间的供水和回水管的水压线将变得平缓一些，但因假定网路水泵的扬程并无改变，所以在热用户 3 处供回水管之间的压差将会增加，热用户 3 处的作用压差增大相当于热用户 4 和 5 的总作用压差增大，因而使热用户 4 和 5 的流量按相同的比例增加，并使热用户 3 以后的供水管和回水管的水压线变得陡峭一些。变化后的水压线如图 9-9（d）所示。

根据式（9-79）的推论，由图 9-9（d）可知，在整个网路中，除热用户 3 以外的所有热用户的作用压差和流量都会增大，出现一致失调。对于热用户 3 后面的热用户 4 和 5，将是

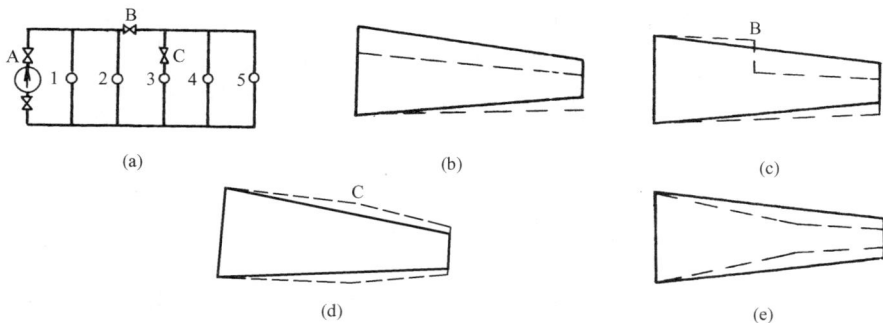

图 9-9　热水网路的水力工况变化示意图

等比的一致失调。对于热用户 3 前面的热用户 1 和 2，将是不等比的一致失调。

4. 热水网路未进行初调节的水力工况

由于网路近端热用户的作用压差很大，在选择热用户分支管路的管径时，又受到管道内热媒流速和管径规格的限制，其剩余作用压差在热用户分支管路上难以全部消除。如网路未进行初调节，前端热用户的实际阻力数远小于设计规定值，网路总阻力数比设计的总阻力数小，网路的总流量增加。位于网路前端的热用户，其实际流量比规定的流量大得多。网路干管前部的水压曲线，将变得较陡，而位于网路后部的热用户，其作用压头和流量将小于设计值。网路干管后部的水压曲线将变得平缓些［如图 9-9（e）中虚线］。由此可见，热水网路投入运行时，必须很好地进行初调节。

在热水网路运行时，由于种种原因，有些热用户或热力站的作用压头会出现低于设计值，热用户或热力站的流量不足。在此情况下，热用户或热力站往往要求增设加压泵（加压泵可设在供水管或回水管上）。

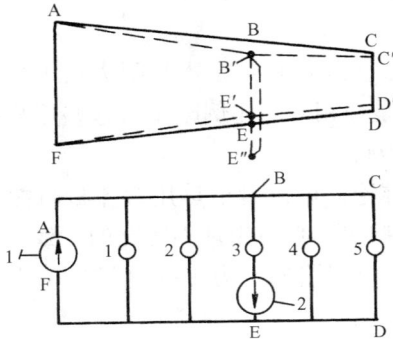

图 9-10 热用户增设回水加压泵的网路
水力工况变化示意图

1—网路循环水泵；2—热用户回水加压水泵

下面定性地分析，在热用户增设加压泵后，整个网路水力工况变化的状况。图 9-10 中的实线表示在热用户 3 处未增设加压泵时的动水压曲线。假设热用户 3 未增设回水加压泵 2 时作用压头为 Δp_{BE}，低于设计要求。

在热用户 3 回水管上增设的加压泵 2 运行时，可以视为在热用户 3 及其支线上（管段 BE）增加了一个阻力数为负值的管段，其负值的大小与水泵工作的扬程和流量有关。由于在热用户 3 上的阻力数减小，在所有其他管段和热用户未采用调节措施，阻力数不变的情况下，整个网路的总阻力数 S 值必然相应减小。为分析方便，假设网路循环水泵 1 的扬程为定值，则热网总流量必然适当增加。热用户 3 前的干线 AB 和 EF 的流量增大，动水压曲线变陡，热用户 1 和 2 的资用压头减小，呈非等比失调。热用户 3 后面的热用户 4 和 5 的作用压头减小，呈等比失调。整个网路干线的动水压曲线如图 9-10 的虚线 AB′C′D′E′F 所示。热用户 3 由于回水加压泵的作用，其压力损失 $\Delta p_{B'E'}$ 增加，流量增大。

由此可见，在热用户处装设加压泵，能够起到增加该热用户流量的作用，但同时会加大热网总循环水量和前端干线的压力损失，而且其他热用户的资用压头和循环水量将相应减小，甚至使原来流量符合要求的热用户反而流量不足。因此，在网路运行实践中，不应只从本位出发，任意在热用户处增设加压泵，必须有整体观念，仔细分析整个网路水力工况的影响后才能采用。

【例题 9-5】 网路在正常工况时水压图和各热用户的流量如图 9-11 所示。如关闭热用户 3，试求其他

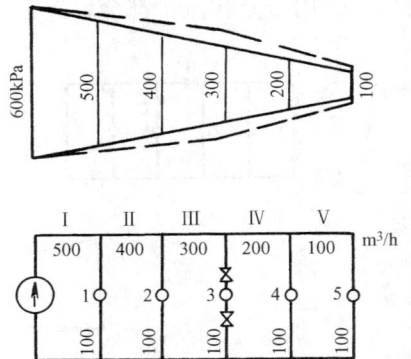

图 9-11 ［例题 9-5］附图

各热用户的流量及其水力失调程度。

解　（1）根据正常工况下的流量和压降，求网路干管（包括供、回水管）和各热用户的阻力数 S。

如对热用户 5，已知其流量 $100\mathrm{m^3/h}$，压力损失为 $10\times10^4\mathrm{Pa}$，则

$$S = \frac{\Delta p}{V^2} = \frac{10\times10^4}{100^2} = 10\mathrm{Pa/(m^3/h)^2}$$

同样可求得网路干管和各热用户的阻力数 S 值，见表 9-4。

表 9-4　　　　　　　　　　网路干管和各热用户的阻力数 S

网路干管	I	II	III	IV	V
压力损失 Δp（Pa）	10×10^4	10×10^4	10×10^4	10×10^4	10×10^4
流量 V（$\mathrm{m^3/h}$）	500	400	300	200	100
阻力数 S［$\mathrm{Pa/(m^3/h)^2}$］	0.4	0.625	1.11	2.5	10
热用户	1	2	3	4	5
压力损失 Δp（Pa）	50×10^4	40×10^4	—	20×10^4	10×10^4
流量 V（$\mathrm{m^3/h}$）	100	100	—	100	100
阻力数 S［$\mathrm{Pa/(m^3/h)^2}$］	50	40	—	20	10

（2）计算水力工况改变后网路的总阻力数 S_{zh}：

1）求热用户 3 之后的网路总阻力数

$$S_{\text{IV}-5} = \frac{30\times10^4}{200^2} = 7.5$$

2）求热用户 2 之后的网路总阻力数（热用户 3 关闭，下同）

$$S_{\text{III}-5} = S_{\text{IV}-5} + S_{\text{III}} = 7.5 + 1.11 = 8.61$$

3）求热用户 2 分支点的网路总阻力数 S_{2-5}，热用户 2 与热用户 2 之后的网路并联，故总阻力数 S_{2-5}，可由式（9-68）求得

$$\frac{1}{\sqrt{S_{2-5}}} = \frac{1}{\sqrt{S_{\text{III}-5}}} + \frac{1}{\sqrt{S_2}} = \frac{1}{\sqrt{8.61}} + \frac{1}{\sqrt{40}} = 0.341 + 0.158 = 0.499$$

$$S_{2-5} = \frac{1}{0.499^2} = 4.016$$

4）求热用户 1 之后的网路总阻力数 $S_{\text{II}-5}$。同理

$$S_{\text{II}-5} = S_{2-5} + S_{\text{II}} = 4.016 + 0.625 = 4.641$$

5）求热用户 1 分支点的网路总阻力数 S_{1-5}，同理

$$\frac{1}{\sqrt{S_{1-5}}} = \frac{1}{\sqrt{S_{\text{II}-5}}} + \frac{1}{\sqrt{S_1}} = \frac{1}{\sqrt{4.641}} + \frac{1}{\sqrt{50}} = 0.464 + 0.141 = 0.605$$

$$S_{1-5} = \frac{1}{0.605^2} = 2.732$$

6）最后确定网路的总阻力数 S

$$S = S_{1-5} + S_1 = 2.732 + 0.4 = 3.132$$

（3）求网路在工况变动后的总流量 V。假定网路循环水泵的扬程不变 $\Delta p = 60\times10^4\mathrm{Pa}$，则

$$V = \sqrt{\frac{\Delta p}{S}} = \sqrt{\frac{60\times10^4}{3.132}} = 437.7\mathrm{m^3/h}$$

（4）根据各并联管段流量分配比例的计算公式，求各热用户的流量。

1）求热用户 1 的流量

$$V_1 = V\frac{1/\sqrt{S_1}}{1/\sqrt{S_{1-5}}} = 437.7 \times \frac{0.141}{0.605} = 102 \mathrm{m^3/h}$$

2）求热用户 2 的流量

$$V_2 = V_{\mathrm{II}}\frac{1/\sqrt{S_2}}{1/\sqrt{S_{2-5}}} = (437.7 - 102) \times \frac{0.158}{0.499} = 106.3 \mathrm{m^3/h}$$

3）求热用户 4 和热用户 5 的流量 V_4、V_5。热用户 3 之后的网路各管段阻力数不变。因此，在水力工况变化后各管段的流量均按同一比例变化。干管 Ⅳ 的水力失调度 x 值为

$$x = (437.7 - 102 - 106.3)/200 = 229.4/200 = 1.147$$

因此，热用户 4 和热用户 5 的流量分别为

$$V_4 = 1.147 \times 100 = 114.7 \mathrm{m^3/h}$$
$$V_5 = 1.147 \times 100 = 114.7 \mathrm{m^3/h}$$

其计算结果列于表 9-5。

表 9-5　　　　　　　　　　　　计算结果

热　用　户	1	2	3	4	5
正常工况时流量（m³/h）	100	100	100	100	100
工况变动后流量（m³/h）	102	106.3	0	114.7	114.7
水力失调度 x	1.02	1.063	0	1.147	1.147
正常工况时用户的作用压差 Δp（Pa）	50×10^4	40×10^4	30×10^4	20×10^4	10×10^4
工况变动后用户的作用压差 Δp（Pa）	52.34×10^4	45.29×10^4	39.45×10^4	26.3×10^4	13.14×10^4

（5）确定工况变动后各用户的作用压差。当网路水力工况变化后，热用户 2 的作用压差应等于热源出口的作用压差减去干线 Ⅰ 的压力损失，即

$$\Delta p_1 = \Delta p - \Delta p_1 = \Delta p - s_1 V_{\mathrm{I}}^2 = 60\times10^4 - 0.4\times437.7^2 = 52.34\times10^4 \mathrm{Pa}$$

同理，可计算出各热用户的作用压差，其计算结果列于表 9-5 中。图 9-11 中虚线表示水力工况变化后的各用户的作用压差变化图。

计算例题说明，只要热网各管段及各热用户的阻力数为已知值，则可以通过计算方法，确定网路的水力工况——各管段和各热用户的流量及相应的作用压头，但计算极为繁琐。近年来，网路计算理论的不断完善和电子计算机技术的高度发展，使得这类计算问题很容易得到解决。因此，利用计算机分析热水网路水力工况，并以此来指导网路进行初调节，甚至配合微机监控系统对热水网路实现遥控等技术，在国内也得到了应用。

第八节　热水网路的水力稳定性

为了探讨影响热水网路水力失调程度的因素，并研究改善网路水力失调状况的方法，在本节着重讨论热水网路水力稳定性问题。所谓水力稳定性就是指网路中各个热用户在其他热用户流量改变时保持本身流量不变的能力。

通常用热用户的规定流量 V_g 和工况变动后可能达到的最大流量 V_{max} 的比值 y 来衡量网路的水力稳定性，即

$$y = \frac{V_g}{V_{max}} = \frac{1}{x_{max}} \tag{9-80}$$

式中　y——热用户的水力稳定性系数；

　　　　V_g——热用户的规定流量；

　　　　V_{max}——热用户可能出现的最大流量；

　　　　x_{max}——工况变动后热用户可能出现的最大水力失调度，根据式（9-64）

$$x_{max} = \frac{V_{max}}{V_g} \tag{9-81}$$

热用户的规定流量按下式算出

$$V_g = \sqrt{\frac{\Delta p_y}{S_y}} \qquad \text{m}^3/\text{h} \tag{9-82}$$

式中　Δp_y——热用户在正常工况下的作用压差，Pa；

　　　　S_y——热用户系统及用户支管的总阻力数，Pa/（m³/h）²。

一个热用户的可能的最大流量出现在其他热用户全部关断时。这时，网路干管中的流量很小，阻力损失接近于零，因而热源出口的作用压差可认为是全部作用在这个热用户上。由此可得

$$V_{max} = \sqrt{\frac{\Delta p_r}{S_y}} \tag{9-83}$$

式中　Δp_r——热源出口的作用压差，Pa。

Δp_r 可以近似地认为等于网路正常工况下的网路干管的压力损失 Δp_w 和这个用户在正常工况下的压力损失 Δp_y 之和，也即

$$\Delta p_r = \Delta p_w + \Delta p_y$$

因此，这个用户可能的最大流量计算式可以改写为

$$V_{max} = \sqrt{\frac{\Delta p_w + \Delta p_y}{S_y}} \tag{9-84}$$

于是，它的水力稳定性就是

$$y = \frac{V_g}{V_{max}} = \sqrt{\frac{\Delta p_y}{\Delta p_w + \Delta p_y}} = \sqrt{\frac{1}{1 + \frac{\Delta p_w}{\Delta p_y}}} \tag{9-85}$$

由式（9-85）可知，水力稳定性的极限值是 1 和 0。

在 $\Delta p_w = 0$ 时（理论上，网路干管直径为无限大），$y = 1$。此时，这个热用户的水力失调度 $x_{max} = 1$，即无论工况如何变化都不会发生水力失调，因而该热用户水力稳定性最好。

因此，这个结论对于网路上的每个热用户都成立，所以也可以说，在这种情况下任何热用户流量的变化，都不会引起其他热用户流量的变化。

当 $\Delta p_y = 0$ 或 $\Delta p_w = \infty$ 时（理论上，热用户系统管径无限大或网路干管管径无限小），$y = 0$。此时，热用户的最大水力失调度 $x_{max} = \infty$，水力稳定性最差，任何其他热用户流量的改变，将全部转移到这个热用户。

实际上热水网路的管径不可能为无跟小或无限大。热水网路的水力稳定性系数 y 总在 0 和 1 之间。因此，当水力工况变化时，任何热用户流量改变，它的一部分流量将转移到其他热用户中去。如以［例题 9-5］为例，热用户 3 关闭后，其流量从 $100m^3/h$ 减到 0，其中一部分流量（$37.7m^3/h$）转移到其他热用户，而整个网路的流量减少了 $62.3m^3/h$。

提高热水网路水力稳定性的主要方法是相对地减小网路干管的压降，或相对地增大用户系统的压降。

为了减小网路干管的压降，就需要适当增大网路干管的管径，即在进行网路水力计算时，选用较小的比摩阻 R 值，适当地增大靠近热源的网路干管的直径，对提高网路的水力稳定性来说，其效果更为显著。

为了增大用户系统的压降，可以采用水喷射器、调压板及安装高阻力小管径阀门等措施。

在运行时应合理地进行网路的初调整和运行调节，应尽可能将网路干管上的所有阀门开大，而把剩余的作用压差消耗在用户系统上。

对于供热质量要求高的系统，可在各用户引入口处安置必要的自动调节装置（如流量调节器等），以保证各热用户的流量恒定，不受其他热用户的影响。安装流量调节器以保证流量恒定的方法，实质上就是改变热用户系统总阻力数 S，以适应变化工况下用户作用压差的变化，从而保证流量恒定。

提高热力网路水力稳定性，使得供热系统正常运行，可以节约无效的热能和电能消耗，便于系统初调整和运行调节。因此，在热水供热系统设计中，必须在关心节省造价的同时，对提高系统的水力稳定性问题给予充分重视。

第十章 蒸汽供热系统网路的水力计算与水力工况

第一节 蒸汽网路水力计算的基本公式

蒸汽供热系统管网的水力计算由蒸汽管网的水力计算和凝结水管网的水力计算两部分组成。热水管网水力计算的基本公式对蒸汽管网同样适用，通常也可根据这些基本公式制成水力计算图表。

表 A39 是室外高压蒸汽管路水力计算表，表中的绝对粗糙度 $K=0.2\text{mm}$，密度 $\rho=1\text{kg/m}^3$。

室外高压蒸汽管网压力高、流速大、管线长，压力损失也较大。蒸汽沿途流动时，密度的变化非常大，如果计算管段的蒸汽密度 ρ_{sh} 与水力计算表的制表密度 ρ_b 不同，应对表中查出的流速 v_b 和比摩阻 R_b 进行修正，即

$$v_{sh} = \left(\frac{\rho_b}{\rho_{sh}}\right) v_b \qquad \text{m/s}$$

$$R_{sh} = \left(\frac{\rho_b}{\rho_{sh}}\right) R_b \qquad \text{Pa/m}$$

如果蒸汽管网的绝对粗糙度 K_{sh} 与水力计算表中的绝对粗糙度 K_b 不同，也应对表中查出的比摩阻进行修正，即

$$R_{sh} = \left(\frac{K_{sh}}{K_b}\right)^{0.25} R_b$$

式中各项意义同本书第八章。

蒸汽供热管网的局部压力损失用当量长度法进行计算，即

$$l_d = \Sigma \zeta \frac{d}{\lambda}$$

室外蒸汽管网局部阻力的当量长度可以采用表 A37 热水网路局部阻力当量长度的数值乘以修正系数 $\beta=1.26$ 确定。

蒸汽管网的计算总压降

$$\Delta p = R(l + l_d) = Rl_{zh} \qquad \text{Pa}$$

第二节 蒸汽网路水力计算方法和例题

蒸汽管网水力计算的任务是合理地选择蒸汽管网各管段管径，保证各热用户所需的蒸汽压力和流量。

进行蒸汽管网水力计算前应先绘制出管网平面布置图，图中应注明各热用户的热负荷、热源位置及供汽参数，各管段编号及长度，阀门、补偿器的形式、位置、数量。

下面将举例说明蒸汽管网水力计算的方法和步骤。

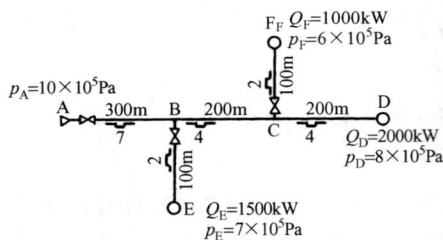

F_F　$Q_F=1000kW$
$p_F=6×10^5Pa$

$p_A=10×10^5Pa$

A　300m　B　200m　C　200m　D
　　7　　　4　　　4　　　$Q_D=2000kW$
　　　　　　　　　　　　　$p_D=8×10^5Pa$

E　$Q_E=1500kW$
$p_E=7×10^5Pa$

图 10-1　室外高压蒸汽管网

【例题 10-1】　某厂区供热管网平面布置如图10-1 所示，已知蒸汽锅炉出口饱和蒸汽表压力为 $10×10^5Pa$，其他已知条件已标于图中，试进行蒸汽管网的水力计算。

解　1. 确定各热用户的计算流量和各管段的计算流量

各热用户的计算流量

$$G' = 3.6 \frac{Q'}{r} \quad \text{t/h} \tag{10-1}$$

式中　G'——热用户的计算流量，t/h；

　　　Q'——热用户的计算热负荷，kW；

　　　r——用汽压力下的汽化潜热，kJ/kg。

如热用户 D

$$G'_D = \frac{3.6×2000}{2047.5} = 3.52\text{t/h}$$

热用户 F

$$G'_F = \frac{3.6×1000}{2086} = 1.73\text{t/h}$$

热用户 E

$$G'_E = \frac{3.6×1500}{2065.8} = 2.61\text{t/h}$$

各管段的计算流量见表 10-1。

2. 确定主干线及其平均比摩阻 R_{pj}

主干线是允许单位长度平均比摩阻最小的一条管线。该例题中从锅炉出口 A 到热用户 D 的管线是主干线。

主干线的平均比摩阻可按下式计算

$$R_{pj} = \frac{\Delta p}{(1+\alpha_j)\sum L} \quad \text{Pa/m} \tag{10-2}$$

式中　Δp——热网主干线始端到末端的蒸汽压差，Pa；

　　　$\sum L$——主干线长度，m；

　　　α_j——局部损失与沿程损失的估算比值，查表 A38，高压蒸汽带方形补偿器的输配干线取 $\alpha_j=0.8$。

主干线 AD 的平均比摩阻

$$R_{pj} = \frac{(10-8)×10^5}{(1+0.8)×(300+200+200)} = 158.7\text{Pa/m}$$

3. 进行主干线各管段的水力计算

下面计算锅炉出口管段 AB。

（1）已知 A 点蒸汽压力 $p_{SA}=10\times10^5\,\mathrm{Pa}$（表压）。根据平均比摩阻按比例可假设出 B 点蒸汽压力（表压）。

$$p_{SB} = p_{SA} - \frac{\Delta p}{\Sigma L}L_{AB} = 10\times10^5 - \frac{(10-8)\times10^5}{700}\times300 = 9.14\times10^5\,\mathrm{Pa}$$

（2）根据管段始末端蒸汽压力，求出该管段假设的平均密度

$$\rho_{pj} = \frac{\rho_s+\rho_m}{2}\quad\mathrm{kg/m^3}$$

式中　ρ_s、ρ_m——计算管段始端和末端的蒸汽密度，$\mathrm{kg/m^3}$。

查表 A40，始端蒸汽绝对压力 $p_A=(10+1)\times10^5=11\times10^5\,\mathrm{Pa}$，$\rho_A=5.64\mathrm{kg/m^3}$；末端蒸汽绝对压力 $p_B=(9.14+1)\times10^5=10.14\times10^5\,\mathrm{Pa}$，$\rho_B=5.21\mathrm{kg/m^3}$。

AB 管段假设的平均密度

$$\rho_{pj} = \frac{(\rho_A+\rho_B)}{2} = \frac{(5.64+5.21)}{2} = 5.425\mathrm{kg/m^3}$$

（3）根据该管段假设的平均密度 ρ_{pj}，将主干线的平均比摩阻 R_{pj} 换算成蒸汽管路水力计算表中密度 ρ_b 下的平均比摩阻 R_{bpj} 值，水力计算表的密度为 $\rho_b=1\mathrm{kg/m^3}$，则

$$\frac{R_{bpj}}{R_{pj}} = \frac{\rho_{pj}}{\rho_b}$$

AB 管段的平均比摩阻

$$R_{bpj} = \rho_{pj}\frac{R_{pj}}{\rho_b} = 5.425\times\frac{158.7}{1} = 860.95\mathrm{Pa/m}$$

（4）根据该管段的计算流量和水力计算表密度 ρ_b 下的 R_{bpj} 值，查表 A39，选定蒸汽管段的直径 d、实际比摩阻 R_b 和蒸汽在管道中的实际流速 v_b。

AB 管段的蒸汽流量为 $3.52+1.73+2.61=7.86\mathrm{t/h}$，$R_{bpj}=860.95\mathrm{Pa/m}$，查表 A39，该管段选用管子的公称直径为 DN150mm，表中实际比摩阻 $R_b=1088.88\mathrm{Pa/m}$，实际流速 $v_b=124.89\mathrm{m/s}$。

（5）根据该管段假设的平均密度，将水力计算表中查得的比摩阻 R_b 和流速 v_b，换算成假设平均密度 ρ_{pj} 条件下的实际比摩阻 R_{sh} 和实际流速 v_{sh}，水力计算表的密度为 $\rho_b=1\mathrm{kg/m^3}$，则

$$R_{sh} = \left(\frac{1}{\rho_{pj}}\right)R_b\quad\mathrm{Pa/m}$$

$$v_{sh} = \left(\frac{1}{\rho_{pj}}\right)v_b\quad\mathrm{m/s}$$

应注意，蒸汽在管路中流动时，最大允许流速不得大于下列规定：

过热蒸汽：公称直径 DN＞200mm 时，80m/s；公称直径 DN≤200mm 时，50m/s。

饱和蒸汽：公称直径 DN＞200mm 时，60m/s；公称直径 DN≤200mm 时，35m/s。

AB 管段：将表中查得的 R_b 和 v_b 换算成假设平均密度 $\rho_{pj}=5.425\text{kg/m}^3$ 条件下的实际比摩阻 R_{sh} 和实际流速 v_{sh}，则

$$R_{sh} = \left(\frac{1}{5.425}\right) \times 1088.88 = 200.72\text{Pa/m}$$

$$v_{sh} = \left(\frac{1}{5.425}\right) \times 124.89 = 23.02\text{m/s}$$

没有超过规定值。

（6）根据选择的管径，查表 A37 确定计算管段的局部阻力当量长度 l_d，并计算该管段的实际压降。AB 管段：DN150mm；局部阻力有：1 个截止阀，7 个方形补偿器（锻压弯头），其值可查表 A37。

管段 AB 的当量长度

$$l_d = (24.6 + 15.4 \times 7) \times 1.26 = 166.8\text{m}$$

管段 AB 的折算长度

$$l_{zh} = l + l_d = 300 + 166.8 = 466.8\text{m}$$

该管段的实际压降

$$\Delta p_{sh} = R_{sh} l_{zh} = 200.72 \times 466.8 = 93696.1 = 0.9 \times 10^5 \text{Pa}$$

（7）根据该管段的始端压力和实际末端压力确定该管段中蒸汽的实际平均密度 ρ'_{pj}，AB 管段的实际末端表压力

$$\Delta p_{SB} = p_{SA} - \Delta p_{sh} = 10 \times 10^5 - 0.9 \times 10^5 = 9.1 \times 10^5 \text{Pa}$$

管段的实际平均密度

$$\rho'_{pj} = \frac{(p_A + p_B)}{2} = \frac{(\rho_{11} + \rho_{10.1})}{2} = \frac{(5.64 + 5.19)}{2} = 5.42\text{kg/m}^3$$

原假设的蒸汽密度 $\rho_{pj}=5.425\text{kg/m}^3$。两者相差很小，不需重新计算。

如果管段实际平均密度 ρ'_{pj} 与原假设的蒸汽平均密度相差较大，则应重新假设 ρ_{pj}，按上述方法重新计算，直到两者相等或差别很小为止。

（8）可用相同方法依次计算主干线其余管段，将主干线各管段的计算结果列于表 10-1 中。

4. 分支管线的水力计算

（1）根据主干线的水力计算结果，主干线与分支管线 CF 的节点 C 处蒸汽表压力为 8.43 $\times 10^5$Pa。分支线 CF 的平均比摩阻为

$$R_{pj} = \frac{(8.43-6)\times 10^5}{100(1+0.8)} = 1350\text{Pa/m}$$

（2）根据分支管线始末端蒸汽压力，确定假设的蒸汽平均密度。分支管线 CF

$$p_c = 9.43 \times 10^5\text{Pa 时}, \rho = 4.85\text{kg/m}^3$$

$$p_F = 7 \times 10^5\text{Pa 时}, \rho = 3.667\text{kg/m}^3$$

$$\rho_{pj} = \frac{4.85+3.667}{2} = 4.258\text{kg/m}^3$$

（3）将平均比摩阻换算成水力计算表 $\rho_b=1\text{kg/m}^3$ 下的平均比摩阻。分支管线 CF

$$R_{bpj} = \rho_{pj}R_{pj} = 4.258 \times 1350 = 5748.63 \quad \text{Pa/m}$$

（4）查表 A39 确定合适的管径，查出表中相应的比摩阻 R_b 和流速 v_b。分支管线 CF：流量 $G = 1.73\text{t/h}$，选用管径 DN65mm，相应的比摩阻 $R_b = 3752.9\text{Pa/m}$，流速 $v_b = 143.48\text{m/s}$。

（5）换算成假设蒸汽密度条件下的实际比摩阻 R_{sh} 和实际流速 v_{sh}。分支管线 CF

$$R_{sh} = \left(\frac{1}{\rho_{pj}}\right)R_b = \frac{3752.9}{4.258} = 881.38\text{Pa/m}$$

$$v_{sh} = \left(\frac{1}{\rho_{pj}}\right)v_b = \frac{143.48}{4.258} = 33.7\text{m/s}$$

（6）计算分支管线的当量长度和折算长度。分支管线 CF：分流三通 1 个，截止阀 1 个，方形补偿器 2 个。查表 A37 确定局部阻力当量长度

$$l_d = 1.26 \times (9.6+6.8\times 2+2) = 31.75\text{m}$$

折算长度

$$l_{zh} = l + l_d = 100 + 31.75 = 131.75\text{m}$$

（7）计算压力损失。分支管线 CF 的压力损失

$$\Delta p_{CF} = R_{sh}l_{zh} = 881.38 \times 131.75 = 1.16 \times 10^5\text{Pa}$$

（8）求分支管线末端的蒸汽表压力。分支管线 CF 末端 F 点的蒸汽表压力

$$p'_F = p_c - \Delta p_{CF} = (8.43-1.16)\times 10^5 = 7.27 \times 10^5\text{Pa}$$

（9）验算平均密度。分支管线 CF 段的平均密度，当 $p=8.27\times 10^5\text{Pa}$ 时，$\rho=4.28\text{kg/m}^3$，则

$$\rho'_{pj} = \frac{4.85+4.28}{2} = 4.57\text{kg/m}^3$$

与假设的平均密度 $\rho_{pj}=4.258\text{kg/m}^3$ 相差过大，需重新计算。

重新计算结果列于表 10-1 中。

最后求出到达热用户 F 的蒸汽表压力为 $7.35\times 10^5\text{Pa}$，满足使用要求。

分支管线 BE 的计算结果见表 10-1。

表 10-1

室外高压蒸汽管网水力计算表

管段编号	蒸汽流量 G_t (t/h)	公称直径 DN (mm)	管段长度 实际长度 l (m)	管段长度 当量长度 l_d (m)	管段长度 折算长度 l_{zh} (m)	管段始端表压力 ×10⁵Pa	管段末端表压力 ×10⁵Pa	假设蒸汽平均密度 ρ_{pj} (kg/m³)	$\rho=1$kg/m³ 条件下 管段平均比摩阻 R_{pj} (Pa/m)	$\rho=1$kg/m³ 条件下 比摩阻 R_b (Pa/m)	$\rho=1$kg/m³ 条件下 流速 v_b (m/s)	平均密度 ρ_{pj} 条件下 比摩阻 R_{sh} (Pa/m)	平均密度 ρ_{pj} 条件下 流速 v_{sh} (m/s)	平均密度 ρ_{pj} 条件下 管段压力损失 Δp_{sh} (×10⁵Pa)	管段末端表压力 p'_m (×10⁵Pa)	实际平均密度 ρ'_{pj} (kg/m³)
1	2	3	4	5	6	7	8	9	10	11	12	13	14	15	16	17
主干线																
AB	7.86	150	300	166.8	466.8	10	9.14	5.425	860.95	1088.88	124.89	200.72	23.02	0.9	9.1	5.42
BC	5.25	125	200	69.1	269.1	9.1	8.53	5.047	847.89	1251.95	118.75	248.06	23.53	0.67	8.43	5.02
CD	3.52	125	200	69.1	269.1	8.43	7.86	4.72	792.96	513.52	79.76	108.8	16.9	0.29	8.14	4.785
								4.785	803.88	513.52	79.76	107.32	16.67	0.29	8.14	4.785
分支线																
BE	2.61	80	100	35.97	135.97	9.1	7	4.675	5454.32	2835.14	137.5	606.45	29.4	0.82	8.28	4.99
								4.99	5817.5	2835.14	137.5	568.18	27.56	0.77	8.33	4.998
CF	1.73	65	100	31.75	131.75	8.43	6	4.258	5748.63	3752.9	143.48	881.38	33.7	1.16	7.27	4.57
								4.57	6169.5	3752.9	143.48	821.2	31.4	1.08	7.35	4.586

局部阻力当量长度:

AB管段　DN150mm
截止阀1个　　24.6×1
方形补偿器7个　15.4×7
局部阻力当量长度 l_d＝1.26×(24.6+15.4×7)
＝166.8m

BC和CD管段　DN125mm
方形补偿器4个　12.5×4
直流三通1个　　4.4×1
异径接头1个　　0.44×1
局部阻力当量长度 l_d＝1.26×(12.5×4+4.4+0.44)
＝69.1m

BE管段　DN80mm
分流三通1个　　2.55×1
截止阀1个　　　10.2×1
方形补偿器2个　7.9×2
局部阻力当量长度 l_d＝1.26×(2.55+10.2+7.9×2)
＝35.97m

CF管段　DN65mm
分流三通1个　　2×1
截止阀1个　　　9.6×1
方形补偿器2个　6.8×2
局部阻力当量长度 l_d＝1.26×(9.6+6.8×2+2)
＝31.75m

第三节　凝结水管网的水力计算

凝结水在凝结水管网中流动时，按凝结水回流动力的不同，分为重力回水、余压回水和加压回水三种方式。室外余压凝结水管网中，流体的流动仍按乳状混合物的满管流进行计算，管网的水力计算方法与室内凝结水管路完全相同。室外余压凝结水管网是指疏水器后到分站凝结水箱或热源凝结水箱之间的管路，管线较长，见图 10-2。

现以一个包括各种流动状况的凝结水管网为例，介绍各种凝结水管网的水力计算方法。

【例题 10-2】　图 10-2 所示为一个余压凝结水回收系统，用汽设备 1 的凝结水计算流量为 2.0 t/h，疏水器前凝结水表压力 $p_1 = 3 \times 10^5 \mathrm{Pa}$，疏水器后的压力 $p_2 = 2 \times 10^5 \mathrm{Pa}$，二次蒸发箱 3 的表压力为 $p_3 = 0.3 \times 10^5 \mathrm{Pa}$，计算管段 $L_1 = 120\mathrm{m}$，疏水器后凝结水的提升高度 $H_1 = 5\mathrm{m}$，二次蒸发箱下面多级水封出口与凝结水箱回形管之间的高差 $h_2 = 3\mathrm{m}$，外网管段长度 $L_2 = 250\mathrm{m}$，分站闭式凝结水箱 5 内的压力为 $p_4 = 0.3 \times 10^5 \mathrm{Pa}$，试确定各部分凝结水管管径。

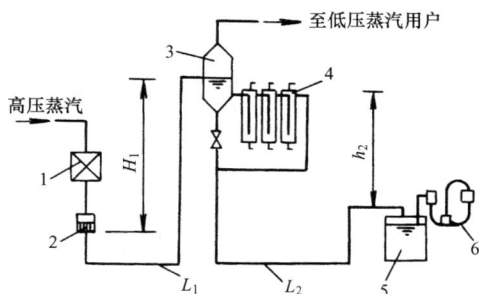

图 10-2　凝结水回收系统

1—用汽设备；2—疏水器；3—二次蒸发箱；4—多级水封；5—分站凝结水箱；6—安全水封

解　1. 疏水器出口至二次蒸发箱（或高位水箱）之间的管段

（1）确定管段内汽水混合物的密度。由于凝结水通过疏水器时会形成二次蒸汽，再加上疏水器漏汽的影响，该管段内凝结水的流动状态属于复杂的汽液两相流动。工程设计中认为疏水器之后的余压凝结水管路中的凝结水属于满管流的乳状混合物。可用下式计算乳状混合物的密度

$$\rho_h = 1/v_h = \frac{1}{x(v_q - v_s) + v_s} \quad \mathrm{kg/m} \tag{10-3}$$

$$x = x_1 + x_2$$

式中　v_h——汽水混合物的比体积，$\mathrm{m^3/kg}$；

v_q——二次蒸发箱或闭式凝结水箱压力下饱和蒸汽的体积，$\mathrm{m^3/kg}$；

v_s——凝结水的比体积，可近似取 $0.001\mathrm{m^3/kg}$；

x——1kg 汽水混合物中所含蒸汽的质量百分数，$\mathrm{kg/kg}$；

x_1——疏水器的漏汽率（百分数），与疏水器类型、产品质量、工作条件和管理水平有关，一般可取 $0.01 \sim 0.03$；

x_2——凝结水流经疏水器阀孔及在管内流动时，由于压力下降而产生的二次蒸汽量，$\mathrm{kg/kg}$。

该例题中疏水器的漏汽率 x_1 取为 0.02。

沿途产生的二次蒸汽量 x_2，可以利用下列公式计算

$$x_2 = \frac{h_1 - h_3}{r_3}$$

式中　h_1——疏水器前压力 p_1 下饱和凝结水的焓，kJ/kg；

h_3——二次蒸发箱或闭式凝结水箱压力 p_3 下饱和凝结水的焓，kJ/kg；

r_3——二次蒸发箱或凝结水箱压力下蒸汽的汽化潜热，kJ/kg，可查表 A40 确定。

二次蒸汽量 x_2 也可查表 A41 确定。

该例题疏水器前的绝对压力 $p_1＝（3＋1）×10^5\text{Pa}＝4×10^5\text{Pa}$

二次蒸发箱的绝对压力 $p_3＝（1＋0.3）×10^5\text{Pa}＝1.3×10^5\text{Pa}$

查表 A41，二次蒸汽量 $x_2＝0.069\text{kg/kg}$

该余压凝水管段中的蒸汽量

$$x＝x_1＋x_2＝0.02＋0.069＝0.089\text{kg/kg}$$

v_q 为二次蒸发箱压力下饱和蒸汽的比体积，二次蒸发箱表压力为 $0.3×10^5\text{Pa}$，查表 A40，得 $v_q＝1.333\text{m}^3/\text{kg}$。

汽水混合物的密度

$$\rho_h＝\frac{1}{v_h}＝\frac{1}{x(v_q-v_s)+v_s}＝\frac{1}{0.089(1.333-0.001)+0.001}＝8.365\text{kg/m}^3$$

（2）计算该管段平均比摩阻

$$R_{pj}＝\frac{p_2-p_3-\rho_h gh}{\sum L}\cdot(1-\alpha)\quad\text{Pa/m}\tag{10-4}$$

式中　α——局部阻力与总阻力损失的比例，查表 A24，常取 $\alpha＝0.2$。

该式中 ρ_h 应为已计算出汽水混合物的密度，但计算平均比摩阻时，从安全角度出发，考虑系统重新启动时管路中会充满凝结水，所以取 $\rho_h＝1000\text{kg/m}^3$，因此

$$R_{pj}＝\frac{2×10^5-0.3×10^5-1000×9.81×5}{120}×(1-0.2)＝806.3\text{Pa/m}$$

（3）确定管径。将平均比摩阻 R_{pj} 换算成表 A42 的凝结水水力计算表制表条件下的平均比摩阻 R_{bpj}，再查水力计算表确定管径。

如果余压凝结水管路中汽水混合物的密度 ρ_h 和管壁的绝对粗糙度 K 与水力计算表中规定的介质密度 ρ_b 和管壁的绝对粗糙度 K_b 不同，需要将实际平均比摩阻 R_{pj} 换算成制表条件下的平均比摩阻 R_{bpj}。

闭式凝结水系统，凝结水管道的实际绝对粗糙度 $K＝0.5\text{mm}$；开式凝结水系统，凝结水管道的实际绝对粗糙度 $K＝1.0\text{mm}$。表 A42 凝结水管径水力计算表制表条件为 $\rho＝10\text{kg/m}^3$、$K_b＝0.5\text{mm}$。

该例题中疏水器至二次蒸发箱之间的闭式凝结水管路中汽水混合物的密度 ρ_h 与制表密度不同，平均比摩阻需要换算

$$R_{bpj}＝\left(\frac{\rho_h}{\rho_b}\right)R_{pj}＝\left(\frac{8.365}{10}\right)×806.3＝674.47\text{Pa/m}$$

该管段凝结水的计算流量 $G＝2\text{t/h}$，查表 A42，选用管径 $\phi76×3\text{mm}$，表中 $R_b＝504.2\text{Pa/m}$，$v＝14.45\text{m/s}$。

（4）将表 A42 中平均比摩阻 R_b 和流速 v_b 换算成实际比摩阻 R_{sh} 和流速 v_{sh}

$$R_{sh}＝\left(\frac{\rho_b}{\rho_h}\right)R_b＝\left(\frac{10}{8.365}\right)×504.2＝602.75\text{Pa/m}<806.3\text{Pa/m}$$

$$v_{sh}＝\left(\frac{\rho_b}{\rho_h}\right)v_b＝\left(\frac{10}{8.365}\right)×14.45＝17.27\text{m/s}$$

至此，该管段计算结束。

2. 从二次蒸发箱至分站凝结水箱之间的管段

（1）确定该管段的作用压力 Δp。该管段中凝结水全部充满管路，靠二次蒸发箱与凝结水箱之间的压力差和水面高差而流动，该管段是湿式凝结水管。计算该管段的作用压力 Δp 时，应按最不利情况计算，也就是将二次蒸发箱看成是开式水箱，设其表压力 $p_3 = 0$，则该管段的作用压力 Δp 可用下式计算

$$\Delta p = \rho_h g h_2 - p_4 \quad \text{Pa/m} \tag{10-5}$$

式中　h_2——二次蒸发箱（或高位水箱）水面与凝结水箱回形管顶的标高差，m；

　　　p_4——凝结水箱的表压力，Pa，对于开式凝结水箱，表压力 $p_4 = 0$，对于闭式凝结水箱，表压力应为安全水封限制的压力；

　　　ρ_h——管段中凝结水密度，对于不再汽化的过冷凝结水取 $\rho_h = 1000\text{kg/m}^3$；

　　　g——重力加速度，$g = 9.81\text{m/s}^2$。

该设计中将式（10-5）变成

$$\Delta p = \rho_h g (h_2 - 0.5) - p_4$$

式中的 0.5m 为富裕值，是为了防止管段内产生虹吸作用使多级水封的最后一级失效而设置的，即

$$\Delta p = 1000 \times 9.81 \times (3 - 0.5) - 0.3 \times 10^4 = 21525\text{Pa}$$

（2）计算该管段的平均比摩阻 R_{pj}

$$R_{pj} = \frac{\Delta p}{L_2(1 + \alpha_j)}$$

α_j 是室外凝结水管网中局部损失与沿程损失的比值，查表 A38，取 $\alpha_j = 0.6$

$$R_{pj} = \frac{21525}{250(1 + 0.6)} = 53.8\text{Pa/m}$$

（3）确定管径。从用户系统的疏水器到热源或凝结水分站处的凝结水箱之间的管道，因是凝结水满管流动的湿式凝结水管，可查表 A36 确定管径。

该设计中该管段按流过最大冷却凝结水量考虑 $G = 2\text{t/h}$，查表 A36，选用管径 DN50mm，比摩阻 $R = 31.9\text{Pa/m} < 53.8\text{Pa/m}$，流速 $v = 0.3\text{m/s}$。

至此，该管段计算结束。

具有多个疏水器并联工作的余压凝结水管网进行水力计算时，首先也应进行主干线的水力计算，通常从凝结水箱的总干管开始进行主干线各管段的水力计算，直到最不利用户。各管段中，也需要逐段求出汽水混合物的密度。但在实际计算中，从偏于设计安全考虑，通常以管段末端的密度作为管段汽水混合物的平均密度。

主干线各计算管段的二次蒸汽量，可用下式计算

$$x = \frac{\sum G_i x_i}{\sum G_i} \quad \text{kg/kg} \tag{10-6}$$

式中　x_i——计算管段所连接的用户，由于凝结水压降产生的二次蒸汽量，kg/kg；

　　　G_i——计算管段所连接的用户的

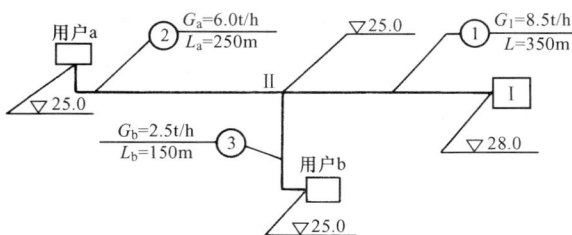

图 10-3　［例题 10-3］附图

凝结水计算流量，t/h。

【例题 10-3】 某厂区余压凝结水回收系统如图 10-3 所示，用户 a 的凝结水计算流量 G_a =6.0t/h；疏水器前的凝结水表压力 p_{a1}=3.0×10^5Pa。用户 b 的凝结水计算流量 G_b = 2.5t/h，疏水器前的凝结水表压力 p_{b1}=2.5×10^5Pa。各管段管线长度标于图中，凝结水借疏水器后的压力集中输送回热源处的开式凝结水箱Ⅰ。总凝结水箱回形管与疏水器之间的标高差为 1.0m，试进行各管段水力计算。

解　1. 确定主干线和允许的平均比摩阻

从用户 a 到总凝结水箱Ⅰ的管线允许的平均比摩阻最小，为主干线。其平均比摩阻为

$$R_{pj} = \frac{10^5(p_{a2}-p_I)-(H_I-H_a)\rho_h g}{\Sigma l(1+\alpha_j)} \quad \text{Pa/m} \tag{10-7}$$

其中 p_{a2} 为用户 a 疏水器之后的背压，p_{a2}=0.5p_{a1}

$$R_{pj} = \frac{10^5(3\times0.5-0)-(28-25)\times1000\times9.81}{(350+250)(1+0.6)} = 125.59\text{Pa/m}$$

2. 管段①的水力计算

(1) 确定管段①凝结水中的二次蒸汽量

$$x_2 = \frac{G_a x_a + G_b x_b}{G_a + G_b} \quad \text{kg/kg}$$

根据用户 a 疏水器前的表压力为 3.0×10^5Pa，热源处开式水箱的表压力为 0，查表 A41，得 x_{a2}=0.083kg/kg；同理查得 x_{b2}=0.074kg/kg。因此

$$x_2 = \frac{6\times0.083+2.5\times0.074}{6+2.5} = 0.08\text{kg/kg}$$

加上疏水器的漏汽率 x_1=0.02kg/kg，管段①中凝结水的含汽量

$$x = 0.08+0.02 = 0.1\text{kg/kg}$$

(2) 求该管段汽水混合物的密度 ρ_h。凝结水箱表压力 p_1=0 时，查表 A40，饱和蒸汽的比体积 v_q=1.6946m^3/kg，因此汽水混合物的密度为

$$\rho_h = \frac{1}{x(v_q-v_s)+v_s} = \frac{1}{0.1(1.6946-0.001)+0.001} = 5.87\text{kg/m}^3$$

(3) 计算管径。将管段流量 G_1=8.5t/h，管壁的绝对粗糙度 K=1.0mm，密度 ρ_h= 5.87kg/m 代入式（8-2）中，可求出相应 R_{pj}=125.59Pa/m 时的理论管内径 d_{ln}，即

$$R = 6.88\times10^{-3}K^{0.25}\frac{G^2}{\rho d^{5.25}}$$

得到

$$d_{ln} = 0.249\text{m}$$

(4) 确定管段的实际管径、实际比摩阻和实际流速。选用接近管内径 d_{ln} 的管径规格为

$$(D_w\times\delta)_{sh} = 273\text{mm}\times7\text{mm}$$

管子的实际内径

$$d_{sh} = 259\text{mm}$$

管中的实际比摩阻

$$R_{sh} = \left(\frac{d_{ln}}{d_{sh}}\right)^{5.25}R_{pj} = \left(\frac{0.249}{0.259}\right)^{5.25}\times125.59 = 102.14\text{Pa/m}$$

管中的实际流速

$$v_{sh} = \frac{1000G}{900\pi d_{sh}^2 \rho_h} = \frac{1000 \times 8.5}{900\pi \times (0.259)^2 \times 5.87} = 7.64 \text{m/s}$$

（5）确定管段①的压力损失和节点Ⅱ的压力。管段①的实际长度 $l = 350$m，局部损失与沿程损失的比值 $\alpha_j = 0.6$，则其折算长度为

$$l_{zh} = l(1 + \alpha_j) = 350(1 + 0.6) = 560 \text{m}$$

该管段的压力损失

$$\Delta p_① = R_{sh} l_{zh} = 102.14 \times 560 = 0.57 \times 10^5 \text{Pa}$$

节点Ⅱ（计算管段①的始端）表压力为

$$p_Ⅱ = p_Ⅰ + \Delta p_① + (H_Ⅰ - H_Ⅱ)\rho_h g$$

$$= 0 + 0.57 \times 10^5 + (28 - 25) \times 1000 \times 9.81 = 0.86 \times 10^5 \text{Pa}$$

3. 管段②的水力计算

管段②疏水器前的绝对压力 $p_{b1} = 4.0 \times 10^5$Pa，节点Ⅱ处的绝对压力 $p_Ⅱ = 1.86 \times 10^5$Pa，根据公式 $x_2 = \dfrac{i_2 - i_3}{r_3}$ 得出

$$x = (i_{4.0} - i_{1.86})/r_{1.86} = (604.7 - 494.9)/2208.64 = 0.05 \text{kg/kg}$$

设 $x_1 = 0.02$，则管段②的凝结水含汽量 x 为

$$x = 0.05 + 0.02 = 0.07 \text{kg/kg}$$

汽水混合物的密度为

$$\rho_h = \frac{1}{0.07(0.9412 - 0.001) + 0.001} = 14.97 \text{kg/m}^3$$

按上述方法和步骤，可计算出理论管内径 $d_{ln} = 0.18$m，选用管径为 $(D_w \times \delta)_{sh} = 219 \times 6$mm，实际管内径为 $d_{sh} = 207$mm。

计算结果列于表 10-2 中。

用户 a 疏水器的背压为 1.5×10Pa，稍大于表 10-2 中计算得出的主干线始端表压力 $p_h = 1.116 \times 10^5$Pa。

主干线水力计算即可结束。

4. 分支线③的水力计算

分支线平均比摩阻按下式计算

$$R_{pj} = \frac{10^5(p_{b2} - p_Ⅱ) - (H_Ⅱ - H_{b2})\rho_h g}{\sum L(1 + \alpha_j)} = \frac{10^5(2.5 \times 0.5 - 0.86)}{150(1 + 0.6)} = 162.5 \text{Pa/m}$$

按上述步骤和方法，可得出该管段汽水混合物的密度 $\rho_h = 17.42$kg/m，得出理论管内径 $d_{ln} = 0.121$m，选用管径为 $(D_w \times \delta)_{sh} = 133$mm $\times 4$mm，实际管内径 $d_{sh} = 125$mm。

计算结果见表 10-2。

用户 b 的疏水器背压 $p_{b2} = 1.25 \times 10^5$Pa，稍大于表 10-2 中计算得出的管段始端表压力 $p_m = 1.19 \times 10^5$Pa。

整个水力计算结束。

表 10-2 　　　　　余压凝水管网水力计算表

管段编号	凝结水流量 G (t/h)	疏水器前凝结水表压力 p_{b1} (×10^5 Pa)	管段末端和始端高差 H_s-H_m (m)	管段末端表压力 p (×10^5 Pa)	管段长度 m 实际长度 l (m)	α_j	折算长度 l_{zh} (m)	管段的平均比摩阻 R_{pj} (Pa/m)	管段汽水混合物的密度 ρ_h (kg/m³)	理论管内径 d_{ln} (m)	选用管径 $(D_w×\delta)_{sh}$ (mm)	选用管内径 d_{sn} (mm)	实际比摩阻 R_{sh} (Pa/m)	实际流速 v (m/s)	实际压力损失 Δp (×10^5 Pa)	管段始端表压力 p (×10^5 Pa)	管段累计压力损失 Δp (×10^5 Pa)
1	2	3	4	5	6	7	8	9	10	11	12	13	14	15	16	17	18
主干线																	
管段 1	8.5		3	0	350	0.6	560	125.59	5.87	0.249	273×7	259	102.14	7.64	0.57	0.86	0.57
管段 2	6	3	0	0.86	250	0.6	400	125.59	14.97	0.182	219×6	207	63.9	3.31	0.256	1.116	0.826
分支线																	
管段 3	2.5	2.5	0	0.86	150	0.6	240	162.5	17.42	0.121	133×4	125	136.99	3.25	0.33	1.19	0.9

第十一章　供热管道的敷设和保温

集中供热系统的供热管网是由将热媒从热源输送和分配到各热用户的管线系统所组成。供热管线的敷设分为地上敷设和地下敷设两大类型。供热管线的构成包括：供热管道及其附件、保温结构、补偿器、管道支座及地上敷设的管道支架、操作平台和地下敷设的地沟、检查室等构筑物。

第一节　供热管网布置

供热管网的布置有两项内容：①平面布置，即选定合理的管网形式及供热管线的平面位置的确定（即"定线"）。②纵向布置，包括管网的埋深或架空高度、坡度、坡向等。

一、供热管道平面布置的类型

输热管道平面布置图示与热媒种类、热源与热用户间的相互位置及热负荷的变化特征有关，主要有枝状和环状两大类。

因为蒸汽热用户比较集中，分布区域较小，故蒸汽供热管道经常设计成枝状，如图11-1所示。

枝状管网比较简单，造价较低，运行管理较方便，管径随着热源距离的增加而减小。其缺点是没有供热的后备性能，即当网路上某处发生事故时，在损坏地点以后的所有热用户，供热均被断绝。

当车间允许短时间停止供热以消除热网管道事故时，这个工业区可以敷设单管的枝状管网。若车间不允许哪

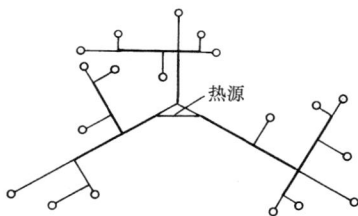

图 11-1　枝状管网

怕是极短时间中断供热，则可采用复线的枝状蒸汽管道。复线管网每根管负担50％的负荷。这样，管网造价和金属消耗都将增大。一旦发生管道事故，可以提高蒸汽的初压力，使通过一根管道的汽量仍保持为所需汽量的90％～100％。复线枝状管网大都用于供汽量大而负荷性质重要的工业区。

热水供热系统的分枝多，热负荷分布区域广，管网上发生事故时，因为热用户多是供暖通风及生活热水供应负荷，故通常允许有若干小时的停供修复时间；但水网消除事故所需时间较长，工作量大。因此，对于小型的热水管网，其热水主干管的管径不大，且热源位于供热区域的中心地带时，可以作成枝状。这种管网当然无供热的后备性能。当城市较大，需建造中型或大型热水管网时，为了提高热网的后备性，可以作成环状管网，如图 11-2 所示。这种热水管网通常做成两级形式：第一级为热水主干线，作成环状；第二级为热用户的分布管网，仍作成枝

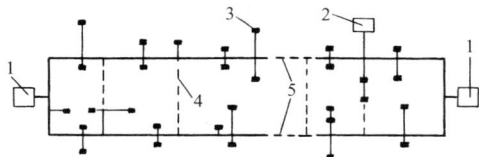

图 11-2　环状管网

1—热源；2—后备热源；3—集中热力点；
4—热网后备旁通管；5—热源后备旁通管

状。两级管网通过集中热力站直接或间接连接。环状管网的旁通管，在正常工作情况下，可以设计成开启阀门与关闭阀门两类。环状管网的主要优点是具有供热的后备性能，但它往往比枝状网路的投资和钢材消耗都大得多。

二、供热管道定线原则

确定供热管道在平面上的位置叫"定线"。定线工作主要以厂区或街区的总平面布置，建筑区域的气象、水文、地质、地形，以及地上、地下的建筑物和构筑物（铁路、公路、其他管道、电缆等设施）的现状和发展规划作为依据，要考虑热网的经济、合理，施工和维修管理方便等因素。具体来说，供热管线的定线原则是：

（1）经济上合理。主干线力求短直，使金属消耗最少，施工也简便。主干线尽量走热负荷集中区。要注意管线上必要的阀门（如分段阀、分支阀、放气阀、排水阀等）及附件（补偿器、疏水器等）的合理布置，因为它们涉及检查井的位置和数量，而检查井的数量应力求最少。

（2）技术上可靠。供热管线应尽量避开土质松软地区、地震断裂带、滑坡危险地带及地下水位高等不利地段。

（3）对周围环境影响少而协调。供热管线应少穿主要交通线，一般平行于道路中心线并应尽量敷设在车行道以外的地方。通常情况下管线应只沿街道的一侧敷设。地上敷设的管道，不应影响城市环境美观，不妨碍交通。供热管道与各种管道、构筑物应协调安排，相互之间的距离，应能保证运行安全、施工及检修方便。

供热管道与建筑物、构筑物或其他管线的最小水平净距和最小垂直净距，可参见有关规范的规定。

图 11-3 是一个厂区供热管网平面布置实例。这是一个蒸汽供热系统。各车间的名称及用汽性质已标注在图上。全年性的生产、生活用汽与季节性的供暖通风用汽分管输送，共用一根总的凝结水管。

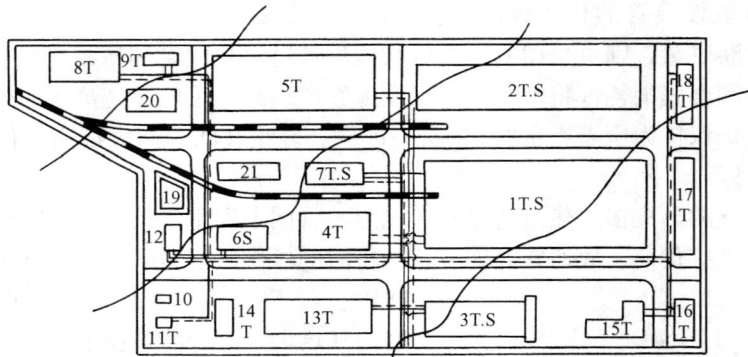

图 11-3　厂区供热管网平面布置实例

1—主厂房；2—焊接车间；3—线圈车间；4—工具修配间；5—铸工车间；6—锻工车间；

7—木工车间；8—氧气站；9—压缩空气站；10—电工库；11—乙炔站；12—锅炉房；

13—总仓库；14—易燃材料库；15—中央实验室；16—食堂；17—办公楼；18—汽车库；

19—煤场；20—废料库；21—木材堆

S—生产、生活用热负荷；T—供暖通风用热负荷供热管线确定后，根据室外地形图，制订纵断面图和地形竖向规划与施工图设计。在纵断面图上应标注：地面的设计标高、原始标高、现状与设计的交通线路和构筑物的标高，以及各段热网的坡度等。图 11-4 所示为不通行地沟的地下敷设供热管道的路线与纵断面图的例子。

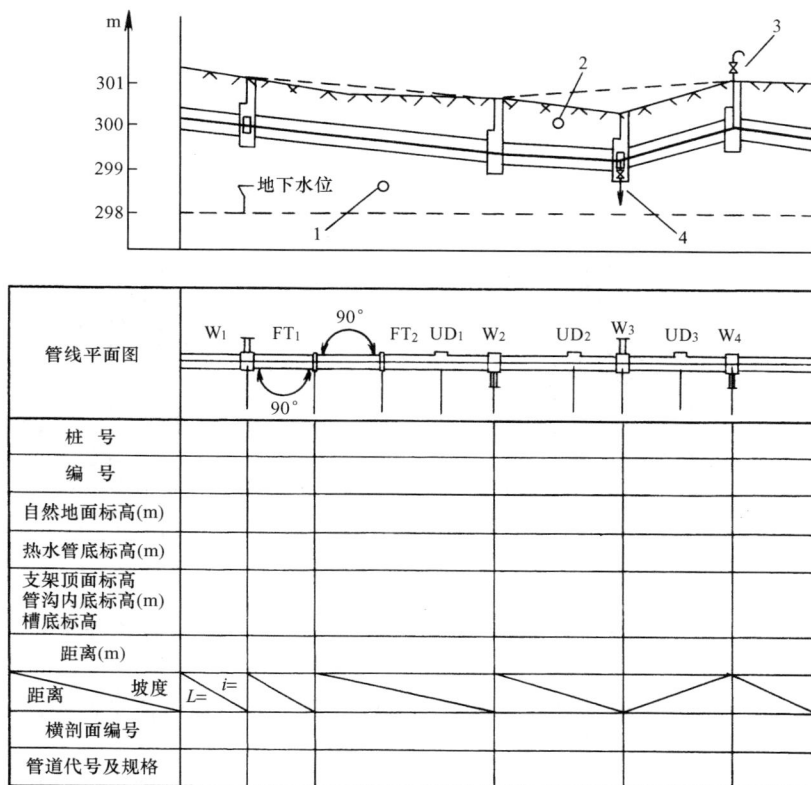

管线平面图	W₁	FT₁	90°	FT₂	UD₁	W₂	UD₂	W₃	UD₃	W₄		
桩　号												
编　号												
自然地面标高(m)												
热水管底标高(m)												
支架顶面标高 管沟内底标高(m) 槽底标高												
距离(m)												
距离　　坡度	$L=$	$i=$										
横剖面编号												
管道代号及规格												

图 11-4　热网管段的纵剖面图
1—雨水道、下水道；2—电缆；3—空气阀；4—放水阀
W—检查室；FT—固定支架；UD—方形补偿器穴

第二节　室外供热管道的敷设方式

室外供热管网是集中供热系统中投资份额较大，施工最繁重的部分。合理地选择供热管道的敷设方式及做好管网的定线工作，对节省投资、保证热网安全可靠地运行和施工维修方便等，都有重要的意义。

供热管道敷设是指将供热管道及其附件按设计条件组成整体并使之就位的工作。供热管道的敷设形式，可分为地上（架空）敷设和地下敷设两类。

一、地上敷设

管道敷设在地面上或附墙支架上的敷设方式。按照支架的高度不同，可有以下三种地上敷设形式。

（一）低支架（见图 11-5）

在不妨碍交通，不影响厂区扩建的场合，可采用低支架敷设。通常是沿着工厂的围墙或平行于公路或铁路敷设。为了避免雨雪的侵袭，低支架敷设时，供热管道保温结构底距地面净高不得小于 0.3m。

低支架敷设可以节省大量土建材料，建设投资小、施工安装方便、维护管理容易，但其适用范围太窄。

（二）中支架（见图 11-6）

在人行频繁和非机动车辆通行地段，可采用中支架敷设。管道保温结构底距地面净高为 2.0～4.0mm。

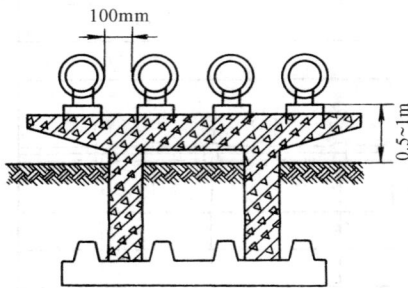

图 11-5　低支架示意图　　　　图 11-6　中、高支架示意图

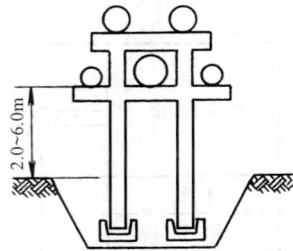

（三）高支架（见图 11-6）

管道保温结构底距地面净高为 4m 以上，一般为 4.0～6.0m。在跨越公路、铁路或其他障碍物时采用。

地上敷设的供热管道可以和其他管道敷设在同一支架上，但应便于检修，且不得架设在腐蚀性介质管道的下方。

地上敷设所用的支架按其构成材料可分为砖砌、毛石砌、钢筋混凝土结构（预制或现场浇筑）、钢结构和木结构等。目前，国内常用的是钢筋混凝土支架，它较为坚固耐用，并能承受较大的轴向推力。

支架多采用独立式支架，如图 11-5 和图 11-6 所示。为了加大支架间距，有时采用一些辅助结构，如在相邻的支架间附加纵梁、桁架、悬索、吊索等，从而构成组合式支架。

支架按力学特点可分为刚性支架、柔性支架和铰接支架。

刚性支架的特点是支架柱脚与基础嵌固连接。柱身刚度大，柱顶变位小，不随管道的热伸长移动，因而承受管道的水平推力（摩擦力）较大。刚性支架的构造简单、工作可靠，是采用较多的一种。

柔性支架的特点是支架柱脚与基础嵌固，但柱身沿管道轴向柔度较大，柱顶变位可以适应管道的热位移。因此，支柱承受的弯矩较小，柱身沿管道横向刚度较大，仍视为刚性支架。

铰接支架的特点是支架柱脚与基础沿管轴向为铰接，横向为固接。因此，柱身可随管道的伸缩而摆动，支柱仅承受管道的垂直荷载，柱子横截面和基础尺寸可以减小。

供热管道地上敷设是较为经济的一种敷设方式。它不受地下水位和土质的影响，便于运行管理，易于发现和消除故障；但占地面积较多，管道的热损失较大，易影响城市美观。

地上敷设通常适用于下列场合：地下水位较高、年降雨量大、土质为湿陷性黄土或腐蚀性土壤；选用地下敷设时，必须进行大量土石方工程或地形复杂的地段；地下设施密度大，难以采用地下敷设的地段；或在工业企业中有其他管道，可共架敷设的场合。

二、地下敷设

地下敷设不影响市容和交通，因而地下敷设是城镇集中供热管道广泛采用的敷设方式。

（一）地沟敷设

地沟是地下敷设管道的围护构筑物。地沟的作用是承受土压力和地面荷载并防止水的侵入。

地沟分砌筑、装配和整体类型。砌筑地沟采用砖、石或大型砌体砌筑墙体，配合钢筋混凝土预制盖板。装配式地沟一般用钢筋混凝土预制构件现场装配，施工速度较快。整体式地沟用钢筋混凝土现场灌筑而成，防水性能较好。地沟的横截面常作成矩形或拱形。

根据地沟内人行通道的设置情况，分为通行地沟、半通行地沟和不通行地沟。

1. 通行地沟

通行地沟是工作人员可以在地沟内直立通行的地沟。通行地沟内，可采用单侧布管或双侧布管（见图 11-7）两种方式。通行地沟人行通道的高度不低于 1.8m，宽度不小于 0.6m，并应允许地沟内最大直径的管道通过通道。

为便于运行管理人员出入和安全，装有蒸汽管道的通行地沟每隔 100m 应设一个事故人孔，无蒸汽管道的通行地沟，每隔 200m 设一个事故人孔。对整体混凝土结构的通行地沟，每隔 200m 设一个事故人孔。对整体混凝土结构的通行地沟，每隔 200m 宜设一个安装孔，以便检修人员更换管道。

通行地沟应设置自然通风或机械通风，以便在检修时，保持地沟内温度不超过 40℃。在经常有人工作的通行地沟内，要有照明设施。

通行地沟用在供热管道比较大，管道数目比较多，或与其他管道共沟敷设及用在不允许开挖检修的地段。通行地沟的主要优点是操作人员可在地沟内进行管道的日常维修以致大修更换管道，但其造价高。

2. 半通行地沟（见图 11-8）

在半通行地沟内，留有高度为 1.2～1.4m，宽度不小于 0.5m 的人行通道。操作人员可以在半通行地沟内检查管道和进行小型修理工作，但更换管道等大修工作仍需挖开地面进行。当无条件采用通行地沟时，可用半通行地沟代替，以利于管道维修和判断故障地点，缩小大修时的开挖范围。

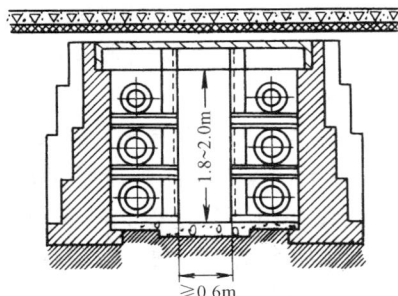

图 11-7　通行地沟

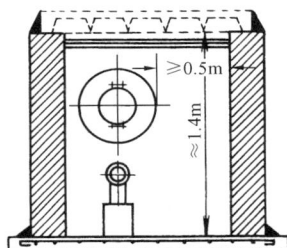

图 11-8　半通行地沟

3. 不通行地沟（见图 11-9）

不通行地沟的横截面较小，只需保证管道施工安装的必要尺寸。不通行地沟的造价较低，占地较小，是城镇供热管道经常采用的地沟敷设形式。其缺点是管道检修时必须掘开地面。

上面介绍的地沟形式，都属于砌筑地沟。图 11-10 所示为预制钢筋混凝土椭圆拱形地沟，它可以是通行或不通行的。图 11-11 所示为整体式钢筋混凝土综合管沟。在综合管沟内，热力管道可以和上水管道、电压 10kV 以下的电力电缆、通信电缆、压缩空气管道、压力排水管道和重油管道一起敷设。

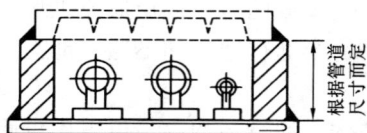

图 11-9　不通行地沟

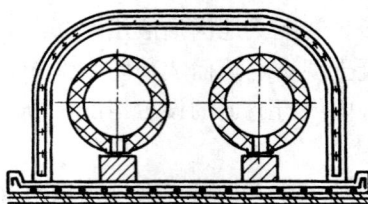

图 11-10　预制钢筋混凝土椭圆拱形地沟

为便于管道安装和维修，各种地沟的净高、人行通道宽度及管道保温表面离地沟内表面的最小尺寸，应按表 A43 的规定设计。地沟盖板的覆土深度，不应小于 0.2m。

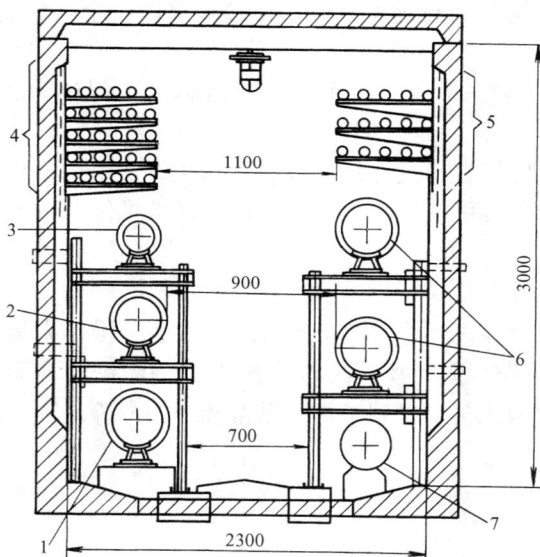

图 11-11　整体式钢筋混凝土综合管沟示意图
1、2—供水管与回水管；3—凝结水管；4—电话电缆；
5—动力电缆；6—蒸汽管道；7—自来水管

供热管道地沟内积水时，极易破坏保温结构，增大散热损失，腐蚀管道，缩短管道使用寿命。为防止地面水渗入，地沟壁内表面宜用防水砂浆粉刷。地沟盖板之间、地沟盖板与地沟壁之间要用水泥砂浆或沥青封缝。地沟盖板横向应有 0.01～0.02 的坡度；地沟底应有纵向坡度，其坡向与供热管道坡向相一致，不宜小于 0.002，以便渗入地沟内的水流入检查室的集水坑内，然后用水泵抽出。如地下水位高于地沟底，应考虑采用更可靠的防水措施，甚至采用在地沟外面排水来降低地下水位的措施。常用的防水措施是在地沟壁外表面敷以防水层。防水层用沥青粘贴数层油毛毡并外涂沥青或在外面再增加砖护墙。

（二）无沟（直埋）敷设

无沟（直埋）敷设是供热管道直接埋设于土壤中的敷设形式。在热水供热管网中，无沟敷设在国内外已得到广泛地应用。目前，最多采用的形式是供热管道、保温层和保护外壳三者紧密黏结在一起，形成整体式的预制保温管结构形式，如图 11-12 所示。

预制保温管（也称为"管中管"）供热管道的保温层，多采用硬质聚氨酯泡沫塑料作为保温材料。它是由多元醇和异氢酸盐两种液体混合发泡固化形成的。硬质聚氨酯泡沫塑料的密度小、热导率低、保温性能好、吸水性小，并具有足够的的机械强度；但耐热温度不高。根据国内标准要求，其密度为 $60\sim80kg/m^3$，热导率 $\lambda\leqslant0.027W/(m\cdot℃)$，抗压强度不小于 $200kPa$，吸水性 $g\leqslant0.3kg/m^2$，耐热温度不超过 $120℃$。

预制保温管保护外壳多采用高密度聚乙烯硬质塑料管。高密度聚乙烯具有较高的力学性能，耐磨损、抗冲击性能较好；化学稳定性好，具有良好的耐腐蚀性和抗老化性能；它可以焊接、便于施工。根据国家标准：高密度聚乙烯

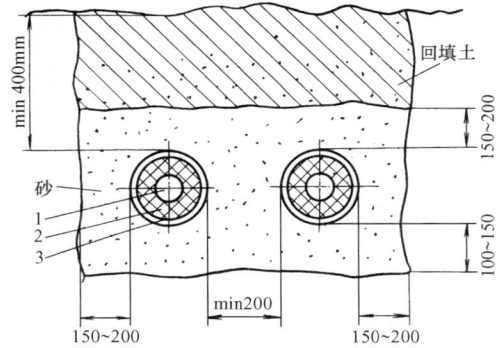

图 11-12　预制保温管直埋敷设示意图
1—钢管；2—聚氨酯硬质泡沫塑料保温层；
3—高密度聚乙烯保温外壳

外壳的密度不小于 $940kg/m^3$，拉伸强度不小于 $20MPa$，断裂伸长率不小于 350%。

目前国内也有用玻璃钢作为预制保温管保护外壳的。它造价低些，但抗老化性能劣于高密度聚乙烯。

预制保温管在工厂或现场制造。预制保温管的两端，留有约 200mm 长的裸露钢管，以便在现场管线的沟槽内焊接，最后将接口处作保温处理。

施工安装时在管道槽沟底部要预先铺 $100\sim150mm$ 厚的 $1\sim8mm$ 粗砂砾夯实，管道四周填充砂砾，填砂高度为 $100\sim200mm$ 后，再回填原土并夯实。目前，为节约材料费用，国内也有采用四周回填无杂物的净土的施工方式。

上述整体式预制保温管直埋敷设与地沟敷设相比较，具有下述优点：

（1）无沟敷设不需砌筑地沟，土方量及土建工程量减小，管道预制，现场安装工作量减少，施工进度快，因此可节省供热管网的投资费用。

（2）无沟敷设占地面积小，易于与其他地下管道和设施相协调。此优点在老城区、街道窄小、地下管线密集的地段敷设供热管网时更为明显。

（3）整体式预制保温管严密性好，水难以从保温材料与钢管之间渗入，管道不易腐蚀。根据国外资料，认为可保证其使用寿命达 50 年以上，远高于地沟敷设。

（4）据整体式预制保温管受土壤摩擦力约束的特点，实现了无补偿直埋敷设方式，在管网直管段上，可以不设置补偿器和固定支座，简化了管网系统和节省基建费用。

（5）以聚氨酯作为保温材料，热导率小，供热管道散热损失小于地沟敷设。

（6）预制保温管结构简单，采用工厂预制，易于保证工程质量。

近年来，直埋敷设在我国得到迅速发展。可以预期，它将成为今后热水供热管网的主要敷设方式。目前，也存在一些问题尚待解决，如国内聚氨酯原材料价格较高，不能更好地发挥与地沟敷设相比在经济方面的优越性；现场预制保温管的质量，特别是整体性质量方面有待提高；直埋敷设的使用寿命仍有待实践验证；发现直埋敷设管道泄漏技术的开发等等。关于发现泄漏问题，国外采用在保温层内增设检漏信号导线技术，能及时地发现管道的泄漏故障和所在位置。总之，编制一整套适合我国国情的直埋敷设管道的生产、设计和施工技术规范和标准，应是当务之急。

除了以聚氨酯作为保温材料以外，国内还有以沥青珍珠岩作为保温材料的。它是将沥青加热掺入珍珠岩，然后在钢管上挤压成型的。在保温层外面，再包裹沥青玻璃布防水层。与以聚氨酯作为保温材料的管道相比，它具有造价低，耐温高（可达 150℃）的优点，但其强度低些，在运输吊装或施工中，易产生环状及纵向裂缝，而且在接口处保温处理不如采用聚氨酯方便。

除整体式预制保温管直埋敷设方式外，还有采用填充式或浇灌式的直埋敷设方式。它是在供热管道的沟槽内填充散状保温材料或浇灌保温材料（如浇灌泡沫混凝土）的敷设方式。由于难以防止水渗入而腐蚀钢管，因而目前应用较少。

根据国内外文献介绍及实际应用，直埋管道的敷设有两种方式：无补偿方式及有补偿方式。

1. 无补偿方式直埋管道

无补偿直埋管道敷设设计，国内外是建立在两种不同的理论基础之上：一种是安定性分析理论；另一种是弹性分析理论。

（1）安定性分析理论。安定性分析理论是 20 世纪 60 年代由美国机械工程师协会提出的，按应力分类法和塑性力学中安定性分析概念为基础的新的强度设计规范（简称 ASME 规范）。该规范所采用的应力分为一次应力、二次应力及峰值应力。

由热力管道内压及外荷载产生的应力为一次应力，此应力不是自限性的。由温差引起的热应力称为二次应力，这种应力是自限性的。上述规范对不同应力规定不同的应力强度限制值，在设计计算中以一次应力和二次应力的组合形式来进行校核。

实践证明，对于 DN500mm 以下热力管道的敷设，采用这种理论进行设计是可行的，也是最简单的，并证明温度为 150℃ 以下的直埋管道的直线段，完全可以不设补偿装置。

（2）弹性分析理论。弹性分析理论是北欧各国设计直埋管道的依据，主要特点是供热管网在工作之前必须进行预热，预热温度是在管道运行温度和限制的最低温度之间。要求预热温度与工作温度及最低温度的温差所产生的热应力，不得超过管材的许用应力。

管道预热方式有两种：敞开式和覆盖式。敞开式的特点是管沟在管道预热时是敞开的，这种方式不需补偿，不必设固定点，其工程造价最低。此种预热方式的缺点是管沟敞开时间较长。覆盖式的特点是管沟在预热时处于回填土完毕之后，由于回填土摩擦力的影响，管道在预热状态下的热应力，不能完全为管道的自然转角所补偿，因此要设计补偿器，同时这种补偿器必须在预热后焊死，使其同管道成为一体，此补偿器又称一次补偿器。补偿器可用波纹补偿器或套管补偿器。补偿器之间的距离不得大于最大安装长度的两倍，并需在直管段两端设固定点，以防止管道应力集中的弯头部分受到破坏。补偿器至固定点之间的距离不得超过管道的最大安装长度。

2. 有补偿方式直埋管道

当管道温度过高，或难以找到热源预热时，即热力管网不具备采用无补偿方式的条件时，则可采用有补偿方式。有补偿方式可分为两种，即有固定点方式和无固定点方式。

（1）有固定点方式。在补偿器两侧设置固定点，补偿器至固定点的间距不得超过管道最大安装长度，固定点所承受的推力与架空和地沟敷设时的不同之处是将活动支架的水平摩擦力反力产生的水平推力改为土壤对管道的摩擦力。

设计时还应考虑由于土壤条件变化而造成摩擦系数的变化、管线埋深的变化对移动的影响。施工安装时也要特别注意确保设计计算的热膨胀位移在运行时能够实现，在管网中采用固定支架来控制膨胀位移。

（2）无固定点方式。对于无固定点有补偿的敷设，首先应在管网平面布置图及纵剖面图上校核两个直管段是否超过最大安装长度 L_{max} 的两倍。如 $L \leqslant 2L_{max}$，则需校核直管段两自由末端的自然弯管是否能吸收掉直管段的实际热伸长量。如果直管段长度 $L > 2L_{max}$，则还需在 L 管段上设置补偿器，直到所有不带任何补偿器直管段长度均不超过 $2L_{max}$ 为止。

3. 直埋管道敷设方式的选择

综上所述，直埋管道的各种敷设方式中，无补偿方式优于有补偿方式。而在无补偿方式中，敞开式又优于覆盖式。所以，在热力网设计中，应优先考虑选用无补偿敞开式预热方式。

在有补偿方式中，虽然无固定点方式计算工作量大，但它具有投资少、占地面积小及运行安全等优点，这是在城市热力网及其他热力网设计中，应优先采用的直埋管道敷设方式。

直埋管道的设计计算参阅有关的设计资料，在此不再赘述。最大安装长度见表 A44。

第三节　直埋供热管道的安装

供热管道直埋敷设技术，在国外特别是在北欧地区已经得到广泛应用，并且已有成熟的经验。近年来我国的应用也逐渐增多，并积累了较多的实际经验。《城镇供热管网设计规范》（CJJ 34—2010）规定热水供热管道地下敷设时，应优先采用直埋敷设；还规定，直埋敷设热水管道应采用钢管、保温层、保护外壳结合成一体的预制保温管道；直埋敷设热水管道，经计算允许时，宜采用无补偿敷设方式；蒸汽管道采用管沟敷设有困难时，可采用保温性能良好、防水性能可靠、外护管耐腐蚀的预制保温管直埋敷设，其设计使用寿命不应低于 25 年等。《城镇供热直埋热水管道技术规程》（CJJ/T 81—2013）和《城镇供热直埋蒸汽管道技术规程》（CJJ 104—2014）总结了我国多年的实际经验，将进一步推广热力管道直埋敷设的应用。直埋管道敷设安装技术具有占地面积小、施工速度快、保温性能好、使用年限长、工程造价低、节省土方量及人力等特点，具有显著的经济效益和社会效益，所以直埋敷设技术将广泛应用在集中供热工程中。

一、直埋敷设热水供热管道的安装

1. 材料

（1）管材。直埋管道的管子，其材质、壁厚、材料性能（如弹性模量、许用应力、屈服强度、线膨胀系数）等技术指标应符合设计要求，安装时不能随意改动和替代。从材料性能指标角度看，直埋管道宜采用 20 号钢及 Q345（16Mn）、Q235-B 钢。

（2）管部件。使用在直埋供热管道上的三通、弯管、大小头、封头等的材质、壁厚及其他指标应符合设计要求。

管道部件宜使用在工厂生产的预制成品。三通应使用焊制加强三通，一般采用单筋加强三通，三通主支管采用符合《高压锅炉无缝钢管》（GB 5310—2008）及有关规定的 20 号无缝钢管，加强筋的直径为三通支管壁厚的 1.5 倍，单筋加强焊制三通如图 11-13 所示。避免使用在现场将支管直接焊接在管座的三通。

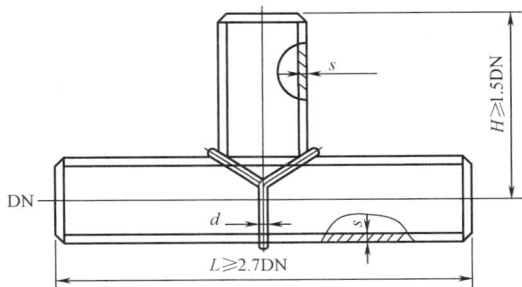

图 11-13　单筋加强焊制三通

弯管、弯头宜采用光滑的弯制弯管、热压弯头，而不宜采用焊制弯头。

2. 管道安装

(1) 直埋管道的最小覆土深度不应小于表 11-1 中的规定。

表 11-1　　　　　　　　　　　直埋热水管道最小覆土深度

管径 DN（mm）		50～125	150～200	250～300	350～400	450～500
覆土深度 H（m）	车行道下	0.8	1.0	1.0	1.2	1.2
	非车行道下	0.6	0.6	0.7	0.8	0.9

(2) 直埋敷设供热管道安装断面如图 11-14 所示。

3. 管道安装详图

(1) 管道出土段。直埋管道进入小室、地沟、建筑物时应进行适当的处理，其方式有如下几种：

1) 灌浆环。灌浆环如图 11-15 所示。它是在工厂预制的成品，是用氯丁橡胶制成的，套在保温管外。

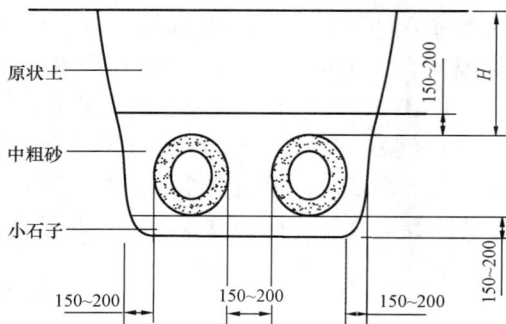

图 11-14　直埋敷设供热管道断面图

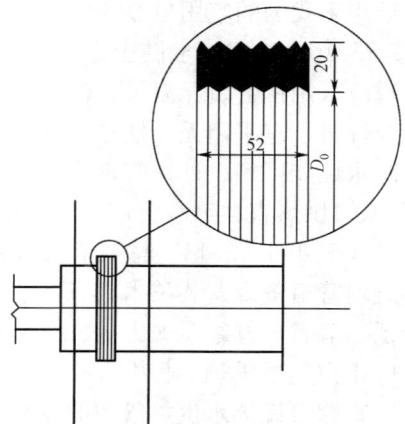

图 11-15　灌浆环

2) 穿墙套管。如图 11-16 所示，保温管直接穿入墙里面，墙内保温层至少为 100mm，以防地下水从保温层端部渗入。保温结构外边设有金属套管，同时缝隙之间用浸沥青麻刀填实，这样不仅保证管道轴向伸缩，而且能够起到一定的密封作用。保温结构和套管之间留有 30～50mm 缝隙为宜。

(2) 固定支架。直埋管道推力较大，所以在出土段或其他特殊情况下要设置固定支墩。固定支墩形式较多，下面介绍两种固定支墩。

1) A 型固定支墩。其支墩为用防水水泥和钢筋浇灌好的方形混凝土结构，如图 11-17 所示。

2) B 型固定支墩。如图 11-18 所示，其支墩为用防水水泥和钢筋浇灌好的钢筋混凝土构筑物，下部为Ⅱ型支撑结构，上部为立墙结构。管道从固定支墩上部立墙通过，用管道上焊接卡板固定管道。在焊接卡板时穿墙处管子上涂刷环氧煤沥青。这种方式的缺点是保温结构在立板两侧结合处不易做到不渗水；另外，在管子上涂刷的环氧煤沥青漆涂层遭损坏后无法修补。

(3) 波纹式柔性穿墙套管。如图 11-19 所示，主要安装尺寸见表 11-2，尺寸 L≤300mm。

（4）套筒式柔性穿墙套筒。如图 11-20 所示，主要安装尺寸见表 11-2，尺寸 $L \leqslant 300\text{mm}$。

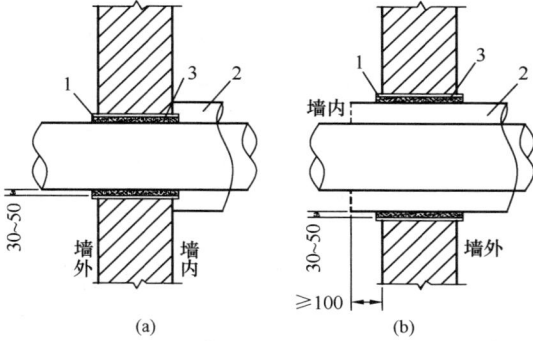

图 11-16 穿墙套管

（a）A 型；（b）B 型

1—穿墙套管；2—保温层；3—沥青麻刀填实层

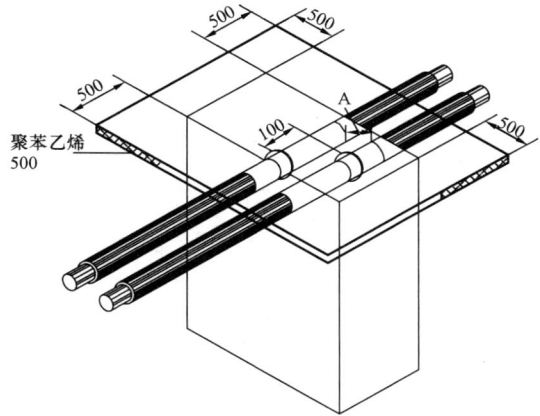

图 11-17 A 型固定支墩

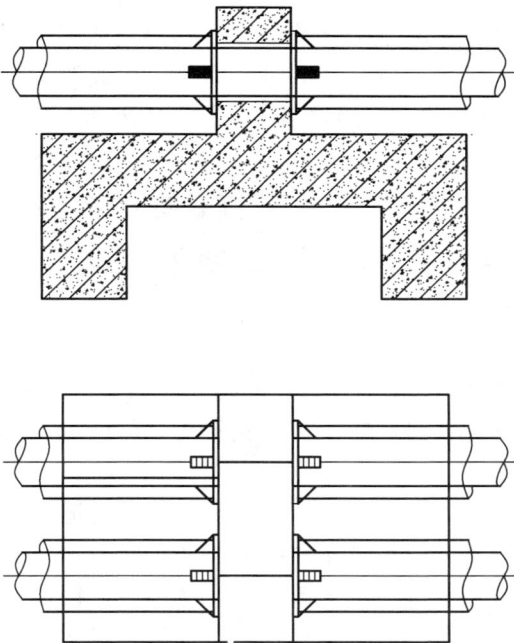

图 11-19 波纹式柔性穿墙套管

1—波纹管；2—套管；3—密封填料；4—螺栓及螺母

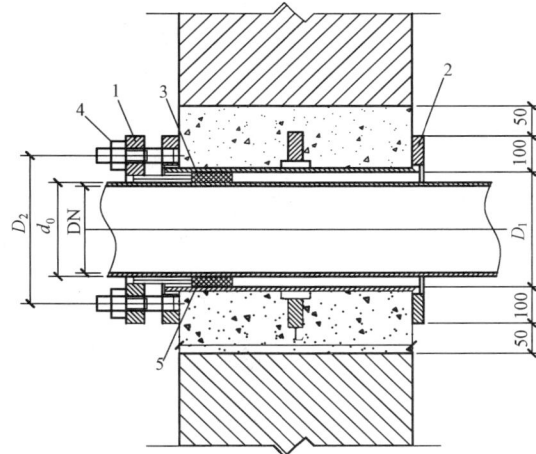

图 11-18 B 型固定支墩

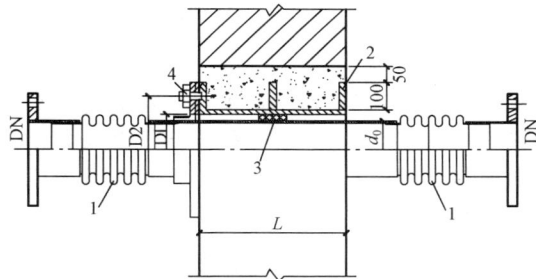

图 11-20 套筒式柔性穿墙套管

1—套筒式补偿器；2—套管；3—密封填料；4—螺栓螺母

表 11-2　　　　　　　　　　波纹式、套筒式柔性穿墙套管尺寸

DN (mm)	d_0 (mm)	D_1 (mm)	D_2 (mm)	DN (mm)	d_0 (mm)	D_1 (mm)	D_2 (mm)
50	60	150	240	350	377	500	620
65	76	166	246	400	426	560	700
80	89	189	270	450	480	610	750
100	108	190	290	500	530	675	820
125	133	215	315	600	620	780	930
150	159	250	350	700	720	875	1030
200	219	345	450	800	820	980	1150
250	279	395	500	900	920	1080	1250
300	325	450	560	1000	1020	1180	1400

4. 保温管道接头

保温管道两端留有 200～250mm 不保温管段，以便在施工中进行管道的焊接，然后进行保温接头的处理，其方式繁多，下面介绍几种方法：

（1）保温接头套管。如图 11-21 所示，这种套管为聚氯乙烯，跟保温层保护套管一样，用塑料焊接机自动焊接，焊接完毕在接头套管上部中央开直径为 20～25mm 的孔，以便注入发泡填料。同时上部两侧开直径为 6mm 的通风孔。发泡填料凝固后将所有孔封死。

（2）热收缩套管。如图 11-22 所示，这种套管是将前一种接头套管套在保温管道接头部分之后，套管接头两端再套上宽为 150～300mm 的窄形套管，然后进行焊接，形成热收缩接头。这种方法的接头防水性能好，操作简便。同样，留有保温填料注入孔和通风孔。

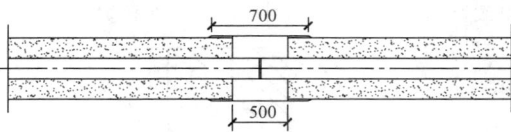

图 11-21　保温接头套管

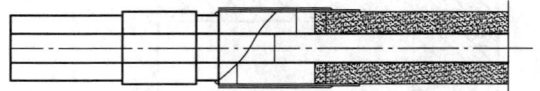

图 11-22　热收缩套管

（3）带形套管。如图 11-23 所示，这种套管跟热收缩形套管一样，两端套管是宽为 150～300mm 的带子，带子卷绕在两端接头之后，用塑料焊接机将带子焊接在接头套管两端，形成热收缩套管。

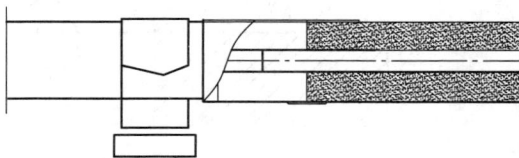

图 11-23　带形套管

（4）接口发泡。接口发泡是由管道生产厂将多元醇和异氰酸盐分成两种组分，在施工现场将两种组分按一定比例混合，使反应生成聚氨酯泡沫塑料，异氰酸盐和多元醇的混合比例一般为 1∶1。

发泡质量的好坏与被注入体的干燥度、清洁度、温度有关，特别是温度对黏结的整体性、反应速度、分子粒度的密度和封闭性能、

原料用量都有重要影响。发泡最佳温度为 20～25℃，当低于 15℃ 时，应将管道预热；当温度高于 40℃ 时，需要管子外包隔热材料。

DN200 以下管道可以手工发泡，DN200 以上管子需用专门的泡沫注塑机发泡。

（5）直埋供热管道安装中的注意事项。

1）直埋供热管道直管、三通、弯头、变径短管、固定短管进入现场必须进行检验验收，保温保护壳表面不得有裂纹、坑洞、破损等。

2）直埋供热管道安装前内壁锈皮应除掉，砂及杂物应清除干净。

3）固定支架处不得有钢管、钢架裸露部分。

4）当固定支架推力较大时，固定支墩宜和附件小室连成一体设置。

5）有补偿直埋敷设供热管道变头两侧附近应设置固定墩。

6）固定墩中的钢筋不得与管道接触，以免阴极腐蚀。

7）当直埋供热管道敷设在炉渣杂物等腐蚀性较强的土层内时，管道周围应换以腐蚀性小的土壤，换土部分夯实。

8）要严格保证管道的焊接质量，并在管道回填前认真做好水压试验。

9）直埋敷设供热管道与铁路线、不允许开挖的公路交叉时，交叉段一侧要留有足够的抽管检修地段，此时可采用套管敷设。套管敷设时，套管内不应采用填充式保温，管道保温层与套管间应留有不小于 50mm 的空隙。套管内的管道及其他钢部件应采取加强防腐措施。采用钢套管时，套管内外表面均应做防腐处理。

10）直埋敷设供热管道埋深不得小于设计规定，管道中心距、管沟的底宽、排水系统、垫层材料及回填标准等均应符合设计要求。

11）直埋管道焊口两端管段在管道找正管口对接就位后，胸腔部位可先行回填。回填前，应先检查和修补管道保温外层的破损处。

二、直埋敷设管道的应力验算

根据《城镇供热管网设计规范》（CCJ 34—2010），管道应力计算应采用应力分类法。管道由内压、持续外荷载引起的一次应力验算采用弹性分析和极限分析；管道由热胀冷缩及其他位移受约束产生的二次应力和管件上的峰值应力采用满足必要疲劳次数的许用应力进行验算。直埋敷设热水供热管道的应力验算按《城镇供热直埋热水管道工程技术规程》（CJJ/T 81—2013）的规定执行。

1. 直埋敷设供热管道的特点

（1）如前所述，由于土壤和保温层外表面的摩擦力限制了直埋敷设供热管道的自由伸缩，所以在直管段上，管道热胀冷缩时无法克服两端管道与土壤之间的摩擦力，就出现了所谓的锚固段，在该管段上管道完全处在锚固状态，管道热伸长的应变完全变为轴向应力留存在管壁上。所以直管段的危险断面是锚固端，即可将它作为管道应力验算对象。

（2）由于直埋敷设供热管道直接敷设在原状土地基或砂地上，并不设置管道支吊架，因此在计算中不用考虑由管道自重和支吊架反力所产生的持续外荷载轴向应力和持续外荷载当量应力。

（3）由于直埋敷设供热管道直接埋入地下，并具有一定的埋深，跟管道周围土体形成一体，土体形成消力拱，上部活荷载的影响甚小，主要为静荷载，是一次性的长期荷载，并不参加荷载交变循环，因此，在计算中不用考虑上部荷载及地上活荷载所引起的应力。

（4）供热管网的工作压力一般不超过 1.3～1.6MPa，而且管壁厚度按标准规格选用，一次应力足够满足要求，所以在计算中一般不用单独进行一次应力的验算。

（5）直埋供热管道弯曲部分敷设在泡沫塑料垫子上面时，由于摩擦力小，管道可以移动，轴向应力小，可以看作自由伸缩面，不用另外进行应力验算，所以不用进行处理。

（6）直埋供热管道弯曲部分敷设在土壤上面时，由于摩擦力约束作用的影响，当管道热伸长时，直埋管道仅使弯头附近很短的直管产生侧向位移，使热变形集中到弯头附近，使弯头受挤变形而出现显著的侧向位移和扁平变形，因此弯头部分要进行应力验算。

2. 直埋敷设热水供热管道直管段的应力验算

由管道内压和持续外荷载产生的应力为一次应力，由温差引起的热胀冷缩应力为二次应力。不同应力规定不同的应力强度限制值。在设计中通常以一次应力和二次应力的组合形式进行校核。

此时，由内压、持续外荷载和热胀产生的最大合成应力，不得大于钢材在 20℃时与设计温度下许用应力之和的 1.2 倍，即利用式（11-1）进行应力验算

$$\sigma_{co} \leqslant 1.2f([\sigma]^{20} + [\sigma]^t) \tag{11-1}$$

其中

$$\sigma_{co} = \frac{p(d_o - s)}{4s} + \sigma_{ax} + \sigma_A + \sigma_E \tag{11-2}$$

但由于钢材在 200℃以下的许用应力几乎不变，所以，式（11-1）可以改写为

$$\sigma_{co} \leqslant 2.4f[\sigma]^t \tag{11-3}$$

式中　　σ_{co}——内压、持续外荷载和热胀产生的合成应力，MPa；

$[\sigma]^t$——钢材在设计温度下的许用应力，MPa；

$[\sigma]^{20}$——钢材在 20℃时的许用应力，MPa；

p——设计压力，MPa；

d_o——管道外径，mm；

s——管道最小壁厚，mm；

f——应力范围的减小系数，随管道在预计使用寿命下，位移循环的当量数而定；

σ_{ax}——持续外荷载轴向应力，MPa；

σ_A——持续外荷载当量应力，MPa；

σ_E——热胀应力，MPa。

由于管道自重均匀地承受在其下土壤上，管道中不会产生或产生较小的弯曲应力，在合成应力 σ_{co} 计算中，可不计及管道自重引起的持续外荷载轴向应力 σ_{ax} 和持续外荷载当量应力 σ_A，所以验算中只考虑管道内压的轴向应力和热胀二次应力，即管道的锚固段有

$$\sigma_{co} = \frac{p(d_o - s)}{4s} + \sigma_E = \frac{pd_i}{4s} + \sigma_E \tag{11-4}$$

而最大热胀应力按虎克定律计算

$$\sigma_{\mathrm{E}} = E^t \alpha^t \Delta t \tag{11-5}$$

式中　E^t ——钢材在设计温度下的弹性模量，MPa；

　　　α^t ——钢材在设计温度下的线膨胀系数，1/℃；

　　　d_{i} ——管道内径，mm；

　　　Δt ——热媒温度与管道安装温度之差，℃。

　　那么，直埋敷设供热直管道应力验算条件为

$$\frac{p d_{\mathrm{i}}}{4s} + E^t \alpha^t \Delta t \leqslant 2.4 f [\sigma]^t \tag{11-6}$$

　　从另一方面，将式（11-6）改写为计算最大允许温差 Δt 的计算公式，即

$$\Delta t = \frac{2.4 f [\sigma]^t - \dfrac{p d_{\mathrm{i}}}{4s}}{E^t \alpha^t} \tag{11-7}$$

　　由式（11-7）可知，供热系统的最大允许温差 Δt，主要与管道尺寸及其材料性能、热媒的工作压力、交变次数有关。

　　【例题 11-1】 已知：Q235 管材，$[\sigma]^{20} = [\sigma]^t = 124\mathrm{MPa}$，$E^t = 2 \times 10^5 \mathrm{MPa}$，$\alpha^t = 12.2 \times 10^{-6} \mathrm{m}/（\mathrm{m} \cdot ℃）$，计算热媒最大允许温差。

　　解：（1）应力验算范围为 $2.4 \times 124 \mathrm{MPa} = 297.6 \mathrm{MPa}$；

　　（2）$E^t \alpha^t = 2 \times 10^5 \times 12.2 \times 10^{-6} \mathrm{MPa}/℃ = 2.4 \mathrm{MPa}/℃$；

　　（3）内压轴向压力 $\dfrac{p d_{\mathrm{i}}}{4s}$ 的大小对计算结果影响甚小，$\dfrac{d_{\mathrm{i}}}{4s}$ 值经验算知，为 $3.57 \sim 14.2$，近似地取 $\dfrac{d_{\mathrm{i}}}{4s} = 13$，则 $\dfrac{p d_{\mathrm{i}}}{4s} = 13p$；

　　（4）将式（11-7）改写为

$$\Delta t = \frac{297.6 f - 13p}{2.4}$$

　　（5）计算结果见表 11-3。

表 11-3　　　　　　　　　　　　　　　　　　**最大允许温差**

交变次数 $N(f)$		$N \leqslant 2500$ $f = 1.0$	$N = 4000$ $f = 0.9$	$N = 5000$ $f = 0.85$	$N = 7500$ $f = 0.80$	$N = 15000$ $f = 0.7$
Δt（℃）	$p = 1.6\mathrm{MPa}$	117	105	99	92	80
	$p = 1.0\mathrm{MPa}$	120	107	101	95	83

　　由表（11-3）可知，供热系统热媒的最大允许热媒温度与安装温度之差 Δt，与热胀冷缩的交变次数 N 的关系很紧密，对连续供热系统采用 $N = 2500$ 次是足够的，可是对间歇供热系统采用 $N = 2500$ 次是远远不够的，所在在应力验算过程中，应重视交变次数 N 对热胀

二次应力的影响。

直埋直管段中锚固段内的应力最高。当热媒在表 11-3 所示温差范围内时，直埋敷设供热管道的锚固段便满足强度检验，其他过渡段必然也能满足要求，因而不用采取任何措施，直管道便可按无补偿安装形式直接埋设在地下；管网平面布线时，直管段的长度将无限制，即在直管道上不用设置固定支架和补偿器等，更不用采取所谓"预热"措施，管道运行便是安全、可靠的。预热措施原是按弹性分析法进行直埋敷设热力管道设计时提出的提高安装温度的措施之一。弹性分析法的基本原则是，保证管道在整个运行期间都处于弹性状态工作之下。因此，管道的最大允许温升 Δt_{max} 应该是：保证其当量应力强度（按双向应力状态，第四强度理论计）小于或等于钢材在设计温度下的基本许用应力；即便是考虑土壤不能完全嵌固住管道，释放了部分应力，而对许用应力加以放大，即将基本许用应力乘以大于 1 的系数后来进行验算，其应力验算结果所要求的 Δt_{max} 允许值仍然很小。采用本节上述公式做强度验算若通不过，说明不允许有锚固段存在。说明管网平面布置时，不能出现锚固段，必须全部布置成过渡段，且过渡段长度仍应满足应力验算的要求 ［式（11-7）］。如前所述，当然也可采用预应力法提高安装温度，或者把管网作成有补偿形式。

3. 直埋供热管道的弯头和三通

一次性补偿和无补偿直埋供热管道的水平弯头、三通等处应力集中，受力较大，因此应进行强度验算。可是，目前应力验算方法很繁琐，并且尚无统一的计算标准，所以，在实际工程中，可参照如下的方法设计。

（1）增加弯头壁厚。对工作压力 $p \leqslant 1.3\text{MPa}$ 的管道可选用 PN＝2.5MPa 热压弯头，对工作压力 $p \leqslant 2.5\text{MPa}$ 的管道选 PN＝4.0MPa 热压弯头。

（2）对于 DN≥500mm 的管道弯头两侧设置固定支架。无补偿及一次性补偿的直埋供热管道弯头两侧固定支架可以产生微量位移。

（3）平面转角 10°～60°之间的弯头不宜用作自然补偿。

（4）增加弯头的曲率半径，曲率半径 $R \geqslant 3.5\text{DN}$。

（5）三通可采用加强型，对工作压力 $p \leqslant 1.3\text{MPa}$ 的管道可选用 PN＝2.5MPa 的单筋加强焊制三通，而对工作压力 $p \leqslant 2.5\text{MPa}$ 的管道可选用 PN＝4.0MPa 单筋加强三通。

三、直埋蒸汽管道的安装

近几年，国内出现了蒸汽供热管道直埋敷设技术，并在实际工程中得到应用，效果良好。

（一）直埋蒸汽管道的保温

1. 保温层采用承受较高温度的材料

蒸汽管道的温度往往超过 150℃，所以保温结构跟常用的热水直埋管道的结构有所不同。使用温度 $t \leqslant 120$℃（聚氨酯保温结构）和使用温度 $t \leqslant 150$℃（脲酸酯保温结构）的热水管道保温结构及沥青珍珠岩都不能直接使用在蒸汽供热管道上。

蒸汽管道一般采用耐温较高的材料，如岩棉、玻璃棉、珍珠岩、微孔硅酸钙等为内层，而以防水性能较好的保温材料，如泡沫塑料为外层的复合保温结构，外面再用防水、防腐性能较好的材料，如聚氯乙烯、玻璃钢等做保护层。保温材料应符合《城镇供热预制直埋蒸汽保温技术条件》（CJ/T 200—2004）的规定。复合保温结构是岩棉、憎水珍珠岩、微孔硅酸钙等与泡沫塑料用发泡剂黏结在一起形成的整体结构，大大提高了防水性能。

2. 保温结构采用脱开式

由于蒸汽管道的温度高，所产生的热伸长量大、应力大，因此，当管道热胀冷缩时保温结构在土壤压力下固定不动，而管道应在保温层内自由移动。同时，在无机隔热层与钢管之间铺设了一层耐高温润滑剂，以便在运动中减少摩擦力。保温结构除主保温层外，也可设置辐射隔热层和空气层。

3. 保温层的设计

（1）设计保温结构时，应按外护管表面温度小于或等于 50℃ 计算保温层厚度。采用复合保温结构时，保温层间的界面温度不应超过外层保温材料安全使用温度的 0.8 倍。

（2）若按第（1）条规定计算的保温厚度不能满足对蒸汽介质温度降或周围土壤的环境温度设计要求时，应按设计条件计算确定保温层厚度。

（3）保温计算时，土壤的热导率应采用管道运行期间的平均值；当无历史记录数据时，应有实测数据，并应按实测值的 0.9～0.95 倍取值。

（4）保温计算时，温度的取值应符合下列规定：

1）按第（1）条或按管道周围土壤的环境温度计算保温层厚度时，蒸汽介质温度应取设计最高值；土壤的自然温度应取管道运行期间中心埋设深度处最高月平均温度；地面大气温度应取管道年运行或季节运行期间最热月地面平均大气温度。

2）按蒸汽介质温度降计算保温层厚度时，蒸汽介质温度应取设计最高值；土壤的自然温度应取管道运行期间中心埋设深度处最低月平均温度；地面大气温度应取管道年运行或季节运期间最低月平均大气温度。

3）计算蒸汽管道年散热损失时，蒸汽介质温度应取年平均温度；土壤的自然温度应取中心埋设深度处的年平均地面大气温度；地面大气温度应取年平均大气温度。

4）地表温度应取运行期间最热月份的空气平均温度。

5）土壤的自然温度可按当地历年实测数据确定或通过计算确定，全国主要城市实测地温月平均值见相关参考资料。

4. 黏结剂适应的温度

使用岩棉与玻璃棉时，要注意黏结剂。用酚醛黏结剂加工的岩棉管壳，随着温度的升高，黏结剂会汽化蒸发，产生冒烟现象。所以，当温度 $t \leqslant 260℃$ 以上时，应采用岩棉缝毡或硅胶岩棉管壳。

（二）直埋蒸汽管道的布置与敷设

1. 管道布置

直埋蒸汽管道的布置应符合《城镇供热管网设计规范》（CJJ 34—2010）的有关规定。

直埋蒸汽管道与其他设施的水平或垂直最小净距，应符合规范的规定。当不能满足表11-1 中的净距或其他设施有特殊要求时，应采取有效保护措施。

直埋蒸汽管道与其他地下管线交叉时，直埋蒸汽管道的管路附件距交叉部位的水平净距宜大于 3m。

直埋蒸汽管道的最小覆土深度应符合表 11-4 的规定。当不符合要求时，应采取相应的技术措施对管道进行保护。

表 11-4　　　　　　　　　　　直埋蒸汽管道最小覆土深度　　　　　　　　　　　m

类别	工作管公称直径（mm）	50～100	125～200	250～450	500～700
钢质外护管	车行道	0.6	0.8	1.0	1.2
	非车行道	0.5	0.6	0.8	1.0
玻璃钢外护管	车行道	0.8	1.0	1.2	1.4
	非车行道	0.6	0.8	1.0	1.2

2. 敷设方式

（1）直埋蒸汽管道宜敷设在各类地下管道的最上部。

（2）直埋蒸汽管道的工作管，必须采用有补偿敷设方式。

（3）直埋蒸汽管道敷设的坡度不宜小于 0.2%。

（4）两个固定支架间的直埋蒸汽管道，不宜有折角。

（5）管道由地下转到地上时，外护管必须一同引出地面，其外护管距地面的高度不宜小于 0.5m，并应设防水帽和采取隔热措施。

（6）直埋蒸汽管道与地沟敷设的管道连接时，应采取防止地沟向直埋蒸汽管道保温层渗水的措施。

（7）当地基软硬不一致时，应对地基做过度处理。

（8）在地下水位较高的地区，必须做浮力计算。当不能保证直埋蒸汽管道稳定时，应增加埋设深度或采取相应的技术措施。

（9）直埋蒸汽管道穿越河底时，管道应敷设在河床的硬质土层上或做地基处理。覆土深度应根据浮力、水流冲刷情况和管道稳定条件确定。

3. 管路附件及设施

（1）阀门的选择及安装应符合下列规定：

1）直埋蒸汽管道使用的阀门宜选用焊接连接，且无盘根的截止阀或闸阀，若选用蝶阀，应选用偏心硬质密封蝶阀。

2）所选阀门公称压力应比管道设计压力高一个等级。

3）阀门必须进行保温，其外表面温度不得大于 60℃，并应做好防水和防腐处理。

4）井室内阀门与管道连接处的管道保温端部应采取防水密封措施。

（2）直埋蒸汽管道必须设置排潮管，排潮管应位于外护管位移较小处。其出口可引入专用井室内，进室内应有可靠的排水措施。排潮管公称直径宜按表 11-5 选用。

表 11-5　　　　　　　　　　　排潮管公称直径　　　　　　　　　　　mm

工作管公称直径	排潮管公称直径
≤200	30
250～400	40
>400	50

排潮管如引出地面，开口应向下弯，且弯顶距地面高度不宜小于 0.25m，并应采取防倒灌措施。排潮管宜设置在不影响交通的地方，且应有明显的标志。排潮管的地下部分应采取保温和防腐措施。

（3）疏水装置应设在工作管与外护管相对位移较小处，从工作管引出疏水管处应设置疏水集水罐，疏水集水罐体直径按工作管的管径确定，当工作管公称直径小于 DN100 时，罐体直径应与工作管相同；当工作管公称直径大于或等于 DN100 时，罐体直径不应小于工作管直径的 1/2，且不应小于 100mm。

（4）检查井设计应符合下列规定：

1）地下水位高于井室底面或井室附近有地下供、排水设施时，井室应采用钢筋混凝土结构，并应采取防水措施。

2）管道穿越井壁处应采取密封措施，并应考虑管道的热位移对密封的影响，密封处不得渗漏。

3）井室应对角布置两个人孔，阀门宜设远程操作机构，井室深度大于 4m 时，宜设计为双层井室，两层人孔也宜错开布置，远程操作机构应布置在上层井室内。

4）疏水井室宜采用主副井布置方式，关断阀和疏水口应分别设置在两个井室内。

（5）固定支座的选取和推力计算应符合下列规定：

1）补偿器和三通处应设置固定支座，阀门和疏水装置处宜设置固定支座。

2）采用钢质外护管的直埋蒸汽管道，宜采用固定支座。

3）内固定支座应采取隔热措施，且其外护管表面温度应小于或等于 60℃。

4）直埋蒸汽管道对固定墩的作用力应包括工作管道的作用力和外护管的作用力。

5）固定墩两侧作用力的合成及其稳定性应符合《城镇供热直埋热水管道技术规程》（CJJ/T 81—2013）的规定。

4. 管道及管件连接

直埋蒸汽管道的管件应在工厂预制，管件的防腐、保温应符合设计要求。

直埋蒸汽管道、管件及管路附件之间的连接，除疏水器和特殊阀门外均应采用焊接，采用法兰连接时，法兰的密封宜采用耐高温的金属垫片。

采用工作弯头做热补偿时弯头的曲率半径不应小于 1.5 倍的工作管公称直径。管道位移应加大外护管的尺寸，并应采用软质保温材料。

直埋蒸汽管道变径时，工作管宜采用底平的偏心异径管。

5. 外护管及防腐

直埋蒸汽管道的外护管能承受动荷载、静荷载及热应力，并应具有密封、防水、耐温、防腐性能。

直埋蒸汽管道的外护管材料和其防腐材料应根据工程实际情况进行选择。当地下水位高于敷设的直埋蒸汽管道管底时，应采用钢质外护管。

外护管应根据直埋蒸汽管道的结构形式、敷设环境和运行状况进行设计。直埋蒸汽管道的受力应考虑下列因素：

（1）外护管、工作管及其附件、保温层质量。

（2）工作管滑动支座、内固定支座传递的作用力。

（3）土壤质量产生的侧向、竖向压力。

（4）因温度变化产生的作用力。

（5）工作管位移通过保温层传递的力。

（6）静水压力和水浮力、车辆荷载。

钢质外护管宜采用无补偿方式敷设。

直埋蒸汽管道采用玻璃钢外护管时,性能应符合《玻璃纤维增强塑料外护层聚氨酯泡沫塑料预制直埋保温管》(CJ/T 129—2000)和《城镇供热预制直埋蒸汽保温管技术规程》(CJ/T 200—2004)的规定。

玻璃钢外护管除应满足长期使用温度的要求外,且应考虑土的碱度的影响。玻璃纤维应采用无碱玻璃纤维无捻纱(布),树脂耐温性能应不低于90℃。

6. 直埋蒸汽管道的安装

直埋蒸汽管道的外护管或其外护层一般强度比较低,在吊装、运输、安装过程要有防破损的保护措施。保温层一般吸水率较大,为防止进水,要求在安装过程中严格防水,直至保温补口完成。

安装管道时,应保证两个固定支座间的管道中心线成同一直线,且坡度应符合设计要求。

直埋蒸汽管道的现场焊接及检验,应符合《现场设备、工业管道焊接工程施工规范》(GB 50236—2011)及国家现行标准《城镇供热管网工程施工及验收规范》(CJJ 28—2014)的规定。

保温补口应在管道安装完毕,探伤检查及强度试验合格后进行。补口质量应符合设计要求,每道补口应有检查记录。外护管接口应做严密性试验,试验压力应为0.2MPa。补口完成后,应对安装就位的直埋蒸汽管道及管件的外护管和防腐层进行检查,发现损伤,应进行修补。

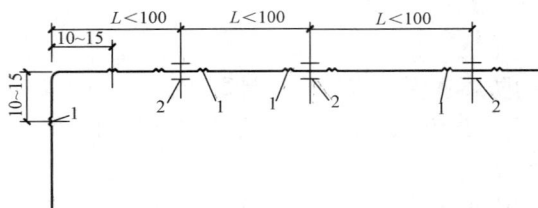

图11-24　直埋蒸汽管道平面布置图

1—波纹管补偿器;2—固定支架

直埋蒸汽管道安装完成后应进行强度和严密性试验,具体应按《城镇供热管网工程施工及验收规范》(CJJ 28—2014)的规定执行。

7. 直埋蒸汽管道减缓弯头热胀应力的措施

当采用直埋保温弯头时,可在弯头直管壁上距弯头顶点10～15m处设补偿器,如图11-24所示,固定支架、波纹管设在井内。

对于DN≥400mm的蒸汽直埋弯头,两侧应设置固定支架。

直埋蒸汽管道出(入)土端的处理如图11-25所示。

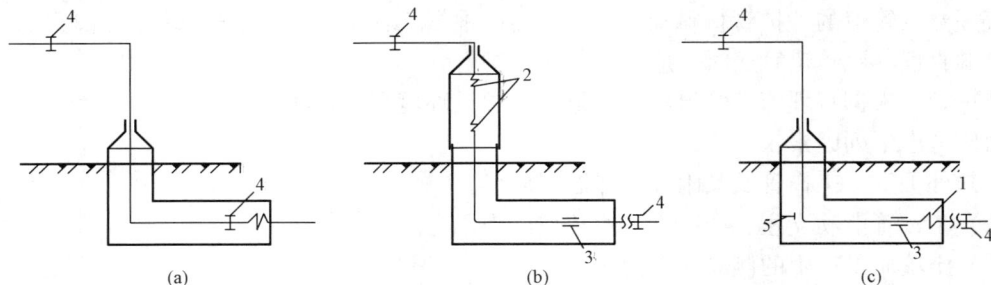

图11-25　直埋蒸汽管道出(入)土端

(a)自然补偿器;(b)加波纹补偿器;(c)弯头处加限位支架

1—轴向波纹管;2—万向波纹管;3—导向支架;4—固定支架;5—限位支架

第四节　供热管道及其附件

供热管道及其附件是供热管线输送热媒的主体部分。供热管道附件是供热管道上的管件（三通、弯头等）、阀门、补偿器、支座和器具（放气、放水、疏水、除污等装置）的总称。这些附件是构成供热管线和保证供热管线正常运行的重要部分。

一、供热管道

供热管道通常都采用钢管。钢管的最大优点是能承受较大的内压力和动荷载，管道连接简便；但缺点是钢管内部及外部易受腐蚀。室内供热管道常采用水煤气管或无缝钢管；室外供热管道都采用无缝钢管和钢板卷焊管。使用钢材钢号应符合规范的规定，见表 11-6。常用的供热管道的规格及其材料特性数据可见表 A45。

表 11-6　　　　　　　　　　供热管道钢材、钢管及其适用范围

钢　　号	适用范围		钢板厚度
Q235-A · F	$p_g \leqslant 1.0\text{MPa}$，$t \leqslant 150℃$		$\leqslant 8\text{mm}$
Q235-A	$p_g \leqslant 1.6\text{MPa}$，$t \leqslant 300℃$		$\leqslant 16\text{mm}$
Q235-B、20、20g、20R 及低合金钢	蒸汽网；$p_g \leqslant 1.6\text{MPa}$，$t \leqslant 350℃$	不限	
	热水网；$p_g \leqslant 1.6\text{MPa}$，$t \leqslant 200℃$		

钢管的连接可采用焊接、法兰盘连接和丝扣连接。焊接连接可靠、施工简便迅速，广泛用于管道之间及与补偿器等的连接。法兰连接装卸方便，通常用在管道与设备、阀门等需要拆卸的附件连接上。对于室内供热管道，通常借助三通、四通、管接头等管件，进行丝扣连接，也可采用焊接或法兰连接。地沟内及直埋管道不能由丝扣连接。

从耐腐蚀考虑，供热管道有使用石棉水泥管、玻璃纤维增强塑料（玻璃钢）管的，但这些管道耐温较低，目前很少采用。

二、阀门

阀门是用来开闭管路和调节输送介质流量的设备。在供热管道上，常用的阀门形式有截止阀、闸阀、蝶阀、止回阀和调节阀等。

截止阀按介质流向可分为直通式、直角式和直流式（斜杆式）三种。其结构形式，按阀杆螺纹的位置可分为明杆和暗杆两种。图 11-26 是最常用的直通式截止阀结构示意图，截止阀关闭严密性较好，但阀体长，介质流动阻力大，产品公称直径不大于 250mm。

闸阀的结构形式，也有明杆和暗杆两种。另外，按闸板的形状及数目，有楔式与平行式，以及单板与双板的区分。图 11-27 是明杆平行式双板闸阀构造示意图，图 11-28 是暗杆楔式单板闸阀构造示意图。闸阀的优缺点正好与截止阀相反，它常用在公称直径大于 200mm 的管道上。

截止阀和闸阀主要起开闭管路的作用，由于其调节性能不好，不适于用来调节流量。

图 11-29 所示为蜗轮传动型蝶阀。阀板沿垂直管道轴线的立轴旋转，当阀板与管道轴线垂直时，阀门全闭；阀板与管道轴线平行时，阀门全开。蝶阀阀体长度很小，流动阻力小，调节性能稍优于闸阀，但造价高。蝶阀在国内热网工程上应用逐渐增多。

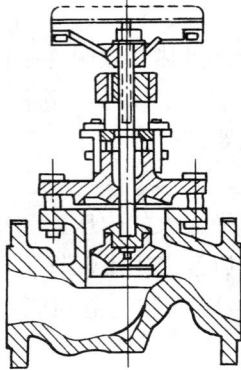

图 11-26　直通式截止阀结构

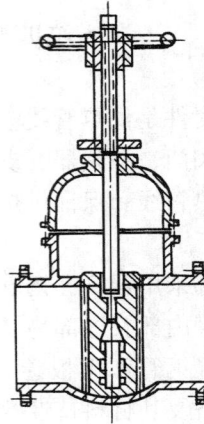

图 11-27　明杆平行式双板闸阀构造

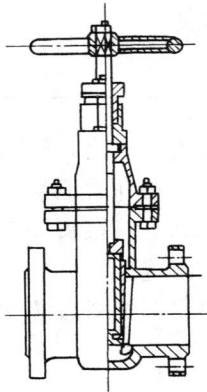

图 11-28　暗杆楔式单板闸阀构造

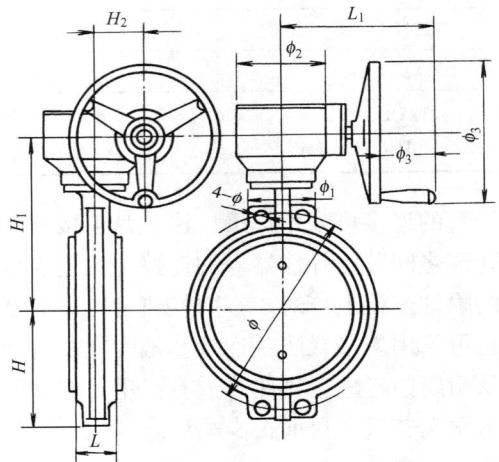

图 11-29　蜗轮传动型蝶阀结构示意图

截止阀、闸阀和蝶阀的连接方式可用法兰、螺纹连接或采用焊接。它们的传动方式可用手动传动（用于小口径），齿轮、电动、液动和气动传动等（用于大口径）。对公称直径大于或等于600mm的阀门，应采用电动驱动装置。

止回阀（逆止阀）是用来防止管道或设备中介质倒流的一种阀门。它利用流体的动能来开启阀门。在供热系统中，止回阀常安装在泵的出口、疏水器出口的管道上，以及其他不允许流体反向流动的地方。

常用的止回阀主要有旋启式和升降式两种。

图11-30是旋启式止回阀构造示意图。它的阀瓣1吊挂在本体2或阀盖3上；当流体不流动时，阀瓣严密地贴合在本体连接管的孔口上。当流体从左向右流动时，将阀瓣抬起，阀瓣围绕固定轴从关闭位置自由地转动到开启位置，并且差不多与流体的流向相平行。

升降式止回阀（见图11-31）是由阀体1、阀瓣2和阀盖3组成。当流体流动时，阀瓣被流体抬起，将通路开启；当流体反向流动时，阀瓣在本身重力作用下，落到阀体的阀座上，将通路关闭。

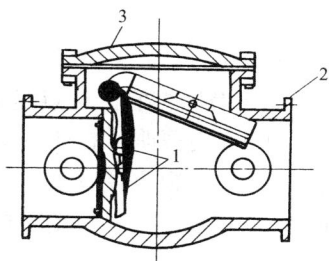

图 11-30　旋启式止回阀构造
1—阀瓣；2—主体；3—阀盖

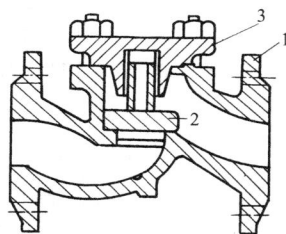

图 11-31　升降式止回阀构造
1—阀体；2—阀瓣；3—阀盖

升降式止回阀密封性较好，但只能安装在水平管道上，一般多用于公称直径小于 200mm 的水平管道上。旋启式止回阀密封性差些，一般多用在垂直向上流动或大直径的管道上。

当需要调节供热介质流量时，在管道上应设置手动调节阀或自动流量调节装置。图 11-32 是手动调节阀结构示意图。手动调节阀的阀瓣呈锥形；通过转动手轮，调节阀瓣的位置，可以改变阀瓣下边与阀体中的通径之间所形成的缝隙面积，从而调节介质流量。调节性能好的调节阀，其阀瓣启升高度与通过流量的大小，应近似地呈线性关系。

当水系统需要进行流量控制时，在管道上可以设置自力式流量调节阀，见图 11-33。自力式流量调节阀。尤其适合于供热、空调等非腐蚀性液体介质的流量控制。

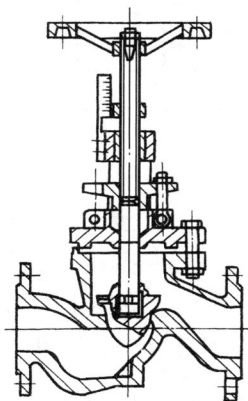

图 11-32　手动调节阀结构

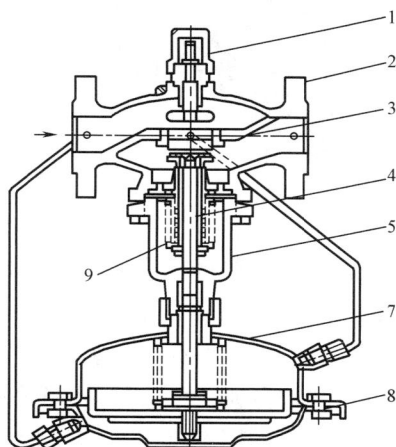

图 11-33　自力式流量调节阀结构示意图
1—限流器；2—阀体；3—阀座；4—阀轴；5—阀帽；
6—充注阀；7—驱动器外壳；8—压制膜片；9—波纹管

被控介质输入阀以后，阀前压力 p_1 通过控制管线输入下模室，经节流阀节流后的压力 p_s 输入上模室，p_1 与 p_s 的差即 $\Delta p_s = p_1 - p_s$ 称为有效压力。p_1 作用在膜片上产生的推力与 p_s 作用在膜片上产生的推力差与弹簧反力相平衡确定了阀芯与阀座的相对位置，从而确定了流进阀的流量。当流进阀的流量增加时，即 Δp_s 增加，结果 p_1、p_s 分别作用在下、上模室，使阀芯向阀座方向移动，从而改变了阀芯与阀座之间的流通面积，使 p_s 增加，增加后的 p_s 作用在膜片上的推力加上弹簧反力与 p_1 作用在膜片上的推力在新的位置产生平衡达到控制流量的目的。反之，同理。

设定被控介质的流量用调整节流阀与阀座的相对位置来确定。

自力式流量调节阀是一个新的调节阀种类，相对于手动调节阀，它的优点是能够自动调节；相对于电动调节阀，它的优点是不需要外部动力，应用实践证明，在闭式水循环系统（如热水供暖系统、空调冷冻系统）中，正确使用这种阀门，可以很方便地实现系统的流量分配；可以实现系统的动态平衡；可以大大简化系统的调试工作；可以稳定泵的工作状态等。因此，自力式流量调节阀在供热工程中有着广阔的应用前景。

自力式平衡阀主要由阀体、上下盖、自动调节阀瓣、手动调节阀瓣、膜片、弹簧和锁等组成，如图 11-34 所示。

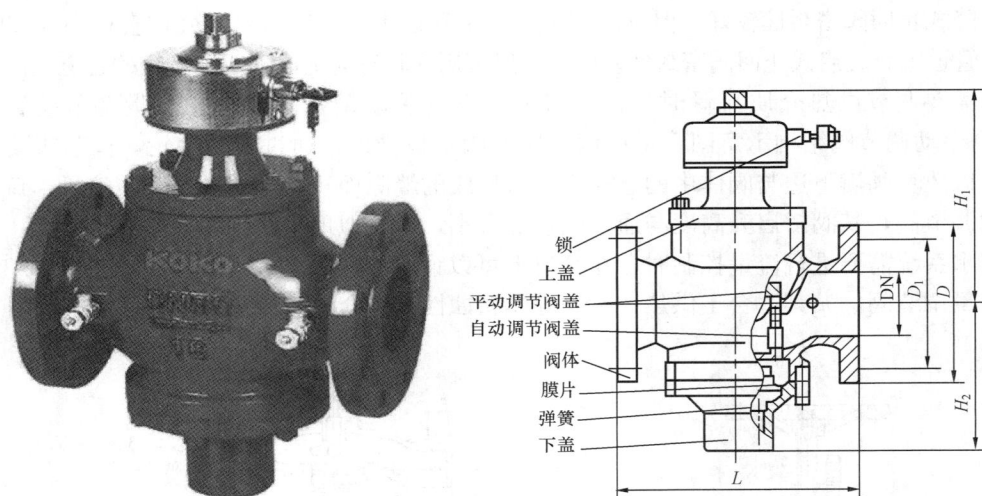

图 11-34　自力式平衡阀结构图

自力式平衡阀，用于需要进行流量控制的水系统中，尤其适用于供热、空调等非腐蚀性液体介质的流量控制。运行前一次性调节，即可使系统流量自动恒定在要求的设定值。

自力式平衡阀由自动调节阀瓣和手动调节阀瓣两部分组成。系统流体的工作压力为 p_1，手动调节阀瓣的前后压力分别为 p_2、p_3。当手动调节阀瓣调到基本位置时，即人为确定了"设定流量"，以及相对应的固定 $(p_2 - p_3)$ 值。当系统流量增大时，此时自动调节阀瓣自动关小，直到流量重新维持到设定流量，反之亦然。

自力式平衡阀能使系统流量自动平衡在要求的设定值；能自动消除水系统中因各种因素引起的水力失调现象，保持用户所需流量；能有效克服"大流量，小温差"的不良运行方式，提高系统能效，实现经济运行。

自力式平衡阀可安装在供水管上，也可安装在回水管上。当系统流体工作压力超过散热器允许工作压力时，为安全起见，自力式平衡阀宜安装在供水管上，最高使用温度为 100℃，公称压力为 1.6MPa（温度大于 100℃以上的要定做），适用压差范围为 20～30kPa。当系统工作压差超过 300kPa 时，为防止产生噪声，应采取措施将多余的压差消耗掉。自力式平衡阀在系统中的应用见图 11-35。

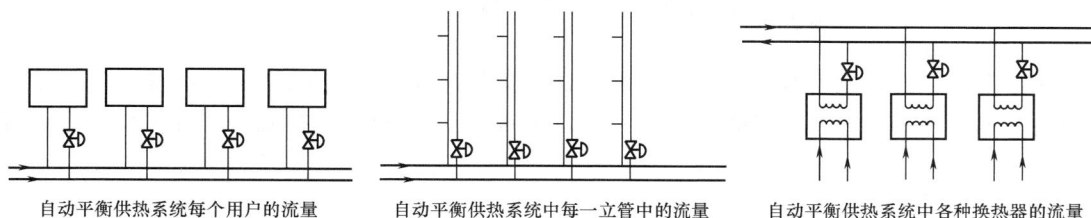

自动平衡供热系统每个用户的流量　　　自动平衡供热系统中每一立管中的流量　　　自动平衡供热系统中各种换热器的流量

图 11-35　自力式平衡阀在系统中的应用

三、放气、排水及疏水装置

为便于热水管道和凝结水管道顺利放气和在运行或检修时排净管道中的存水，以及从蒸汽管道中排出沿途凝结水，地下敷设供热管道宜设坡度，其坡度不小于 0.002，同时，应配置相应的放气、排气及疏水装置。

放气装置应设置在热水、凝结水管道的高点处（包括分段阀门划分的每个管段的高点处），放气阀门的管径一般采用 DN15～DN32。

热水、凝结水管道的低点处（包括分段阀门划分的每个管段的低点处），应安装放水装置，热水管道的放水装置应保证一个放水段的排水时间不超过规定：对 DN≤300mm 的管道，放水时间为 2～3h，放水管管径为 DN25～DN50；对 350mm≤DN≤500mm 的管道，放水时间为 4～6h，放水管管径为 DN80～DN100；对 DN≥600mm 的管道，放水时间为 5～7h，放水管管径为 DN125～DN150。规定放水时间主要是考虑在冬季出现事故时能迅速放水，缩短抢修时间，以免供暖系统和网路冻结。

热水和凝结水管道放气和排水装置位置的示意图见图 11-36。

为排除蒸汽管道的沿途凝结水，蒸汽管道的低点和垂直升高的管段前应设启动疏水和经常疏水装置（见图 11-37）。此外，同一坡向的管段，在顺坡情况下每隔 400～500m，逆坡时每隔 200～300m 应设启动疏水和经常疏水装置。经常疏水装置排出的凝结水，宜排入凝结水管道，以减少热量和水量的损失。当管道中的蒸汽在任何运行工况下均为过热状态时，可不装经常疏水装置。

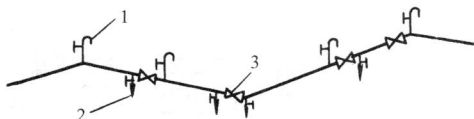

图 11-36　热水和凝结水管道放气和排水
装置位置示意图
1—放气阀；2—排水阀；3—阀门

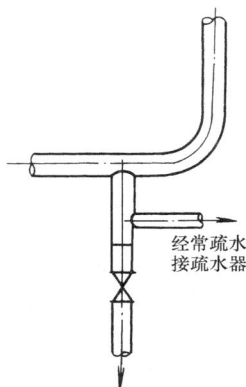

图 11-37　疏水装置图

第五节　补偿器及选择计算

为了防止供热管道升温时，由于伸长或温度应力而引起管道变形或破坏，需要在管道上设置补偿器，以补偿管道的热伸长，从而减小管壁的应力和作用在阀件或支架结构上的作用力。

一、补偿器

供热管道上采用的补偿器的种类很多，主要有管道的自然补偿、方形补偿器、波纹管补偿器、套筒补偿器和球形补偿器等。前三种是利用补偿器材料的变形来吸收热伸长，后两种是利用管道的位移来吸收热伸长。

（一）自然补偿

利用供热管道自身的弯曲管段（如 L 形或 Z 形等）来补偿管段热伸长的补偿方式，称为自然补偿。自然补偿不必特设补偿器，因此考虑管道的热补偿时，应尽量利用其自然弯曲的补偿能力。自然补偿的缺点是管道变形时会产生横向位移，而且补偿的管段不能很长。

（二）方形补偿器

它是由四个 90°弯头构成的 U 形补偿器（见图 11-38），靠其弯管的变形来补偿管段的热伸长。方形补偿器通常用无缝钢管煨弯或机制弯头组合而成。此外，也有将钢管弯曲成 S 形或 Ω 形的补偿器。这种用与供热直管同径的钢管构成呈弯曲形状的补偿器，总称为弯管补偿器。

弯管补偿器的优点是制造方便，不用专门维修，因而不需要为它设置检查室；工作可靠；作用在固定支架上的轴向推力相对较小。其缺点是介质流动阻力大，占地多。方形补偿器在供热管道上应用很普遍。安装弯管补偿器时，经常采用冷拉（冷紧）的方法，来增加其补偿能力或达到减少对固定支座推力的目的。

（三）波纹管补偿器

它是用单层或多层薄金属管制成的具有轴向波纹的管状补偿设备。工作时，它利用波纹变形进行管道热补偿。供热管道上使用的波纹管，多用不锈钢制造。波纹管补偿器按波纹形状主要分为 U 形和 Ω 形两种；按补偿方式分为轴向、横向和铰接等形式。轴向补偿器可吸收轴向位移，按其承压方式又分为内压式和外压式。图 11-39 所示为内压轴向式波纹管补偿器结构示意图。横向式补偿器可沿补偿径向变形，常装于管道中的横向管段上吸收管道热伸长。铰接式补偿器可以其铰接轴为中心折曲变形，类似球形补偿器，它需要安装在转角段上进行管道热补偿。

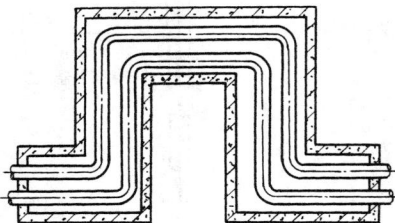

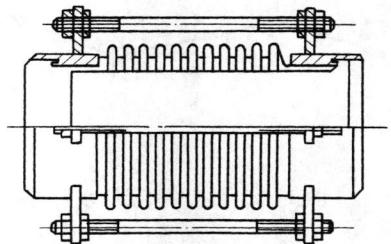

图 11-38　方形补偿器　　　　图 11-39　内压轴向式波纹管补偿器结构

波纹管补偿器的主要优点是占地面积小，不用专门维修，介质流动阻力小。因此，内压轴向式波纹管补偿器在国内热网工程上应用逐步增多，但其造价较高。

（四）套筒（管）补偿器

它是由用填料密封的套管和外壳管组成的，两者同心套装并可轴向补偿的补偿器。图 11-40 所示为一单向套筒补偿器。套管 1 与外壳体 3 之间用填料圈 4 密封，填料被紧压在前压兰 2 与后压兰 5 之间，以保证封口紧密。补偿器直接焊接在供热管道上。填料采用石棉夹铜丝盘根，更换填料时需要松开前压兰，维修不便。目前有采用柔性密封填实的套筒补偿器。柔性密封填料可直接通过外壳小孔注入补偿器的填料函中，因而可以在不停止运行情况下进行维护和检修，维修工艺简便。

套筒补偿器的补偿能力大，一般可达 250～400mm，占地面积小，介质流动阻力小，造价低，但其压紧、补充和更换填料的维修工作量大，同时管道地下敷设时，要为此增设检查室；如管道变形有横向位移，易造成填料圈卡住，它只能用在直线管段上，当其使用在弯管或阀门处时，其轴向产生的盲板推力（由内压引起的不平衡水力推力）也较大，需要设置加强的固定支座。近年来，国内出现的内力平衡式套筒补偿器，可消除此盲板推力。

（五）球形补偿器

它是由球体及外壳组成，球体与外壳可相对折曲或旋转一定的角度（一般可达 30°），以此进行热补偿。两个配对成一组，其动作原理可见图 11-41。球形补偿器的球体与外壳间的密封性能良好，寿命较长。它的特点是能做空间变形，补偿能力大，适用于架空敷设。

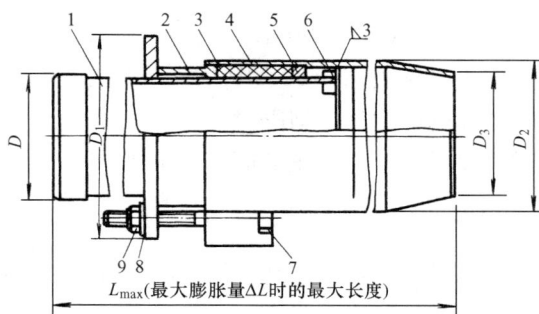

图 11-40　套筒补偿器

1—套管；2—前压兰；3—壳体；4—填料圈；5—后压兰；

6—防脱肩；7—T 形螺栓；8—垫圈；9—螺帽

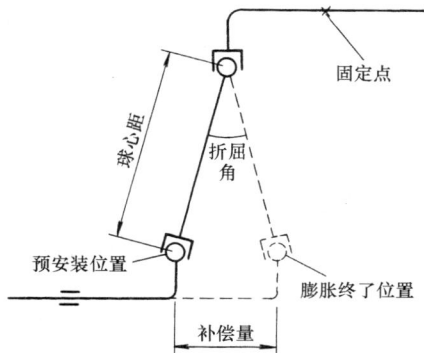

图 11-41　球形补偿器动作原理图

二、管道热伸长及补偿器的选择计算

（一）管道热伸长量的计算

供热管道安装投运后，由于管道被热媒加热引起管道受热伸长。管道受热的自由伸长量，可按下式计算

$$\Delta x = \alpha(t_1 - t_2)L \quad \text{m} \tag{11-8}$$

式中　　Δx——管道的热伸长量，m；

　　　　α——管道的线膨胀系数（见表 A45），一般可取 $\alpha = 12 \times 10^{-6}$ m／（m·℃）；

t_1——管壁最高温度，可取热媒的最高温度，℃；

t_2——管道安装时的温度，℃，在温度不能确定时，可取为最冷月平均温度，一般按 -5℃计算；

L——计算管段的长度，m。

在供热管网中设置固定支架，并在固定支架之间协调各种形式的补偿器，如自然补偿及套管式、波纹管、方形或球形补偿器等，其目的在于补偿该管段的热伸长，从而减弱或消除因热胀冷缩所产生的应力。

各种补偿器的结构形式及其优缺点前已述及。下面就几种补偿器的受力分析和应力验算问题，予以简要的介绍。

（二）方形补偿器

方形补偿器是应用很普遍的供热管道补偿器。进行管道的强度计算时，通常需要确定：

（1）方形补偿器所补偿的伸长量 Δx；

（2）选择方形补偿器的形式和几何尺寸；

（3）根据方形补偿器的几何尺寸和热伸长量，进行应力验算，验算最不利断面上的应力不超过规定的许用应力范围，并计算方形补偿器的弹性力，从而确定对固定支座产生的水平推力的大小。

根据《火力发电厂汽水管道应力计算技术规定》（SDGJ 6），管道由热胀冷缩和其他位移受约束而产生的热胀二次应力，不得大于按下式计算的许用应力值

$$\sigma_f \leqslant 1.2[\sigma]_j^{20} + 0.2[\sigma]_j^t \quad \text{MPa} \tag{11-9}$$

式中　　$[\sigma]_j^{20}$——钢材在 20℃时的基本许用应力（见表 A45），MPa；

$[\sigma]_j^t$——钢材在计算温度下的基本许用应力（见表 A45），MPa；

σ_f——热胀二次应力，取补偿器危险断面的应力值，MPa。

如供热管道钢号采用 Q235-A 号钢，工作温度为 200℃时，则热胀二次应力

$$\sigma_1 \leqslant 1.2(124.3) + 0.2(124.3) = 174\text{MPa}$$

验算补偿器应力时，采用较高的许用应力值，是基于热胀应力属于二次应力范畴。利用上述应力分类法，充分考虑发挥结构的承载能力。

弯管形式的补偿器（如方形、S 形、自然补偿等）的弹性力和热胀应力，采用力学的"弹性中心法"进行计算。

下面就利用"弹性中心法"对弯管补偿器进行应力验算应注意的几个问题和计算方法及步骤简述如下。

1. 弯管柔性系数 K_r

方形补偿器的弯管部分受热变形而被弯曲时，弯管的外侧受拉，内侧受压，其合力均垂直于中性轴，于是管的横截面因内外两侧的挤压力而变得较为平直，由圆形变为椭圆形。此时管子的刚度将降低，弯管刚度降低的系数称为减刚系数 K_g。

弯管减刚系数 K_g 的倒数称为弯管柔性系数 K_r。弯管的柔性系数表示弯管相对于直管在承受弯矩时柔性增大的程度。

根据 SDGJ6 介绍，煨制弯管或热压弯管的柔性系数应按下列方法确定

$$K_r = \frac{1.65}{\lambda} \tag{11-10}$$

而

$$\lambda = \frac{Rs}{r_p^2} \tag{11-11}$$

$$r_p = (D_w - S) / 2$$

式中 K_r——弯管柔性系数；

λ——弯管尺寸系数；

R——管子弯曲半径 mm；

s——管子壁厚，mm；

r_p——管子平均半径，mm；

D_w——管子外径，mm。

当计算得出的柔性系数 K_r 值小于 1 时，取 $K_r = 1$ 计算。一些管子的柔性系数和尺寸系数见表 A46。

2. 方形补偿器弹性力 F_t 值的确定方法

图 11-42 所示为采用弹性中心法计算煨制（光滑）弯管补偿器的弹性力和热胀弯曲应力的计算图。

方形补偿器弹性中心坐标位置（对应 x、y 坐标轴）为

$$x_0 = 0$$

$$y_0 = \frac{(l_2 + 2R)(l_2 + l_3 + 3.14RK_r)}{L_{zh}} \quad \text{m} \tag{11-12}$$

式中 L_{zh}——光滑弯管方形补偿器的折算长度，m；

l_1——方形补偿器两边的自由臂长，m；

l_2——方形补偿器外伸臂的直管段长，m；

l_3——方形补偿器宽边的直管段长，m。

L_{zh} 的计算式为

$$L_{zh} = 2l_1 + 2l_2 + l_3 + 6.28RK_r \quad \text{m}$$

$$\tag{11-13}$$

计算中引入折算长度 L_{zh} 和自由臂长 l_1，是为了表征出方形补偿器受热时参与形变的计算管段。认为在自由臂长 l_1 以外的管段，由于支架和摩擦阻力的影响，管道的自由横向位移受到限制。方形补偿器的自由臂长 l_1，可近似地取为 40DN（DN 为管子公称直径，mm）。

根据补偿器弹性力和管段形变的关系，可求得

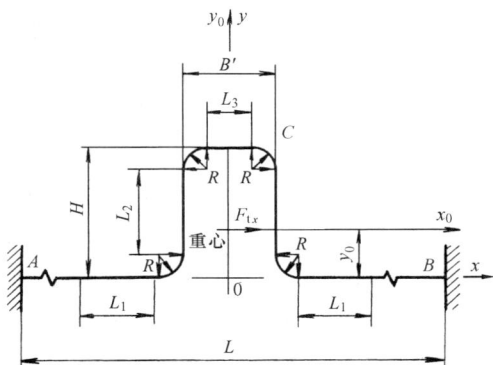

图 11-42 光滑弯管方形补偿器计算图

$$F_{tr} = \frac{\Delta x EI}{I_{xo}} \times 10^{-3} \quad \text{kN} \tag{11-14}$$

$$F_{ty} = 0 \tag{11-15}$$

$$I_{x0} = \frac{l_2^3}{6} + (2l_2 + 4l_3)\left(\frac{l_2}{2} + R\right)^2 + 6.28RK_r\left(\frac{l_2^2}{2} + 1.635l_2R + 1.5R^2\right) - L_{zh}y_0^2 \quad \text{m}^3 \tag{11-16}$$

式中　Δx——固定支架之间管道的热伸长量，m，采用应力分类法时，不论管道是否冷紧（预拉），均应按全补偿量计算；

　　　E——管道钢材在 20℃时的弹性模数，N/m²；

　　　I——管道断面的惯性矩，m⁴；

　　　I_{x0}——折算管段对 x_0 轴的线惯性矩，m³。

3. 方形补偿器的应力验算

由于方形补偿器弹性力的作用，在管道危险截面上的最大热胀弯曲应力 σ_f，可按下式确定

$$\sigma_f = \frac{M_{max}m}{W} \quad \text{Pa} \tag{11-17}$$

式中　W——管子断面抗弯矩，cm³，见表 A46；

　　　M_{max}——最大弹性力作用下的热胀弯曲力矩，N·m；

　　　m——弯管应力加强系数。

最大的热胀弯曲力矩 M_{max}：

当 $y_0 < 0.5H$ 时，位于 C 点　　$M_{max} = (H - y_0)F_{tr}$　kN·m　　(11-18)

当 $y_0 \geqslant 0.5H$ 时，位于 D 点　　$M_{max} = -y_0F_{tr}$　kN·m　　(11-19)

由于弯管截面不圆而引起应力的改变，以弯管应力加强系数 m 修正。

弯管应力加强系数 m 值，可由下式确定

$$m = 0.9/\lambda^{2/3} \tag{11-20}$$

式中　λ——弯管尺寸系数，见表 A46，计算得出的 $m < 1$ 时，取 $m = 1$。

最后，利用式（11-19）来判别，危险截面上的最大热胀二次应力是否超过式（11-9）给定的许用应力值。

【例题 11-2】　已知管子钢号为 Q235-A 号钢，规格为 $\phi159 \times 4.5$mm，管内热媒为饱和蒸汽，表压力为 1.3MPa（$t_1 \approx 194$℃），管道安装温度 $t_2 = -6$℃。

现根据预先选定的方形补偿器的尺寸（见图 11-42），求弹性力 F_{tr} 及热胀弯应力 σ_f 的大小。

方形补偿器的尺寸为：$H = 4.0$m，$l_3 = 0.5l_2$，$R = 0.6$m，固定支座的间距 $L = 80$m。

解　（1）根据已知条件，确定方形补偿器的几何尺寸。

自由臂长　　$l_1 = 40DN = 40 \times 0.15 = 6$m

根据图形　　$l_2 = H - 2R = 4.0 - 2 \times 0.6 = 2.8$m

　　　　　　$l_3 = 0.5l_2 = 0.5 \times 2.8 = 1.4$m

（2）根据管子规格，查表 A45 和表 A46，列出弯管的特性系数和管子的材料特性值。

弯管柔性系数 $K_r = 3.65$；弯管应力加强系数 $m = 1.528$；管子的断面抗弯矩 $W = 82$cm³，管子的断面惯性矩 $I = 652$cm⁴；管子的弹性系数 $E_{20℃} = 20.594 \times 10^4$MPa；管子的线膨胀系数 $\alpha = 13 \times 10^{-6}$m/（m·℃）。

（3）计算方形补偿器的折算长度 L_{zh} 和弹性中心坐标位置

$$L_{zh} = 2l_1 + 2l_2 + l_3 + 6.28RK_r$$

$$= 2 \times 6 + 2 \times 2.8 + 1.4 + 6.28 \times 0.6 \times 3.65 = 32.75m$$

根据式（11-12），方形补偿器的弹性中心坐标位置为

$$x_0 = 0$$

$$y_0 = (l_2 + 2R)(l_2 + l_3 + 3.14RK_r)/L_{zh}$$

$$= (2.8 + 2 \times 0.6)(2.8 + 1.4 + 3.14 \times 0.6 \times 3.65)/32.75 = 1.35m$$

（4）计算折算管段对 x_0 轴的惯性矩，根据式（11-16）

$$I_{x0} = \frac{l_2^3}{6} + (2l_2 + 4l_3)\left(\frac{l_2}{2} + R\right)^2 + 6.28RK_r \times \left(\frac{l_2^3}{2} + 1.635l_2R + 1.5R^2\right) - L_{zh}y_0^2$$

$$= \frac{(2.8)^3}{6} + (2 \times 2.8 + 4 \times 1.4)\left(\frac{2.8}{2} + 0.6\right)^2 + 6.28 \times 0.6 \times 3.65$$

$$\times \left(\frac{2.8^2}{2} + 1.635 \times 2.8 \times 0.6 + 1.5 \times 0.6^2\right) - 32.75 \times 1.35^2$$

$$= 3.66 + 44.8 + 99.12 - 59.69$$

$$= 87.89m^3$$

（5）确定固定支架之间管道的计算热伸长量，根据式（11-8）

$$\Delta x = \alpha(t_1 - t_2)L = 13 \times 10^{-6}[194 - (-6)] \times 80 = 0.208m$$

（6）计算方形补偿器弹性力 F_{tr}，根据式（11-14）

$$F_{tr} = \frac{\Delta x EI}{I_{x0}} \times 10^{-3} = \frac{0.208 \times 20.594 \times 10^{10} \times 652 \times 10^{-8}}{87.89} \times 10^{-3} = 3.18kN$$

（7）计算弹性力产生的最大热胀弯曲力矩 M_{max}。因 $y_0 = 1.35 < 0.5H$，根据式（11-18）

$$M_{max} = (H - y_0)F_{tr} = (4.0 - 1.35) \times 3.18 = 8.43kN \cdot m$$

（8）方形补偿器的应力验算。位于方形补偿器 C 点截面上的最大热胀弯曲应力 σ_f，可按式（11-17）计算

$$\sigma_1 = \frac{M_{max}m}{W} = \frac{8.43 \times 10^3 \times 1.528}{82 \times 10^{-6}} = 157.1 \times 10^6 Pa$$

$$= 157.1MPa$$

根据计算结果，方形补偿器危险断面处的最大热胀弯曲应力（157.1MPa），小于该钢号在 200℃时的许用应力值（174MPa），验算即可结束。

在不改变方形补偿器的 R 值和 $l_3 = 0.5l_2$ 及相同的补偿量条件下，如将外伸臂 H 减小，则作用在固定支座上的弹性力 F_{tr} 增大，补偿器危险断面上的应力增加，但补偿器的尺寸却相对减小了。

通常，在施工安装时，应将方形补偿器预拉伸一半。此时，实际的弹性力 F_{tr}' 可按减小一半来计算对固定支座的推力。

在工程设计中，常利用一些设计手册给出的线算图来选择方形补偿器。利用这些图选择补偿器时，要注意它的编制条件（如预拉伸和采用许用应力值等）。

（三）自然补偿管段

常见的自然补偿管段的形式有 L 形、Z 形和直角弯的自然补偿管段，它们受力和热伸长后的变形示意图可见图 11-43。

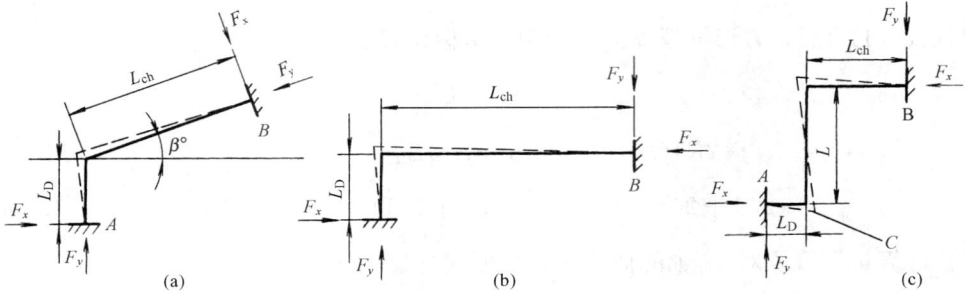

图 11-43　常见的自然补偿管段的受力及变形示意图
（a）L 形自然补偿管段；（b）直角弯自然补偿管段；（c）Z 形自然补偿管段
L_{ch}—长臂；L_D—短臂；L—中间臂

自然补偿管段的应力计算同样按弹性中心法原理进行。一些设计手册已给出不同形式自然补偿管段的弹性力和热胀弯曲应力的计算公式或线算图，此处不再一一列述。

在此需要指出，在自然补偿管段受热变形时，与方形补偿器的不同点在于直管段部分有横向位移，因而作用在固定支点上有两个方向的弹性力（F_x 与 F_y，见图 11-43）。此外，一切自然补偿管段理论计算公式，都是基于管路可以自由横向位移的假设条件计算得出的。但实际上，由于存在着活动支座，它妨碍着管路的横向位移，而使管路的应力增大。因此，采用自然补偿管段补偿热伸长时，其各臂的长度不宜采用过大的数值，其自由臂长不宜大于30m。同时，短臂过短（或长臂与短臂之比过大），短臂固定支座的应力会超过许用应力值。通常在设计手册中，常给出限定短臂的最短长度。

（四）套筒（管）式补偿器

套筒式补偿器应设置在直线管段上，以补偿两个固定支座之间管道的热伸长。套筒补偿器的最大补偿量，可从产品样本上查出。考虑管道安装后可能达到的最低温度 t_{min}，会低于补偿安装时的温度 t_m，补偿器产生冷缩。因此，两个固定支座之间被补偿管段的长度 L 应由下式计算确定

$$L = \frac{L_{max} - L_{min}}{\alpha(t_{max} - t_a)} \quad m \tag{11-21}$$

$$L_{min} = \alpha(t_a - t_{min}) \quad mm$$

式中　L_{max}——套筒行程（即最大补偿能力），mm；

L_{min}——考虑管道可能冷却的安装裕量，mm；

α——钢管的线膨胀系数，通常取 $\alpha = 1.2 \times 10^{-2}$ mm/（m·℃）；

t_{max}——供热管道的最高温度，℃；

t_a——补偿器安装时的温度，℃；

t_{min}——热力管道安装后可能达到的最低温度，℃。

在套筒补偿器中，由于拉紧螺栓挤压密封填料产生的摩擦力 F_m 为

$$F_m = \frac{4n\pi D_{tw}\mu B}{f_t} \quad kN \tag{11-22}$$

式中　n——螺栓个数，个；

f_t——填料的横断面积，cm^2；

D_{tw}——套筒补偿器的套管外径，cm；

B——沿补偿器轴线的填料长度，cm；

μ——填料与管道的摩擦系数，橡胶填料，$\mu = 0.15$，油浸和涂石墨的石棉圈，$\mu = 0.1$；

4——用螺母扳子拧紧螺栓的最大作用力，kN。

由于管道热媒内压力所产生的摩擦力，可用下式计算

$$F_m = A\pi p_n D_{tw}\mu B \quad kN \tag{11-23}$$

式中　p_n——管道内压力（表压），Pa；

A——系数，当 DN$\leqslant$400mm 时，$A = 0.2$，当 DN$>$450mm 时，取 $A = 0.175$。

其余符号同式（11-22）。

计算时，应分别按拉紧螺栓产生的摩擦力或由内压力产生的摩擦力的两种情况算出其数值后，取用较大值。

（五）波纹管补偿器

如前所述，波纹管补偿器按补偿方式区分，有轴向、横向及铰接等形式。在供热管道上，轴向补偿器应用最广，用以补偿直线管段的热伸长量。轴向补偿器的最大补偿能力，同样可从产品样本上查出选用。

轴向波纹管补偿器受热膨胀时，由于位移产生的弹性力 F_t，可按下式计算

$$F_t = K\Delta x \quad N \tag{11-24}$$

式中　Δx——波纹管补偿器的轴向位移，cm；

K——波纹管补偿器的轴向刚度，N/cm，可从产品样本中查出。

通常，在安装时将补偿器进行预拉伸一半，以减小其弹性力。

此外，管道内压力作用在波纹管环面上产生的推力 F_h，可近似按下式计算

$$F_h = pA \quad N \tag{11-25}$$

式中　p——管道内压力，Pa；

A——有效面积，m^2，近似为以波纹半波高为直径计算出的圆面积，同样可从产品样本中查出。

为使轴向波纹管补偿器严格地按管线轴线热胀或冷缩，补偿器应靠近一个固定支座（架）设置，并设置导向支座。导向支座宜采用整体箍住管子的形式，以控制横向位移和防止管子纵向变形。

第六节　管道支座（架）

管道支座是直接支承管道并承受管道作用力的管路附件。它的作用是支承管道和限制管道位移。支座承受管道重力及由内压、外荷载和温度变化引起的作用力，并将这些荷载传递到建筑结构或地面的管道构件上。根据支座（架）对管道位移的限制情况，分为活动支座（架）和固定支座（架）。

一、活动支座（架）

活动支座（架）是允许管道和支承结构有相对位移的管道支座（架）。活动支座（架）按其构造和功能分为滑动、滚动、弹簧、悬吊和导向等形式。

滑动支座与支架是由安装（采用卡环固定或焊接方式）在管子上的钢制管托与下面的支承结构构成。它承受管道的垂直荷载，允许管道在水平方向滑动。根据管托横截面的形状，有曲面槽式（图 11-44）、丁字托式（图 11-45）和弧形板式（图 11-46）等。前两种形式，管道由支座托住，滑动面低于保温层，保温层不会受到损坏。弧形板式滑动支座的滑动面直接附在管道壁上，因此安装支座时要去掉保温层，但管道安装位置可以低一些。

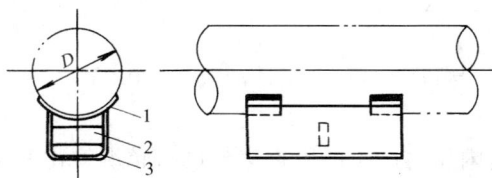

图 11-44 曲面槽滑动支座
1—弧形板；2—肋板；3—曲面槽

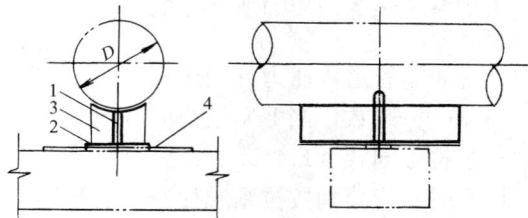

图 11-45 丁字托滑动支座
1—顶板；2—底板；3—侧板；4—支承板

管托与支承结构间的摩擦面，通常是钢与钢的摩擦，摩擦系数约为 0.3。为了降低摩擦力，有时在管托下放置减摩材料，如聚四氟乙烯塑料等，可使摩擦系数降低到 0.1 以下。

滚动支座是由安装（卡环固定或焊接）在管子上的钢制管托与设置在支承结构上的辊轴、滚柱或滚珠盘等部件构成。辊轴式（图 11-47）和滚柱式（图 11-48）支座，管道轴向位移时，管托与滚动部件间为滚动摩擦，摩擦系数在 0.1 以下；但管道横向位移时仍为滑动摩擦。滚珠盘式支座，管道水平各向移动均为滚动摩擦。滚动支座需进行必要的维护，使滚动部件保持正常状态，一般只用在架空敷设管道上。

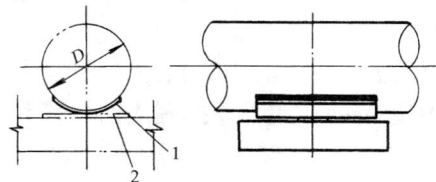

图 11-46 弧形板滑动支座
1—弧形板；2—支承板

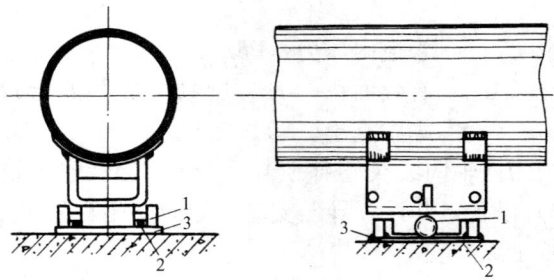

图 11-47 辊轴式滚动支座
1—辊轴；2—导向板；3—支承板

悬吊支架常用在室内供热管道上，管道用抱箍、吊杆等构件悬吊在承力结构下面。图 11-49 所示为几种常见的悬吊支架。悬吊支架构造简单，管道伸缩阻力小；管道位移时吊杆摆动，因各支架吊杆摆动幅度不一，难以保证管道轴线为一直线，因此管道热补偿需用不受管道弯曲变形影响的补偿器。

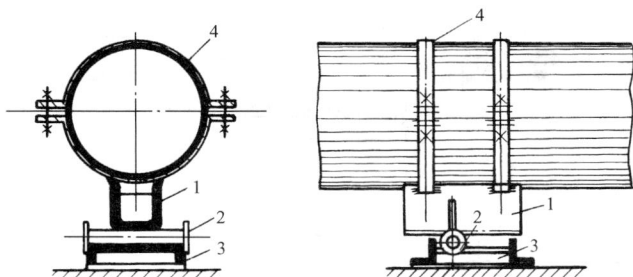

图 11-48 滚柱式滚动支座

1—槽板；2—滚柱；3—槽钢支承座；4—管箍

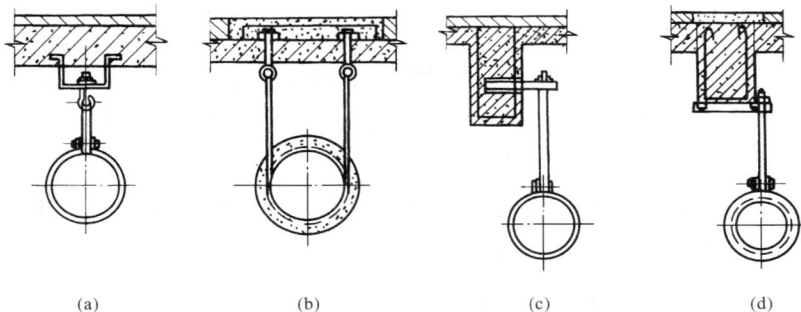

(a)　　　　　　(b)　　　　　　(c)　　　　　　(d)

图 11-49 悬吊支架

（a）可在纵向及横向移动；（b）只能在纵向间移动；（c）焊接在钢筋混凝土构
件里埋置的预埋件上；（d）箍在钢筋混凝土梁上

弹簧支座（架）的构造一般由在滑动支座、滚动支座的管托下或在悬吊支架的构件中加弹簧构成（见图 11-50）。其特点是允许管道水平位移，并可适应管道的垂直位移，使支座（架）承受的管道垂直荷载变化不大，常用于管道有较大的垂直位移处，以防止管道脱离支座，致使相邻支座和相应管段受力过大。

导向支座是只允许管道轴向伸缩，限制管道横向位移的支座形式。其构造通常是在滑动支座或滚动支座沿管道轴向的管托两侧设置导向挡板。导向支座的主要作用是防止管道纵向失稳，保证补偿器正常工作。

二、固定支座（架）

固定支座（架）是不允许管道和支承结构有相对位移的管道支座（架）。它主要用于将管道划分成若干补偿管段，分别进行热补偿，从而保证补偿器的正常工作。

最常用的是金属结构的固定支座，有卡环式［见图 11-51 （a）］、焊接角钢固定支座［见图 11-51 （b）］、曲面槽固定支座［见图 11-51 （c）］和挡板式固定支座（见图 11-52）等。前三种承受的轴向推力较小，通常不超过 50kN，固定支座承受的轴向推力超过 50kN 时，多采用挡板式固定支座。

在无沟敷设或不通行地沟中，固定支座也有作成钢筋混凝

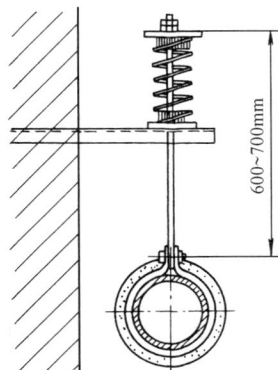

图 11-50 弹簧悬吊支座

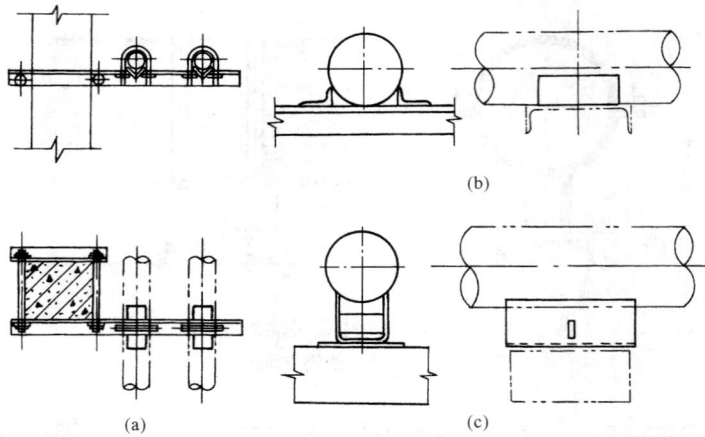

图 11-51　几种金属结构固定支座

（a）卡环固定支座；（b）焊接角钢固定支座；（c）曲面槽固定支座

土固定墩的形式。

图 11-53 所示为直埋敷设所采用的一种固定支座形式；管道从固定墩上部的立板穿过，

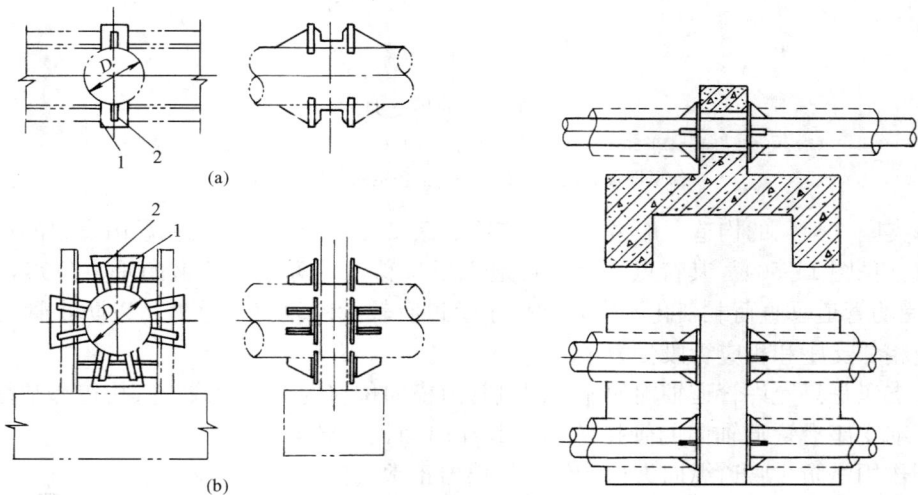

图 11-52　挡板式固定支座

（a）双面挡板式固定支座；（b）四面挡板式固定支座

1—挡板；2—肋板

图 11-53　直埋敷设固定墩

在管子上焊有卡板来进行固定。

室内、外供热管道的支座（架）的种种形式详图及其使用要求，可见《动力设施国家标准图集》。

三、管道支座（架）的选用

（一）供热管道活动支座（架）的确定

管道活动支座间距的大小决定着整个管网的支座和支架的数量，影响供热管网的投资。

因此，在确保安全运行的前提下，应尽可能地扩大活动支座的间距。

活动支座可能的最大间距（允许间距）应按下列两个原则来确定，即按强度条件和按刚度条件来确定。

1. 按强度条件确定支座的允许间距

在活动支座间距计算中，通常主要考虑外荷载（自重及风荷载）的影响。这些外荷载作用在管道断面的最大应力不得超过管材的许用外荷载综合应力 $[\sigma_w]$。

根据这一原则所确定的活动支座的允许间距，称为按强度条件确定的支座间距。

2. 按刚度条件确定支座的允许间距

管道在一定的跨距下总有一定的挠度。根据对挠度的限制确定活动支座的允许间距，称为按刚度条件确定的支座间距。

按刚度条件确定活动支座允许间距时，如要保证管道挠曲时不出现反坡，则对有某一坡度的管道，挠曲后产生的最大角变应不大于管道的坡度（见图 11-54 管线 1 所示）。此时，管道在支座间的挠曲部分不会积水。

表 A47 给出按强度条件和按刚度条件计算的管道活动支座最大允许间距表，可在设计时参考用。在不通行地沟中的管道活动支座，由于考虑无法检修而当个别支座下沉时，会使间距增大，弯曲应力增大，所以从安全角度考虑，将活动支座的允许间距缩小。

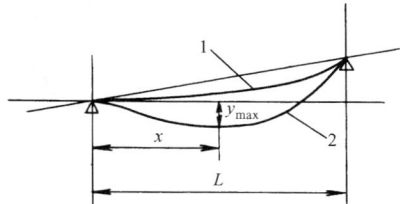

图 11-54　活动支座间供热管道变形示意图
1—管线按最大角度不大于管线坡度条件下的变形线；2—管线按允许最大挠度 y_{max} 条件下的变形线

（二）供热管道固定支座（架）的确定

供热管道上设置固定支座（架），其目的是限制管道轴向位移，将管道分为若干补偿管段，分别进行热补偿，从而保证各个补偿器的正常工作。固定支座（架）是供热管道中主要受力构件，为了节约投资，应尽可能加大固定支座（架）的间距，减少数目，但其间距必须满足下列条件：

（1）管段的热伸长量不得超过补偿器所允许的补偿量；

（2）管段因膨胀和其他作用而产生的推力，不得超过固定支架所能承受的允许推力；

（3）不应使管道产生纵向弯曲。

根据这些条件并结合设计和运行经验，固定支座（架）的最大间距，不宜超过表 A48 所列的数值。其管道固定支座（架）的计算参阅有关设计手册。

第七节　检查室与操作平台

地下敷设管道，在安装套筒补偿器、阀门、放水、排气和除污装置等管道附件处，应设检查室（井）。

检查室的净空尺寸要尽可能紧凑，但必须考虑便于维护检修。检查室的净空高度不得小于 1.8m，人行通道宽不小于 0.6m，干管保温结构表面与检查室地面距离不小于 0.6m。检查室顶部应设入口及入口扶梯，入口人孔直径不小于 0.7m。为了检修时安全和通风换气，人孔数量不得小于两个，并应对角布置。当热水管网检查室只有放气门或其净空面积小于

0.4m² 时，可只设一个人孔。

检查室还用来汇集和排除渗入地沟或由管道放出的网路水。为此，检查室地面应低于地沟底，其值不小于 0.3m；同时，检查室内至少设一个集水坑，并应置于人孔下方，以便将积水抽出。图 11-55 所示为一个检查室布置的例子。

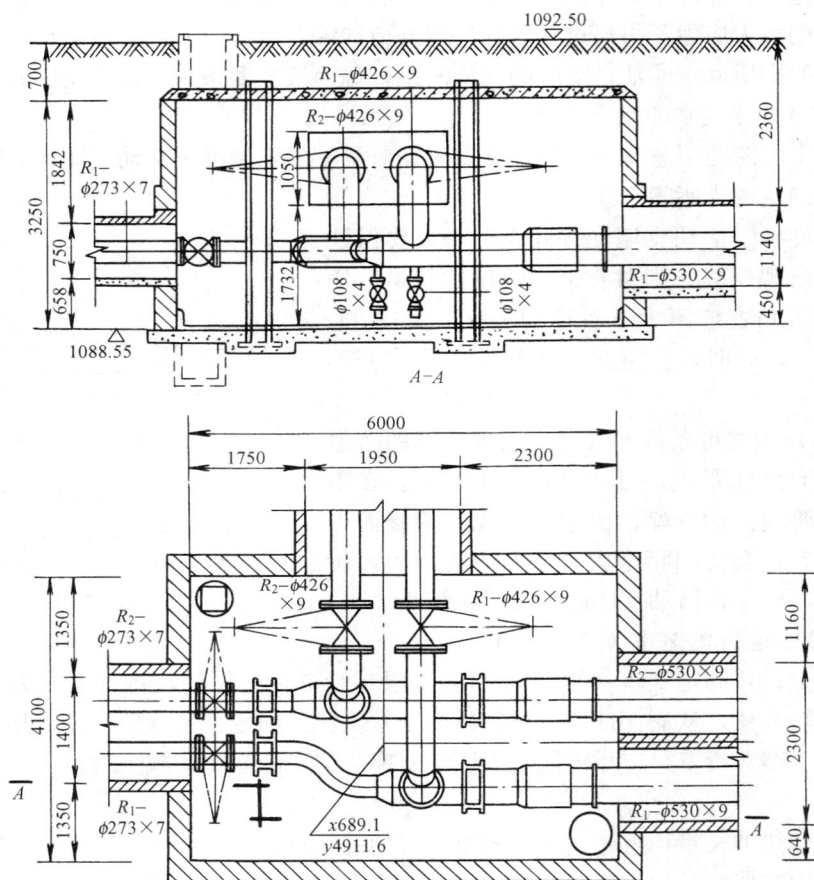

图 11-55　检查室布置图例

中、高支架敷设的管道，在安装阀门、放水、除污装置的地方应设操作平台。操作平台的尺寸应保证维修人员操作方便，平台周围应设防护栏杆。

检查室或操作平台的位置及数量应与管道平面定线和设计时一起考虑。在保证安全运行和检修方便的前提下，尽可能减少其数目。

第八节　供热管道的保温及其热力计算

供热管道及其附件保温的主要目的在于，减少热媒在输送过程中的热损失，节约燃料；保证操作人员安全，改善劳动条件；保证热媒的使用温度等。

热网运行经验表明，热水管网即使有良好的保温，其热损失仍占总输热量的 5%～8%，蒸汽管网为 8%～12%，与之相应，保温结构费用占热网管道费用的 25%～40%，因此，保温工作对保证供热质量，节约投资和减少燃料消耗都有很大影响。

一、保温材料及其制品

良好的保温材料应质量轻，热导率小，在使用温度下不变形、不变质，具有一定的机械强度，不腐蚀金属，可燃成分小，吸水率低，易于施工成型，且成本低廉。

规范规定，供热介质设计温度高于 50℃ 的热力管道、设备、阀门一般应保温。规定中对保温材料及其制品，明确应具有如下的主要技术性能：

（1）平均工作温度下的热导率不得大于 0.12W/（m·℃），并应有明确随温度变化的热导率方程和图表。对于松散或可压缩的保温材料及其制品，应具有在使用密度下的热导率方程或图表。

（2）密度不应大于 350kg/m³。

（3）除软质、散状材料外，硬质预制成型制品的抗压强度不应小于 0.3MPa；半硬质的保温材料压缩 10% 时的抗压强度不应小于 0.2MPa。

目前常用的管道保温材料有膨胀珍珠岩、膨胀蛭石、岩棉、矿渣棉、玻璃纤维及玻璃棉、微孔硅酸钙、泡沫混凝土、聚氨酯硬质泡沫塑料等。各种材料及其制品的技术性能可从生产厂家或一些设计手册中得出。在选用保温材料时，要考虑因地制宜，就地取材，力求节约。

二、管道的保温结构

管道的保温结构由保温层和保护层两部分组成。

供热管道常用的保温方法有涂抹式、预制式、缠绕式、填充式、灌注式和喷涂式等。

（1）涂抹式保温。将不定型的保温材料加入黏和剂等用水拌和成塑性泥团，分层涂抹于需要保温的设备、管道表面上，干后形成保温层的保温方法。该法不用模具，整体性好，特别适用于填堵洞孔和异形表面的保温。涂抹式保温是传统的保温方式，但施工方法落后，进度慢，在室外管网工程中已很少应用。适用此法保温的材料有膨胀珍珠岩、膨胀蛭石及石棉灰、石棉硅藻土等。

（2）预制式保温。将保温材料制成板状、弧形块、管壳等形状的制品，用捆扎或黏结方法安装在设备或管道上形成保温层的保温方法。该方法由于操作方便和保温材料多以制品形式供货，因而目前被广泛采用。适用此法保温的材料主要有泡沫混凝土、矿渣棉、岩棉、玻璃棉、膨胀珍珠岩和硬质泡沫塑料等。弧形预制保温瓦保温结构示意图可见图 11-56。

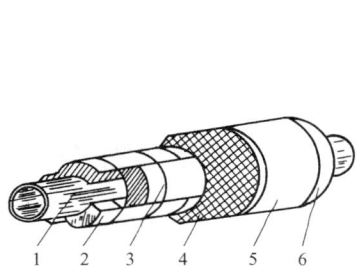

图 11-56　弧形预制保温瓦保温结构
1—管道；2—保温层；3—镀锌铁丝；4—镀锌
铁丝网；5—保护层；6—油漆

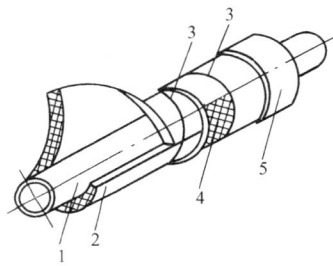

图 11-57　缠绕式保温结构示意图
1—管道；2—保温毡或布；3—镀锌铁
丝；4—镀锌铁丝网；5—保护层

（3）缠绕式保温。用绳状或片状的保温材料缠绕捆扎在管道或设备上形成保温层的保温方法。如石棉绳、石棉布、纤维类保温毡都采用此施工方法。其特点是操作方便，便于拆卸，用纤维类（如岩棉、矿渣棉、玻璃棉）保温毡进行管道保温，在管道工程上应用较多，图11-57为其保温结构示意图。

（4）填充式保温。将松散的或纤维状保温材料，填充于管道、设备外围特制的壳体或金属网中或直接填充于安装好管道的地沟或沟槽内形成保温的保温方式。填充于管道、设备外围的散状保温材料主要有矿渣棉、玻璃棉及超细玻璃棉等。由于多把松散的或纤维状保温材料作成管壳状，这种填充保温方式已使用不多了。在地沟或直埋管道沟槽内填充保温材料，必须采用憎水性保温材料，以避免水渗入，如用憎水性沥青珍珠岩等。

（5）灌注式保温。将流动状态的保温材料，用灌注方法成型硬化后，在管道或设备外表面形成保温层的保温方法。如在直埋敷设管道的沟槽中灌注泡沫混凝土进行保温。又如在套管或模具中灌注聚氨酯硬质泡沫塑料，发泡固化后形成管道保温层。灌注式保温的保温层为一连续整体，有利于保温和对管道的保护。

（6）喷涂式保温。利用喷涂设备，将保温材料喷射到管道、设备表面上形成保温层的保温方法。无机保温材料（膨胀珍珠岩、膨胀蛭石、颗粒状石棉等）和泡沫塑料等有机保温材料均可用喷涂法施工。其特点是施工效率高，保温层整体性好。

供热管道保护层的作用主要是防止保温层的机械损伤和水分侵入，有时它还兼起美化保温结构外观的作用。保护层是保证保温结构性能和寿命的重要组成部分，需具有足够的机械强度和必要的防水性能。

根据保护层所用的材料和施工方法不同，保护层可分为涂抹式保护层、金属保护层和毡、布类保护层。

涂抹式就是将塑性泥团状的材料涂抹在保温层上。常用的材料有石棉水泥砂浆和沥青胶泥等。涂抹式保护层造价较低，但施工进度慢，需要分层涂抹。

金属保护层一般采用镀锌钢板或不镀锌的黑薄钢板；也可采用薄铝板、铝合金板等材料。金属保护层的优点是结构简单、质量轻、使用寿命长，但其造价高，易受化学腐蚀，只宜在架空敷设上应用。

毡、布类保护层材料，目前多采用玻璃布沥青油毡、铝箔或玻璃钢等。由于它具有较好的防水性能和施工方便的优点，近年来得到广泛地应用。玻璃布长期遭受日光曝晒容易断裂，宜在室内或地沟管道上应用。

三、供热管道保温的热力计算

供热管道保温热力计算的任务是计算管路散热损失、供热介质沿途温度降、管道表面温度及环境温度（地沟温度、土壤温度等），从而确定保温层厚度。

在工程设计中，在计算管路散热损失基础上，管道保温层厚度通常按技术经济分析得出的"经济保温层厚度"来确定。

显然，保温层越厚，则管路散热损失越小，节约了燃料；但由于厚度加大，保温结构费用增加，增加了投资费用。所谓"经济保温层厚度"，是指考虑保温结构的基建投资和管道散热损失的年运行费用两者因素，折算得出在一定年限内其"年计算费用"为最小值时的保温层厚度。

在某些情况下，对供热介质温度降、环境温度、保温层表面温度有技术要求（例如保证输送过热蒸汽到热用户，保证敷设在管道邻近的电缆处的温度不得超过容许值等情况），且采用经济保温层厚度不能满足要求时，则应按上述要求的技术条件确定保温层厚度。

供热管道的散热损失是根据传热学的基本原理进行计算的。供热管道敷设方式不同，计算方法也有所差别。现分述如下。

（一）架空敷设管道的热损失

根据图 11-58，架空敷设供热管路的散热损失，可由下式求得

$$\Delta Q = \frac{t - t_0}{R_n + R_g + R_b + R_w}(1 + \beta)l \quad \text{W} \quad (11\text{-}26)$$

$$R_n = 1/\pi\alpha_n d_n$$

$$R_g = \frac{1}{2\pi\lambda_g} \cdot \ln\frac{d_w}{d_n}$$

$$R_b = \frac{1}{2\pi\lambda_b} \cdot \ln\frac{d_z}{d_w} \quad (11\text{-}27)$$

$$R_w = 1/\pi d_z \alpha_w \quad (11\text{-}28)$$

$$\alpha_w = 11.6 + 7\sqrt{v} \quad \text{W/(m}^2 \cdot \text{℃)} \quad (11\text{-}29)$$

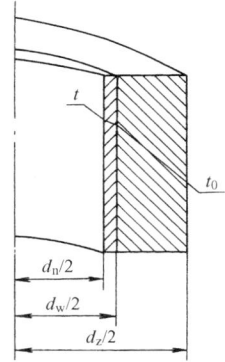

图 11-58 架空敷设管道
散热损失计算图

式中　ΔQ——管道热损失，W；

　　　t——管道中热媒温度，℃；

　　　t_0——管道周围环境（空气）温度，℃；

　　　R_n——从热媒到管内壁的热阻，m·℃/W；

　　　R_g——管壁热阻，m·℃/W；

　　　R_b——保温材料的热阻，m·℃/W；

　　　R_w——从管道保温层外表面到周围介质（空气）的热阻，m·℃/W；

　　　l——管道长度，m；

　　　β——管道附件、阀门、补偿器、支座等的散热损失附加系数，对地上敷设 $\beta=$ 0.25，对地沟敷设 $\beta=0.20$，对直埋敷设 $\beta=0.15$；

　　　α_n——从热媒到管内壁的放热系数，W/（m²·℃），输送饱和蒸汽时 $\alpha_n=5810\sim$ 11630W/（m²·℃），输送热水时 $\alpha_n=2320\sim4650$W/（m²·℃）；

　　　d_n——管道内径，m；

　　　λ_g——管材的热导率，W/（m·℃）；

　　　d_w——管道外径，m；

　　　λ_b——保温材料的热导率，W/（m·℃）；

　　　d_z——保温层外表面的直径，m；

　　　α_w——保温层外表面对空气的放热系数，W/（m²·℃）；

　　　v——保温层外表面附近空气的流动速度，m/s。

热媒对管内壁的热阻和金属管壁的热阻与其他两项热阻相比数值很小，在实际计算中可将它们忽略不计。式（11-26）可简化为

$$\Delta Q = \frac{t - t_0}{R_b + R_w}(1 + \beta)l = \frac{t - t_0}{\dfrac{1}{2\pi\lambda_b}\ln\dfrac{d_z}{d_w} + \dfrac{1}{\pi d_z \alpha_w}}(1 + \beta)l \quad \text{W} \quad (11\text{-}30)$$

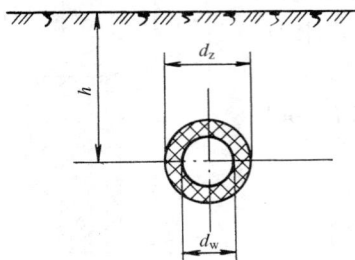

图 11-59　无沟敷设管道
散热损失计算图

（二）无沟敷设管道的散热损失（见图 11-59）

无沟敷设的管道直接埋于土壤中，在计算管道散热损失时，需要考虑土壤的热阻。根据福尔赫盖伊默推导的传热学理论计算公式，土壤的热阻可用下式表示

$$R_t = \frac{1}{2\pi\lambda_t}\ln\left(\frac{2H}{d_z}+\sqrt{\left(\frac{2H}{d_z}\right)^2-1}\right)\quad \text{m}\cdot\text{℃/W}$$

(11-31)

式中　d_z——与土壤接触的管子外表面的直径，m；

λ_t——土壤的热导率，当土壤温度为 10～40℃时，中等湿度土壤的热导率 λ_t 在 1.2～2.5W/（m·℃）范围内；

H——管子的折算埋设深度，m。

管子的折算埋设深度 H 按下式计算

$$H = h + h_j = h + \frac{\lambda_t}{\alpha_k}\quad \text{m}$$

(11-32)

式中　h——从地表面到管中心线的埋设深度，m；

h_j——假想土壤层厚度，m，此厚度的热阻等于土壤表面的热阻；

α_k——土壤表面的放热系数，可采用 $\alpha_k=12\sim15$W/（m²·℃）计算。

此时，无沟敷设保温管道的散热损失（$h/d_z<2$ 的条件），可按下式计算

$$\Delta Q = \frac{t-t_{db}}{R_b+R_t} = \frac{t-t_{db}}{\frac{1}{2\pi\lambda_b}\ln\frac{d_z}{d_w}+\frac{1}{2\pi\lambda_t}\ln\left[\frac{2H}{d_z}+\sqrt{\left(\frac{2H}{d_z}\right)^2-1}\right]}(1+\beta)l\quad \text{W}$$

(11-33)

式中　t_{db}——土壤地表面温度，℃。

如埋设深度较深（$h/d_z\geqslant2$）时，式（11-31）和式（11-33）可近似地用更简单的公式进行计算

$$R_t = \frac{1}{2\pi\lambda_t}\ln\frac{4H}{d_z}\quad \text{m}\cdot\text{℃/W}$$

(11-34)

$$\Delta Q = \frac{t-t_{db}}{\frac{1}{2\pi\lambda_b}\ln\frac{d_z}{d_w}+\frac{1}{2\pi\lambda_t}\ln\frac{4H}{d_z}}(1+\beta)l\quad \text{W}$$

(11-35)

以上是单根管道直埋敷设的散热损失计算方法。当几根管道并列直埋敷设时，需要考虑其相互间的传热影响。根据前苏联学者 E. П. 舒宾提出的方法，其相互传热影响可以考虑为一个假想的附加热阻 R_c。在双管直埋敷设情况下，如图 11-60 所示，附加热阻可用下式表示

$$R_c = \frac{1}{2\pi\lambda_t}\ln\sqrt{\left(\frac{2H}{b}\right)^2+1}\quad \text{m}\cdot\text{℃/W}$$

(11-36)

式中　b——两管中心线间的距离，m。

其他符号同前。

第一根管的散热损失

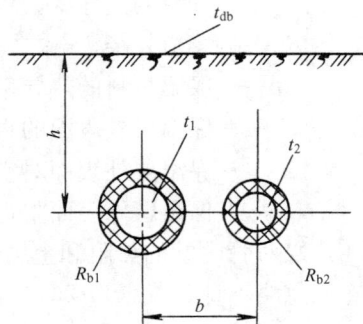

图 11-60　无沟敷设双管
散热损失计算图

$$q_1 = \frac{(t_1 - t_{db})\Sigma R_2 - (t_2 - t_{db})R_c}{\Sigma R_1 \cdot \Sigma R_2 - R_c^2} \quad \text{W/m} \tag{11-37}$$

第二根管的散热损失

$$q_2 = \frac{(t_2 - t_{db})\Sigma R_1 - (t_1 - t_{db})R_c}{\Sigma R_1 \cdot \Sigma R_2 - R_c^2} \quad \text{W/m} \tag{11-38}$$

式中　q_1、q_2——第一根和第二根管道单位长度的散热损失，W/m；

t_1、t_2——第一根和第二根管内的热媒温度，℃；

ΣR_1、ΣR_2——第一根和第二根管道的总热阻，m·℃/W；

R_c——附加热阻，m·℃/W，按式（11-31）计算；

t_{db}——土壤地表面温度，℃。

ΣR_1、ΣR_2 按下式计算

$$\Sigma R_1 = R_{b1} + R_t, \quad \Sigma R_2 = R_{b2} + R_t$$

式中　R_{b1}、R_{b2}——第一根和第二根管道保温层的热阻，m·℃/W，按式（11-27）计算；

R_t——土壤热阻，m·℃/W，按式（11-31）或式（11-34）计算。

【例题 11-3】　　一双管直埋敷设的热水供热管道，如图 11-60 所示，管径 $d_w \times \delta =$ 325mm×7mm，两管中心距 $b=0.76$m。管子埋设深度 $h=1.2$m。采用聚氨酯保温，供回水管采用相同的保温层厚度 $\delta=45$mm，其热导率 $\lambda_b=0.023$W/（m²·℃）。

设在整个供暖期间，供水管的平均水温 $t_1=86$℃，回水管的平均水温 $t_2=55$℃。供暖期小时数 $n=4296$h。供暖期间土壤地表面平均温度 $t_{db}=-3$℃。求在平均水温下双管的散热损失及年总散热量。

解　（1）计算管路的热阻，如忽略保护壳的厚度，则直埋敷设管子与土壤接触的外径 $d_2 = d_w + 2\delta = 0.325 + 2 \times 0.045 = 0.415$m。

$h/d_2 = 1.2/0.415 = 2.89 > 2$，因此，该例题中可按式（11-34），计算土壤热阻 R_t 值。

设土壤的热导率 $\lambda_t = 2.4$W/（m·℃），土壤表面的放热系数取 $\alpha_k = 15$W/（m²·℃），则该例题中管子的折算埋设深度 H 为

$$H = h + \frac{\lambda_t}{\alpha_k} = 1.2 + \frac{2.4}{15} = 1.36\text{m}$$

土壤热阻按式（11-34）计算

$$R_t = \frac{1}{2\pi\lambda_t}\ln\frac{4H}{d_z} = \frac{1}{2\pi \times 2.4}\ln\frac{4 \times 1.36}{0.415} = 0.171\text{m·℃/W}$$

供回水管采用同一厚度，保温层热阻 R_b 为

$$R_b = R_{b1} = R_{b2} = \frac{1}{2\pi\lambda_b}\ln\frac{d_z}{d_w} = \frac{1}{2\pi \times 0.023}\ln\frac{0.415}{0.325} = 1.692\text{m·℃/W}$$

则　　　　　$\Sigma R = \Sigma R_1 = \Sigma R_2 = R_b + R_t = 1.692 + 0.171 = 1.863\text{m·℃/W}$

（2）计算附加热阻 R_c，根据式（11-31）

$$R_c = \frac{1}{2\pi\lambda_t}\ln\sqrt{\left(\frac{2H}{b}\right)^2 + 1}$$

$$= \frac{1}{2\pi\lambda \times 2.4}\ln\sqrt{\left(\frac{2 \times 1.36}{0.76}\right)^2 + 1} = 0.087\text{m·℃/W}$$

（3）根据式（11-37）和式（11-38），确定供、回水管单位管长的散热量

$$q_1 = \frac{(t_1 - t_{db})\Sigma R - (t_2 - t_{db})R_c}{\Sigma R^2 - \Sigma R_c^2}$$

$$= \frac{[86 - (-3)] \times 1.863 - [55 - (-3)] \times 0.087}{1.863^2 - 0.087^2}$$

$$= 46.42 \text{W/m}$$

$$q_2 = \frac{(t_2 - t_{db})\Sigma R - (t_1 - t_{db})R_c}{\Sigma R^2 - \Sigma R_c^2}$$

$$= \frac{[55 - (-3)] \times 1.863 - [86 - (-3)] \times 0.087}{1.863^2 - 0.087^2}$$

$$= 28.96 \text{W/m}$$

总散热损失

$$\Sigma q = q_1 + q_2 = 46.42 + 28.96 = 75.38 \text{W/m}$$

（4）计算双管在整个供暖期的总散热损失

$$\Delta Q_a = n\Sigma q = 4296 \times 3600 \times 75.38 = 1.1658 \times 10^9 \text{J/(m·a)} = 1.1658 \text{GJ/(m·a)}$$

（三）地沟敷设管道的散热损失

地沟敷设管道的散热损失计算方法，与无沟敷设方法基本相同，只是在总热阻中，除了保温层热阻和土壤热阻外，还包括从保温层表面到地沟内空气的热阻、从地沟内空气到地沟内壁的热阻及沟壁热阻，即

$$\Sigma R = R_b + R_w + R_{ngo} + R_{go} + R_t \quad \text{m·℃/W} \tag{11-39}$$

式中　　R_{ngo}——从沟内空气到沟内壁之间的热阻，m·℃/W；

　　　　R_{go}——地沟壁的热阻，m·℃/W。

R_{ngo}、R_{go}计算式

$$R_{ngo} = 1/\pi\alpha_{ngo}d_{ngo} \quad \text{m·℃/W} \tag{11-40}$$

$$R_{go} = \frac{1}{2\pi\lambda_{go}}\ln\frac{d_{wgo}}{d_{ngo}} \quad \text{m·℃/W} \tag{11-41}$$

式中　　α_{ngo}——沟内壁放热系数，可近似取 $\alpha_{ngo} = 12\text{W/(m}^2\text{·℃)}$；

　　　　d_{ngo}——地沟内廓横截面的当量直径，m；

　　　　d_{wgo}——地沟横截面外表面的当量直径，m。

d_{ngo}按下式计算

$$d_{ngo} = 4F_{ngo}/S_{ngo}$$

式中　　F_{ngo}——地沟内净横截面面积，m²；

　　　　S_{ngo}——地沟内净横截面周长，m。

d_{wgo}按下式计算

$$d_{wgo} = 4F_{wgo}/S_{wgo}$$

式中　　F_{wgo}——地沟外横截面面积，m²；

　　　　S_{wgo}——地沟外横截面周长，m。

当地沟内只有一根管道时，散热损失可按下式计算

$$q = (t - t_{db})/\Sigma R \quad \text{W/m} \tag{11-42}$$

式中　　t_{db}——土壤地表面温度，℃。

当地沟内有若干条供热管道时，为了考虑各条管路之间的相互影响，首先要确定地沟内的空气温度。根据热平衡原理，地沟内所有管路的散热量应等于地沟向土壤散失的热量，即

$$\frac{(t_{\mathrm{I}} - t_{\mathrm{go}})}{R_{\mathrm{I}}} + \frac{(t_{\mathrm{II}} - t_{\mathrm{go}})}{R_{\mathrm{II}}} + \cdots + \frac{(t_{\mathrm{m}} - t_{\mathrm{go}})}{R_{\mathrm{m}}} = \frac{(t_{\mathrm{go}} - t_{\mathrm{db}})}{R_0} \tag{11-43}$$

得

$$t_{\mathrm{go}} = \left(\frac{t_{\mathrm{I}}}{R_{\mathrm{I}}} + \frac{t_{\mathrm{II}}}{R_{\mathrm{II}}} + \cdots + \frac{t_{\mathrm{m}}}{R_{\mathrm{m}}} + \frac{t_{\mathrm{db}}}{R_0}\right)\left(\frac{1}{R_{\mathrm{I}}} + \frac{1}{R_{\mathrm{II}}} + \cdots + \frac{1}{R_{\mathrm{m}}} + \frac{1}{R_0}\right) \quad ℃ \tag{11-44}$$

式中　　　t_{go}——地沟内空气温度，℃；

t_{I}、t_{II}、t_{m}——地沟中敷设的第Ⅰ、Ⅱ、m 根管路中热媒温度，℃；

R_{I}、R_{II}、R_{m}——第Ⅰ、Ⅱ、m 根管路从热媒到地沟中空气间的热阻，$\mathrm{m}^2 \cdot ℃/\mathrm{W}$；

R_0——从地沟内空气到室外空气的热阻，$\mathrm{m} \cdot ℃/\mathrm{W}$。

R_{I}、R_{II}、R_{m} 的计算式

$$R_{\mathrm{I}} = R_{\mathrm{bI}} + R_{\mathrm{wI}}, R_{\mathrm{II}} = R_{\mathrm{bII}} + R_{\mathrm{wII}}, R_{\mathrm{m}} = R_{\mathrm{bm}} + R_{\mathrm{wm}} \tag{11-45}$$

R_0 的计算式

$$R_0 = R_{\mathrm{ngo}} + R_{\mathrm{go}} + R_{\mathrm{t}}$$

在计算通行地沟内管道的热损失时，如通行地沟设置了通风系统，则根据热平衡原理，通行地沟中各条管路的总散热量应等于从沟壁到周围土壤的散热量与通风系统排热量之和，即

$$Q_{\mathrm{t}} = \Sigma Q - \Delta Q_{\mathrm{go}} \quad \mathrm{W} \tag{11-46}$$

式中　ΣQ——地沟内各供热管路的总散热量，W；

ΔQ_{go}——从沟壁到周围土壤的散热量，W；

Q_{t}——通风系统的排热量，W。

通风管段中的通风排热量，则可用下式求出

$$Q_{\mathrm{t}} = \left[\frac{(t_{\mathrm{I}} - t'_{\mathrm{go}})}{R_{\mathrm{I}}} + \frac{(t_{\mathrm{II}} - t'_{\mathrm{go}})}{R_{\mathrm{II}}} + \cdots + \frac{(t_{\mathrm{m}} - t'_{\mathrm{go}})}{R_{\mathrm{m}}} - \frac{(t'_{\mathrm{go}} - t_{\mathrm{db}})}{R_0}\right](1+\beta)l \quad \mathrm{W}$$

$$\tag{11-47}$$

式中　t'_{go}——通风系统工作时，要求保证的通行地沟内的空气温度，℃，按设计规定要求，不得高于 40 ℃。

第十二章　供热系统的运行管理

第一节　室外供热系统的验收

供热系统的验收包括外观检查、压力试验和冲洗。

一、外观检查

外观检查是检查系统中安装设备的规格、性能是否与设计书相一致，并检查整个系统的安装质量。

1. 室外热力管网的检查

（1）在整个施工期内，室外热力管网的检查包括：

1）管网的放线定位。

2）管网构筑物的施工及安装的支吊架。

3）管道就位、定标高及管道的连接。

4）管网强度和气密性试验。

5）管道刷油、保温、着色。

6）地下管网的地沟封顶及填土。

（2）室外热力管网安装完成后的检查重点是：

1）管网的焊接质量。

2）用法兰连接的管件，如阀门、套筒补偿器等的连接质量。

3）管线的直线度和坡度，管网的最高点应有排气装置，最低点应有放水或疏水装置。

4）管线上阀门的规格、型号、安装位置应与施工图相符。蒸汽管网中不能误用水阀门，截止阀的安装不能颠倒，所有阀门的手轮应完好无损。

5）检查管线上的各种补偿器。

6）检查管线的支座和保温情况。

（3）质量主要控制项目包括：

1）补偿器的型号、安装位置及其预拉伸和固定支架的构造及安装位置应符合设计要求。

检验方法：对照图纸，现场观察，并查验预拉伸记录。

2）平衡阀及调节阀型号、规格、公称压力及安装位置应符合设计要求。安装完毕后应根据系统平衡要求进行调试并做出标志。

检验方法：对照图纸查验产品合格证，并现场查看。

3）蒸汽减压阀和管道及设备上安全阀的型号、规格、公称压力及安装位置应符合设计要求。安装完毕后应根据系统工作压力进行调试，并做出标志。

检验方法：对照图纸查验产品合格证及调试结果说明书。

4）方形补偿器制作时，应用整根无缝钢管煨制，如需要接口，其接口应设在垂直臂的中间位置，且接口必须焊接。

检验方法：观察检查。

5）方形补偿器应水平安装，并与管道的坡度一致；如其臂长方向垂直安装，必须设排气及泄水装置。

检验方法：观察检查。

（4）质量一般控制项目包括：

1）热量表、疏水器、除污器、过滤器及阀门的型号、规格、公称压力及安装位置应符合设计要求。

检验方法：对照图纸查验产品合格证。

2）钢管管道焊口尺寸的允许偏差应符合表 12-1 的规定。

表 12-1　　　　　　　　　　　　钢管管道焊口允许偏差和检验方法

项次	项目		允许偏差	检验方法
1	焊口平直度	管壁厚 10mm 以内	管壁厚的 1/4	焊接检验尺和游标卡尺检查
2	焊缝加强面	高度	＋1mm	
		宽度	＋1mm	
3	咬边	深度	小于 0.5mm	直尺检查
		长度　连续长度	25mm	
		总长度（两侧）	小于焊缝长度的 10%	

3）供暖系统入口装置应符合设计要求。安装位置应便于检修、维护和观察。

检验方法：现场观察。

4）散热器支管长度超过 1.5m 时，应在支管上安装管卡。

检验方法：尺量和观察检查。

5）上供下回式供暖系统的蒸汽干管变径应底平偏心连接。

检验方法：观察检查。

6）在管道干管上焊接垂直或水平分支管道时，干管开孔所产生的钢渣及管壁等废弃物不得残留管内，且分支管道在焊接时不得插入干管内。

检验方法：观察检查。

7）膨胀水箱的膨胀管及循环管上不得安装阀门。

检验方法：观察检查。

8）焊接钢管管径大于 32mm 的管道转弯，在作为自然补偿时应使用煨弯。塑料管及复合管除必须使用直角弯头的场合外，应使用管道直接弯曲转弯。

检验方法：观察检查。

9）管道、金属支架和设备的防腐和涂漆应附着良好，无脱皮、起泡、流淌和漏涂缺陷。

检验方法：现场观察检查。

10）管道和设备保温的允许偏差应符合规定。

2. 用户供暖系统的检查

用户供暖系统的检查主要包括施工设计图样的核对和安装质量的检查。

（1）根据施工设计图样应核对：

1）散热器的型号、规格，组装片数、放气阀的位置等。

2）阀门的规格、型号及与管网的连接方式。

3）膨胀水箱的安装位置及固定方式。

4）排气装置，如集气罐、自动跑风放气阀的安装位置及与管网的连接方式。

5）放水和疏水装置的型号、规格、安装方式。

6）补偿器的规格、形式及与管网的连接。

7）管道的布置及保温。

（2）安装质量检查的要求是：

1）明装立管必须垂直，立管穿楼板处应有套管。

2）水平干管必须保持规定的坡度，方向不能相反。穿过门、窗上下弯曲处，应有排气、放水或疏水装置。

3）水平干管上安装的所有阀门的阀杆，应垂直向上或向上倾斜。严禁垂直向下或向下倾斜，阀门方向不能装反。

4）散热器支管的坡度不能装反，安装散热器的托钩符合规定并在墙上牢固。

5）膨胀水箱的各种附属管路应齐全，膨胀管、溢流管和循环管上不能安装阀门。

6）所有管道的支座、托钩和管箍都必须牢固，穿墙处均必须有套管，保温管道均需保温良好。

（3）质量主要控制项目。管道安装坡度，当设计未注明时，应符合下列规定：

1）汽、水同向流动的蒸汽管道及凝结水管道，坡度应为 3‰，不得小于 2‰。

2）汽、水逆向流动的蒸汽管道，坡度不应小于 5‰。

3）散热器支管的坡度应为 1％，坡度朝向应利于排气和泄水。

检验方法：观察，用水平尺、拉线、尺量检查。

二、压力试验

室内供暖系统安装完毕后，应根据设计和规范要求，对系统进行试压、清洗、试运行、调试，然后由施工、设计、建设、监理单位组成的验收小组对质量进行全面检查鉴定，交付建设单位并办理交工手续。

室内供暖系统安装完毕，管道保温之前应进行试压。试压的目的是检查管路系统的机械强度和严密性。管道系统的强度和严密性试验，一般采用水压试验。室外温度较低，进行水压试验有困难时，可采用气压试验，但必须采取有效的安全措施，并报请监理单位、建设单位批准后方可进行。室内供暖系统试压可以分段进行，也可整个系统同时进行。

在压力试验之前，应先对供暖系统进行充水，而后根据供暖系统各部分的压力要求，分别进行压力试验。

1. 供暖系统的充水

供暖系统的充水通常进行两次，一次是对系统进行试漏；另一次是为水压试验做准备。

系统充水必须在入冬以前进行，如果冬季试验，热网充水应用 65～70℃ 热水，充水应分段进行，且最好选在白天，以便检查泄漏情况。

（1）用户系统的充水应按以下步骤进行：

1）对系统全面检查，并打开管网中的所有阀门，以便充水后水能流到所有部分。

2）可直接由城市上水管道向用户系统充水，水压不够时可借助于手摇泵或补水泵，也可利用锅炉房的循环水泵向用户系统充水。

3）充水过程应缓慢进行，个别部位轻微漏水时，可做上记号或采取临时措施，如拧紧螺栓或用胶布缠住后继续充水，但如果出现严重泄漏，应及时停止充水。

4）系统充满水后，逐个检查管网的所有部位，进行修复。

（2）蒸汽供暖系统充水时应注意：

1）蒸汽供暖系统最高点通常无排气装置，因此充水时上部不能充满，此时可将系统最高处水平管段上的法兰稍微松开排气，或安装时在管网最高处安一排气阀。

2）蒸汽管网的支、吊架设计时只考虑了管道的自重和保温层的重力，未考虑管道被水充满时的附加重力，因此充水时对大直径的管道应增设附加的支撑物。

室外热力管网的充水过程和用户系统的充水基本相同，对管网进行系统检查后，即可利用锅炉房的循环水泵向室外管网充水。

2. 室外热力管网的水压试验

室外热力管网的水压试验大多在保温之前进行，如在保温后进行，焊缝和法兰处应暂不保温，以便观察。地沟或埋设管道的水压试验，也应在封顶或埋土前进行。热力管网的水压试验不宜安排在冬季，以免造成管道冻结。

室外热力管网的试验压力，一般为工作压力的 1.25 倍，并且不小于工作压力加 500kPa，即总试验压力不小于 1000kPa。管路上阀门的试验压力，应是其公称压力的 1.5 倍。试验压力应保持 5min，然后降至工作压力进行检查。

3. 用户系统的水压试验

（1）用户系统水压试验的压力有如下规定：

1）用户系统的试验压力为工作压力加 100kPa，系统最低点的试验压力不得小于 300kPa。

2）压力低于 70kPa 的低压蒸汽供暖系统，最低点的试验压力不得小于 200kPa。

3）工作压力高于 70kPa 的高压蒸汽供暖系统，试验压力为工作压力加 100kPa，但系统最低点的试验压力不得小于 300kPa。

4）用户系统进行水压试验前，必须将系统中的空气排净，并与室外热力管网隔断。热水供暖系统的管网还应与膨胀水箱断开。试验压力应保持 5min 才合格。

5）热力入口处的设备也应单独进行水压试验。水加热器的水压试验压力应为工作压力的 1.5 倍，喷射器的试验压力也为工作压力的 1.5 倍。

（2）水压试验应在管道刷油、保温之前进行，以便进行外观检查和修补。试压用手压泵和电动泵进行，具体步骤如下：

1）水压试验应用清洁的水作介质。向管内灌水时，应打开管道各高处的排气阀，待水灌满后，关闭排气阀和进水阀。

2）用试压泵加压时，压力应逐渐升高，加压到一定数值时，应停下来对管道进行检查，无问题时再继续加压，一般应分 2~3 次使压力升至试验压力。

3）当压力升至试验压力时，停止加压，进行检验，不渗不漏为合格。

4）在试压过程中，应注意检查法兰、丝扣接头、焊缝和阀件等处有无渗漏和损坏现象，试压结束后，对不合格处应进行修补，然后重新试压，直到合格为止。

4. 气压试验

压力试验一般在冬季到来之前进行，如果供暖系统必须在冬季进行压力试验，则可以采用气压试验，以避免冻结的危险。

气压试验采用压缩空气，常用的压力为 100kPa，试验系统中的压力应在 10min 内保持 100kPa，若 10min 内压力降不超过原来压力的 15%，试验也算合格。

三、管路冲洗

供暖系统在安装过程中常有脏物混入，为此在水压试验之后，试车运行之前，必须对供暖系统进行一次冲洗和吹净。

通常是将室外热水管网和用户供暖系统分别进行冲洗，冲洗一般需要反复进行两三次。冲洗时应尽量提高水速，以便将脏物顺利冲出来；在放水后期，还需将各放水丝堵拧开，以使积存的脏物能从 U 形旁通管、过门弯管等处排出。

对室外管网，除分段冲洗外，还应在循环水泵的吸水管上安装除污器除污。

对供暖系统也可以采用蒸汽吹净或压缩空气吹净的方法。蒸汽供暖系统大多用蒸汽吹净，因为蒸汽流速高达 30~40m/s，可以比水冲洗得更干净。

用压缩空气清洗时，常将压缩空气和城市上水管道的供水一起送入供暖系统，压缩空气使系统中的水鼓泡、扰动形成一种乳状气水两相流，能将脏物更顺利地排出。当排水管排出清水时，即可停止吹净工作。水压试验合格后，即可对系统进行清洗。清洗的目的是清除系统中的污泥、铁锈、砂石等杂物，以确保系统运行后介质流动通畅。

对热水供暖系统，可用水清洗，即将系统充满水，然后打开系统最低处的泄水阀门，让系统中的水连同杂物由此排出，这样往复数次，直到排出的水清澈透明为止。对蒸汽供暖系统，可以用蒸汽清洗。清洗时，应打开疏水装置的旁通阀，送汽时，送汽阀门应缓慢开启，避免造成水击，直至排汽口排出干净蒸汽为止。

清洗前应将管路上的压力表、滤网、温度计、止回阀、热量表等部件拆下，将接口处封堵，清洗后再装上。

四、验收文件

室内供暖系统应按分项、分部或单位工程进行验收，单位工程验收时应有施工、设计、建设、监理单位参加并做好验收记录。单位工程的竣工验收应在分项、分部工程验收的基础上进行，各分项、分部工程的施工安装均应符合设计要求及供暖施工及验收规范中的规定。设计变更要有凭据，各项试验应有记录，质量是否合格要有检查。交工验收时，由施工单位提供下列技术文件：

（1）施工技术资料。

1）室内供暖管道及配件安装施工方案。

2）室内供暖管道及配件安装施工技术交底记录。

3）图纸会审记录、设计变更通知单、工程洽商记录。

（2）施工物资资料。

1）材料、构配件进场检验记录。

2）管材、管件、配件、阀门等产品质量合格证及相关检验报告。

（3）施工记录。

1）隐蔽工程检查记录。

2）预检记录。

（4）施工试验记录。

1）箱（罐）满水试验记录。

2）强度严密性试验记录。

3）补偿器安装记录。

4）减压阀安装调试记录。

5）配件安装记录疏水器、除污器。

（5）施工质量验收记录。

1）室内供暖管道及配件安装工程检验批质量验收记录表。

2）室内供暖管道及配件安装分项工程质量验收记录表。

3）室内供暖管道及配件安装质量分户验收记录表。

质量合格，文件齐备，试运转正常的系统，才能办理竣工验收手续。上述资料应一并存档，为今后的设计提供参考，为运行管理和维修提供依据。

第二节　供热系统的启动、运行、故障处理

一、室外供暖系统的启动

室外热力管网验收之后，就可以进行管网的启动，启动中最主要的工作是进行管网的安装调节，目的是保证管网上所有热用户都能获得设计流量。

（一）室外热力管网的安装调节

1. 根据压力降进行安装调节

先从离锅炉房最近且有剩余压力的用户开始调节，先关小用户热力入口处供水管上的闸阀，使压力表上的压力与热用户设计的压力相一致。然后依次由近到远逐个调节热用户的压力，当所有热用户的压力都调节完后，需再对已调过的系统重新调节一遍，一般应反复调节几次。

2. 根据温度降进行安装调节

先从离锅炉房最近的热用户开始，由近到远逐个调节所有热用户热力入口处的供、回水温度降，使其接近设计值，如此反复调节几遍，直到供、回水温度降符合规定为止；也可同时根据温度降和压力降进行调节，其调节效果会更好。

安装调节完成后，供、回水干管上阀门的开启度应铅封固定或加锁。

3. 室外蒸汽管网的安装调节

室外蒸汽管网一般调节热用户热力入口处蒸汽干管上的阀门，使压力达到热用户要求的设计压力。加压回水的蒸汽管网，对凝结水管路应细致调节，以免凝结水回流不畅。

（二）热用户供暖系统的启动

充水后的安装调节是热用户供暖系统启动的关键工作。单管同程式系统所有垂直立管的温度降，应基本相同，可将所有阀门打开后细致调节，使所有散热器都能按设计值放热，以保证所有供暖房间都能达到设计的室内温度。

（三）热用户蒸汽供暖系统的启动

热用户蒸汽供暖系统的启动步骤如下。

（1）先把热用户系统干管、立管和散热器支管上的阀门全部开启。

（2）缓慢开启热用户热力系统入口处蒸汽干管上的阀门进行暖管，注意主汽阀不可开得太快，以免引起水击现象损坏管路。

（3）送汽过程中，密切注意排气阀，当排气阀冒蒸汽时，说明排气过程已完成，应及时关闭排气阀。

（4）系统加压到设计压力后，打开疏水器前、后的阀门，关闭疏水器的旁通阀，检查疏水器的工作状况，并打开疏水器底部排污口的丝堵，用蒸汽冲洗疏水器。

（5）检查减压阀、安全阀、压力表及管路的缺陷，应及时处理。

二、供热系统的运行

（一）室外热力管网的运行

室外热力管网有地上架空敷设和地下敷设两大类，其运行管理工作有如下要求。

1. 巡线检查

（1）架空敷设管道巡线检查的内容是：

1）管网支撑、吊架是否稳固、完好。

2）管网保温层和保护层是否完好。

3）管网连接部位是否严密。

4）管网的疏水装置是否正常、良好。

5）管网中的阀门和压力表是否工作正常。

（2）地下管线巡线检查的内容有：

1）地沟和检查井是否完好，是否不受地下水的侵蚀。

2）管网保温层、保护层是否完好。

3）阀门、补偿器是否处于正常工作状态。

2. 室外热力管道经常性的维护工作

（1）定期排气。

（2）定期排污。

（3）定期润滑阀杆，使阀门始终处于易开易关状态。

（二）热用户供暖系统的运行

直线连接的热用户引入口上的阀门，安装调节后决不能擅自再动，最好将热力入口处的阀门封闭起来并上锁。运行期间，供、回水干管之间旁通管上的阀门应关好。

对于设喷射器连接的热力入口，应注意喷射器前后压力表的指示值是否符合要求。

用减压阀连接的热力入口，运行期间除注意减压阀前后的压力外，还应检查减压阀后安全阀是否正常，否则安全阀如果失灵就有可能损坏系统中的散热器。

疏水器是蒸汽供暖系统的关键设备之一，在运行中应经常检查，出现故障时应及时排除。一般疏水器每工作 1500～2000h 就要进行一次检修。

用户供暖系统还应定期排气，注意防冻。

（三）供暖系统的停止运行

1. 供暖系统的放水

（1）当供暖系统停止运行后，可在进行锅炉放水的同时，进行锅炉房内部管路放水，然后放室外管网的水，最后放热用户供暖系统中的水。

（2）放水后用清水对各部分管网进行冲洗，放水和冲洗时，应先打开管网中的排气阀，并将管网中所有阀门打开。放水和冲洗后，应关好所有的排气阀和放水阀，其余阀门的开关依据管网保养方法决定。

（3）放水冲洗时应注意，不要将水排入地沟和检查井内，或倒流到建筑物的基础下。

（4）放水后，系统中所有的容器、水泵、除污器等，都要进行人工清洗，除去所有脏物。冲洗后，管网的所有缺陷应做上记号，并记入技术档案。

2. 供暖系统的保养

（1）对热水管网通常采用充水保养，蒸汽管网有条件的也应采取充水保养。

（2）当采用空管保养时，放水和冲洗应特别仔细，任何部位均不应留有积水，所有阀门应关严。

（3）系统中的各种容器冲洗干净后，应让其自然干燥一段时间后，除去内、外表面上残留的旧漆，按规定再重新刷保护漆保护。

三、供暖系统的故障处理

（一）供暖系统不热

如果供暖系统中所有的热用户系统都不热，原因一定出在锅炉房中；如果部分热用户不热，原因可能出在锅炉房内，也可能出在外部热力网上。如可能是锅炉出力达不到要求或循环水泵的流量和扬程不够，也可能是外部热力管网泄漏或堵塞；若立管不热，则可能是热力入口处热媒的温度和压力没有达到设计要求，也可能是排气装置不灵，形成气堵所致；若散热器不热，则可能是支管堵塞或系统排汽不畅，也可能是疏水器漏气。

（二）室外热力管网的故障

1. 管道破裂

管道破裂产生的可能原因有：

（1）管道材质欠佳或焊接质量不好。

（2）补偿器的补偿能力不够或不起作用。

（3）管道被冻坏。

（4）管道内发生水击。

（5）管道支座下沉。

（6）滑动支座锈住，不能滑动。

2. 管道堵塞

管道堵塞或部分堵塞的可能原因有：

（1）热媒所携带的脏物在管内淤积。

（2）金属管内壁的腐蚀物剥落后，堆积在管内。

（3）水质欠佳、水垢严重。

（4）阀门或管道连接部位的密封填料破损后，掉入管内。

3. 管道连接处热媒泄漏

热媒泄漏的可能原因有：

（1）法兰之间的垫片失效、老化、断裂。

（2）安装时法兰密封面不平行，法兰面有凹坑或刻痕。

（3）连接螺栓未拉紧或松紧不一。

4. 补偿器故障

自然补偿器、方形补偿器、波纹管补偿器等都很少发生故障，只有套筒式补偿器故障较多，其主要故障为：

（1）泄漏，原因是填料老化失效，填料盒未拉紧。

（2）内筒咬死，原因是填料装得过紧，内外套筒偏心，补偿器一侧支座破坏引起直线管段下垂。

（3）补偿能力不够，原因是设计时选型不当，补偿器上双头螺栓保持的安装长度不变。

（4）内筒脱出，原因是补偿器上防止内筒脱出的装置损坏。可根据故障原因，进行处理。

（三）热用户供暖系统的故障

1. 螺纹连接部位有热媒外漏

产生的可能原因有：

（1）螺纹管件本身质量不好，如有砂眼、裂纹，安装时未发现。

（2）螺纹连接时未拧紧。

（3）密封材料选用不当或老化失效。

2. 管道泄漏

管道泄漏的主要原因有：

（1）受冻破裂，常发生在外门附近的过门管道，或穿过不供暖房间的管道。

（2）管道被磨破，主要发生在未加套管的穿墙或穿楼板的管道上。

（3）管道被腐蚀穿孔，管内发生氧腐蚀，管外的保温材料被硫化物腐蚀或地下水侵蚀。

3. 减压阀的故障

（1）减压阀不通，原因是控制通道被堵塞，活塞在最高位置被锈死。

（2）减压阀直通，不起调节作用。原因可能有主阀弹簧断裂或失灵，膜片损坏，阀瓣阀座密封面有刻痕或脏物，主阀阀杆卡住失灵，脉冲阀阀柄卡住失灵。

（3）减压阀后压力不能调节，原因还可能是调节弹簧失灵，活塞环在槽内卡位，气缸内充满凝结水。

（4）减压阀后压力波动大，原因多为进、出减压阀的热媒流量波动较大。

4. 疏水器的故障

（1）不排水。如果是浮筒式疏水器，有可能是疏水器前、后压差过大，浮筒过轻；疏水阀孔过大，止回阀阀尖锈死在阀孔上；阀孔或通道堵塞，阀杆或套筒卡死。

热动力式疏水器，冷而不排水的原因是由于蒸汽或水没有进入疏水器，或疏水器内充满脏物；热而不排水的原因是根本无水进入疏水器。

（2）漏汽。疏水器漏汽的原因有可能是疏水器本身问题，也有可能是疏水器旁通阀的问题。对于热动力式疏水器，阀座和阀片磨损是造成漏汽的主要原因。

（3）疏水器一次排水量过小。此情况多发生在浮筒式疏水器中，此时疏水器机件动作频繁，阀尖磨损大。产生的可能原因是浮筒内沉积的脏物使浮筒容积缩小，浮沉频繁；或浮筒生锈、结垢增加了重量。

可根据故障原因，进行处理。

（四）供暖中的重大事故

对于用户室内供暖系统，管路中压力突然升高，造成铸铁散热器破裂就算大事故；外部管网，最重大事故是管道严重破裂，热媒大量外漏；最严重的事故主要发生在锅炉房中，其中以锅炉爆炸最危险。

防止供暖系统发生重大事故，避免供暖完全中断，设备严重损坏或人员伤亡，是供暖系统管理中一项非常重要的任务。

第三节　供热系统的自动控制及部件、设备

一、集中供热系统自动控制调节的任务和方法

集中供热的热效率高，供热、环保效果好，现代化城市采暖基本上都采用集中供热系统。为保证集中供热系统高效、安全可靠地运行，系统必须配置监控调节系统，而大型集中供热系统的监控调节，只有计算机控制系统才能胜任。

集中供热系统自动调节的任务就是热负荷发生变化时，及时控制调节系统的运行参数，改变房间内散热器的散热量，维持室温在要求的范围内。

通过散热器热平衡方程可以推导出室内温度的表达式

$$t_n = \frac{FK - 2Gc}{2FK}t_g + \frac{FK + 2Gc}{2FK}t_h \tag{12-1}$$

式中　G——通过散热器的热水流量，kg/h；

　　　c——水的比热容，kJ/(kg·℃)；

　t_g、t_h——热水的供、回水温度，℃；

　　　t_n——室内温度，℃；

　　　K——散热器传热系数，W/m²℃；

　　　F——散热器散热面积，m²。

由式（12-1）可知，控制调节室内温度的方法主要有：①是改变供水温度 t_g 的方法，叫做质调节控制法；②控制热水流量 G 的方法，叫做量调节控制法。此外，还有控制供热时间的方法，叫做间歇供热控制法。具体实施的方法是常以压差控制调节或温度控制调节为主，控制热源供水温度不变，调节流量来实现整个热网的监控。

压差控制调节的基本方法是控制热网最不利环路的供回水压差不小于规定值，当管网阻力特性不变时，压差控制调节的实质就是对流量的控制调节。热网供回水压差的控制是在实现了室内恒温控制、热入口流量控制、热源燃烧控制的基础上进行的，只有这样，对热网的整体控制才有效。这种控制方案所用的仪表多，投资多，运行效果好，北欧国家多采用该方法。

温度控制调节是在热源燃烧控制、热入口流量控制的基础上，以温度调节法实现流量的均匀调节，消除热网冷热不均的现象。此种控制方案所用的仪表、设备少，投资省，我国多采用该方法。

二、集中供热自动控制调节系统的结构

自动控制调节系统是由被控对象、传感器（即变送器）、控制器和执行器等相互制约的各个部分，按一定要求组成的、能够完成自动控制调节目的的整体。图 12-1 是用框图表示的自动控制系统的控制过程，该自动控制系统是根据被控变量偏离给定值的程度，调节执行器，改变进入被

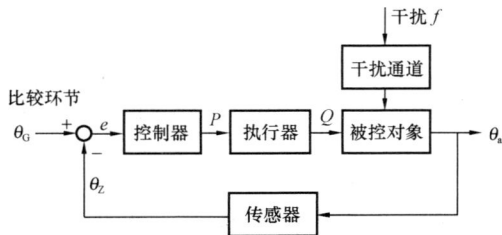

图 12-1　自动控制系统的控制过程

控对象的物料量，从而克服干扰，使被控变量恢复（或接近）到给定值，是一种闭环控制系统，由负反馈构成闭环，利用误差信号进行控制，对于外界扰动和系统内参数的变化等引起的误差能够自动纠正，但在系统元件参数配合不当时，容易产生振荡，使系统不能正常工作，因而存在稳定性问题。

图 12-2 为温度控制热网计算机监控系统示意图。其结构是集散式系统，对于直接连接的供热系统，在热用户的入口（供热系统较小时）或热力站（供热系统较大时）安装供、回水温度传感器 5 和调节阀 7、10。供、回水温度被现场控制单元 2 采集，传送至中央管理计算机 1，经计算后将指令传至现场控制单元 2，由现场控制单元控制调节阀 10 的开度，调节一次循环水量，以保证供水温度恒定，满足热用户的要求。热力站的现场控制单元也可以不通过中央管理计算机，直接对电动调节阀进行控制。

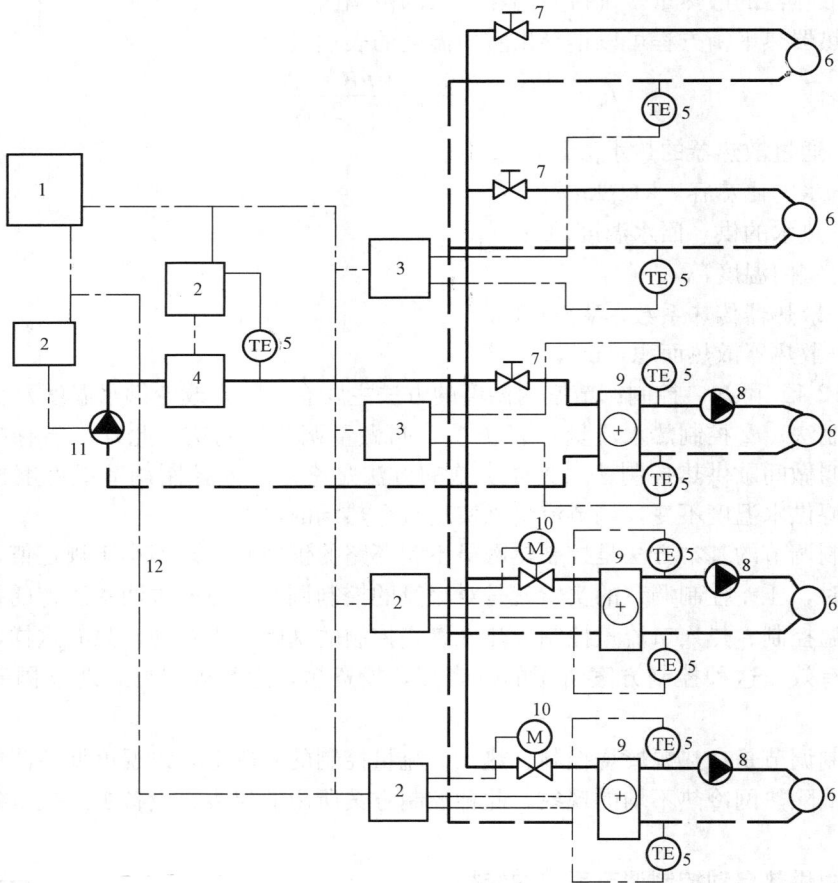

图 12-2　温度控制热网计算机监控系统

1—中央管理计算机；2—现场控制单元；3—现场巡检仪；4—供暖热水锅炉；
5—水温传感器；6—热用户；7—调节阀；8—二次循环水泵；9—换热器；
10—电动调节阀；11——次循环水泵；12—通信网

对于小型供热系统，可只安装现场巡检仪 3。现场巡检仪将各热用户的回水温度检测出，送入中央管理计算机，根据各热用户回水温度与设定值的偏差，计算出调节阀应有的开度位置，送到现场巡检仪上显示，操作者根据显示屏的提示，将调节阀调整到相应位置上，回水温度便会在要求的范围内。

在热源处，安装有现场控制单元，根据总供水温度，控制一次循环水泵 11 的转速（或并联水泵的台数）来调节流量及控制热水锅炉 4 的燃烧，使总供水温度在要求的范围内，以保证整个热网的供热质量。

由上述可知，图 12-2 所示的热网计算机控制系统，仅完成了各热用户最基本的供、回水温度的控制，达到的也只能是低水平的系统最优。如果经济条件许可，还可在各热用户处加装流量传感器、室外温度传感器、压力或压差传感器等，由现场控制单元完成各热用户的室温、热入口流量及热源燃烧的最优控制，在此基础上，由中央管理计算机协调各现场控制单元的工作，使整个热网运行在最佳状态，从节能、供热质量、环境保护及热网管理等方面完成系统全面、高水平的优化控制，进而可实现按各用户用热量的计量收费。

对于一个控制系统，要求是系统的绝对稳定性，在系统稳定的前提下，要求系统的动态性能和稳态性能要好，简要概括为：动态过程要平稳，响应过程要快速，最终跟踪要准确。对于一个系统，这三条基本要求是相互制约的，过分提高响应动作的快速性，可能会导致系统强烈的振荡；而过分追求稳定性，有可能使系统反应迟钝，最终导致控制准确性变坏。

气候补偿器和楼宇控制器就是在热力站或热用户处设置的自动控制调节设备，在各热用户处加装室内温度传感器、室外温度传感器、供回水温度传感器、压力或压差传感器等，由现场控制单元完成各热用户的室温、热入口流量的最优控制，属于现场控制单元，可以不通过中央管理计算机，直接对电动调节阀进行控制调节，满足各热用户对室温的要求。

在此基础上，今后还可以研究由中央管理计算机协调各现场控制单元的工作，使整个热网运行在最佳状态，从节能、供热质量、环境保护及热网管理等方面完成系统全面、高水平的优化控制，实现按各用户用热量的计量收费。

三、集中供热自动控制调节系统的执行器

在自控调节系统中，执行器是控制系统中的末端控制单元，供热系统自动调节设备中的执行器是电动三通调节阀。调节阀将来自控制器的信号，变成控制量作用在被控对象上，它是控制系统的重要组成部分。

电动三通调节阀由电动执行机构和调节阀组成，如图 12-3 所示。当电动机 3 通电旋转时，带动机械减速器使丝杠 6 转动，丝杠上的导板 7 将电动机的转动变成上下移动，由弹性联轴器 8 带动阀杆，进而使阀芯 11 上下移动。随着电动机转向的不同，阀芯朝着开启或关闭方向移动。当阀芯达到极限位置时，通过出轴上的凸轮，使相应的限位开关断开，自动停机，同时可发出灯光信号。

三通调节阀有三个出入口与管道相连，按作用方式可分为合流阀和分流阀两种。图 12-4（a）所示为合流阀，两种流体 A 和 B 混合为 A＋B 流体，它有两个进口，一个出口。当阀芯关小一个入口的同时，就开大另一个入口。图 12-4（b）所示为分流阀，一种流体通过阀后变成两路，它

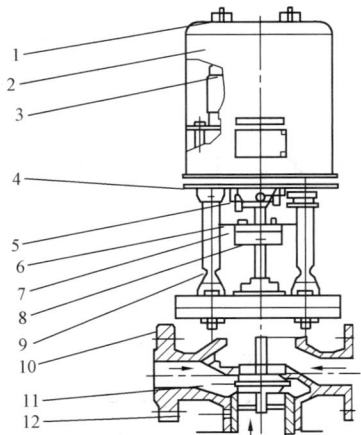

图 12-3　电动三通调节阀

1—螺母；2—外罩；3—两相可逆电动机；4—引线套筒；5—油罩；6—镗杠；7—导板；8—弹性联轴器；9—支架；10—阀体；11—阀芯；12—阀座

有一个入口和两个出口，在关小一个出口的同时，自动开大另一个出口。

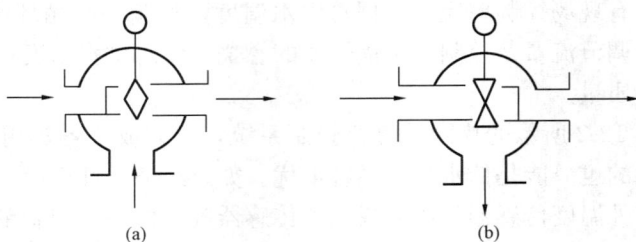

图 12-4 三通调节阀示意图

（a）合流三通；（b）分流三通

1. 调节阀的流量特性

调节阀的流量特性是指流过调节阀介质的相对流量与调节阀相对开度之间的关系

$$\frac{Q}{Q_{max}} = f(\frac{L}{L_{max}}) \tag{12-2}$$

式中 $\dfrac{Q}{Q_{max}}$——相对流量，即调节阀某一开度下的流量与全开时流量之比；

$\dfrac{L}{L_{max}}$——相对开度，即调节阀某一开度下的行程与全开时行程之比。

调节阀的流量特性是由调节阀阀芯的形状决定的。阀芯形状有柱塞形阀芯和开口形阀芯两类，每一类又分为直线特性阀芯、等百分比特性阀芯和抛物线特性阀芯。此外，还有平板形的快开特性阀芯。

图 12-5 是调节阀阀芯形状示意图，图 12-6 是调节阀理想流量特性曲线图。

（1）调节阀的理想流量特性。所谓理想（又称固有）流量特性是指在阀前后压差不变条件下的调节阀流量特性。阀前后恒定的压差只有在实验条件下才能形成。

从图 12-6 所示得调节阀的各流量特性曲线上可以看出，当相对开度为零时，相对流量为 3.3%，此时的流量为最小流量，且此最小流量与最大流量之比为 3.3%，或者说最大流量与最小流量之比为 30。

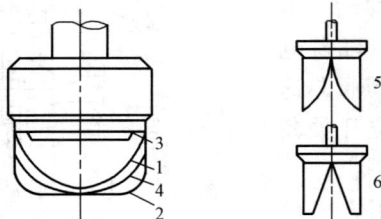

图 12-5 阀芯形状

1—直线特性阀芯（柱塞）；2—等百分比特性阀芯（柱塞）；
3—快开特性阀芯（柱塞）；4—抛物线特性阀芯（柱塞）；
5—等百分比特性阀芯（开口形）；6—直线特性阀芯（开口形）

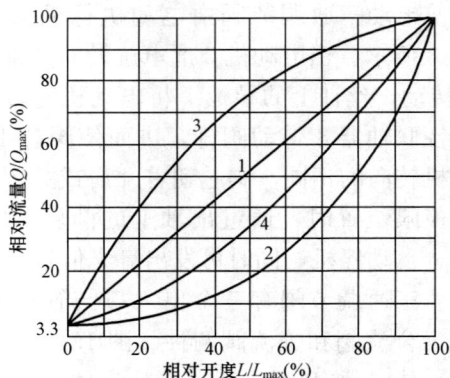

图 12-6 调节阀理想流量特性曲线 （$R=30$）

1—直线；2—等百分比；3—快开；4—抛物线

直线流量特性调节阀的特性曲线斜率等于常数，与相对流量值无关，即

$$d\frac{Q}{Q_{max}}/d\frac{L}{L_{max}} = K \tag{12-3}$$

式中 K——调节阀的放大系数，即特性曲线斜率，是表示调节阀静态特性的参数。

直线流量特性的调节阀在阀芯行程变化相同的情况下，流量小时，流量变化相对值较大；流量大时，流量变化相对值较小。也就是说，在调节阀开度小时，调节作用过强，不易调节；在调节阀开度较大时，调节作用缓慢，不够灵敏。因此，直线流量特性的调节阀适用于流量变化较小的场合。

等百分比流量特性调节阀特性曲线的放大系数即曲线斜率与相对流量成正比，即

$$d\frac{Q}{Q_{max}}/d\frac{L}{L_{max}} = K\frac{Q}{Q_{max}} \tag{12-4}$$

随着相对流量的增加，曲线的放大系数是变大的。小流量时，流量变化小；大流量时，流量变化大。在相对行程变化相同的情况下，各点的流量变化相对值相等。这种调节阀在接近全关时工作缓和平稳，接近全开时工作灵敏有效，适于流量变化大的系统。等百分比流量特性的调节阀适于安装在热水换热器上。

抛物线特性调节阀的流量特性介于直线和等百分比特性之间。

三通调节阀的理想流量特性如图 12-7 所示。直线特性的三通调节阀在任何开度时，流过两个阀芯流量之和不变，即总流量不变。等百分比特性调节阀总流量是变化的，在 50% 开度处总流量最小。抛物线特性介于两者之间。

（2）调节阀的实际流量特性。在工程上，调节阀是装在具有阻力的管道系统上的，如图 12-8 所示，调节阀前后的压差值不能保持不变。因此，在同一开度下，通过调节阀的流量与理想特性时的流量不同。调节阀前后压差随流量变化时，调节阀的相对流量与相对开度之间的关系称为实际流量特性，也称工作流量特性。

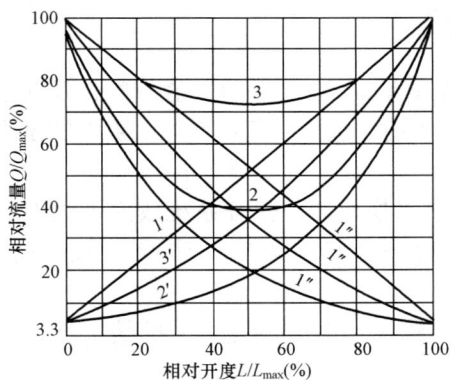

图 12-7 三通调节阀的理想流量特性
（$R=30$，阀芯开口方向相反）
1—直线；2—等百分比；3—抛物线

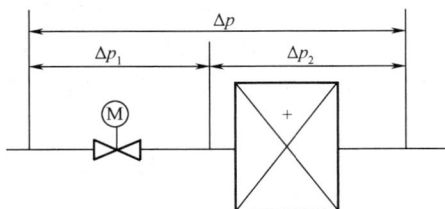

图 12-8 调节阀与管道及换热器的串联

图 12-8 中 Δp_1 为调节阀前后压差，Δp_2 为串联管道及设备上的压差。令

$$S = \frac{\Delta p_{1m}}{\Delta p} = \frac{\Delta p_{1m}}{\Delta p_{1m} + \Delta p_2} \tag{12-5}$$

式中　Δp_{1m}——调节阀全开时阀上的压差；

　　　　S——阀权度，又称阀门能力，表示阀门实际流量特性偏离其理想流量特性的程度。

　　当阀门开度不变，而改变不同的管道阻力时，S 值是不同的。随着管道阻力的增大，S 值递减，如以 Q_{100} 表示管道有阻力时，调节阀全开时的流量（$Q_{100} < Q_{max}$，则 Q/Q_{100} 称作以 Q_{100} 为参比的调节阀相对流量，见图 12-9）。

　　由图 12-9 可知，当管道阻力为零时，即 $S=1$，系统总压力均作用在阀上，并保持不变（系统入口压差恒定），阀门表现出理想流量特性。随着 S 值减小（即管道及设备阻力的增加），调节阀全开的流量（即存在管道设备阻力时的最大流量）递减，但在某一相对开度下的相对流量 Q/Q_{100} 却随着 S 的减小而增大。因此，工作流量特性曲线发生急变，成为一组向上拱起的曲线簇。理想的直线特性曲线趋向快开特性曲线，理想等百分比特性曲线趋向于直线特性曲线。这样造成理想等百分比特性的阀门在小流量时放大系数增大，大流量时放大系数减小，如果将该阀门应用于设热水换热器的系统中会影响调节质量，应用于设热水换热器系统中的等百分比特性的阀门一般要求 S 不低于 0.3。

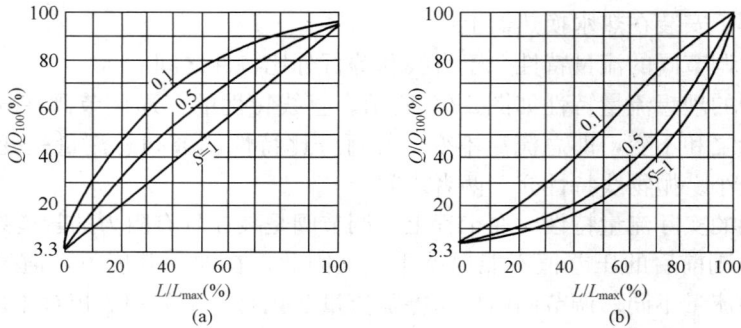

图 12-9　串联管道中调节阀的工作流量特性
(a) 直线流量特性；(b) 等百分比流量特性

　　（3）调节阀流量特性的选择。工程所用的调节阀有等百分比特性、直线特性及介于两者之间的抛物线特性的阀门。此外，还有快开特性的阀门。选择阀门特性时，更多的是指如何选择等百分比特性阀和直线特性阀。

　　1）等百分比（对数）特性阀应用场合。控制热水换热器，保证系统放大系数不随负荷而变化，使事先调整好的控制器参数不变，可获得一个好的调节品质，使系统有自适应能力。

　　管道阻力大，即 S 较小或者阀前后压差变化比较大（即 S 变化大）的情况下，应使用等百分比特性阀。

　　当系统负荷大幅度变动时，等百分比特性阀的放大系数随开度的增大而增大，并且各开度处流量的相对变化值为定值，因此等百分比特性阀具有较强的适应性。

　　2）直线特性阀应用场合。

　　a. 阀前后压差一定。

　　b. 阀上压差大，即 S 值大。

　　c. 负荷变化小（直线特性阀，在小流量时不稳定）。

本文介绍的集中供热系统的自动调节设备中，应用电动三通阀选择等百分比特性的阀门。

2. 调节阀的流通能力及其口径的选择

调节阀的口径是根据工艺要求的流通能力来确定。调节阀的流通能力直接反映调节阀的容量，是设计、选用调节阀的主要参数。在工程计算中，为了合理选取调节阀的口径，应正确计算调节阀的流通能力，否则将会使调节阀的口径选得过大或过小。如果调节阀选得过大，将使阀门工作在小开度位置，造成调节质量不好和经济效果差；如果选得过小，即使处于全开位置也不能适应最大负荷的需要，使系统失调。因此必须掌握各种流体时调节阀流通能力的计算公式。

（1）调节阀的流通能力。流通能力的定义：当调节阀全开、阀两端压差为 $10^5 \mathrm{Pa}$、流体密度为 $1000 \mathrm{kg/m^3}$ 时，每小时通过调节阀的流量（$\mathrm{m^3/h}$），用 C 表示。

液体流通能力 C 值的计算公式为

$$C = \frac{316Q}{\sqrt{\dfrac{p_1 - p_2}{\rho}}}, \quad C = \frac{316G}{\sqrt{(p_1 - p_2)\rho}} \tag{12-6}$$

式中　Q——体积流量，$\mathrm{m^3/h}$；

　　　G——质量流量，$\mathrm{kg/h}$；

　p_1、p_2——阀前、后的绝对压力，Pa；

　　　ρ——液体密度，$\mathrm{kg/m^3}$。

（2）调节阀口径的选择。在调节阀的标准系列中，选取调节阀的流通能力大于 C 并接近 C 的值，就可确定该调节阀的口径。

四、气候补偿器

气候补偿器是设置在热力站处的一种自动控制节能产品，它能根据室外温度的变化及用户设定的不同时间对室内温度的要求，求出恰当的供、回水温度并设定调节曲线自动控制热媒流量，实现供热系统供水温度随室外温度的自动气候补偿，避免产生室温过高而造成能源浪费。

（1）气候补偿器的供热调节原理。图 12-10 为气候补偿器的供热调节工作原理图，当室外温度变化时，为了保持室内温度的相对稳定，供暖热用户的供水温度也相应地发生变化。室外温度降低时，为了维持原有的室内温度，供暖热用户的供水温度应适当提高，此时气候补偿器会自动加大电动三通阀的开度，使室外管网进入换热器（或混合器）的热水流量多一些，通过换热器（或混合器）后，供暖热用户的供水温度会升高；室外温度上升时，应适当降低供暖热用户的供水温度以免产生室内过热现象，此时系统将适当减小电动三通阀的开度，使室外管网进入换热器（或混合器）的热水流量少一些，直接从电动三通阀分水管线回至锅炉的热水多一些，从而使锅炉的回水温度升高，降低锅炉机组的输出负荷，达到节能运行的目的。

在气候补偿器内，根据室外温度的变化情况及热用户设定的不同时间对室内温度的要求，系统自动计算求出恰当的供、回水温度，绘制出不同时段、独立运行的室外温度补偿经验曲线（即室外温度-用户供、回水温度-室外管网流量关系曲线），按照设定的曲线自动控制外网系统流量，使供暖热用户系统的供热量满足要求。系统运行过程中热用户还可根据实际运行情况进行实时修改，以更好地满足节能需要。

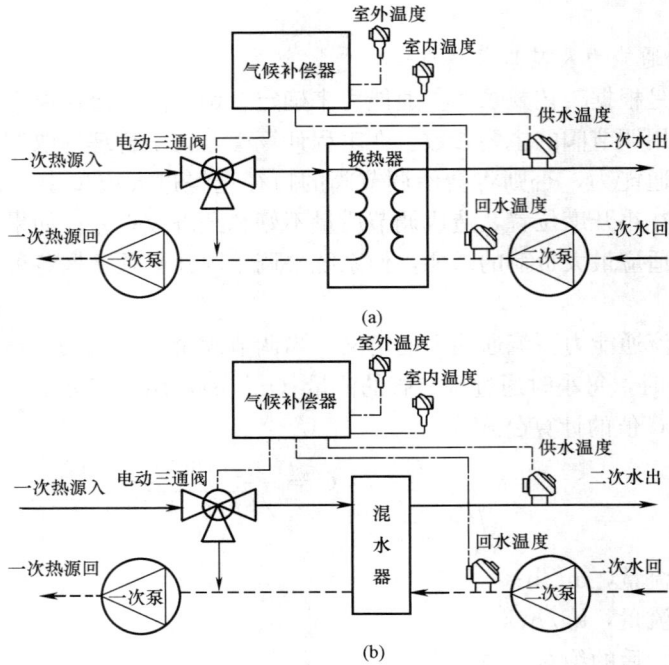

图 12-10　气候补偿器的供热调节工作原理图
(a) 换热器间接连接气候补偿器工作原理图；
(b) 混合器直接连接气候补偿器工作原理图

(2) 气候补偿器的自动控制原理。如图 12-11 所示，在自动控制系统的框图中，比较环节输入的控制信号是设定的室内温度 t_n，控制器是气候补偿器，执行器是电动三通调节阀，执行器的输出信号是流量，被控对象是供暖热用户，被控制量是室内温度 t_n，传感器可采用热电偶温度计输出主反馈信号。这里干扰通道的扰动信号可以来自系统内部，也可以来自系统外部，如供暖系统的跑、冒、滴、漏现象及人为因素的影响。

控制器按实际要求向执行器以某种规律发出控制信号，以达到控制要求。该控制器——气候补偿器的输出量既与输入量成正比，又与输入量对时间的积分成正比，还与输入

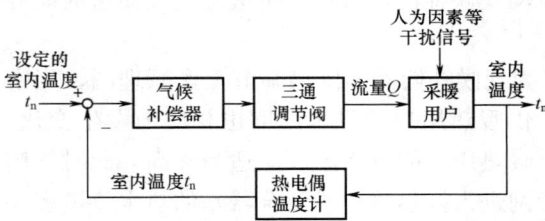

图 12-11　气候补偿器控制系统框图

量的一阶导数成正比，是比例加积分加微分控制器，简称 PID 控制器。PID 控制规律保持了 PI 控制规律提高系统稳定性的优点，同时又多提供一个负实数零点，在提高系统动态性能方面具有更大的优越性，PID 控制器是控制系统中应用很普遍的一种控制器。

气候补偿器控制系统是连续控制系统，系统中的信号和变量随时间连续变化，所有的物理变量都是时间的连续函数，这种在时间和幅值上都连续的信号通常称为模拟信号或连续信号，由此构成的系统称为模拟控制系统或连续控制系统。

在工程实践中，控制系统的性能指标不能满足要求时就必须在原有结构的基础上引入新的附加环节，以作为同时改善系统稳态性能和动态性能的手段。这种用添加新的环节去改善

系统性能的过程称为对控制系统的校正，把附加的环节称为校正装置，PID 控制器就属于校正装置。校正装置接在系统误差测量点之后，串接在系统前向通道中，这种校正方式称为串联校正，串联校正简单且较易实现。为了减小功耗，校正装置通常接在前向通道中信号能量较低的部位，校正装置传递函数的负反馈作用除了使系统的性能得到改善之外，还能抑制系统参数的波动并减低非线性因数对系统性能的影响。

滞后-超前校正方法是利用滞后-超前网络的超前部分来增大系统的相对裕度，同时利用滞后部分来改善系统的稳态性能，兼有滞后和超前校正的优点，即校正后系统响应速度较快，超调量小，抑制高频噪声的性能也较好。气候补偿器控制系统设置了室外温度、室内温度及回水温度传感器，可以根据室外温度信号进行超前控制，快速控制执行器电动三通阀的开度；可以根据室内温度及回水温度信号进行滞后控制，能够自动纠正误差，增加系统的稳定性，减少振荡。该系统的负反馈信号是供暖热用户的室内温度 t_n，控制器的输出信号是进入用户系统的流量信号，流量信号决定了供暖热用户的室内温度 t_n。

传感器可采用热电偶温度计，热电偶温度计测量的是供暖热用户的室内温度，其输出 $0\sim20mA$ 的电流信号。

五、楼宇现场控制器

（1）楼宇现场控制器的供热调节原理。楼宇现场控制器是设置在热用户入口处的一种自动控制产品，图 12-12 是楼宇现场控制器的工作原理图。楼宇现场控制器的主要功能是：对于不同使用性质的分时段供暖热用户，在供暖的不同时段（白天满足供暖室内计算温度的要求，夜间维持防冻温度的要求），实时采集室外温度、楼宇的供水温度、回水温度及基准房间的室内温度，通过在各栋楼宇前供回水管线上安装的电动三通调节阀，实现根据室外温度、室内温度、回水温度信号控制电动三通阀开度调节楼宇的供、回水流量。当楼宇现场控制器检测到室内温度高于设计要求或回水温度上升时，系统将自动减小楼宇的供回水流量，实现适当降低室内温度的目的，反之亦然。这可以降低能源消耗，保证热用户的供热量满足供暖需要。

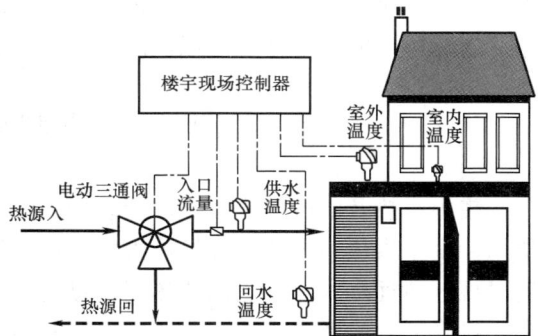

图 12-12　楼宇现场控制器的工作原理图

（2）楼宇现场控制器的工况调节原理。供热管网是一个复杂的水力系统，系统中各环路间的水力工况变化是相互影响、相互制约的，一个热用户或一个散热设备的热媒流量发生变化，会引起其他热用户或散热设备的热媒流量发生变化，使各热用户或各散热设备之间的流量重新分配，管道系统中会出现水力失调现象。现阶段我国大力推广和应用分户供暖系统，在分户供暖系统中可能会出现热用户自主选择是否需要供暖的情况，当某一热用户停止供暖时，会引起系统压差或热用户总负荷的变化，使进入其他热用户的流量增加从而引起室温升高，造成浪费。楼宇现场控制系统除了有自动调节流量的功能外，更重要的是具有消除系统剩余压头的功能，在系统压差或热用户负荷发生频繁变化时，楼宇现场控制器能够实时采集供暖热用户的入口流量信号和热用户的回水温度，自动控制热用户入口电动三通阀的开度，按环路负荷、热用户负荷或散热设备的热媒温度始终进行水力调节，保持室内温度的相对稳定，从根本上解决管道系统中的水力失调现象，提高热水网路的水力稳定性。这既可以减少热能损失和电耗，又便于系统的初调节和运行调节。

（3）楼宇控制器的自动控制原理。如图 12-13 所示，在自动控制系统的框图中，比较环节输入的控制信号是设定的室内温度 t_n，控制器是楼宇控制器，执行器是电动三通调节阀，执行器的输出信号是流量，被控对象是供暖热用户，被控制量是室内温度 t_n，传感器可采用热电偶温度计输出主反馈信号。这里干扰通道的扰动信号可以来自系统内部，也可以来自系统外部，如供暖系统的跑、冒、滴、漏现象及人为因素的影响。

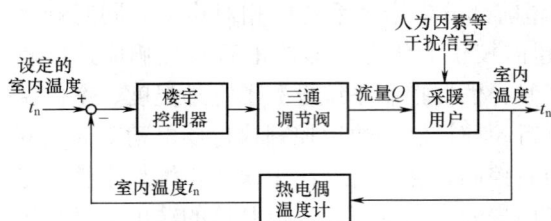

图 12-13　楼宇控制器控制系统框图

控制器按实际要求向执行器以某种规律发出控制信号，已达到控制要求。该控制器—楼宇控制器的输出量既与输入量成正比，又与输入量对时间的积分成正比，还与输入量的一阶导数成正比，是比例加积分加微分控制器，简称 PID 控制器。PID 控制规律保持了 PI 控制规律提高系统稳定性的优点，同时又多提供一个负实数零点，在提高系统动态性能方面具有更大的优越性，PID 控制器是控制系统中应用很普遍的一种控制器。

楼宇控制器控制系统是连续控制系统，系统中的信号和变量随时间连续变化，所有的物理变量都是时间的连续函数，这种在时间和幅值上都连续的信号通常称为模拟信号或连续信号，由此构成的系统称为模拟控制系统或连续控制系统。

第四节　室外供热系统的水力平衡调节

集中供热及区域供热系统，为改善人民生活质量、节约能源，减少大气污染起到了重要作用，由于供热系统的室外供热管网大都是异程式系统（枝状管网），这就使得供热管网难免出现近热远冷（靠近热源的热用户热而远离热源的热用户较冷）的热力失调现象，使得供热质量降低；或者热源按室内温度最低的热用户要求供热（提高供水温度及加大循环流量），则靠近热源的热用户出现过热现象，从而造成能源的浪费。究其原因，实质是流经各热用户的热媒流量与设计值出现了偏差，此即为水力失调。

尽管在室外供热管网设计时进行了阻力平衡计算和采取了热用户入口局部节流的水力平衡措施，但由于设计当中管道最大流速及比摩阻的限制，供热管网在运中都存在着程度不同的水力失调现象，水力失调主要是由以下原因造成的：

（1）工程设计是根据水力学理论进行计算而选取相应的数据，而实际管材的数值与标准是有差别的。

（2）由于施工条件的限制，使管路的实际情况与设计情况有很大的不同。

（3）管网建成后的新用户增加，使原有的水力平衡遭到破坏。

（4）管网维护不当，使管网水力平衡受到影响。

消除这种水力失调就要靠系统安装时的初调节及运行当中进行调节来解决，以提高供热质量、节约能源。

一、水力平衡调节的原理

以异程式枝状热水供热管网系统为例对室外供热管网系统的水力平衡调节进行分析，见图 12-14。

对于图 12-14 中的供热管网，距热源最远的热用户为第 n 个热用户，用 R_n 表示，相对应的第 $n-1$ 个热用户用 $R_{(n-1)}$ 表示，依此类推有 $R_{(n-2)}$，…，R_1 共有 n 个热用户，这种管网一般是最远的热用户为最不利热用户，该系统 R_n 热用户为最不利。对于 $R_{(n-1)}$，$R_{(n-2)}$，…，R_1 各热用户依次供热效果越来越好，并有可能出现 R_1，R_2…热用户的过热现象。对于这种情况就要进行水力平衡调节。理论与实验证明：在 R_n 热用户入口处的供、回水管阀门全部打开的情况下，当关小 R_{n-1} 热用户的供水管阀门时，R_{n-1} 热用户以外的其他各热用户流量都将有不同程度的增大，R_{n-1} 热用户的流量减小，系统总流量减小。当 R_{n-1} 热用户入口阀门关小到适当的时候，即使 R_n 及 R_{n-1} 两个热用户的流量都同是其各自设计流量的某一倍数时，此时认为 R_{n-1} 及 R_n 两个热用户的流量是相对平衡的。当继续关小第 R_{n-2} 用户的供水管阀门时，同样有 R_{n-2} 以外的所有热用户的流量都有不同程度的增大，只有 R_{n-2} 流量比调节前变小。此时对于 R_{n-2} 以远的热用户 R_{n-1}、R_n 的流量增加是按同一个比例增大的。当调节 R_{n-2} 供水管阀门使 R_{n-2} 热用户的流量与其设计流量的比值和 R_{n-1}、R_n 两个热用户的流量与各自设计流量的比值相同时，此时，R_{n-2}、R_{n-1}、R_n 各热用户流量取得了新的相对平衡，值得指出的是，当关小 R_{n-2} 热用户供水管阀门时，R_{n-1}、R_n 两个热用户的流量同时按等比增大或减小，换言之是自动取得相对平衡的。

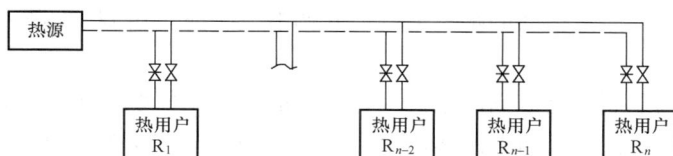

图 12-14　室外供热管网原理图

依此类推，从最不利热用户向热源方向逐一调节，最终使全线各热用户的实际运行流量均是其各自设计流量的相同的倍数。当系统全部平衡后，有可能使得运行流量比设计流量要大一些，此时根据实际情况需要，采取大流量低温运行或改变水泵开启台数或水泵叶轮切削等措施，调整运行总流量。对于运行流量较大的供热系统，靠关小循环水泵出口阀门（关小水泵入口阀门会带来回水管动水压线的提高，将有可能造成运行超压及膨胀水箱溢水的后果）来减小运行流量是不经济的，同时对于室内系统由于运行流量的减小，有可能使得一些较轻微的各立管流量分配不均的矛盾更加突出，影响室内系统的供暖质量。供热系统水力平衡调节的水压图如图 12-15 和图 12-16 所示。

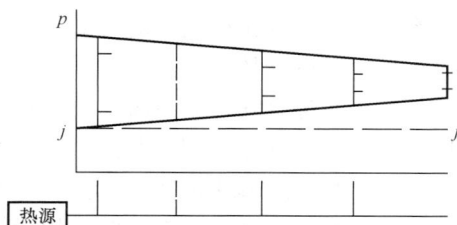

图 12-15　调节前的系统水压图

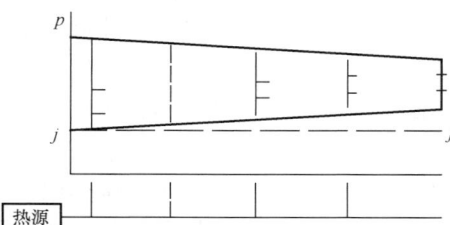

图 12-16　调节后的系统水压图

二、供热管网水力平衡调节方法

近年来，国内一些研究及节能新设备的开发，为解决供热系统的水力平衡调节问题进行一些探索，取得了一些成果，主要调节方法有温差法、比例法、模拟分析法（CCR法）、综合调节法。

1. 温差法

此法是利用在用户引入口安装压力表、温度计及调节阀门，对系统进行初调节，见图12-17。

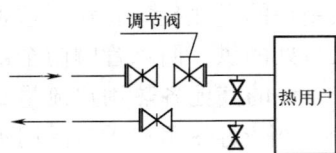

首先使整个系统达到热力稳定。为提高系统初调节的效果，可使网路供水温度稳定保持60℃以上的某个温度，若热源的总回水温度不再变化，就可以认为整个系统已达到热力稳定。此时记录下热源的总供水、回水温度和所有热用户入口处供、回水压力及供、回水温度。

图 12-17　热力入口测试装置简图

先调节供、回水温差小于热源总供、回水温差的热用户，并按照热用户的规模大小和温差的偏离程度大小，确定初调节次序。先对规模较大且温差偏离也较大的热用户进行初调节。根据经验对热用户引入口装置中的供水或回水调节阀门进行节流。待第一轮调节完毕系统稳定运行几小时后，再重新记录总供水温差及各热用户入口处供、回水压力及温度进行下一轮的调节。

该调节方法调节周期时间长，需要反复进行，它适用于保温较好的网路。如果网路保温较差，网路供水的沿途温降较大，则对于供水温度较低的热用户，或室内供暖系统水力不平衡的热用户将较差，可能出现新的水力失调。此调节方法属于粗调，调节效果不准确。

2. 比例法

比例调节法的调节原理是依据两个热用户之间的流量比仅取决于上游热用户（按供水流动方向）之后管段的阻抗，而与上游热用户和热源之间的阻抗无关。也就是说，对系统上游热用户的调节，将会引起该系统下游热用户之间的流量成比例的变化，即如果两条并联管路中的水流量以某比例流动（如1：2），那么当总流量在±30%范围内变化时，它们之间的流量比仍然保持不变（1：2）。

比例调节法具体就是根据被调阀门下游热用户流量等比变化的特性，在选择好最不利环路后，以最末端热用户为监测点依次调节前面热用户的失调度与监测点相等。对于在同一条支路上的热用户，按照此原则即可，但不在同一支路上的热用户不满足等比变化的特性，所以对于几支并联的支路，则应该按照同样原则先调节同一支路上的热用户失调度相等，再根据同样原理调节支路总阀门使各支路的失调度相等。调节过程中还应注意其他一些问题，如在最不利环路的选择、系统最大流量的确定，以及调节阀门时为避免噪声太大应同时调节供、回水阀门等具体操作问题。

对于循环泵流量相对于设计流量偏少或比较简单的系统，应首选比例调节的方法。通过比例调节后，实现均匀供热。比例调节可以在冷态下进行，也可以在热态下进行。

比例调节方法要求管网各热用户入口、各分支点及每条干线都要安装调节阀，调节阀可以是平衡阀或普通调节阀。调节前必须对所有调节阀进行两次以上的流量测量并计算其水力失调度。调节过程中，由于被调热用户（或支线）的调节又影响到末端热用户（支线），所以末端必须保持适时监控和运算。比例调节时对操作人员素质要求较高，并需要两台相同的流量计，初投资较大。

3. 模拟分析法（CCR 法）

模拟分析法是在严格的对全系统进行阻力分析计算的基础上，对全系统实行一次调整的新方法。其基本原理是：现场管网的实际阻力系数，由计算机直接计算出待调热用户的理想阻力系数和相应调配阀的理想开度，然后在现场直接把调配阀调到理想开度。该方法是通过计算机直接计算管网阻力并直接调节阀门开度来实现的。其调节分为三个步骤：

（1）实际工况的测量计算。为实施该调节方法，一般在用户入口处的回水管上装一个调配阀，在该调配阀的前、后和供水管上装有三个压力测孔，用橡皮管分别与智能仪表连接，即可测出相应压力和流量。根据基尔霍夫流量、压降定律及流体力学中的伯努利方程确定出各管段的阻力系数。

（2）调节方案的确定。在管网阻力系数确定后，根据各热用户实际热负荷的大小，将各热用户的理想流量（确定方法同模拟分析法）输入计算机，由根据线性规划理论编制的计算机软件直接算出调节方案。主要内容包括：当管网可调时，给出各用户调配阀的理想开度；当管网不可调时，给出需要更换管径的管段编号数、要求管径及相应调配阀的理想开度。

（3）现场调整。根据计算机确定的调节方案，在现场对各调配阀进行调节，将实际开度调至理想开度。调节完毕后，管网各热用户流量达到理想流量。

该方法的优点是使用调配阀和智能仪表在现场进行管网实际测量，可直接处理、计算现场测量数据，给出调节方案，一般专业技术人员即可根据调配阀上显示的开度，直接调到理想开度，无调节顺序要求。其缺点是要使用专门的仪器和设备，计算机程序软件非专业人员不易掌握。

4. 综合调节法

综合调节法具有比例法和 CCR 法的一些主要特点，故称其为综合调节法。

综合调节法有两种调节形式：一种为在管网的设计阶段通过计算选取适当管径的调节阀及相应的开启度，管网投入运行后，按计算结果将调节阀一次调节完成，可实现管网的初平衡。另一种是在管网精细调节时，需要在热用户入口处及分支管线上装设流量测孔（当配备超声波流量计时可不设测孔），并配备一台便携式水力平衡测试仪（该仪表可在不断流的情况下测量水流量与温度）通过流量测试、计算、再调节，从而实现管网的最终水力平衡。

综合调节法的原理为，将管网的设计参数及管网安装竣工后的有关数据输入计算机，计算出各管段阻力数 S 值，根据各支路所设计的流量、调节阀门阻力特性数 S 与阀门开启度 Y 的关系式，通过计算程序计算并调节，最后使系统达到所要求的流量分配。

由于管网在水力平衡状态下，相邻的管路在某一节点是并联环路，压差是相等的（图 12-18 为热网管路示意图），即

图 12-18　热网管路示意图

$$\Delta p = SV^2 \quad \text{Pa} \qquad (12\text{-}7)$$

则

$$\Delta p_1 = S_1 V_1^2 \quad \text{Pa} \qquad (12\text{-}8)$$

$$\Delta p_2 = S_2 V_2^2 \quad \text{Pa} \qquad (12\text{-}9)$$

有

$$\Delta p_1 = \Delta p_2$$

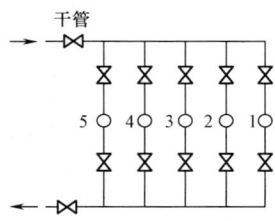

$$S_1 V_1^2 = S_2 V_2^2 \tag{12-10}$$

$$S_2 = S_1 V_1^2 / V_2^2 \tag{12-11}$$

要使管网水力平衡，则

$$V_{1x}/V_1' = V_{2x}/V_2' \tag{12-12}$$

$$S_{1x}/V_{1x}^2 = S_{2x}V_{2x}^2 \tag{12-13}$$

由式（12-12）、式（12-13）合并得

$$S_{1x}/S_{2x} = V_2'^2/V_1'^2 \tag{12-14}$$

调节过程中热用户 1 不调节（一般热用户 1 为最不利热用户）

$$S_1 = S_{1x} \quad \mathrm{Pa}/(\mathrm{m}^3/\mathrm{h})^2$$

代入式（12-14）得

$$S_{2x} = S_1 V_1'^2/V_2'^2 \quad \mathrm{Pa}/(\mathrm{m}^3/\mathrm{h})^2$$

管路 2 实际需增加阻力数

$$\Delta S_2 = S_{2x} - S_2 = S_1(V_1'^2/V_2'^2 - V_1^2/V_2^2) \quad \mathrm{Pa}/(\mathrm{m}^3/\mathrm{h})^2$$

由于 S_1 为未知数，设 $S_1 = S_1'$

那么

$$\Delta S_2 = S_1(V_1^2/V_2^2 - V_1^2/V_2^2) \quad \mathrm{Pa}/(\mathrm{m}^3/\mathrm{h})^2$$

由设计阻力特性数 S_1' 代替实际阻力特性数 S_1 产生的误差

$$\Delta = \Delta S_2' - \Delta S_2 = (V_1'^2/V_2'^2 - V_1^2/V_2^2)(S_1' - S_1)$$

式中　S_1'、S_2'——设计阻力数，$\mathrm{Pa}/(\mathrm{m}^3/\mathrm{h})^2$；

$\quad S_1$、S_2——实际阻力数，$\mathrm{Pa}/(\mathrm{m}^3/\mathrm{h})^2$；

$\quad V_1'$、V_2'——设计流量，m^3/h；

$\quad V_1$、V_2——实际流量，m^3/h；

$\quad S_{1x}$、S_{2x}——调节热用户 2 后阻力数，$\mathrm{Pa}/(\mathrm{m}^3/\mathrm{h})^2$；

$\quad V_{1x}$、V_{2x}——平衡后流量，m^3/h。

依此类推：以管路 1 为计算调节依据，依次计算调节管路 3，4，…上的调节阀，即可达到全管线水力平衡。

综合调节法的实施步骤为（以图 12-18 为例）：

（1）将供热管网的设计参数及管网竣工后的相关数据按要求输入计算机；

（2）将管网中所有需要调节的调节阀开到最大；

（3）运行程序，按照计算机的提示用仪表测量参考热用户 1（最不利热用户）的流量，输入计算机。

（4）按照计算机的提示用仪表测量热用户 1 上游处热用户 2 的流量，输入计算机。计算程序将以热用户的设计阻力数代替实际阻力数，计算出安装在热用户 2 入口处调节阀的开启度和调节平衡后相应管段阻力数 S 值的变化，调节此调节阀到相应的开启度。使热用户 1 的实际流量与设计流量比等于热用户 2 的实际流量与设计流量比达到相等。如等比误差较大应重新输入相关数据并调节。直至热用户 1、2 达到等比。

（5）用流量计测量热用户 1 及热用户 2 的实际流量检验是否等比，并输入计算机。

（6）按照计算机的提示用流量计测量热用户 2 上游处热用户 3 的流量，输入计算机。计算程序将以热用户 1、2 的设计阻力数代替实际阻力数，计算出安装在热用户 3 入口处的调

节阀的开启度和调节平衡后相应热用户的流量并进行调节。此后不再测量热用户 1 的流量。

（7）重复步骤（6），逐次调节各热用户及分支管线。热网调节完成后，计算机自动保存和输出各热用户的相关数据。

这种调节方法需要对管路主干线各管段的阻力数进行详细的统计计算，才能保证水力平衡调试的精度，与其他水力平衡调节方法相比较，由于使用调节阀管路系统投资较少，容易操作。经计算机计算各管段达到平衡时所需相应的阻力、流量和实验获得的阀门开启度与阻力数的关系，通过单台流量计测量管段或热用户流量，调节阀门开启度，再通过测得的流量进行计算调节阀门达到很好的水力平衡效果。综合调节法是热网水力平衡调节方法在计算机应用基础上的一种新思路，适应于几万至 20 万 m^2 左右供暖面积的区域集中供暖系统。

水力平衡调节所使用的调节阀，最好为设有锁闭功能的调节阀，每只调节阀调节完成后将阀门锁闭，非专业人员无专用开启工具，无法动用（开、闭）调节阀门，使调节成果得以保持。

以上阐述了水力平衡调节的一些方法，随着技术的发展，一些新的平衡调节阀门（如动态阻力平衡阀、流量控制阀等）的出现，推动了供热管网水力平衡技术的发展。

附录 A 附 表

表 A1 单位换算表

量的名称	单位			
力	牛顿[N]		千克力[kgf]	
	1		0.101 972	
	9.806 65		1	
压强	帕斯卡[Pa(N/m²)]	巴[bar]	千克力/米²[kgf/m²]；毫米水柱[mmH₂O]	
	1	1×10^{-5}	0.101 972	
	1×10^5	1	10 197.2	
	9.806 65	$9.806\ 65\times10^{-5}$	1	
功、能、热量	焦耳[J]	千瓦小时[kW·h]	千克力·米[kgf·m]	卡[cal]
	1	2.78×10^{-7}	0.101 972	0.238 9
	3.6×10^6	1	3.67×10^5	859 845
	9.806 65	2.72×10^{-6}	1	2.341 8
	4.186 8	1.163×10^{-6}	0.426 9	1
功率	瓦[W]	千克力·米/秒[kgf·m/s]	卡/秒[cal/s]	千卡/时[kcal/h]
	1	0.101 972	0.238 8	0.859 9
	9.806 65	1	2.342 3	8.432 2
	4.186 8	0.426 94	1	3.6
	1.163	0.118 6	0.277 8	1

注 1. 卡——国际蒸汽表卡。

2. 〔 〕内为单位的符号。

表 A2 辅助建筑物及辅助用室的冬季室内计算温度 t_n（最低值）

建筑物	温度（℃）	建筑物	温度（℃）
浴室	25	办公室	16～18
更衣室	23	食堂	14
托儿所、幼儿园、医务室	20	盥洗室、厕所	12

表 A3 工业企业工作地点温度 t_g ℃

车间性质	作业分类	工作地点温度
仪表、机械加工、印刷、针织等（能量消耗在 140W 以下的工种）	轻作业	15～18
木工、钣金工、焊接等（能量消耗在 140～Z20W 的工种）	中作业	12～15
大型包装、人力运输（能量消耗在 220～290W 的工种）	重作业	10～12

表 A4 温差修正系数 a 值

序号	围护结构及其所处情况	a
1	外墙、平屋顶、地面及直接接触室外空气的楼板等	1.00
2	与通风间层的平屋顶、坡屋顶闷顶及与室外相通的不供暖地下室上面的楼板等	0.90
3	与有外墙的不供暖楼梯间相邻的隔墙： 　多层建筑的底层部分 　多层建筑的顶层部分 　高层建筑的底层部分 　高层建筑的顶层部分	0.80 0.40 0.70 0.30
4	不供暖地下室上面的楼板： 　当外墙上有窗户时 　当外墙上无窗户且位于室外地坪以上时 　当外墙上无窗户且位于室外地坪以下时	0.75 0.60 0.40
5	与不供暖房间相邻的隔墙： 　不供暖房间有门窗与室外相通 　不供暖房间无门窗与室外相通	0.70 0.40
6	与有供暖管道的设备层相邻的顶板 与有供暖管道的设备层相邻的楼磕	0.30 0.40
7	伸缩缝、沉降缝墙 抗震缝墙	0.30 0.70

表 A5 一些建筑材料的物理特性表

材料名称	密度 ρ （kg/m³）	热导率 λ [W/(m℃)]	蓄热系数 S(24h) [W/(m²·℃)]	比热容 c [J/(kg·℃)]
混凝土				
钢筋混凝土	2500	1.74	17.20	920
碎石、卵石混凝土	2300	1.51	15.36	920
加气泡沫混凝土	700	0.22	3.56	1050
砂浆和砌体				
水泥砂浆	1800	0.93	11.26	1050
石灰，水泥，砂，砂浆	1700	0.87	10.79	1050
石灰，砂，砂浆	1600	0.81	10.12	1050
重砂浆黏土砖砌体	1800	0.81	10.53	1050
轻砂浆黏土砖砌体	1700	0.76	9.86	1050
热绝缘材料				
矿棉、岩棉、玻璃棉板	<150	0.064	0.93	1218
	150～300	0.07～0.093	0.98～1.60	1218
水泥膨胀珍珠岩	800	0.26	4.16	1176
	600	0.21	3.26	1176
木材，建筑板材				
橡木、枫木（横木纹）	700	0.23	5.43	2500
橡木、枫木（顺水纹）	700	0.41	7.18	2506
松枞木，云杉（横木纹）	500	0.17	3.98	250～
松枞木，云杉（顺木纹）	500	0.35	6.63	2506
胶合板	600	0.17	4.36	2500
软木板	300	0.093	1.95	1890
纤维板	1000	0.34	7.83	2500
石棉水泥隔热板	500	0.16	2.48	1050

续表

材料名称	密度 ρ (kg/m³)	热导率 λ [W/(m℃)]	蓄热系数 $S(24h)$ [W/(m²·℃)]	比热容 c [J/(kg·℃)]
石棉水泥板	1800	0.52	8.57	1056
木屑板	200	0.065	1.41	2100
松散材料				
锅炉渣	1000	0.29	4.40	920
膨胀珍珠岩	120	0.07	0.84	1176
木屑	250	0.093	1.84	2000
卷材，沥青材料				
沥青油毡，油毡纸	600	0.17	3.33	1471

表 A6　　　　常用围护结构的传热系数 K 值　　　　W/m²℃

类型	K	类型	K
A　门		金属框　单层	6.40
实体木制外门　单层	4.65	双层	3.26
双层	2.23	单框二层玻璃窗	3.49
带玻璃的阳台外门　单层（木框）	5.82	商店橱窗	4.65
双层（木框）	2.68		
单层（金属框）	6.40	C　外墙	
双层（金属框）	3.26	内表面抹灰砖墙　24 砖墙	2.08
单层内门	2.91	37 砖墙	1.57
B　外窗及天窗		49 砖墙	1.27
木框　单层	5.82	D 内墙（双面抹灰）12 砖墙	2.31
双层	2.68	24 砖墙	1.72

表 A7　　　　允许温差 Δt_y 值　　　　℃

建筑物及房间类别	外墙	屋顶
居住建筑，医院和幼儿园等	6.0	4.5
办公建筑，学校和门诊部等	6.0	4.5
公共建筑（上述指明者除外）和工业企业		
辅助建筑物（潮湿的房间除外）	7.0	5.5
室内空气干燥的生产厂房	10.0	8.0
室内空气湿度正常的生产厂房	8.0	7.0
室内空气潮湿的公共建筑，生产厂房及辅助建筑物		
当不允许墙和顶棚内表面结露时	$t_n - t_1$	$0.8\,(t_n - t_1)$
当仅不允许顶棚内表面结露时	7.0	$0.9\,(t_n - t_1)$
室内空气潮湿且具有腐蚀性介质的生产厂房	$t_n - t_1$	$t_n - t_1$
室内散热量大于 23W/m³；且计算相对湿度不大于 50％的生产厂房	12.0	12.0

表 A8　　　　渗透空气量的朝向修正系数 n 值

地点	北	东北	东	东南	南	西南	西	西北
哈尔滨	0.30	0.15	0.20	0.70	1.00	0.85	0.70	0.60
沈　阳	1.00	0.70	0.30	0.30	0.40	0.35	0.30	0.70
北　京	1.00	0.50	0.15	0.10	0.15	0.15	0.40	1.00
天　津	1.00	0.40	0.20	0.10	0.15	0.20	0.40	1.00
西　安	0.70	1.00	0.70	0.25	0.40	0.50	0.35	0.25
太　原	0.90	0.40	0.15	0.20	0.30	0.20	0.70	1.00
兰　州	1.00	1.00	1.00	0.70	0.60	0.20	0.15	0.50
乌鲁木齐	0.35	0.35	0.55	0.75	1.00	0.70	0.25	0.35

表 A9

一些铸铁散热器规格及其传热系数 K 值

型号	散热面积 (m²/片)	水容量 (L/片)	质量 (kg/片)	工作压力 (MPa)	传热系数计算公式 K [W/(m²·℃)]	热水热媒当 Δt=64.5℃时的 K 值 [W/(m²·℃)]	不同蒸汽表压力 (MPa) 下的 K 值 [W/(m²·℃)]		
							0.03	0.07	≥0.1
TG0.28/5-4, 长翼型 (大 60)	1.16	8	28		$K=1.743\Delta t^{0.23}$	5.59	6.12	6.27	6.36
TZ2-5-5 (M-132 型)	0.24	1.32	7	0.4	$K=2.426\Delta t^{0.286}$	7.99	8.75	8.97	9.10
TZ4-6-5 (四柱 760 型)	0.235	1.18	6.6	0.5	$K=2.503\Delta t^{0.298}$	8.49	9.31	9.55	9.69
TZ4-5-5 (四柱 640 型)	0.20	1.03	5.7	0.5	$K=3.663\Delta t^{0.16}$	7.13	7.51	7.61	7.67
TZ2-5-5 (二柱 700 型, 带腿)	0.24	1.35	6	0.5	$K=2.02\Delta t^{0.271}$	6.25	6.81	6.97	7.07
四柱 813 型 (带腿)	0.28	1.4	8	0.5	$K=2.237\Delta t^{0.302}$	7.87	8.66	8.89	9.03
圆翼型	1.8	4.42	38.2	0.5					
单排						5.81	6.97	6.97	7.79
双排						5.08	5.81	5.81	6.51
三排						4.65	5.23	5.23	5.81

表 A10

一些钢制散热器规格及其传热系数 K 值

型号	散热面积 (m²/片)	水容量 (L/片)	质量 (kg/片)	工作压力 (MPa)	传热系数计算公式 K [W/(m²·℃)]	热水热媒当 Δt=64.5℃时的 K 值 [W/(m²·℃)]	备注
钢制柱式散热器 600×120	0.15	1	2.2	0.8	$K=2.489\Delta t^{0.3069}$	8.94	钢板厚 1.5mm，表面涂调和漆
钢制柱式散热器 600×1000	2.75	4.6	18.4	0.8	$K=2.5\Delta t^{0.289}$	6.76	钢板厚 1.5mm，表面涂调和漆
钢制扁管散热器 520×1000 单板	1.151	4.71	16.1	0.8	$K=3.53\Delta t^{0.235}$	9.4	钢板厚 1.5mm，表面涂调和漆
单板带对流片 624×1000	6.55	5.49	27.4	0.8	$K=1.23\Delta t^{0.246}$	3.4	钢板厚 1.5mm，表面涂调和漆
	m²/m	L/m	kg/m				
武钢串片散热器 150×80	3.15	1.05	10.5	1.0	$K=2.07\Delta t^{0.11}$	3.71	相应流量 G=50kg/h 时的工况
240×100	5.72	1.47	17.4	1.0	$K=1.30\Delta t^{0.18}$	2.75	相应流量 G=150kg/h 时的工况
500×90	7.44	2.50	30.5	1.0	$K=1.88\Delta t^{0.11}$	2.97	相应流量 G=250kg/h 时的工况

表 A11　　　　　　　　　　　**散热器组装片数修正系数 β_1**

每组片数	<6	6～10	11～20	>20
β_1	0.95	1.00	1.05	1.10

注　本表仅适用于各种柱型散热器。长翼型和圆翼型不修正。其他散热器需要修正时,见产品说明。

表 A12　　　　　　　　　　　**散热器连接形式修正系数 β_2**

连接形式	同侧 上进下出	异侧 上进下出	异侧 下进下出	异侧 下进上出	同侧 下进上出
M-132 型	1.0	1.009	1.251	1.386	1.396
长翼型（大 60）	1.0	1.009	1.225	1.331	1.369

注　该表是在标准状态下测定的。其他散热器可近似套用上标数据。

表 A13　　　　　　　　　　　**散热器安装形式修正系数 β_3**

序号	装置示意图	说　明	系　数	序号	装置示意图	说　明	系　数
1		敞开装置	$\beta_3=1.0$	5		外加围罩,在罩子前面上下端开孔	$A+130\text{mm}$ 孔是敞开的 $\beta_3=1.2$ 孔带有格网的 $\beta_3=1.4$
2		上加盖板	$A=40\text{mm}$ $\beta_3=1.05$ $A=80\text{mm}$ $\beta_3=1.03$ $A=100\text{mm}$ $\beta_3=1.02$	6		外加网格罩,在罩子顶部开孔,宽度 C 不小于散热器宽度,罩子前面下端开孔 A 不小于 100mm	$A\geqslant100\text{mm}$ $\beta_3=1.15$
3		装在壁龛内	$A=40\text{mm}$ $\beta_3=1.11$ $A=80\text{mm}$ $\beta_3=1.07$ $A=100\text{mm}$ $\beta_3=1.06$	7		外加围罩,在罩子前面上下两端开孔	$\beta_3=1.0$
4		外加围罩,有罩子顶部和罩子前面下端开孔	$A=150\text{mm}$ $\beta_3=1.25$ $A=180\text{mm}$ $\beta_3=1.19$ $A=220\text{mm}$ $\beta_3=1.13$ $A=260\text{mm}$ $\beta_3=1.12$	8		加挡板	$\beta_3=0.9$

表 A14　　　　　　　　　水在各种温度下的密度 ρ（压力为 100kPa 时）　　　　　kg/m³

温度 （℃）	密度 （kg/m³）	温度 （℃）	密度 （kg/m³）	温度 （℃）	密度 （kg/m³）	温度 （℃）	密度 （kg/m³）
0	999.8	56	985.25	72	976.66	88	966.68
10	999.73	58	984.25	74	975.48	90	965.34
20	998.23	60	983.24	76	974.29	92	963.99
30	995.67	62	982.20	78	973.07	94	962.61
40	992.24	64	981.13	80	971.83	95	961.92
50	988.07	66	980.05	82	970.57	97	960.51
52	987.15	68	978.94	84	969.30	100	958.38
54	986.21	70	977.81	86	968.00		

表 A15　　　　　　　　在重力循环上供下回双管热水供暖系统中，由于水在
管路内冷却而产生的附加压力　　　　　Pa

系统的水平距离 （m）	锅炉到散热器 的高度（m）	自总立管至计算立管之间的水平距离（m）					
		＜10	10～20	20～30	30～50	50～75	75～100
1	2	3	4	5	6	7	8
未保温的明装立管				（1）1 层或 2 层的房屋			
25 以下	7 以下	100	100	150	—		
25～50	7 以下	100	100	150	200	—	
50～75	7 以下	100	100	150	150	200	—
75～100	7 以下	100	100	150	150	200	250
		（2）3 层或 4 层的房屋					
25 以下	15 以下	250	250	250	—	—	—
25～50	15 以下	250	250	300	350	—	
50～75	15 以下	250	250	250	300	350	—
75～100	15 以下	250	250	250	300	350	400
		（3）高于 4 层的房屋					
25 以下	7 以下	450	500	550			
25 以下	大于 7	300	350	450	—	—	—
25～50	7 以下	550	600	650	750		
25～50	大于 7	400	450	500	550		
50～75	7 以下	550	550	600	650	750	
50～75	大于 7	400	400	450	500	550	
75～100	7 以下	550	550	550	600	650	700
75～100	大于 7	400	400	400	450	500	650
未保温的暗装立管				（1）1 层或 2 层的房屋			
25 以下	7 以下	80	100	130	—		
25～50	7 以下	80	80	130	150	—	
50～75	7 以下	80	80	100	130	180	—
75～100	7 以下	80	80	80	130	180	230

续表

系统的水平距离 (m)	锅炉到散热器 的高度（m）	自总立管至计算立管之间的水平距离（m）					
		<10	10～20	20～30	30～50	50～75	75～100
1	2	3	4	5	6	7	8
（2）3 层或 4 层的房屋							
25 以下	15 以下	180	200	280	—	—	—
25～50	15 以下	180	200	250	300	—	—
50～75	15 以下	150	180	200	250	300	—
75～100	15 以下	150	150	180	230	280	330
（3）高于 4 层的房屋							
25 以下	7 以下	300	350	380	—	—	—
25 以下	大于 7	200	250	300	—	—	—
25～50	7 以下	350	400	430	530	—	—
25～50	大于 7	250	300	330	380	—	—
50～75	7 以下	350	350	400	430	530	—
50～75	大于 7	250	250	300	330	380	—
75～100	7 以下	350	350	380	400	480	530
75～100	大于 7	250	260	280	300	350	450

注　1. 在下供下回式系统中，不计算水在管路中冷却而产生的附加作用压力值。

　　2. 在单管式系统中，附加值采用本附录所示的相应值的 50%。

表 A16　　　　　　　供暖系统各种设备供给每 1kW 热量的水容量 V_c　　　　　　L

供暖系统设备和附件	V_c	供暖系统设备和附件	V_c
锅炉设备		散热器	
KZG1-8	4.7	长翼型（小 60）	17.2
SHZ2-13A	4.0	四柱 813 型	8.8
KZL4-13	3.0	TDD1-4-5（8）	0.73
KZG1.5-8	4.1	TDD1-5-5（8）	0.8
KZFH2-8-1	4.0	TDD1-6-5（8）	0.87
KZZ4-13	3.0	钢　柱	14.5
SZP6.5-13	2.0		
		管道系统	
散热器		室内机械循环管路	7.8
长翼型（大 60）	16.6	室内重力循环管路	15.6
		室外机械循环管路	5.9

注　1. 本表部分摘自《实用供热空调设计手册》，1995 年。

　　2. 该表按低温水热水供暖系统估算。

　　3. 室外管网与锅炉的水容量，最好按实际设计情况确定总水容量。

表 A17 热水供暖系统管道水力计算表 ($t'_g=95℃$，$t'_h=70℃$，$K=0.2mm$)

公称直径	15		20		25		32		40		50		70	
内径	15.75		21.25		27.00		35.75		41.00		53.00		68.00	
G	R	v	R	v	R	v	R	v	R	v	R	v	R	v
30	2.64	0.04												
34	2.99	0.05												
40	3.52	0.06												
42	6.78	0.06												
48	8.60	0.07												
50	9.25	0.07	1.33	0.04										
52	9.92	0.08	1.38	0.04										
54	10.62	0.08	1.43	0.04										
56	11.34	0.08	1.49	0.04										
60	12.84	0.09	2.93	0.05										
70	16.99	0.10	3.85	0.06										
80	21.68	0.12	4.88	0.06										
82	22.69	0.12	5.10	0.07										
84	23.71	0.12	5.33	0.07										
90	26.93	0.13	6.03	0.07										
100	32.72	0.15	7.29	0.08	2.24	0.05								
105	35.82	0.15	7.96	0.08	2.45	0.05								
110	39.05	0.16	8.66	0.09	2.66	0.05								
120	45.93	0.17	10.15	0.10	3.10	0.06								
125	49.57	0.18	10.93	0.10	3.34	0.06								
130	53.35	0.19	11.74	0.10	3.58	0.06								
135	57.27	0.20	12.56	0.11	3.83	0.07								
140	61.32	0.20	13.45	0.11	4.09	0.07	1.04	0.04						
160	78.87	0.23	17.19	0.13	5.20	0.08	1.31	0.05						
180	98.59	0.26	21.38	0.14	6.44	0.09	1.61	0.05						
200	120.48	0.29	26.01	0.16	7.80	0.10	1.95	0.06						
220	144.52	0.32	31.08	0.18	9.29	0.11	2.31	0.06						
240	170.73	0.35	36.58	0.19	10.90	0.12	2.70	0.07						
260	199.09	0.38	42.52	0.21	12.64	0.13	3.12	0.07						
270	214.08	0.39	45.66	0.22	13.55	0.13	3.34	0.08						
280	229.61	0.41	48.91	0.22	14.50	0.14	3.57	0.08	1.82	0.06				
300	262.29	0.44	55.72	0.24	16.48	0.15	4.05	0.08	2.06	0.06				
400	458.07	0.58	96.37	0.32	28.23	0.20	6.85	0.11	3.46	0.09				
500			147.91	0.40	43.03	0.25	10.35	0.14	5.21	0.11				
520			159.53	0.41	46.36	0.26	11.13	0.15	5.60	0.11	1.57	0.07		
560			184.07	0.45	53.38	0.28	12.78	0.16	6.42	0.12	1.79	0.07		
600			210.35	0.48	60.89	0.30	14.54	0.17	7.29	0.13	2.03	0.08		
700			283.67	0.56	81.79	0.35	19.43	0.20	9.71	0.15	2.69	0.09		
760			332.89	0.61	95.79	0.38	22.69	0.21	11.33	0.16	3.13	0.10		
780			350.17	0.62	100.71	0.38	23.83	0.22	11.89	0.17	3.28	0.10		

续表

公称直径	15		20		25		32		40		50		70	
内径	15.75		21.25		27.00		35.75		41.00		53.00		68.00	
G	R	v	R	v	R	v	R	v	R	v	R	v	R	v
800			367.88	0.64	105.74	0.39	25.00	0.23	12.47	0.17	3.44	0.10		
900			462.97	0.72	132.72	0.44	31.25	0.25	15.56	0.19	427	0.12	1.24	0.07
1000			568.94	0.80	162.75	0.49	38.20	0.28	18.98	0.21	5.19	0.13	1.50	0.08
1050			626.01	0.84	178.90	0.52	41.93	0.30	20.81	0.22	5.69	0.13	1.64	0.08
1100			685.79	0.88	195.81	0.54	45.83	0.31	22.73	0.24	6.20	0.14	1.79	0.09
1200			813.52	0.96	231.92	0.59	54.14	0.34	26.81	0.26	7.29	0.15	2.10	0.09
1250			881.47	1.00	251.11	0.62	58.55	0.35	28.98	0.27	7.87	0.16	2.26	0.10
1300					271.06	0.64	63.14	0.37	31.23	0.28	8.47	0.17	243	0.10
1400					313.24	0.69	72.82	0.39	35.98	0.30	9.74	0.18	2.79	0.11
1600					406.71	0.79	94.24	0.45	46.47	0.34	12.52	0.20	3.57	0.12
1800					512.34	0.89	118.39	0.51	58.28	0.39	15.65	0.23	4.44	0.14
2000					630.11	0.99	145.28	0.56	71.42	0.43	19.12	0.26	5.41	0.16
2200							174.91	0.62	85.88	0.47	22.92	0.28	6.47	0.17
2400							207.26	0.68	101.66	0.51	27.07	0.31	7.62	0.19
2500							224.47	0.70	110.04	0.53	29.28	0.32	8.23	0.19
2600							242.35	0.73	118.76	0.56	31.56	0.33	8.86	0.20
2800							280.18	0.79	137.19	0.60	36.39	0.36	10.20	0.22

注　1. 本表部分摘自《供暖通风设计手册》1987 年。

2. 本表按采暖季平均水温 $t \approx 60℃$，$\rho = 983.248\text{kg/m}^3$ 条件编制。

3. 摩擦阻力系数 λ 值按下述原则确定：层流区中，按式（4-4）计算；紊流区中，按式（4-11）计算。

4. 表中符号及单位：公称直径—mm；内径—mm；G—管段热水流量，kg/h；R—比摩阻，Pa/m；v—水流速，m/s。

表 A18　　　　　　　　热水及蒸汽供暖系统局部阻力系数 ζ 值

局部阻力名称	ζ	说明	局部阻力系数	在下列 DN（mm）时的 ζ 值					
				15	20	25	32	40	≥50
双柱散热器	2.0	以热媒在导管中的流速计算局部阻力	截止阀	16.0	10.0	9.0	9.0	8.0	7.0
铸铁锅炉	2.5		旋　塞	4.0	2.0	2.0	2.0		
钢制锅炉	2.0		斜杆截止阀	3.0	3.0	3.0	2.5	2.5	2.0
突然扩大	1.0	以其中较大的流速计算局部阻力	闸　阀	1.5	0.5	0.5	0.5	0.5	0.5
突然缩小	0.5		弯　头	2.0	2.0	1.5	1.5	1.0	1.0
直流三通（图①）	1.0		90°煨弯及乙字弯	1.5	1.5	1.0	1.0	0.5	0.5
旁流三通（图②）	1.5		扩弯（图⑥）	3.0	2.0	2.0	2.0	2.0	2.0
合流三通（图③）	3.0		急弯双弯头	2.0	2.0	2.0	2.0	2.0	2.0
分流三通（图③）	3.0		缓弯双弯头	1.0	1.0	1.0	1.0	1.0	1.0
直流四通（图④）	2.0								
分流四通（图⑤）	3.0								
方形补偿器	2.0								
套管补偿器	0.5								

表 A19　　　　　热水供暖系统局部阻力系数 $\zeta=1$ 的局部损失（动压头）值 $\Delta p_d = \rho v^2/2$　　　Pa

v	Δp_d	v	Δp_d	v	Δp_d	v	Δp_d	v	Δp_d	v	Δp_d
0.01	0.05	0.13	8.31	0.25	30.73	0.37	67.30	0.49	118.04	0.61	182.93
0.02	0.20	0.14	9.64	0.26	33.23	0.38	70.99	0.50	122.91	0.62	188.98
0.03	0.44	0.15	11.06	0.27	35.84	0.39	74.78	0.51	127.87	0.65	207.71
0.04	0.79	0.16	12.59	0.28	38.54	0.40	78.66	0.52	132.94	0.68	227.33
0.05	1.23	0.17	14.21	0.29	41.35	0.41	82.64	0.53	138.10	0.71	247.83
0.06	1.77	0.18	15.93	0.30	44.25	0.42	86.72	0.54	143.36	0.74	269.21
0.07	2.41	0.19	17.75	0.31	47.25	043	90.90	0.55	148.72	0.77	291.48
0.08	3.15	0.20	19.66	0.32	50.34	0.44	95.18	0.56	154.17	0.80	314.64
0.09	3.98	0.21	21.68	0.33	53.54	0.45	99.55	0.57	159.73	0.85	355.20
0.10	4.92	0.22	23.79	0.34	56.83	0.46	104.03	0.58	165.38	0.90	398.22
0.11	5.95	0.23	26.01	0.35	60.22	0.47	108.60	0.59	171.13	0.95	443.70
0.12	7.08	0.24	28.32	0.36	63.71	0.48	113.27	0.60	176.98	1.00	491.62

注　本表按 $t'_g=95℃$、$t'_h=70℃$，整个采暖季的平均水温 $t≈60℃$，相应水的密度 $\rho=983.284 kg/m^3$ 编制的。

表 A20　　　　　　　　　　　　一些管径的 λ/d 值和 A 值

公称直径 (mm)	15	20	25	32	40	50	70	89×3.5	108×4
外径(mm)	21.25	26.75	33.5	42.25	48	60	75.5	89	108
内径(mm)	15.75	21.25	27	35.75	41	53	68	82	100
λ/d 值(l/m)	2.6	1.8	1.3	0.9	0.76	0.54	0.4	0.31	0.24
A 值 $Pa/(kg/h)^2$	$1.03×10^{-3}$	$3.12×10^{-4}$	$1.2×10^{-4}$	$3.89×10^{-5}$	$2.25×10^{-5}$	$8.06×10^{-6}$	$2.97×10^{-7}$	$1.41×10^{-7}$	$6.36×10^{-7}$

注　本表按 $t'_g=95℃$、$t'_h=70℃$，整个采暖季的平均水温 $t≈60℃$，相应水的密度 $\rho=983.284 kg/m^3$ 编制的。

表 A21　　　　　　　按 $\zeta_{zh}=1$ 确定热水供暖系统管段压力损失的管径计算表

项目	公称直径 DN (mm)									流速 v (m/s)	压力损失 Δp (Pa)
	15	20	25	32	40	50	70	80	100		
	76	138	223	391	514	859	1415	2054	3059	0.11	5.95
	83	151	243	427	561	937	1544	2241	3336	0.12	7.08
	90	163	263	462	608	1015	1628	2428	3615	0.13	8.31
	97	176	283	498	655	1094	1802	2615	3893	0.14	9.64
	104	188	304	533	701	1171	1930	2801	4170	0.15	11.06
	111	201	324	569	748	1250	2059	2988	4449	0.16	12.59
水流量 G (kg/h)	117	213	344	604	795	1328	2187	3175	4727	0.17	14.21
	124	226	364	640	841	1406	2316	3361	5005	0.18	15.93
	131	239	385	675	888	1484	2445	3548	5283	0.19	17.75
	138	251	405	711	935	1562	2573	3734	5560	0.20	19.66
	145	264	425	747	982	1640	2702	3921	5838	0.21	21.68
	152	276	445	782	1028	1718	2830	4108	6116	0.22	23.79
	159	289	466	818	1075	1796	2959	4295	6395	0.23	26.01
	166	301	486	853	1122	1874	3088	4482	6673	0.24	28.32
	173	314	506	889	1169	1953	3217	4668	6951	0.25	30.73
	180	326	526	924	1215	2030	3345	4855	7228	0.26	33.23

项目	公 称 直 径 DN（mm）									流速 v	压力损失 Δp
	15	20	25	32	40	50	70	80	100	（m/s）	（Pa）
	187	339	547	960	1262	2109	3474	5042	7507	0.27	35.84
	193	351	567	995	1309	2187	3602	522/8	7784	0.28	38.54
	200	364	587	1031	1356	2265	3731	5415	8063	0.29	41.35
	207	377	607	1067	1402	2343	3860	5602	8341	0.30	44.25
	214	389	627	1102	1449	2421	3989	5789	8619	0.31	47.25
	221	402	648	1138	1496	2499	4117	5975	8897	0.32	50.34
	228	414	668	1173	1543	2577	4246	6162	9175	0.33	53.54
	235	427	688	1209	1589	2655	4374	6349	9453	0.34	56.83
	242	439	708	1244	1636	2733	4503	6535	9731	0.35	60.22
	249	452	729	1280	1683	2811	4632	6722	10 009	0.36	63.71
水流量	256	464	749	1315	1729	2890	4760	6909	10 287	0.37	67.30
G	263	477	769	1351	1766	2968	4889	7096	10 565	0.38	70.99
（kg/h）	276	502	810	1422	1870	3124	5146	7469	11 121	0.40	78.66
	290	527	850	1493	1963	3280	5404	7842	11 677	0.42	86.72
	304	552	891	1564	2057	3436	5661	8216	12 233	0.44	95.18
	318	577	931	1635	2150	3593	5918	8590	12 789	0.46	104.03
	332	603	972	1706	2244	3749	6176	8963	13 345	0.48	113.27
	345	628	1012	1778	2337	3905	6433	9336	13 902	0.50	122.91
	380	690	1113	1955	2571	4296	7076	10 270	15 292	0.55	148.72
	415	753	1214	2133	2805	4686	7719	11 203	16 681	0.60	176.98
	449	816	1316	2311	3038	5076	8363	12 137	18 072	0.65	207.71
	484	879	1417	2489	3272	5467	9006	13 071	19 462	0.70	240.90
		1004	1619	2844	3740	6248	10 293	14 938	22 242	0.80	314.64
				3200	4207	7029	11 579	16 806	25 023	0.90	398.22
						7810	12 866	18 673	27 803	1.00	491.62
								22 407	33 363	1.20	707.94

注　按 $G=(\Delta p/A)^{0.5}$ 公式计算，其中 Δp 按表 A19，A 值按表 A20 计算。

表 A22　　　　　　　　单管顺流式热水供暖系统立管组合部件的 ζ_{zh} 值

组合部件名称		图式	ζ_{zh}	管径（mm）			
				15	20	25	32
立 管	回水干管在地 沟内		$\zeta_{zh,z}$	15.6	12.9	10.5	10.2
			$\zeta_{zh,j}$	44.6	31.9	27.5	27.2
	无地沟，散热器 单侧连接		$\zeta_{zh,z}$	7.5	5.5	5.0	5.0
			$\zeta_{zh,j}$	36.5	24.5	22.0	22.0
立 管	无地沟，散热器 双侧连接		$\zeta_{zh,z}$	12.4	10.1	8.5	8.3
			$\zeta_{zh,j}$	41.4	29.1	25.5	25.3

续表

组合部件名称	图式	ζ_{zh}	管径（mm）			
			15	20	25	32
散热器单侧连接		ζ_{zh}	14.2	12.6	9.6	8.8

组合部件名称	图式	ζ_{zh}	管 径 $d_1 \times d_2$							
散热器双侧连接		ζ_{zh}	15×15	20×15	20×20	25×15	25×20	25×25	32×20	32×25
			4.7	15.6	4.1	40.6	10.7	3.5	32.8	10.7

注 1. $\zeta_{zh,z}$——代表立管两端安装闸阀；

$\zeta_{zh,j}$——代表立管两端安装截止阀。

2. 编制本表的条件为：

（1）散热器及其支管连接：散热器支管长度，单侧连接，$l_z = 1.0\text{m}$；双侧连接，$l_z = 1.5\text{m}$。每组散热器支管均装有已字弯。

（2）立管与水平干管的几种连接方式见图式所示。立管上装设两个闸阀或截止阀。

表 A23　　　　　　　　　　单管顺流式热水供暖系统立管的 ζ_{zh} 值

层数	单向连接立管管径（mm）				双向连接立管管径（mm）							
					15	20		25			32	
					散热器支管直径（mm）							
	15	20	25	32	15	15	20	15	20	25	20	32
（一）整根立管的折算阻力系数 ζ_{zh} 值（立管两端安装闸阀）												
3	77	63.7	48.7	43.1	48.4	72.7	38.2	141.7	52.0	30.4	115.1	48.8
4	97.4	80.6	61.4	54.1	59.3	92.6	46.6	185.4	65.8	37.0	150.1	61.7
5	117.9	97.5	74.1	65.0	70.3	112.5	55.0	229.1	79.6	43.6	185.0	74.5
6	138.3	114.5	86.9	76.0	81.2	132.5	63.5	272.9	93.5	50.3	220.0	87.4
7	158.8	131.4	99.6	86.9	92.2	152.4	71.9	316.6	107.3	56.9	254.9	100.2
8	179.2	148.3	112.3	97.9	103.1	172.3	80.3	360.3	121.1	63.5	290.0	113.1
（二）整根立管的折算阻力系数 ζ_{zh} 值（立管两端安装截止阀）												
3	106	82.7	65.7	60.1	77.4	91.7	57.2	158.7	69.0	47.4	132.1	65.8
4	126.4	99.6	78.4	71.1	88.3	111.6	65.6	202.4	82.8	54	167.1	78.7
5	146.9	116.5	91.1	82.0	99.3	131.5	74.0	246.1	96.6	60.6	202	91.5
6	167.3	133.5	103.9	93.0	110.2	151.5	82.5	289.9	110.5	67.3	237	104.4
7	187.8	150.4	116.6	103.9	121.2	171.4	90.9	333.6	124.3	73.9	271.9	117.2
8	208.2	167.3	129.3	114.9	132.1	191.3	99.3	377.3	138.1	80.5	307	130.1

注 1. 编制本表条件：建筑物层高为 3.0m，回水干管敷设在地沟内（见表 A22 图式）。

2. 计算举例：如以三层楼 $d_1 \times d_2 = 20 \times 15$ 为例。

各层立管之间长度为 $3.0 - 0.6 = 2.4\text{m}$，则层立管的当量阻力系数 $\zeta_{0.1} = (\lambda_1/d_1) \cdot l_1 + \Sigma\zeta_1 = 1.8 \times 2.4 + 0 = 4.32$。设 n 为建筑物层数，ζ_0 代表散热器及其支管的当量阻力系数，ζ'_0 代表立管与供、回水干管连接部分的当量阻力系数，则整根立管的折算阻力系数 ζ_{zh} 为

$$\zeta_{zh} = n\zeta_0 + n\zeta_{0.1} + \zeta'_0 = 3 \times 15.6 + 3 \times 4.32 + 12.9 = 72.7$$

表 A24 供暖系统中摩擦损失与局部损失的概略分配比例 α %

供暖系统型式	摩擦损失	局部损失	供暖系统型式	摩擦损失	局部损失
重力循环热水供暖系统	50	50	高压蒸汽供暖系统	80	20
机械循环热水供暖系统	50	50	室内高压凝水管路系统	80	20
低压蒸汽供暖系统	60	40			

表 A25 疏水器的排水系数 A_P 值

排水阀孔直径 d (mm)	$\Delta P = P_1 - P_2$ (kPa)									
	100	200	300	400	500	600	700	800	900	1000
2.6	25	24	23	22	21	20.5	20.5	20	20	19.8
3	25	23.7	22.5	21	21	20.4	20	20	20	19.5
4	24.2	23.5	21.6	20.6	19.6	18.7	17.8	17.2	16.7	16
4.5	23.8	21.3	19.9	18.9	18.3	17.7	17.3	16.9	16.6	16
5	23	21	19.4	18.5	18	17.3	16.8	16.3	16	15.5
6	20.8	20.4	18.8	17.9	17.4	16.7	16	15.5	14.9	14.3
7	19.4	18	16.7	15.9	15.2	14.8	14.2	13.8	13.5	13.5
8	18	16.4	15.5	14.5	13.8	13.2	12.6	11.7	11.9	11.5
9	16	15.3	14.2	13.6	12.9	12.5	11.9	11.5	11.1	10.6
10	14.9	13.9	13.2	12.5	12	11.4	10.9	10.4	10	10
11	13.6	12.6	11.8	11.3	10.9	10.6	10.4	10.2	10	9.7

表 A26 低压蒸汽供暖系统管路水力计算表（表压力 $p_b = 5 \sim 20$ kPa, $K = 0.2$ mm）

比摩阻 R (Pa/m)	上行：通过热量 Q (W)；下行：蒸汽流速 v (m/s)；水煤气管（公称直径）						
	15	20	25	32	40	50	70
5	790	1510	2380	5260	8010	15 760	30 050
	2.92	2.92	2.92	3.67	4.23	5.1	5.75
10	918	2066	3541	7727	11 457	23 015	43 200
	3.43	3.89	4.34	5.4	6.05	7.43	8.35
15	1090	2490	4395	10 000	14 260	28 500	53 400
	4.07	4.88	5.45	6.65	7.64	9.31	10.35
20	1239	2920	5240	11 120	16 720	33 050	61 900
	4.55	5.65	6.41	7.8	8.83	10.85	12.1
30	1500	3615	6350	13 700	20 750	40 800	76 600
	5.55	7.01	7.77	9.6	10.95	13.2	14.95
40	1759	4220	7330	16 180	24 190	47 800	89 400
	6.51	8.2	8.98	11.30	12.7	15.3	17.35
60	2219	5130	9310	20 500	29 550	58 900	110 700
	8.17	9.94	11.4	14	15.6	19.03	21.4
80	2570	5970	10 630	23 100	34 400	67 900	127 600
	9.55	11.6	13.15	16.3	18.4	22.1	24.8

续表

比摩阻 R (Pa/m)	上行：通过热量 Q（W）；下行：蒸汽流速 v（m/s）；水煤气管（公称直径）						
	15	20	25	32	40	50	70
100	2900	6820	11 900	25 655	38 400	76 000	142 900
	10.7	13.2	14.6	17.9	20.35	24.6	27.6
150	3520	8323	14 678	31 707	47 358	93 495	168 200
	13	16.1	18	22.15	25	30.2	33.4
200	4052	9703	16 975	36 545	55 568	108 210	202 800
	15	18.8	20.9	25.5	29.4	35	38.9
300	5049	11 939	20 778	45 140	68 360	132 870	250 000
	18.7	23.2	25.6	31.6	35.6	42.8	48.2

注　本表摘自《供热工程》（第三版）。

表 A27　　　　　　　　低压蒸汽供暖系统管路水力计算用动压头　　　　　　　Pa

v（m/s）	$\rho v^2/2$（Pa）	v（m/s）	$\rho v^2/2$（Pa）	v（m/s）	$\rho v^2/2$（Pa）	v（m/s）	$\rho v^2/2$（Pa）
5.5	9.58	10.5	34.39	15.5	76.12	20.5	133.16
6.0	11.4	11.0	38.34	16.0	81.11	21.0	139.73
6.5	13.39	11.5	41.9	16.5	86.26	21.5	146.46
7.0	15.53	12.0	45.63	17.0	91.57	22.0	153.36
7.5	17.82	12.5	49.5	17.5	97.04	22.5	160.41
8.0	20.28	13.0	53.5	18.0	102.66	23.0	167.61
8.5	22.89	13.5	57.75	18.5	108.44	23.5	174.98
9.0	25.66	14.0	62.1	19.0	114.38	24.0	182.51
9.5	28.6	14.5	66.6	19.5	120.48	24.5	190.19
10.0	31.69	15.0	71.29	20.0	126.74	25.0	198.03

表 A28　　　　　　　蒸汽供暖系统干式和湿式自流凝结水管管径选择表

凝水管径（mm）	形成凝水时，由蒸汽放出的热量（kW）					
	干式凝水管			湿式凝水管（垂直或水平的）		
	低压蒸汽		高压蒸汽	计算管段的长度（m）		
	水平管段	垂直管段		50 以下	50～100	100 以上
1	2	3	4	5	6	7
15	4.7	7	8	33	21	9.3
20	17.5	26	29	82	53	29
25	33	49	45	145	93	47
32	79	116	93	310	200	100
40	120	180	128	440	290	135
50	250	370	230	760	550	250
76×3	580	875	550	1750	1220	580
89×3.5	870	1300	815	2620	1750	875
102×4	1280	2000	1220	3605	2320	1280
114×4	1630	2420	1570	4540	3000	1600

注　1. 第 5、6、7 栏计算管段的长度指由最远散热器到锅炉的长度。

　　2. 本表选自《供热工程》（第三版）。

　　3. 干式水平凝水管坡度为 0.005。

表 A29　　室内高压蒸汽供暖系统管径计算表（蒸汽表压力 $p_b=200\text{kPa}$，$K=0.2\text{mm}$）

公称直径		15		20		25		32		40		50		70	
内径（mm）		15.75		21.25		27		35.75		41		53		68	
外径（mm）		21.25		26.75		32.50		42.25		48		60		75.5	
Q	G	R	v	R	v	R	v	R	v	R	v	R	v	R	v
4000	7	71	5.7												
6000	10	154	8.6	34	4.7	10	2.9								
8000	13	270	11.5	58	6.3	17	3.9								
10 000	17	418	14.4	89	7.9	26	4.9								
12 000	20	597	17.2	127	9.5	37	5.9	9	3.3						
14 000	23	809	20.1	172	11.1	50	6.8	12	3.9						
16 000	27	1052	23.0	223	12.6	65	7.8	16	4.5	8	3.4				
18 000	30			281	14.2	82	8.8	20	5.0	10	3.8				
20 000	33			345	15.8	100	9.8	24	5.6	12	4.2				
24 000	40			494	18.9	143	11.7	34	6.7	17	5.1				
28 000	47			670	22.1	194	13.7	46	7.8	23	5.9	6	3.6		
32 000	53			871	25.3	252	15.6	59	8.9	29	6.8	8	4.1		
36 000	60			1100	28.4	317	17.6	74	10.0	37	7.6	10	4.6		
40 000	67			1355	31.6	390	19.6	91	11.2	45	8.5	12	5.1	3	3.1
44 000	73			1636	34.7	471	21.5	110	12.3	54	9.3	15	5.6	4	3.4
50 000	83			2108	39.5	606	24.4	141	13.9	70	10.6	19	6.3	5	3.9
60 000	100					868	29.3	202	16.7	100	12.7	27	7.6	7	4.6
70 000	116					1178	34.2	274	19.5	135	14.8	36	8.9	10	5.4
80 000	133					1535	39.1	356	22.3	175	17.0	46	10.1	13	6.2
90 000	150							449	25.1	220	19.1	58	11.4	16	6.9
100 000	166							553	27.9	271	21.2	72	12.7	20	7.7
140 000	233							1077	39.0	527	29.7	139	17.8	38	10.8
180 000	299							1774	50.2	868	38.2	228	22.8	63	13.9
220 000	366									1292	46.6	339	27.9	93	17.0
260 000	433											472	33.0	112	20.0

注　1. 制表时假定蒸汽运动黏度 $\nu=8.21\times10^{-6}\text{m}^2/\text{s}$，汽化潜热 $r=2164\text{kJ/kg}$，密度 $\rho=1.651\text{kg/m}^3$。
　　2. 按式（4—12）确定摩擦系数 λ 值。
　　3. 表中符号：Q—管段热负荷，W；W；G—管段蒸汽流量，kg/h；R—比摩阻，Pa/m；v—流速，m/s。

表 A30　　　　室内高压蒸汽供暖管路局部阻力当量长度（$K=0.2\text{mm}$）　　　　　m

局部阻力名称	公称直径（mm）												
	15	20	25	32	40	50	70	80	100	125	150	175	200
	1/2″	3/4″	1″	1 1/4″	1 1/2″	2″	2 1/2″	3″	4″	5″	6″		
双柱散热器	0.7	1.1	1.5	2.2	—	—	—	—	—	—	—	—	—
钢制锅炉	—	—	—	—	2.6	3.8	5.2	7.4	10.0	13.0	14.7	17.6	20.0
突然扩大	0.4	0.6	0.8	1.1	1.3	1.9	2.6	—	—	—	—	—	—
突然缩小	0.2	0.3	0.4	0.6	0.7	1.0	1.3	—	—	—	—	—	—
截止阀	6.0	6.4	6.8	9.9	10.0	13.3	18.2	25.9	35.0	45.5	51.3	61.6	70.0
斜杆截止阀	1.1	1.7	2.3	2.8	3.3	3.8	5.2	7.4	10.0	13.0	14.7	17.6	20.2
闸阀	—	0.3	0.4	0.6	0.7	1.0	1.3	1.9	2.5	3.3	3.7	4.4	5.1
旋塞阀	1.5	1.5	1.5	2.2	—	—	—	—	—	—	—	—	—
方形补偿器	—	—	1.7	2.2	2.6			7.4	10.0	13.0	14.7	17.6	20.2
套管补偿器	0.2	0.3	0.4	0.6	0.7	1.0	1.3	1.9	2.5	3.3	3.7	4.4	5.1
直流三通	0.4	0.6	0.8	1.1	1.3	1.9	2.6	5.0	6.5	7.3	8.8		10.0
旁流三通	0.6	0.8	1.1	1.7	2.0	2.8	3.9	5.6	7.5	9.8	11.0	13.2	15.1
分流合流三通	1.1	1.7	2.2	3.3	3.9	5.7	7.8	11.1	15.0	19.5	22.0	26.4	30.3
直流四通	0.7	1.1	1.5	2.2	2.6	3.8	5.2	7.4	10.0	13.0	14.7	17.6	20.2

续表

局部阻力名称	公 称 直 径 （mm）												
	15	20	25	32	40	50	70	80	100	125	150	175	200
	½″	¾″	1″	1¼″	1½″	2″	2½″	3″	4″	5″	6″		
分流四通	1.1	1.7	2.2	3.3	3.9	5.7	7.8	11.1	15.0	19.5	22.0	26.4	30.3
弯　头	0.7	1.1	1.1	1.7	1.3	1.9	2.6	—	—	—	—	—	—
90°煨弯及乙字弯	0.6	0.7	0.8	0.9	1.0	1.1	1.3	1.9	2.5	3.3	3.7	4.4	5.1
扩　弯	1.1	1.1	1.5	2.2	2.6	3.8	5.2	7.4	10.0	13.0	14.7	17.6	20.2
急弯双弯	0.7	1.0	1.5	2.2	2.6	3.8	5.2	7.4	10.0	13.0	14.7	17.6	20.2
缓弯双弯	0.4	0.6	0.8	1.1	1.3	1.9	2.6	3.7	5.0	6.5	7.3	8.8	10.1

注　表中直流三通、旁流三通、分流合流三通、直流四通、分流四通、扩弯的图式见表 A18。

表 A31　　　　　　　　　供暖热指标推荐值 q_h　　　　　　　　　W/m²

建筑物类型	住　宅	居住区综　合	学　校办公楼	医　院托幼	旅　馆	商　店	食堂餐厅	影剧院展览馆	大礼堂体育馆
未采取节能措施	58～64	60～67	60～80	65～80	60～70	65～80	115～140	95～115	115～165
采取节能措施	40～45	45～55	50～70	55～70	50～60	55～70	100～130	80～105	100～150

注　1. 本表摘自《城镇供热管网设计规范》（CJJ 34—2010）

　　2. 热指标中已包括约 5% 的管网热损失在内。

表 A32　　　　　　　　　热水用水量标准

序号	建筑物名称	单　位	65℃的用水量标准（最日）（L）
1	住宅、每户设有淋浴设备	每人每日	75～100
2	集体宿舍 有盥洗室 有盥洗室和浴室	每人每日 每人每日	25～35 35～60
3	旅馆 有盥洗室 有盥洗室和浴室 25% 及以下的房号内设有浴盆 26%～75% 的房号内设有浴盆 76%～100% 的房号内设有浴盆	每人每日 每人每日 每人每日 每人每日 每人每日	25～50 S0～00 60～80 90～120 120～150
4	医院，疗养院，休养所 有盥洗室和浴室 有盥洗室和浴室，部分房号内有浴盆 全部房号内设有浴盆 有泥疗、水疗设备及浴盆	每一病床每日 每一病床每日 每一病床每日 每一病床每日	60～120 120～150 150～200 200～300
5	门诊部、诊疗所	每病人每次	5～8
6	公共浴室、设有淋浴器、浴盆、浴池及理发室	每一顾客每次	50～100
7	理发室	每一顾客每次	5～12

续表

序号	建筑物名称	单 位	65℃的用水量标准（最日）(L)
8	洗衣房	每一 kg 干衣	15~25
9	公共食堂 营业食堂 工业企业、机关、学校、居民食坐	每一顾客每次 每一顾客每次	4~6 3~5
10	幼儿园、托儿所 有住宿 无住宿	每一儿童每日 每一儿童每日	15~30 8~15
11	体育场，运动员淋浴	每人每次	25

表 A33　　　　　　　　居住区供暖期生活热水热指标 q_w　　　　　　　　W/m²

用 水 设 备 情 况	热指标 (W/m²)	用 水 设 备 情 况	热指标 (W/m²)
住宅无生活热水设备，只对公共建筑供热水时	2~3	全部住宅有淋浴设备，并供给生活热水时	5~15

注　1. 本表摘自《城市热力网设计规范》(CJJ34—2010)

2. 冷水温度较高时用较小值，冷水温度较低时用较大值。

3. 热指标中已包括了约 10% 的管网热损失。

表 A34　　　　　　　　住宅、旅馆、医院的热水小时变化系数 K_h 值

（a）住宅的热水小时变化系数 K_h 值

居住人数	50	100	150	200	250	300	500	1000	3000	6000
小时变化系数 K_h	5.2	4.1	3.5	3.4	3.3	3.1	2.9	2.7	2.4	2.3

（b）旅馆的热水小时变化系数 K_h 值

居住人数	60	150	300	450	600	900
小时变化系数 K_h	5.3	4.4	3.8	3.6	3.48	3.4

（c）医院的热水小时变化系数 K_h 值

床位数	35	50	70	100	200	300	500	1000
小时变化系数 K_h	3.7	4.4	3.0	2.8	2.3	2.2	2.0	1.9

表 A35　　　　　　　　一些产品单位耗热概算指标

产品类型	单 位	耗热指标	产品类型	单 位	耗热指标
合成橡胶	GJ/t	115	硫 酸	GJ/t	0.5
化学纤维	GJ/t	75	钢管和黑色金属轧材	GJ/t	0.35
酚	GJ/t	80	铸 铁	GJ/t	0.23
塑料合成树脂	GJ/t	25	马丁钢	GJ/t	0.13
化学纸浆	GJ/t	15	胶合板	GJ/m²	6
苛性钠	GJ/t	13	刨花板	GJ/m²	5
纸和纸板	GJ/t	10	毛织品	GJ/m²	0.04
合成氨	GJ/t	5	丝织品	GJ/m²	0.02
焦 炭	GJ/t	1	麻织品	GJ/m²	0.015
石油制晶	GJ/t	0.9	棉织品	GJ/m²	0.01
粗制烧碱	GJ/t	7			

表 A36　　　　　　　　　　　**室外热水网路水力计算表**

（$K=0.5$mm，$t=100$℃，$\rho=958.38$kg/m³，$\nu=0.295\times10^{-6}$m²/s）

水流量 G（t/h）；流速 v（m/s），比摩阻 R（Pa/m）

公称直径 (mm)	25		32		40		50		70		80		100		125		150	
外径×壁厚(mm)	32×2.5		38×2.5		45×2.5		57×3.5		76×3.5		89×3.5		108×4		133×4		159×4.5	
G	v	R	v	R	v	R	v	R	v	R	v	R	v	R	v	R	v	R
0.6	0.3	77	0.2	27.5	0.14	9												
0.8	0.41	137.3	0.27	47.7	0.18	15.8	0.12	5.6										
1.0	0.51	214.8	0.34	73.1	0.23	24.4	0.15	8.6										
1.4	0.71	420.7	0.47	143.2	0.32	47.4	0.21	19.8	0.11	3.0								
1.8	0.91	695.3	0.61	236.3	0.42	84.2	0.27	26.1	0.14	5								
2.0	1.01	858.1	0.68	292.2	0.46	104	0.3	31.9	0.16	6.1								
2.2	1.11	1038.5	0.75	353	0.51	125.5	0.33	36.2	0.17	7.4								
2.6			0.88	493.6	0.6	175.5	0.38	53.4	0.2	10.1								
3.0			1.02	657	0.69	234.4	0.44	71.2	0.23	13.2								
3.4			1.15	844.4	0.78	301.1	0.5	91.4	0.26	17								
4.0					0.92	415.8	0.59	126.5	0.31	22.8	0.22	9						
4.8					1.11	599.2	0.71	182.4	0.37	32.8	0.26	12.9						
6							0.83	252	0.43	44.5	0.31	17.5	0.21	6.4				
6.2							0.92	304	0.48	54.6	0.34	21.8	0.23	7.8	0.15	2.5		
7.0							1.03	387.4	0.54	69.6	0.38	27.9	0.26	9.9	0.17	3.1		
8.0							1.18	506	0.62	90.9	0.44	36.3	0.3	12.7	0.19	4.1		
9.0							1.33	640.4	0.7	114.7	0.49	46	0.33	16.1	0.21	5.1		
10.0							1.48	790.4	0.78	142.2	0.55	56.8	0.37	19.8	0.24	6.3		
11.0							1.63	957.1	0.85	171.6	0.6	68.6	0.41	23.9	0.26	7.6		
12.0									0.93	205	0.66	81.7	0.44	28.5	0.28	8.8	0.2	3.5
14.0									1.09	278.5	0.77	110.8	0.52	38.8	0.33	11.9	0.23	4.7
15.0									1.16	319.7	0.82	127.5	0.55	44.5	0.35	13.6	0.25	5.4
16.0									1.24	363.8	0.88	145.1	0.59	50.7	0.38	15.5	0.26	6.1
18.0									1.4	459.9	0.99	184.4	0.66	64.1	0.43	19.7	0.3	7.6
20.0									1.55	568.8	1.1	227.5	0.74	79.2	0.47	24.3	0.33	9.3
22.0									1.71	687.4	1.21	274.6	0.81	95.8	0.52	29.4	0.36	11.2
24.0									1.86	818.9	1.32	326.6	0.89	113.8	0.57	35	0.39	13.3
26.0									2.02	961.1	1.43	383.4	0.96	133.4	0.62	41.1	0.43	16.7
28.0											1.54	445.2	1.03	154.9	0.66	47.6	0.46	18.1
30.0											1.65	510.9	1.11	178.5	0.71	54.6	0.49	20.8
32.0											1.76	581.5	1.18	203	0.76	62.2	0.53	23.7
34.0											1.87	656.1	1.26	228.5	0.8	70.2	0.56	26.8
36.0											1.98	735.5	1.33	256.9	0.85	78.6	0.59	30
38.0											2.09	819.8	1.4	286.4	0.9	87.7	0.62	33.4

续表

公称直径（mm）	100		125		150		200		250		300	
外径×壁厚（mm）	108×4		133×4		159×4.5		219×6		273×8		325×8	
G	v	R	v	R	v	R	v	R	v	R	v	R
40	1.48	316.8	0.95	97.2	0.66	37.1	0.35	6.8	0.22	2.3		
42	1.55	349.1	0.99	106.9	0.63	40.8	0.36	7.5	0.23	2.5		
44	1.63	383.4	1.04	117.7	0.72	44.8	0.38	8.1	0.25	2.7		
45	1.66	401.1	1.06	122.6	0.74	46.9	0.39	8.5	0.25	2.8		
48	1.77	456	1.13	140.2	0.79	53.3	0.41	9.7	0.27	3.2		
50	1.85	495.2	1.18	152.0	0.82	57.8	0.43	10.6	0.28	3.5		
54	1.99	577.6	1.28	177.5	0.89	67.5	0.47	12.4	0.3	4.0		
58	2.14	665.9	1.37	204	0.95	77.9	0.5	14.2	0.32	4.5		
62	2.29	761	1.47	233.4	1.02	88.9	0.53	16.3	0.35	5.0		
66	2.44	862	1.56	264.8	1.08	101	0.57	18.4	0.37	5.7		
70	2.59	969.9	1.65	297.1	1.15	113.8	0.6	20.7	0.39	6.4		
74			1.75	332.4	1.21	126.5	0.64	23.1	0.41	7.1		
78			1.84	369.7	1.28	141.2	0.67	25.7	0.44	8.2		
80			1.89	388.3	1.31	148.1	0.69	27.1	0.45	8.6		
90			2.13	491.3	1.48	187.3	0.78	34.2	0.5	11		
100			2.36	607	1.64	231.4	0.86	42.3	0.56	13.5	0.30	5.1
120			2.84	873.8	1.97	333.4	1.03	60.9	0.67	19.5	0.46	7.4
140					2.3	454	1.21	82.9	0.78	26.5	0.54	10.1
160					2.63	592.3	1.38	107.9	0.89	34.6	0.62	13.1
180							1.55	137.3	1.01	43.8	0.7	16.6
200							1.72	168.7	1.12	54.1	0.77	20.5
220							1.9	205	1.23	65.4	0.85	24.7
240							2.07	243.2	1.34	77.9	0.93	29.5
260							2.24	285.4	1.45	91.4	1.01	34.7
280							2.41	331.5	1.57	105.9	1.08	40.2
300							2.59	380.5	1.68	121.6	1.16	46.2
340							2.93	488.4	1.9	155.9	1.32	55.9
380							3.28	611	2.13	195.2	1.47	74
420							3.62	745.3	2.35	238.3	1.62	90.5
460									2.57	286.4	1.78	108.9
500									2.8	348.1	1.93	128.5

注 摘自前苏联热网设计手册，1965 年版（单位改用 SI 制）。

表A37　　室外热水网网路局部阻力当量长度表（K＝0.5mm）（用于蒸汽网路 K＝0.2mm，乘修正系数 β＝1.26）

当量长度（m）名称	局部阻力系数 ζ	公称直径（mm） 32	40	50	70	80	100	125	150	175	200	250	300	350	400	450	500	600	700	800
截止阀	4～9	6	7.8	8.4	9.6	10.2	13.5	18.5	24.6	39.5	—	—	—	—	—	—	—	—	—	—
闸阀	0.5～1	—	—	0.65	1	1.28	1.65	2.2	2.24	2.9	3.36	3.73	4.17	4.3	4.5	4.7	5.3	5.7	6	6.4
旋启式止回阀	1.5～3	0.98	1.26	1.7	2.8	3.6	4.95	7	9.52	13	16	22.2	29.2	33.9	46	56	66	89.5	112	133
升降式止回阀	7	5.25	6.8	9.16	14	17.9	23	30.8	39.2	50.6	58.8	—	—	—	—	—	—	—	—	—
套筒补偿器（单向）	0.2～0.5	—	—	—	—	—	0.66	0.88	1.68	2.17	2.52	3.33	4.17	5	10	11.7	13.1	16.5	19.4	22.8
套筒补偿器（双向）	0.6	—	—	—	—	—	1.98	2.64	3.36	4.34	5.04	6.66	8.34	10.1	12	14	15.8	19.9	23.3	27.4
波纹管补偿器（无内套）	1.7～1	—	—	—	—	—	5.57	7.5	8.4	10.1	10.9	13.3	13.9	15.1	16					
波纹管补偿器（有内套）	0.1	—	—	—	—	—	0.38	0.44	0.56	0.72	0.84	1.1	1.4	1.68	2					
方形补偿器																				
三缝焊弯头 R=1.55d	2.7	—	—	—	—	—	—	—	17.6	22.1	24.8	33	40	47	55	67	76	94	110	128
锻压弯头 R=（1.5～2）d	2.3～3	3.5	4	5.2	6.8	7.9	9.8	12.5	15.4	19	23.4	28	34	40	47	60	68	83	95	110
焊弯 R≥4d 弯头	1.16	1.8	2	2.4	3.2	3.5	3.8	5.6	6.5	8.4	9.3	11.2	11.5	16	20					
45°单缝焊接弯头	0.3	—	—	—	—	—	—	—	1.68	2.17	2.52	3.33	4.17	5	6	7	7.9	9.9	11.7	13.7
60°单缝焊接弯头	0.7	—	—	—	—	—	—	—	3.92	5.06	5.9	7.8	9.7	11.8	14	16.3	18.4	23.2	27.2	32
锻压弯头 R=（1.5～2）d	0.5	0.38	0.48	0.65	1	1.28	1.65	2.2	2.8	3.62	4.2	5.55	6.95	8.4	10	11.7	13.1	16.5	19.4	22.8
煨弯 R≥4d	0.3	0.22	0.29	0.4	0.6	0.76	0.98	1.32	1.68	2.17	2.52	3.3	4.17	5	6	—	—	—	—	—
除尘器	10	—	—	—	—	—	—	—	56	72.4	84	111	139	168	200	233	262	331	388	456

表 A38　　　　　　　　　　　　热网管道局部损失与沿程损失的估算比值

补偿器类型	公称直径（mm）	估计比值 α_j	
		蒸汽管道	热水和凝结水管道
输送干线			
套筒或波纹管补偿器			
（带内衬筒）	≤1200	0.2	0.2
方形补偿器	200～350	0.7	0.5
方形补偿器	400～500	0.9	0.7
方形补偿器	600～1200	1.2	1.0
输配干线			
套筒或波纹管补偿器			
（带内衬筒）	≤400	0.4	0.3
（带内衬筒）	450～1200	0.5	0.4
方形补偿器	150～250	0.8	0.6
方形补偿器	300～350	1.0	0.8
方形补偿器	400～500	1.0	0.9
方形补偿器	600～1200	1.2	1.0

注　1. 本表摘自《城镇供热管网设计规范》（CJJ 34—2010）。
　　2. 说明：有分支管接出的干线称输配干线；长度超过 2km 无分支管的干线称输送干线。

表 A39　　　　　　　　　　　　室外高压蒸汽管路水力计算表

$$(K=0.2\text{mm},\ \rho=1\text{kg/m}^3)$$

公称直径	65		80		100		125		150		175		200		250	
外径×壁厚	73×3.5		89×3.5		108×4		133×4		159×4.5		194×6		219×6		273×7	
G (t/h)	v (m/s)	R (Pa/m)	v (m/s)	R (Pa/m)	v (m/s)	R (Pa/m)	v (m/s)	R (Pa/m)	v (m/s)	R (Pa/m)	v (m/s)	R (Pa/m)	v (m/s)	R (Pa/m)	v (m/s)	R (Pa/m)
2.0	164	5213.6	105	1666	70.8	585.1	45.3	184.2	31.5	71.4	21.4	26.5				
2.1	171.6	5754.6	111	1832.6	74.3	644.8	47.6	201.9	33.0	78.8	22.4	28.9				
2.2	180.4	6310.2	116	2018.8	77.9	707.6	49.8	220.53	34.6	86.7	23.5	31.6				
2.3	188.1	6902.1	121	2205	81.4	774.7	52.1	240.1	36.2	94.6	24.6	34.4				
2.4	195.8	7507.8	126	2401	85	842.8	54.4	260.7	37.8	1202.9	25.6	37.2				
2.5	204.6	8149.7	132	2597	88.5	914.3	56.6	282.2	39.3	110.7	26.7	41.1	20.7	21.8		
2.6	212.3	8816.1	137	2812.6	92	989.8	59.9	311.6	40.9	119.6	27.8	43.5	21.5	23.5		
2.7	221.1	9508	142	3038	95.6	1068.2	62.2	329.3	42.5	129.4	28.9	47	22.3	25.5		
2.8	228.8	10 224.3	147	3263.4	99.1	1146.6	63.4	354.7	44.1	138.2	29.9	51	23.1	27.2		
2.9	237.6	10 965.2	153	3498.6	103	1234.8	67.7	380.2	45.6	145.0	31	53.9	24	28.4		
3.0	245.3	11 730.6	158	3743.6	106	1313.2	68	406.7	47.2	15.8	32.1	57.8	24.8	30.4		
3.1	253	12 533	163	3998.4	110	1401.4	70.2	434.1	48.8	167.6	33.1	61.7	25.6	32.1		
3.2	261.8	13 349	168	4263	113	1499.4	72.5	462.6	50.3	179.3	34.2	65.7	26.4	34.8		
3.3	269.5	14 200	174	4527.6	117	1597.4	74.8	492	51.9	190.1	35.3	69.6	27.3	37.0		
3.4	278.3	15 072	179	4811.8	120	1695.4	77	522.3	53.5	200.9	36.3	73.7	28.1	39.2		
3.5	286	15966	184	5096	124	1793.4	79.3	494.9	55.1	212.7	37.4	78.4	29	41.9		
3.6			190	5390	127	1891.4	81.6	588	56.6	224.4	38.5	83.3	30	44.1		
3.7			195	5693.8	131	1999.2	83.8	619.4	58.2	237.4	39.5	87.2	30.6	46.1		

续表

公称直径	65		80		100		125		150		175		200		250	
外径×壁厚	73×3.5		89×3.5		108×4		133×4		159×4.5		194×6		219×6		273×7	
G (t/h)	v (m/s)	R (Pa/m)	v (m/s)	R (Pa/m)	v (m/s)	R (Pa/m)	v (m/s)	R (Pa/m)	v (m/s)	R (Pa/m)	v (m/s)	R (Pa/m)	v (m/s)	R (Pa/m)	v (m/s)	R (Pa/m)
3.8			200	6007.4	135	2116.8	86.1	652.7	59.8	250.9	40.6	92.6	31.4	49		
3.9			205	6330.8	138	2224.6	88.4	688	61.4	263.6	41.7	97.5	32.2	51.7		
4.0			211	6664	142	2342.2	90.6	723.2	62.9	277.3	42.7	99.6	33	54.4		
4.2			221	7340.2	149	2577.4	97.4	835.9	66.1	305.8	44.9	112.7	34.7	58.8		
4.4			232	8055.6	156	2832.2	99.7	875.1	69.2	336.1	47.0	122.5	36.4	64.7		
4.6			242	8810.2	163	3096.8	104	956.5	72.4	366.5	49.1	133.3	38	70.1		
4.8			253	9584.4	170	3371.2	109	1038.8	75.5	399.5	51.3	145.0	39.7	76.4		
5.0			263	10407.6	177	3655.4	113	1127	78.7	433.2	53.4	157.8	41.3	84.3		
6.0					210	5262.6	136	1626.8	94.4	624.3	64.1	226.4	49.6	117.1	31.7	37
7.0					248	8232	170	2538.2	118	975.1	80.2	253.8	62	180.3	39.6	57
8.0					283	9359	181	2891	126	1107.4	85.5	401.8	66.1	204.8	42.2	64.4
9.0					319	11 848	204	3665.2	142	1401.4	96.2	508.6	74.4	259.7	47.5	81.1
10.0							227	4517.8	157	1734.6	107	628.6	82.6	320.5	52.8	99
11.0							249	5468.4	173	2097.2	118	760.5	90.9	387.1	58	119.6
12.0							272	6507.2	189	2499	128	905.5	99.1	460.6	63.3	142.1

注　编制本表时，假定蒸汽动力黏度 $\mu = 2.05 \times 10^{-6}$ kg·s/m，进行验算蒸汽流态，对阻力平方区，沿程阻力系数可用尼古拉兹公式，$\lambda = \dfrac{1}{\left(1.14 + 2\lg\dfrac{d}{k}\right)^2}$ 计算；对紊流过渡区，查得数值有误差，但不大于 5%。

表 A40　　　　　　　　　　　饱和水与饱和蒸汽的热力特性

压力 (MPa)	饱和温度 (℃)	比容 (m³/kg)		焓 (kJ/kg)		
p	t	饱和水 v'	饱和蒸汽 v''	饱和水 h'	汽化潜热 r	饱和蒸汽 h''
0.1	99.63	0.001 043 4	1.694 6	417.51	2258.2	2675.7
0.12	104.81	0.001 047 6	1.428 9	439.36	2244.4	2683.8
0.14	109.32	0.001 051 3	1.237 0	458.42	2232.4	2690.8
0.16	113.32	0.001 054 7	1.091 7	475.38	2221.4	2696.8
0.18	116.93	0.001 057 9	0.977 8	490.70	2211.4	2702.1
0.20	120.23	0.001 060 8	0.885 9	504.7	2202.2	2706.9
0.25	127.43	0.001 067 5	0.718 8	535.4	2181.8	2717.2
0.30	133.54	0.001 073 3	0.605 9	561.4	2164.1	2725.2
0.35	138.88	0.001 078 9	0.524 3	584.3	2148.2	2732.5
0.40	143.62	0.001 083 9	0.462 4	604.7	2133.8	2738.5
0.45	147.92	0.001 088 5	0.413 9	623.2	2120.6	2743.8
0.50	151.85	0.001 092 8	0.374 8	640.1	2108.4	2748.5
0.60	158.84	0.001 100 9	0.315 6	670.4	2086.0	2756.4
0.70	164.96	0.001 108 2	0.272 7	697.1	2065.8	2762.9
0.80	170.42	0.001 115 0	0.240 3	720.9	2047.5	2768.4
0.90	175.36	0.001 121 3	0.214 8	742.6	2030.4	2773.0
1.0	179.88	0.001 127 4	0.194 3	762.6	2014.4	2777.0
1.10	184.06	0.001 133 1	0.177 4	781.1	1999.3	2780.4
1.20	137.96	0.001 138 6	0.163 2	798.4	1985.2	2783.4
1.30	191.60	0.001 143 8	0.151 1	814.7	1971.3	2786.0

表 A41　　　　　　　　　二次蒸发汽数量 x_2　　　　　　（kg/kg）

始端压力 p_1 (MPa)	末端压力 p_3 （MPa）										
	0.1	0.12	0.14	0.16	0.18	0.20	0.30	0.40	0.50	0.60	0.70
0.12	0.01										
0.15	0.022	0.012	0.004								
0.20	0.039	0.029	0.021	0.013	0.006						
0.25	0.052	0.043	0.034	0.027	0.02	0.014					
0.30	0.064	0.054	0.046	0.039	0.032	0.026					
0.35	0.074	0.064	0.056	0.049	0.042	0.036	0.01				
0.40	0.083	0.073	0.065	0.058	0.051	0.045	0.02				
0.50	0.098	0.089	0.081	0.074	0.067	0.061	0.036	0.017			
0.80	0.134	0.125	0.117	0.11	0.104	0.098	0.073	0.054	0.038	0.024	0.012
1.00	0.152	0.143	0.136	0.129	0.122	0.117	0.093	0.074	0.058	0.044	0.032
1.50	0.188	0.18	0.172	0.165	0.161	0.154	0.13	0.112	0.096	0.083	0.071

表 A42　　　　　　　　　室外凝结水管管径计算表

（$\rho_r = 10.0 \text{kg/m}^3$，$K = 0.5\text{mm}$）

上行：流速（m/s）
下行：比摩阻（Pa/m）

流量 (t/h)	管　径（mm）								
	25	32	40	57×3	76×3	89×3.5	108×4	133×4	159×4.5
0.2	9.711 / 626.0	5.539 / 182.1	4.21 / 87.5						
0.4	19.43 / 3288.9	11.07 / 732.6	8.42 / 350	5.45 / 109	2.89 / 20.2				
0.6	29.14 / 7397.0	16.62 / 1590.5	12.63 / 787.2	8.17 / 245.2	4.34 / 45.4	3.16 / 19.6			
0.8	38.85 / 13 151.6	22.16 / 2914.5	16.84 / 1400.4	10.88 / 436	5.78 / 80.7	4.21 / 34.5			
1.0	48.56 / 20 540.8	27.69 / 4555.0	21.06 / 2186.4	13.61 / 681.3	7.33 / 126.1	5.26 / 54.4	3.54 / 18.96		
1.5		41.54 / 10 250.8	31.58 / 4919.6	20.41 / 1532.7	10.84 / 283.7	7.9 / 122.4	5.31 / 42.7		
2.0			42.12 / 8747.5	27.22 / 2725.4	14.45 / 504.2	10.52 / 217.5	7.08 / 75.9	4.53 / 23.3	
2.5				34.02 / 4258.1	18.06 / 787.9	13.17 / 339.8	8.85 / 118.6	5.66 / 36.3	3.93 / 13.9
3.0				40.83 / 6132.8	21.67 / 1133.9	15.79 / 489.3	10.62 / 170.6	6.8 / 52.3	4.72 / 20.0
3.5				47.64 / 8345.7	25.29 / 1543.5	18.42 / 666.6	12.39 / 232.4	7.93 / 71.2	5.51 / 27.2
4.0					28.9 / 2016.8	21.06 / 869.8	14.16 / 303.4	9.06 / 63.0	6.3 / 35.5
4.5					32.51 / 2552	23.69 / 1100.5	15.93 / 384.0	10.13 / 117.7	7.08 / 44.9
5.0					36.12 / 3151.7	26.33 / 1359.3	17.7 / 474.0	11.33 / 145.3	7.87 / 55.4

续表

流量 (t/h)	管 径 (mm)								
	25	32	40	57×3	76×3	89×3.5	108×4	133×4	159×4.5
6.0					43.35 4538.4	31.58 1958.0	21.24 682.8	13.6 209.3	9.44 79.8
7.0						36.85 2663.6	24.78 929.2	15.85 284.9	11.01 108.7
8.0						42.12 3479	28.32 1213.2	18.13 372.1	12.59 142
9.0						47.38 4404.1	31.86 1536.6	20.39 471	14.10 179.6
10.0							35.4 1896.3	22.66 581.5	15.73 221.8
11.0							38.94 2295.2	24.93 703.6	17.31 268.2
12.0							42.48 2730.3	27.18 837.3	18.88 319.2
13.0							46.02 3205.6	29.46 982	20.45 374.8

表 A43　　　　　　　　　　　管沟敷设有关尺寸

地沟类型	有关尺寸名称					
	管沟净高 (m)	人 行 通道宽 (m)	管道保温表面与沟墙净距 (m)	管道保温表面与沟顶净距 (m)	管道保温表面与沟底净距 (m)	管道保温表面间的净距 (m)
通行地沟	≥1.8	≥0.6	≥0.2	≥0.2	≥0.2	≥0.2
半通行地沟	≥1.2	≥0.5	≥0.2	≥0.2	≥0.2	≥0.2
不通行地沟	—	—	≥0.1	≥0.05	≥0.15	≥0.2

注　1. 本表摘自《城镇供热管网设计规范》(CJJ 34—2010)。
　　2. 考虑在沟内更换钢管时，人行通道宽度还应大于管子外径加 0.1m。

表 A44　　　　　　　　　　　直埋管道最大安装长度

钢管外径 (mm)	26.9	33.7	42.4	48.3	60.3	76.1	88.9	114.3	139.7	168.3
钢管壁厚 (mm)	2.3	2.3	2.3	2.3	2.6	2.6	2.9	3.2	3.6	4.0
外壳外径 (mm)	90	90	110	110	125	140	160	200	225	250
最大安装长度 (m)	21	27	27	30	36	45	51	57	66	72
钢管外径 (mm)	219.1	273.0	323.9	355.6	406.4	457.2	508.0	558.8	609.6	
钢管壁厚 (mm)	4.5	5.0	1.6	5.6	6.3	6.3	6.3	6.3	8.0	
外壳外径 (mm)	315	400	450	500	520	560	631	710	780	
最大安装长度 (m)	84	84	96	96	108	108	108	108	120	

表 A45 供热管道常用钢管的物理特性数据表

钢材物理特性	基本许用应力 $[\sigma]$ MPa (10^6N/m^2)			弹性模数 E $[10^4 \text{MPa} (10^{16}\text{N/m}^2)]$			线膨胀系数 α $[10^{-6}\text{m/}(\text{m}\cdot\text{℃})]$		
钢 号	A3、A3g	10	20、20g	A3、A3g	10	20、20g	A3、A3g	10	20、20g
计算温度(℃) 20	124.3	111.1	134.1	20.594	19.809	19.809			
100	124.3	111.1	134.1	20.001	19.123	18.338	12.20	11.90	11.18
150	124.3	111.1	134.1	19.613	18.633	17.946	12.60	12.25	11.64
200	124.3	111.1	134.1	19.221	18.142	17.554	13.00	12.60	12.12
250	112.8	105.0	130.8	18.829	17.652	17.113	13.23	12.70	12.45
300	101.0	94.2	117.7	18.437	17.162	16.671	13.45	12.80	12.78
350		82.4	104.7		16.426	16.230		12.90	13.31

表 A46 管道应力计算常用辅助计算数据表

公称直径 DN (mm)	管子外径 D_w (mm)	管子壁厚 s (mm)	管子内径 D_n (mm)	管子平均半径 r_p (mm)	按内径计算断面积 (cm²)	管壁断面积 (cm²)	管子单位重力 (N/m)	惯性矩 (cm⁴)	抗弯矩 (cm³)	弯曲半径 (mm)	弯管尺寸系数 λ	弯管柔性系数 K_r	弯管应力加强系数 m
50	57	3.5	50	26.8	19.6	5.9	45.0	21.1	7.4	200	0.975	1.692	1.0
70	76	3.5	69	36.3	37.4	8.0	61.0	52.5	13.8	350	0.930	1.774	1.0
80	89	3.5	82	42.8	52.8	9.2	71.9	86.1	19.3	350	0.669	2.466	1.177
100	108	4	100	52	78.5	13.1	100	177	32.8	500	0.740	2.230	1.100
125	133	4	125	64.5	122.7	16.2	124	338	50.8	500	0.481	3.430	1.466
150	159	4.5	150	77.3	176.7	21.8	167.1	652	82.0	600	0.452	3.650	1.528
200	219	6	207	106.5	336.5	40.1	307.2	2279	208.1	850	0.450	3.667	1.533
250	273	7	259	133	526.9	58.5	447.6	5177	3793	1000	0.396	4.170	1.669
300	325	8	309	158.5	749.9	79.7	609.6	10014	616.2	1200	0.382	4.319	1.709
350	377	9	359	184	1012.2	104.0	796.2	17624	935	1500	0.399	4.135	1.661
400	426	9	408	208.5	1307.1	117.9	902.2	25640	1203.7	1700	0.352	4.688	1.805

表 A47 地沟与架空敷设供热管道活动支座最大允许间距表

序号	外径×壁厚 $D_\text{w}\times s$ (mm)	项 目	管道单位长度计算重量的分类							工作温度200℃，工作压力13bar下的许用外载综合应力 $[\sigma_\text{w}]$ (MPa)
			1	2	3	4	5	6	7	
1	57×3.5	管子计算重力 (N/m)	123	167	255	343	431	520	608	111.3
		按强度条件计算跨距 (m)	8.4	7.2	5.8	5.0	4.5	4.1	3.8	
		按刚度条件 $y_{\max}=0.1DN$ 计算跨距 (m)	6.0	5.5	4.9	4.5	4.2	4.0	3.8	
2	108×4	管子计算重力 (N/m)	240	314	461	608	755	902	1049	110.68
		按强度条件计算跨距 (m)	12.6	11.0	9.1	7.9	7.1	6.5	6.0	
		按刚度条件 $y_{\max}=0.1DN$ 计算跨距	10.0	9.3	8.3	7.7	7.3	6.9	6.6	

续表

序号	外径×壁厚 $D_w \times s$ （mm）	项　目	管道单位长度计算重量的分类							工作温度200℃，工作压力13bar下的许用外载综合应力 $[\sigma_w]$（MPa）
			1	2	3	4	5	6	7	
3	159×4.5	管子计算重力（N/m）	363	476	701	927	1152	1378	1603	109.60
		按强度条件计算跨距（m）	16.1	14.1	11.6	10.1	9.1	8.3	7.7	
		按刚度条件 $y_{max}=0.1DN$ 计算跨距	13.7	12.7	11.4	10.6	9.9	9.5	9.1	
4	219×6	管子计算重力（N/m）	608	755	1049	1344	1638	1932	2226	107.91
		按强度条件计算跨距（m）	19.7	17.7	15.0	13.2	12.0	11.0	10.3	
		按刚度条件 $y_{max}=0.1DN$ 计算跨距（m）	17.6	16.6	15.1	14.1	13.4	12.8	12.3	
5	273×7	管子计算重力（N/m）	863	1040	1393	1746	2099	2452	2805	107.19
		按强度条件计算跨距（m）	22.2	20.3	17.5	15.6	14.3	13.2	12.3	
		按刚度条件 $y_{max}=0.1DN$ 计算跨距（m）	20.9	19.8	18.2	17.1	16.3	15.6	15.0	
6	325×8	管子计算重力（N/m）	1128	1344	1775	2206	2638	3069	3501	106.77
		按强度条件计算跨距（m）	24.8	22.7	19.7	17.7	16.2	15.0	14.1	
		按刚度条件 $y_{max}=0.1DN$ 计算跨距（m）	24.0	22.8	21.1	19.9	18.9	18.2	17.5	
7	377×9	管子计算重力（N/m）	1442	1706	2236	2765	3295	3825	4354	106.37
		按强度条件计算跨距（m）	27.6	25.4	22.2	20.0	18.3	17.0	15.9	
		按刚度条件 $y_{max}=0.1DN$ 计算跨距（m）	26.9	25.6	23.8	22.4	21.4	20.5	19.8	
8	426×9	管子计算重力（N/m）	1657	1971	2599	3226	3854	4482	5109	104.83
		按强度条件计算跨距（m）	28.3	25.9	22.6	20.3	18.5	17.2	16.1	
		按刚度条件 $y_{max}=0.1DN$ 计算跨距（m）	29.2	27.8	25.7	24.3	23.1	22.2	21.4	

注　管子计算重力包括管子重力、容水重力和保温结构的重力。

表 A48　　　　　　　　地沟与架空敷设的直线管段固定支座（架）最大间距表

管道公称直径 DN	方形补偿器				套筒补偿器	
	热 介 质					
	热　水		蒸　汽		热　水	蒸　汽
	敷 设 方 式					
（mm）	架　空	地　沟	架　空	地　沟	架空或地沟	
≤32	50	50	50	50	—	—
≤50	60	50	60	60	—	—
≤100	80	60	80	70	90	50
125	90	65	90	80	90	50
150	100	75	100	90	90	50
200	120	80	120	100	100	60
250	120	85	120	100	100	60
≤350	140	95	120	100	120	70
≤450	160	100	130	110	140	80
500	180	100	140	120	140	80
≥600	200	120	140	120	140	80

附录 B 供热工程课程设计任务书

1 设计题目

某建筑室内供暖工程设计。

2 设计任务和目的

根据学生所学基础理论和专业知识，结合实际工程，按照工程设计步骤、标准和规范等相关参考资料，独立完成某建筑所要求的采暖工程设计，并通过设计过程，使学生系统地掌握室内采暖系统设计方法和步骤，了解相关专业的协作关系，培养学生分析问题和解决问题的能力，为将来从事建筑环境与设备工程专业设计与施工工作打下扎实的基础。

3 原始资料

(1) 设计工程所在地区：×××。

(2) 气象资料（从设计手册中查取）。供暖室外计算温度，冬季室外平均风速及主导风向供暖天数（$t_w \leqslant +5℃$），供暖期日平均温度，室外温度的延续时间最大冻土层深度等。

(3) 建筑资料。建筑平面图、立面图；图中包括建筑尺寸、围护结构及门窗做法、建筑层高、建筑用途等。

(4) 室内设计参数。按照《采暖通风与空气调节设计规范》（GB 50019—2003）的要求确定。

(5) 其他要求。应根据当地的资源情况，优先考虑新能源的应用。

4 设计内容

(1) 供暖设计热负荷的计算。室内供暖设计时，应按热负荷计算方法进行围护结构的热工计算，分别计算建筑各房间热负荷，其设计参数详见有关设计手册。

(2) 计算出负荷后，确定系统形式。

(3) 进行系统的水力计算。

(4) 根据所给设计条件及总热负荷和已经确定的设计方案、设备形式，选择末端设备、热源设备等。

(5) 室内设计应包括室内设计参数，室内设计方案，设计方案应按照施工图的标准进行绘制，除满足设计规范外，还应符合施工验收规范的要求，尺寸线应完整、闭合。

(6) 设计应按照设计规范的要求，结合工程实际的需要，考虑消防问题，在选择系统和设备时，还应综合考虑当地环保、节能的具体要求。

(7) 应进行相关方案的对比，得出对比结论。

5 设计要求

(1) 设计说明书。说明书应有封面、前言、目录、必要的计算过程；计算内容应给出其来源；在确定设计方案时应有一定的技术、经济比较（如设计方案的选择、设备的选型等）说明；内容应分章节，重复计算使用表格方式，参考资料应列出；设计说明书应不少于 10 000 字。要求设计说明书文理通顺、书写工整、叙述清晰、内容完整、观点明确、论据正确，应将建筑概况和设计方案交待清楚。

（2）设计图纸。

1）设计施工说明及图纸目录、图例、设备表等；

2）供暖平面图：首层、标准层、顶层；

3）水箱间或设备间的平面布置；

4）供暖立管图或透视图（斜 45°轴测投影图）；

5）节点大样图；（注：手绘图、计算机绘图每种至少一张）

设计图纸要求图面整洁，图纸内容布置合理，图文全部采用工程字体，尽量选用标准图号，标题栏按照统一规定格式绘制，图例及绘图方法执行国家有关制图规范。设计应自己独立完成，设计结束后，应上交有关电子文件及相应的设计答辩。

（3）设备选择。视供暖形式的不同，选择不同的设备，包括散热器的选择、膨胀水箱选择、补偿器选择、阀门及热量表装置的选择、分集水器的选择、地埋管的选择等。

6 设计时间

第××～××周，共 两 周。

7 参考资料

（1）《采暖通风与空气调节设计规范》（GB 50019—2012）

（2）《暖通空调制图标准》（GB/T 50114－2010）

（3）《供暖通风设计手册》（陆耀庆. 中国建筑工业出版社，1987）

（4）《实用供热空调设计手册》（中国建筑工业出版社，2008）

（5）《建筑设备施工安装通用图集　91SB1－1 暖气工程》（华北标办 2005）

（6）《供热工程》（马仲元，卢春焕. 中国电力出版社，2015）

××××× 教研室

年 月 日

供热工程

课 程 设 计

班级学号_____

姓　　名_____

指导教师_____

年　　月　　日

目　录

1　工程概况

　　该工程为大同市一栋三层的办公楼，其中有办公、会议、培训等功能用途的房间。层高为 3.7m，建筑占地面积约 550m²，建筑面积约 1300m²。该工程以 0.4MPa 饱和蒸汽的市政管网为热源，为该办公楼设计供暖系统。

2　设计依据

2.1　任务书

　　《供热课程设计任务书》。

2.2　规范及标准

　　《采暖通风与空气调节设计规范》（GB 50019—2003）
　　《暖通空调制图标准》（GB/T 50114—2010）

2.3　设计参数

　　室外气象参数：供暖室外计算（干球）温度为 −17℃。最低日平均温度为 −24℃。冬季大气压为 89 920Pa。冬季室外最多风向平均风速为 3.5m/s。

　　室内设计温度见表 C1。

表 C1　　　　　　　　　　　　　　　　室内设计参数

房间功能	办公室	会议室	接待室	培训室	电脑机房
室内设计温度（℃）	20	20	22	18	18

3　围护结构要求

　　为了保证室内人员的热舒适性要求，根据室内空气温度与围护结构内表面的温差要求来确定围护结构的最小传热阻。

3.1　大同地区在不同室内设计温度下的最小传热阻

　　为验证围护结构的热阻满足最小传热阻的要求，该设计先计算出不同围护结构类型下，对应不同室内计温度的最小传热阻，再根据围护的结构来计算需求多少厚度的保温层才能满足需要，见表 C2。

表 C2　　　　　　　　大同地区不同室内设计温度下的最小传热阻

围护结构类型	冬季围护结构室外计算温度的计算公式	冬季围护结构室外计算温度（℃）	室内计算温度为20℃的最小热阻（m²·℃/W）	室内计算温度为22℃的最小热阻（m²·℃/W）
I	$t_{w,e} = t_{w'}$	−17	0.709	0.748
II	$t_{w,e} = 0.6t_{w'} + 0.4t_{p,min}$	−19.8	0.763	0.801
III	$t_{w,e} = 0.3t_{w'} + 0.7t_{p,min}$	−21.9	0.803	0.841

　　计算冬季围护结构室外计算温度 $t_{w,e}$ 时，围护结构类型不同选择的公式也不同。表 C2 中 $t_{w'}$ 为采暖室外计算温度，$t_{p,min}$ 为累年最低日平均温度。再根据室内设计温度由式（C1）计算最小传热阻，即

$$R_{0,\min} = \frac{a(t_n + t_{w,e})}{\Delta t_y} \tag{C1}$$

式中 $t_{w,e}$——冬季围护结构室外计算温度，℃；

t_n——采暖室内设计温度，℃；

Δt_y——根据舒适性确定的室内温度与围护结构内表面的温差，取 6℃。

计算结果列于表 C2 中。

3.2 某种外围护结构在不同保温层厚度下的惰性和热阻（见表 C3）

表 C3   建筑材料的热物特性

建筑材料	厚度 δ (mm)	热导率 λ [W/(m·℃)]	蓄热系数 S [W/(m²·℃)]
水泥砂浆	40	0.87	10.79
砖墙	δ	0.76	9.86

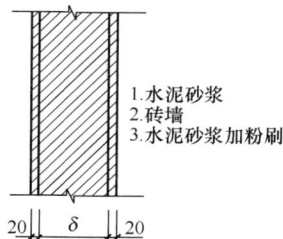

1. 水泥砂浆
2. 砖墙
3. 水泥砂浆加粉刷

图 C1 外墙结构

已知外墙结构如图 C1 所示，根据式（C2）、式（C3）计算当取不同砖墙厚度时的热惰性指标和实际传热阻，结果列于表 C4。

总结构的热惰性指标按下式计算

$$D = \Sigma D_i = \Sigma R_i S_i = \Sigma \frac{\delta_i S_i}{\lambda_i} \tag{C2}$$

式中 R_i——各层材料的传热阻，m²·℃/W；

S_i——各层材料的蓄热系数，W/(m²·℃)；

δ_i——各层材料的厚度，mm；

λ_i——各层材料的热导率，W/(m·℃)。

总结构的传热热阻按下式计算

$$R_0 = \frac{1}{\alpha_n} + \Sigma \frac{\delta_i}{\lambda_i} + \frac{1}{\alpha_w} \qquad \text{m}^2 \cdot \text{℃/W} \tag{C3}$$

式中 α_n——内表面换热系数，取 8.7 W/(m²·℃)；

α_w——外表面换热系数，取 23 W/(m²·℃)。

表 C4   不同砖墙厚度的实际传热阻

砖墙厚度（mm）	240	370	490
总结构的惰性指标及类型	3.610（Ⅲ型）	5.296（Ⅱ型）	6.357（Ⅰ型）
总结构的实际传热阻（m²·℃/W）	0.520	0.691	0.849

3.3 围护结构确定

根据以上分析，该工程选择砖墙厚度为 490mm，结构如图 C1 所示的外墙结构才可以满足室内人员的热舒适性要求。内墙选择 240mm 厚砖墙双面抹灰的结构。为了减少冬季的冷风渗透和考虑装修的标准，选择推拉铝窗作为外窗。外窗的空气渗透性能等级为Ⅰ级。

4 供暖热负荷计算

对于该办公楼的热负荷计算只考虑围护结构传热的耗热量和冷风渗透引起的耗热量，人员、灯光等得热作为有利因素暂不考虑在热负荷计算当中。

围护结构基本耗热量按下式计算

$$q_1 = KA(t_n - t_w')a \tag{C4}$$

式中　K ——围护结构的传热系数，W/(m² · ℃)；

　　　A ——围护结构的面积，m²；

　　　a ——围护结构的温差修正系数。

冷风渗透耗热量按下式计算：

$$q_2 = 0.278V\rho_w c_p(t_n - t_w') \tag{C5}$$

式中　V ——经门、窗隙入室内的总空气量，m³/h；

　　　ρ_w ——供暖室外计算温度下的空气密度，kg/m³；

　　　c_p ——冷空气的比定压热容，1kJ/(kg · ℃)。

使用华电源 HDY-SMAD 负荷计算软件进行供暖热负荷计算，统计结果列于表 C5。

表 C5　　　　　　　　　　　　　办公楼供暖负荷统计

房间编号	用途	建筑面积（m²）	设计温度（℃）	总供暖负荷（W）	地面负荷（W）	墙面负荷（W）	房顶负荷（W）	围护结构负荷（W）	冷风负荷（W）	总供暖指标（W/m²）
101	会议	43.2	20	3602	400	3157	0	3557	45	83
102	会议	43.2	20	2735	400	2290	0	2690	4563	
103	电脑房	82.7	18	6928	725	6085	0	6810	118	84
105	培训	97.2	18	4288	851	3395	0	4246	42	44
106	休息室	21.6	20	1900	200	1655	0	1855	45	88
107	接待室	29.2	22	2275	284	1944	0	2228	47	78
108	多功能厅	63.0	20	7550	283	7100	0	7383	167	120
109	男厕	21.6	20	1953	200	1708	0	1908	45	90
门厅	门厅	37.8	18	5801	410	5261	0	5089	130	153
底层小计		439.5		37 032	3753	32 595	0	36 348	684	84
201	办公	21.6	20	1858	0	1854	0	1854	4	86
202	办公	21.6	20	1076	0	1072	0	1072	4	50
203	办公	21.6	20	1076	0	1072	0	1072	4	50
204	办公	21.6	20	1076	0	1072	0	1072	4	50
205	会议	61.1	20	3335	0	3328	0	3328	7	55
206	库房	21.6	18	914	0	912	0	912	2	42
207	库房	21.6	18	1866	0	1864	0	1864	2	86
208	办公	32.4	20	1295	0	1292	0	1292	3	40
209	办公	21.6	20	1004	0	1001	0	1001	3	46
210	办公	21.6	20	1004	0	1001	0	1001	3	46
211	办公	21.6	20	1004	0	1001	0	1001	3	46
212	办公	21.6	20	2022	0	2019	0	2019	3	94
213	女厕	21.6	20	1076	0	1072	0	1072	4	50

续表

房间编号	用途	建筑面积 (m²)	设计温度 (℃)	总供暖负荷 (W)	地面负荷 (W)	墙面负荷 (W)	房顶负荷 (W)	围护结构负荷 (W)	冷风负荷 (W)	总供暖指标 (W/m²)
二层小计		331.1		18606	0	18560	0	18560	46	56
301	会议	43.2	20	3965	0	2463	1471	3934	31	92
302	休息室	21.6	20	1867	0	1100	736	1836	31	86
303	电控室	21.6	18	1766	0	1040	696	1736	30	82
304	培训	104.3	18	8909	0	5458	3363	8821	88	85
305	办公	32.4	20	2454	0	1320	1103	2423	31	76
306	办公	43.2	20	3113	0	1611	1471	3082	31	72
307	办公	43.2	20	4131	0	2629	1471	4100	31	96
308	男厕	21.6	20	1867	0	1100	736	1836	31	86
三层小计		331.1		28 072	0	16 721	11 047	27 768	304	85
全楼总计		1101.7		83 710	3753	67 876	11047	82 676	1034	76

5 管路布置

考虑该工程的实际规模和施工的方便性，设计采用机械循环、单管制垂直式的上供下回系统。散热片安装形式为同侧的上供下回。对于建筑平面中只有单层高度的房间，如一层的多功能厅，采用水平串联式系统，单设一根立管为其供水。供水立管之间为同程式，在底层设一根总的回水同程管。选择底层 104 房间为设备间，放置水泵和换热器。设计供回水温度为 95℃/70℃。

根据建筑的结构形式，布置干管和立管，为每个房间分配散热器组（见图 C2～图 C5）。

6 散热器选型

考虑散热器耐用性和经济性，该工程选用铸铁柱型散热器。结合室内负荷，选择四柱760 型较适合。散热片主要参数：散热面积为 0.28m²，水容量为 1.4L/片，质量 8kg/片，工作压力为 0.5MPa。多数散热器安装在窗台下的墙龛内，距窗台底 80mm，表面喷银粉。

每 10 片散热器的散热量按下式计算

$$Q_{10} = 6.495 (t_{pj} - t_n)^{1.286} \qquad W/(m^2 \cdot ℃) \qquad (C6)$$

式中 t_{pj} ——散热器进出口水温的算术平均值。

当散热器平均温度为 (90+75)/2=82.5℃，室内设计温度分别为 18、20、22℃时，10片散热量分别为 1379、1325、1270W。因为该工程为垂直式串联上供下回系统，散热器平均温度上层要高于下层，散热量同样上层大于下层。在不考虑干管温降的情况下，顶层入口温度为 95℃，底层出口温度为 70℃，各层散热器的平均温度是按负荷比例分配的。按负荷的分配计算立管上各层散热器平均温度后列于表 C6。对于多功能厅的水平串联式管路（立管 H10），采用文献［3］给出的计算表直接查出每组散热器中单片的散热量进行计算。

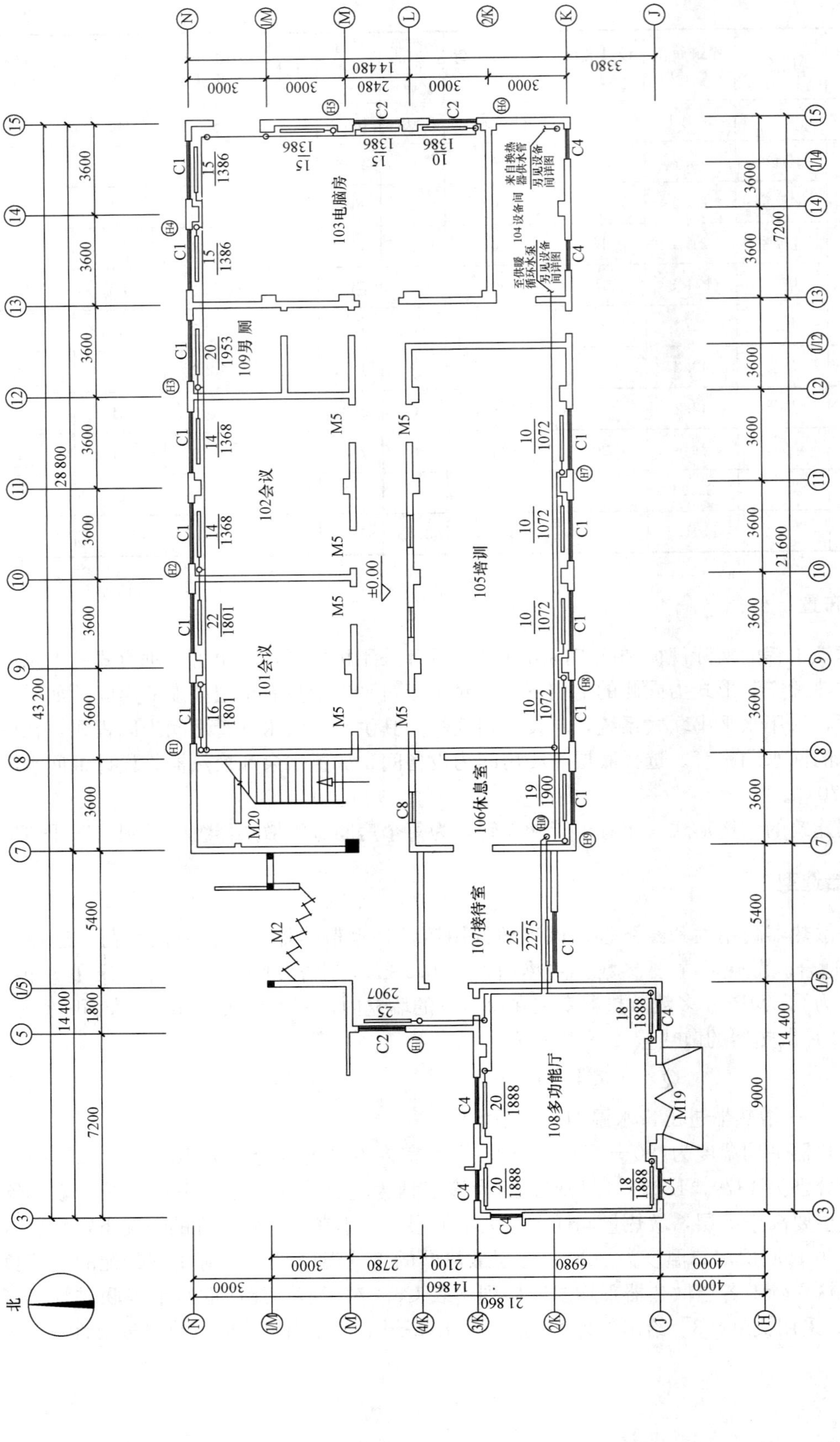

图 C2 底层采暖平面图

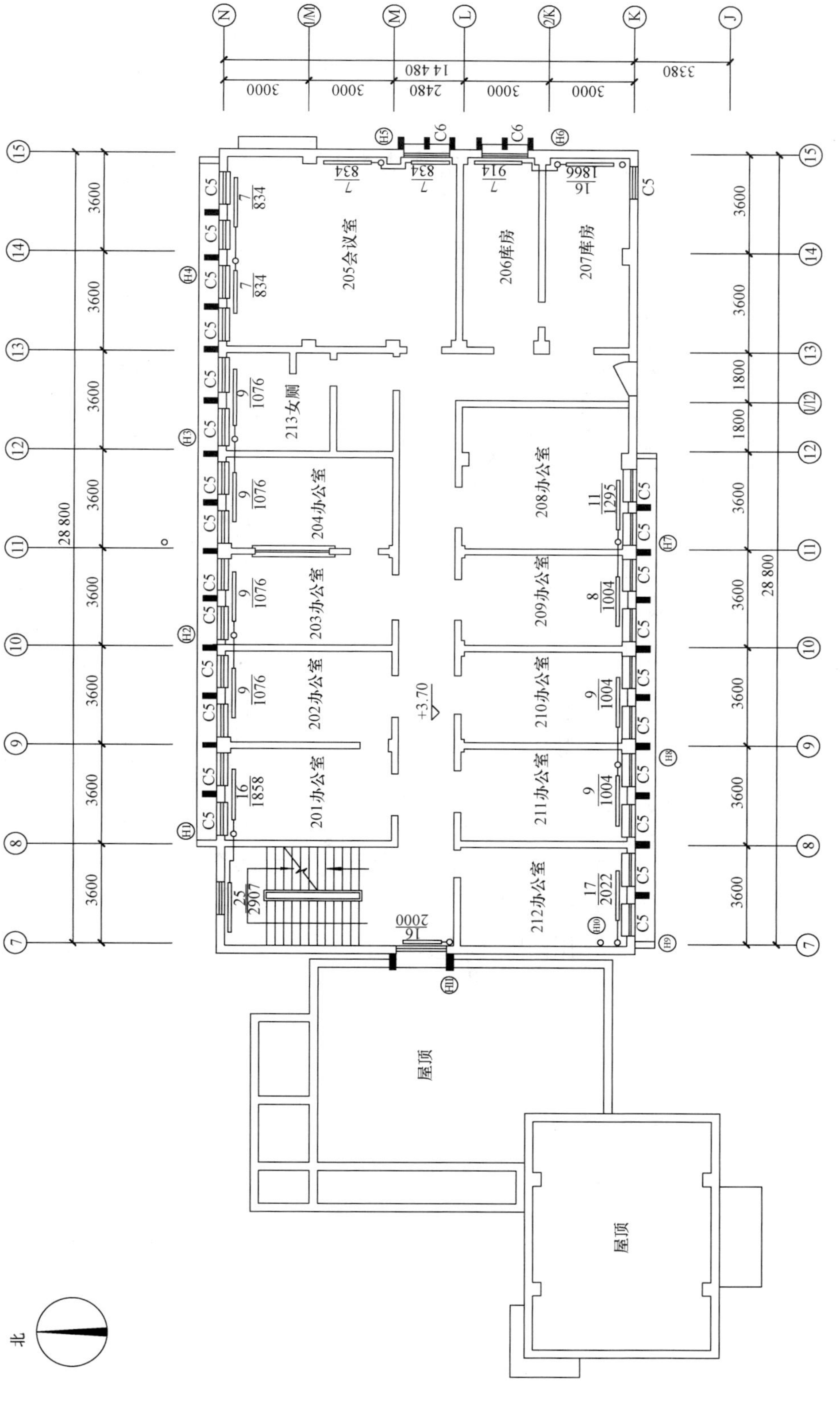

图 C3 二层采暖平面图

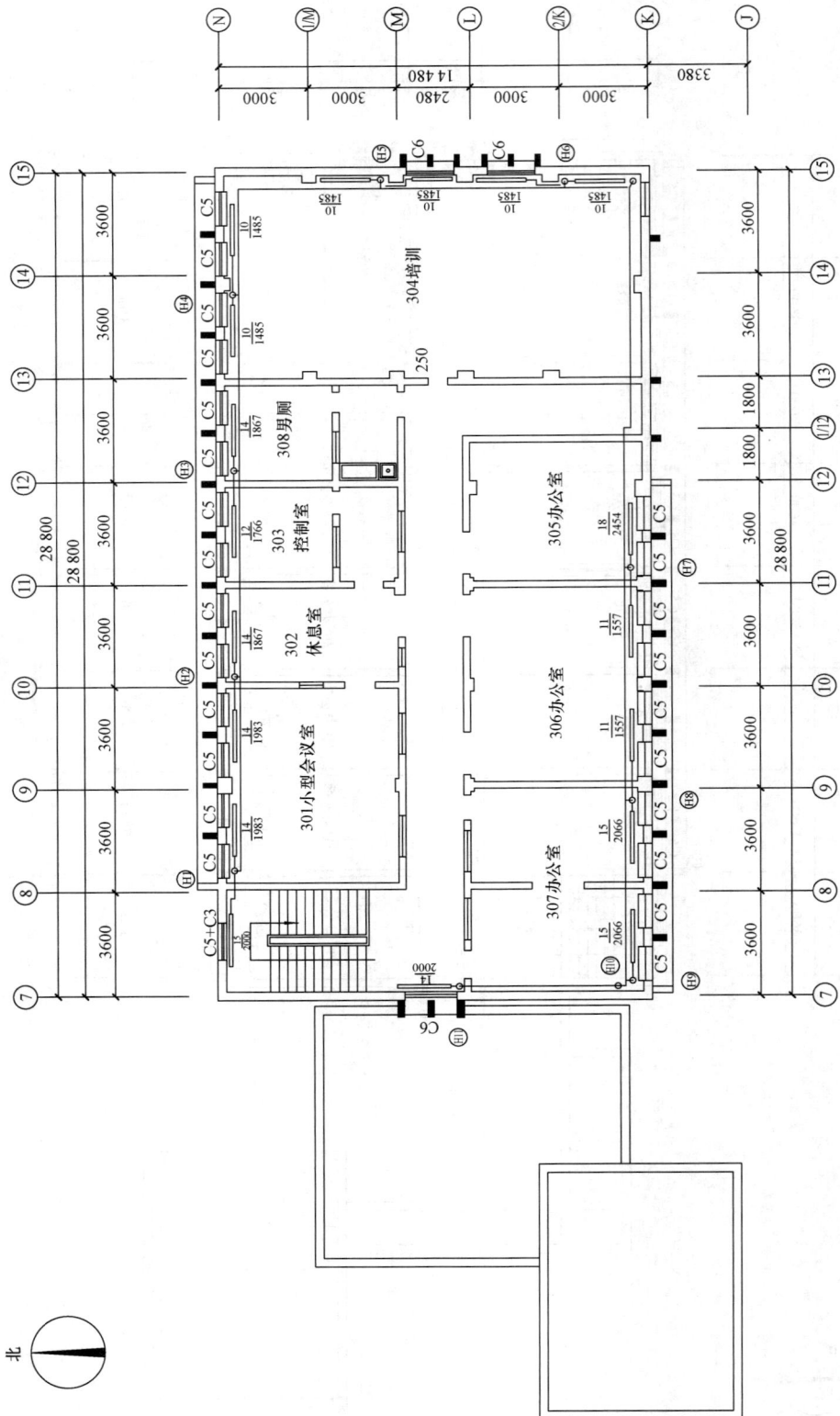

图 C4　三层采暖平面图

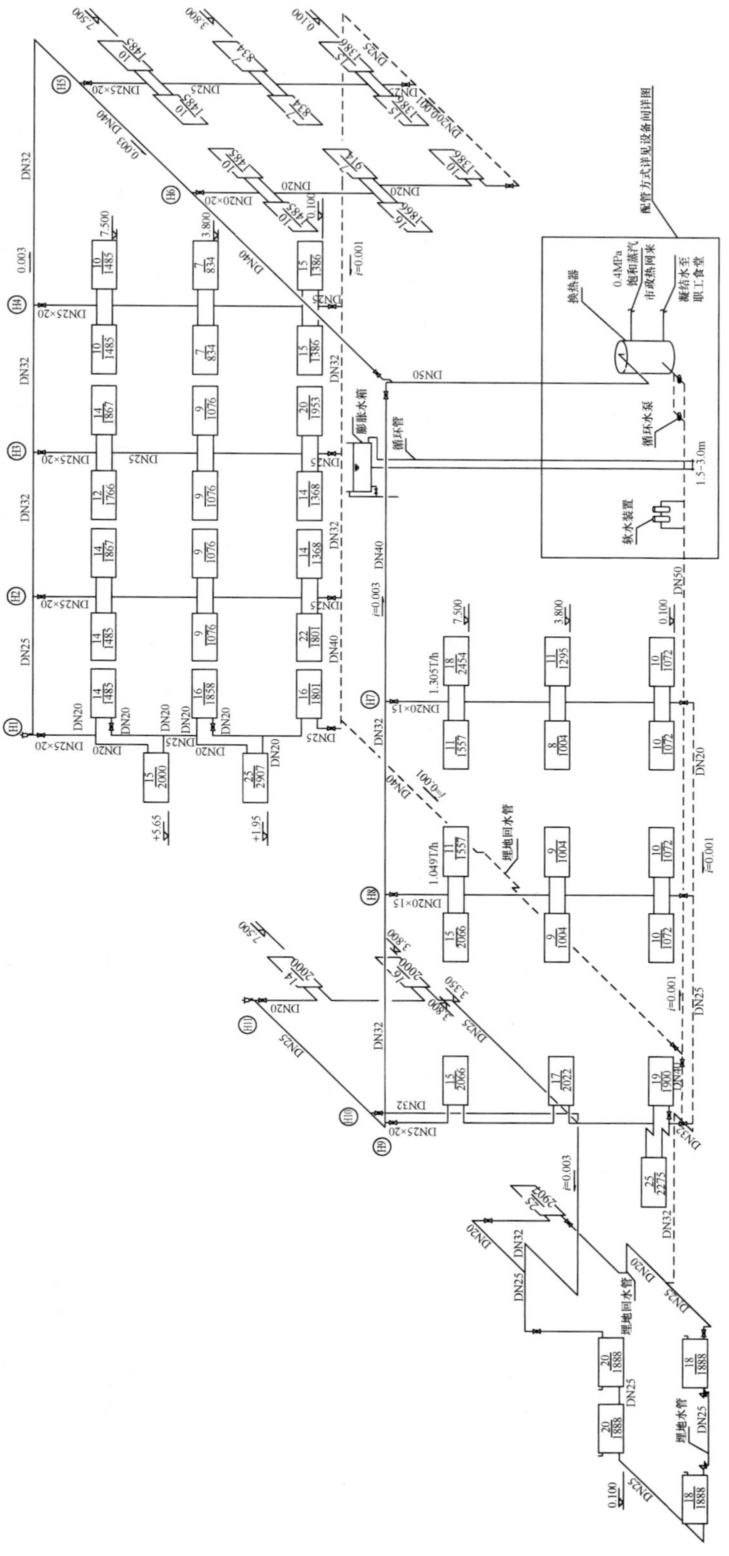

图 C5 采暖系统图

表 C6

上供下回垂直串联系统散热器平均温度计算表

立管编号			H1	H2	H3	H4	H5	H6	H7	H8	H9
第三层	入口温度	总负荷	3485 / 95.0	3352 / 95.0	3633 / 95.0	2970 / 95.0	2970 / 95.0	2916 / 95.0	3011 / 95.0	3623 / 95.0	4066 / 95.0
	平均温度	左组负荷	2000 / 90.7	1485 / 90.2	1766 / 90.0	1485 / 90.0	1485 / 90.0	1458 / 89.9	1557 / 90.0	2066 / 89.2	2000 / 90.9
	出口温度	右组负荷	1485 / 86.3	1867 / 85.3	1867 / 85.0	1485 / 85.0	1485 / 85.0	1458 / 84.7	1454 / 84.9	1557 / 83.4	2066 / 86.7
第二层	入口温度	总负荷	4765 / 86.3	2152 / 85.3	2152 / 85.0	1668 / 85.0	1668 / 85.0	2780 / 84.7	2299 / 84.9	2008 / 83.4	4022 / 86.7
	平均温度	左组负荷	2907 / 80.4	1076 / 82.2	1076 / 82.1	834 / 82.2	834 / 82.2	1866 / 79.8	1004 / 81.0	1004 / 80.1	2000 / 82.6
	出口温度	右组负荷	1858 / 74.5	1076 / 79.1	1076 / 79.1	834 / 79.4	834 / 79.4	914 / 74.9	1295 / 77.2	1004 / 76.9	2022 / 78.5
第一层	入口温度	总负荷	1801 / 74.5	3169 / 79.1	3321 / 79.1	2772 / 79.4	2772 / 79.4	1386 / 74.9	2144 / 77.2	2144 / 76.9	4175 / 78.5
	平均温度	左组负荷	1801 / 72.2	1801 / 74.6	1368 / 74.6	1386 / 74.7	1386 / 74.7	1386 / 72.4	1072 / 73.6	1072 / 73.4	2275 / 74.3
	出口温度	右组负荷	0 / 70.0	1368 / 70.0	1953 / 70.0	1386 / 70.0	1386 / 70.0	0 / 70.0	1072 / 70.0	1072 / 70.0	1900 / 70.0

　　根据每个房间的热负荷和室内设计温度，计算散热器片数，结果列于表 C7。为简化计算，如同一室多组散热器平均温度不同，则取平均温度进行计算。由于资料给出的是散热量的计算式，而不是传热系数 K 的计算式，所以将修正系数乘在散热量上进行计算。对应的每组散热器片数按下式计算

$$n = \frac{Q}{q}\beta_1\beta_2\beta_3 \tag{C7}$$

式中　Q——组散热器的散热量，W；

　　　q——每片散热器的散热量，W；

　　　β_1——散热器组安装片数修正系数；

　　　β_2——散热器连接形式修正系数，同侧上供下回时取 1；

　　　β_3——散热器安装形式修正系数，根据前面叙述的安装形式，应取 1.07。

表 C7　　　　　　　　　　办公楼供暖散热片数量计算表

房间编号	用途	设计温度（℃）	平均温度（℃）	散热量（W）	散热器组数	每组散热量（W）	每片散热量（W）	每组片组	片数修正系数	修正后散热量（W）	修正后每组片数
101	会议	20	73.4	3602	2	1801	108	17	1.05	2023	19
102	会议	20	74.6	2735	2	1368	111	12	1.05	1536	14
103	电脑房	18	73.9	6928	5	1386	115	12	1.05	1557	14
105	培训	18	73.5	4288	4	1072	114	9	1	1147	10
106	休息室	20	74.3	1900	1	1900	111	17	1.05	2135	19
107	接待室	22	74.3	2275	1	2275	105	22	1.1	2678	25
108	多功能	20	—	7550	4	1888	138	14	1.05	2121	15
						1888	123	15	1.05	2121	17
						1888	108	17	1.05	2121	20
						1888	94	20	1.05	2121	23
109	男厕	20	74.6	1953	1	1953	111	18	1.05	2194	20
门厅	门厅	18	82.5	2907	1	2907	138	21	1.1	3422	25
底层小计				34 138				194			220
201	办公	20	80.4	1858	1	1858	127	15	1.05	2087	16
202	办公	20	82.2	1076	1	1076	132	8	1	1151	9
203	办公	20	82.2	1076	1	1076	132	8	1	1151	9
204	办公	20	82.1	1076	1	1076	131	8	1	1151	9
205	会议	20	82.2	3335	4	834	132	6	1	892	7
206	库房	18	79.8	914	1	914	131	7	1	978	7
207	库房	18	79.8	1866	1	1866	131	14	1.05	2096	16
208	办公	20	81.0	1295	1	1295	128	10	1	1386	11
209	办公	20	81.0	1004	1	1004	128	8	1	1074	8
210	办公	20	80.1	1004	1	1004	126	8	1	1074	9
211	办公	20	80.1	1004	1	1004	126	8	1	1074	9
212	办公	20	82.6	2022	1	2022	133	15	1.05	2272	17
213	女厕	20	82.1	1076	1	1076	131	8	1	1151	9
楼梯间	楼梯间	18	80.4	2907	1	2907	132	22	1.1	3422	26

续表

房间编号	用途	设计温度 (℃)	平均温度 (℃)	散热量 (W)	散热器 组数	每组散 热量 (W)	每片散 热量 (W)	每组 片组	片数修 正系数	修正后 散热量 (W)	修正后 每组片数
走道	走道	18	82.6	2000	1	2000	138	14	1.05	2247	16
二层小计				23 513				161			177
301	会议	20	90.5	3965	2	1983	155	13	1.05	2227	14
302	休息室	20	90.2	1867	1	1867	154	12	1.05	2098	14
303	电控室	18	90.0	1766	1	1766	159	11	1.05	1984	12
304	培训	18	90.0	8909	6	1485	159	9	1	1589	10
305	办公	20	90.0	2454	1	2454	153	16	1.05	2757	18
306	办公	20	89.6	3113	2	1557	152	10	1	1665	11
307	办公	20	90.0	4131	2	2066	153	13	1.05	2321	15
308	男厕	20	90.0	1867	1	1867	153	12	1.05	2098	14
楼梯间	楼梯间	18	90.7	2000	1	2000	161	12	1.05	2247	14
走道	走道	18	90.9	2000	1	2000	161	12	1.05	2247	14
三层小计				32 072				122			136
全楼总计				89 723				477			534

注　1. 如同一室多组散热器平均温度不同，则取平均温度进行计算。

　　2. 108 房间水平串联的散热器单片散热量按文献 [3] 查得。

　　3. 对于 101、103 房间，由于立管 H1、H6 的底层只有单侧散热器，散热片实际安装时不均匀的进行分配。

7　系统水力计算

画出系统图，求出通过各管段的流量，对各管段进行编号见图 C6，对整个系统进行水力计算，以确定各段管径及最不利环路的压力损失等。计算结果列于表 C8。计算步骤如下：

（1）首先计算通过最远立管 H1 的环路，从而确定出北侧供水干管各个管段、立管 H1、回水干管各管段的管径及其压力损失。

该工程使用推荐的平均比摩阻 $60\sim120Pa/m$ 来确定管径，根据流量和推荐的比摩阻，查文献 [2] 提供的水力计算表，确定出管径 d 和流速 v。再根据管段长度相应的计算出沿程阻力损失。根据管路中的局部阻力构件，计算出总的局部阻力系数。再根据算出的动压计算出局部阻力损失、沿程损失和局部损失构成管段的总阻力损失。

（2）同理计算通过南侧最远立管 H9 的环路。11～17 管段与 2～19 管段实为并联管路，计算完成后进行不平衡率的校核，保证不平衡率小于 5%。

（3）计算出通过南侧近处立管 H7 的环路。计算后发现不平衡率超过 5%，则使用阀门调节，使管段 18、18′ 的局阻系数上升到 30 时，平衡满足要求。

（4）通过立管 H8 的资用压力为管段 18 的末端压力减去管段 12 的末端压力。确定立管 H8 上各管段管径，计算后小于资用压力，相差大于 5%。同样用阀门增大局阻进行调节。

（5）在计算通立管 H10 的回路时，由于散热器中心的平均高度要低于其他立管，由于重力作用产生的压力将低于其他立管，为了保证平衡度。资用压力按其原来的 2/3 选取。

（6）同理确定北侧立管 H6、H5、H4、H3、H2 的各管段管径。当计算出的损失小于资用压力 5% 时使用阀门进行调节，当计算出的损失大于资用压力 5% 时放大管径再进行计算，直至符合压力平衡要求为止。

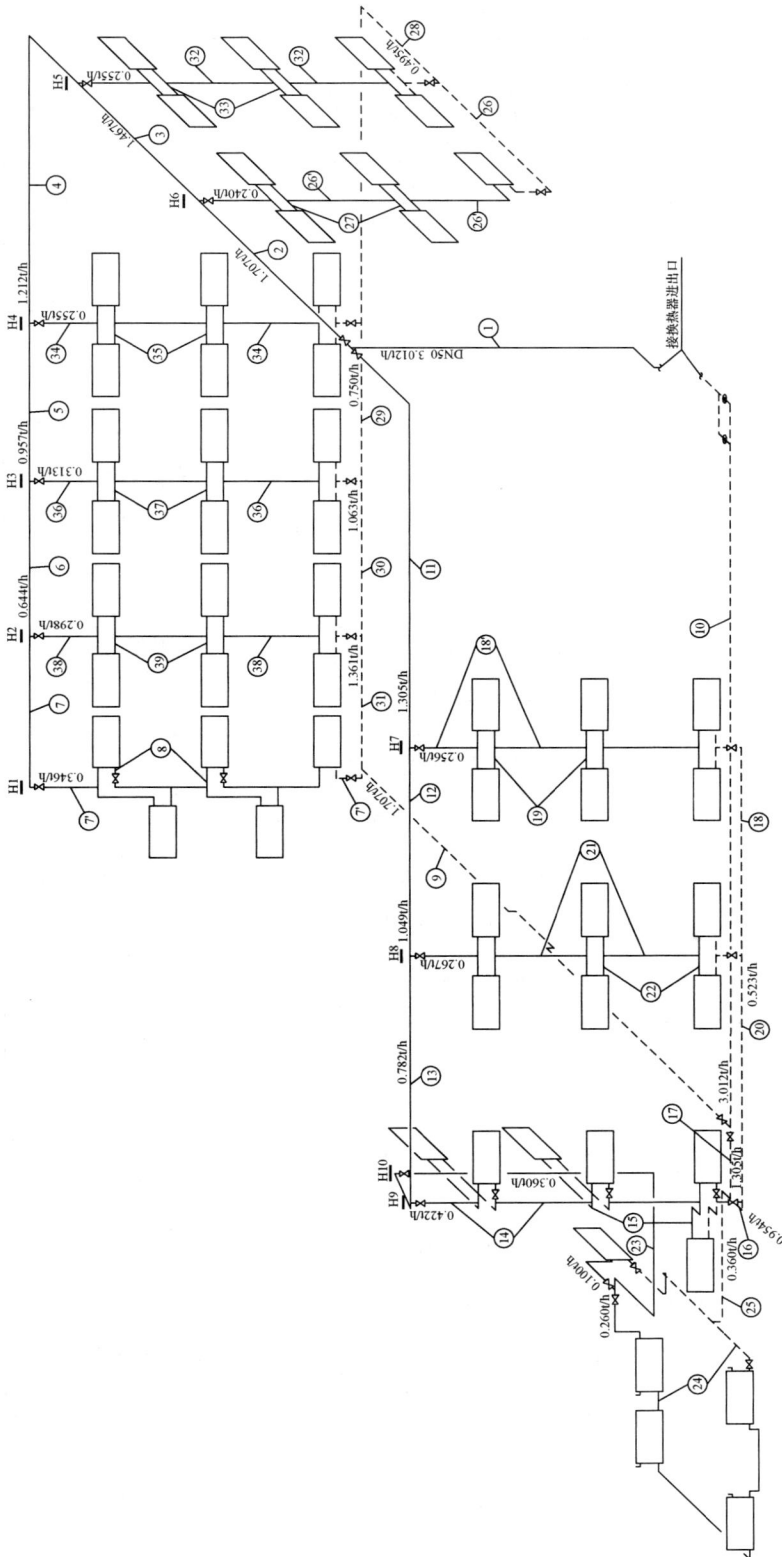

图 C6 采暖水系统水力计算管段编号图

表 C8　　　　　　　**办公楼机械循环同程式单管热水供暖系统管路水力计算表**

管段编号	负荷(W)	流量(t/h)	长度(m)	公称管径 DN(mm)	内径(mm)	流速(m/s)	比摩阻(Pa/m)	延程损失(Pa)	局阻系数∑ζ	动压(Pa)	局阻损失(Pa)	总损失(Pa)	从起点算起的损失(Pa)	备注
1	2	3	4	5	5′	6	7	8	9	10	11	12	13	14
通过立管 H1 的环路														
1	87 558	3.012	8.4	50	53	0.39	71.2	598.1	11	73.2	805.3	1403.4	1403.4	
2	49 622	1.707	3	40	41	0.37	52.4	157.2	1	65.7	65.7	222.9	1626.2	
3	42 645	1.467	5.6	40	41	0.31	39.5	221.2	1	48.5	48.5	269.7	1895.9	
4	35 233	1.212	10	32	35.75	0.34	54.2	542.0	2	57.3	114.5	656.5	2552.5	
5	27 820	0.957	6.9	32	35.75	0.27	34.7	239.4	1	35.7	35.7	275.1	2827.6	
6	18 721	0.644	7.2	32	35.75	0.18	16.7	120.2	1	16.2	16.2	136.4	2964.0	
7	10 058	0.346	17.4	25	27	0.17	23.3	405.4	9	14.3	129.1	534.5	3498.5	包括 7′
8	—	0.173	6	20	21.25	0.14	19.9	119.4	45	9.3	420.6	540.0	4038.5	
9	49 622	1.707	14.4	40	41	0.37	52.4	754.6	15	65.7	984.9	1739.4	5777.9	
10	87 558	3.012	27	50	53	0.39	71.2	1922.4	25	73.2	1830.2	3752.6	9530.6	

$$\sum(\Delta p_y + \Delta p_j)_{1\sim10} = 9530.6$$

管段编号	负荷(W)	流量(t/h)	长度(m)	公称管径 DN(mm)	内径(mm)	流速(m/s)	比摩阻(Pa/m)	延程损失(Pa)	局阻系数∑ζ	动压(Pa)	局阻损失(Pa)	总损失(Pa)	从起点算起的损失(Pa)	备注
通过立管 H9 的环路														
11	37 936	1.305	14	40	41	0.28	31.3	438.2	9	38.4	345.4	783.6	2187.0	
12	30 494	1.049	7.5	32	35.75	0.30	41.9	314.3	1	42.9	42.9	357.1	2544.1	
13	22 733	0.782	7	32	35.75	0.22	23.9	167.3	1	23.8	23.8	191.1	2735.2	
14	12 267	0.422	10	25	27	0.21	31.5	315.0	8	21.3	170.7	485.7	3220.9	
15	—	0.211	42	20	21.25	0.17	28.8	1209.6	45	13.9	625.6	1835.2	5056.2	
16	27 733	0.954	0.8	32	35.75	0.27	35	28.0	2.5	35.5	88.7	116.7	5172.8	
17	37 936	1.305	3.6	40	41	0.28	31.3	112.7	9	38.4	345.4	458.1	5630.9	

管段 11~17 与管段 2~9 并联

$$不平衡率 = \frac{\sum(\Delta p_y + \Delta p_j)_{2\sim9} - \sum(\Delta p_y + \Delta p_j)_{11\sim17}}{\sum(\Delta p_y + \Delta p_j)_{2\sim9}} \times 100 = 3.4\%$$

$$\sum(\Delta p_y + \Delta p_j)_{2\sim9} = 4374.5$$
$$\sum(\Delta p_y + \Delta p_j)_{11\sim17} = 4227.5$$

管段编号	负荷(W)	流量(t/h)	长度(m)	公称管径 DN(mm)	内径(mm)	流速(m/s)	比摩阻(Pa/m)	延程损失(Pa)	局阻系数∑ζ	动压(Pa)	局阻损失(Pa)	总损失(Pa)	从起点算起的损失(Pa)	备注
通过立管 H7 的环路														
18	7442	0.256	17.5	20	21.25	0.20	41.3	722.8	30	20.5	613.9	1336.7	3523.7	包括 18′加阀调节
19	—	0.128	6	15	15.75	0.19	51.8	310.8	45	17.0	762.9	1073.7	4597.4	
20	15 203	0.523	7	25	27	0.26	47	329.0	1	32.8	32.8	361.8	4959.1	

管段 18~20 与管段 12~15 并联

$$不平衡率 = \frac{\sum(\Delta p_y + \Delta p_j)_{12\sim15} - \sum(\Delta p_y + \Delta p_j)_{18\sim20}}{\sum(\Delta p_y + \Delta p_j)_{12\sim15}} \times 100 = 3.4\%$$

$$\sum(\Delta p_y + \Delta p_j)_{12\sim15} = 2869.2$$
$$\sum(\Delta p_y + \Delta p_j)_{18\sim20} = 2772.2$$

续表

管段编号	负荷(W)	流量(t/h)	长度(m)	公称管径DN(mm)	内径(mm)	流速(m/s)	比摩阻(Pa/m)	延程损失(Pa)	局阻系数∑ζ	动压(Pa)	局阻损失(Pa)	总损失(Pa)	从起点算起的损失(Pa)	备注
通过立管 H8 的环路														
21	7762	0.267	10	20	21.25	0.21	44.7	447.0	20	22.3	445.2	892.2	3436.3	加阀调节
22	—	0.134	6	15	15.75	0.19	56.5	339.0	45	18.6	836.1	1175.1	4611.4	

$$\text{不平衡率} = \frac{\Delta p_8 - \sum(\Delta p_y + \Delta p_j)_{21.22}}{\Delta p_8} \times 100 = -0.7\% \qquad \begin{aligned}\Delta p_8 &= 2053.3\\ \sum(\Delta p_y + \Delta p_j)_{21.22} &= 2067.3\end{aligned}$$

管段编号	负荷(W)	流量(t/h)	长度(m)	公称管径DN(mm)	内径(mm)	流速(m/s)	比摩阻(Pa/m)	延程损失(Pa)	局阻系数∑ζ	动压(Pa)	局阻损失(Pa)	总损失(Pa)	从起点算起的损失(Pa)	备注
通过立管 H10 的环路														
23	10 465	0.36	10.9	32	35.75	0.10	5.53	60.3	5.5	5.1	27.8	88.1	2823.3	
24	7558	0.26	32	20	35.75	0.07	42.5	1360.0	60	2.6	158.1	1518.1	4341.4	
25	10 465	0.36	5.6	32	35.75	0.10	5.53	31.0	4.5	5.1	22.7	53.7	4395.1	

（考虑到重力作用，H10 作用压力按 2/3 计算）

$$\Delta P_{10} = 2437.6$$

$$\text{不平衡率} = \frac{\Delta p'_{10} - \sum(\Delta p_y + \Delta p_j)_{23\sim25}}{\Delta p'_{10}} \times 100 = -2.1\% \qquad \begin{aligned}\Delta p'_{10} &= 1625.1\\ \sum(\Delta p_y + \Delta p_j)_{23\sim25} &= 1659.9\end{aligned}$$

管段编号	负荷(W)	流量(t/h)	长度(m)	公称管径DN(mm)	内径(mm)	流速(m/s)	比摩阻(Pa/m)	延程损失(Pa)	局阻系数∑ζ	动压(Pa)	局阻损失(Pa)	总损失(Pa)	从起点算起的损失(Pa)	备注
通过立管 H6 的环路														
26	6977	0.24	16	20	21.25	0.19	36.6	585.6	9	18.0	161.9	747.5	2373.7	包括26'
27	—	0.12	6	20	21.25	0.10	10.2	61.2	45	4.5	202.3	263.5	2637.3	
28	14 390	0.495	10	25	27	0.24	43	430.0	2.5	29.4	73.4	503.4	3140.7	
29	21 802	0.75	6.9	32	35.75	0.21	22.1	152.5	1	21.9	21.9	174.4	3315.1	
30	30 901	1.063	7.2	32	35.75	0.30	42.9	308.9	1	44.0	44.0	352.9	3668.0	
31	39 564	1.361	7.2	40	41	0.29	34.1	245.5	1	41.7	41.7	287.3	3955.3	

管段 26～31 与管段 3～8 并联

$$\text{不平衡率} = \frac{\sum(\Delta p_y + \Delta p_j)_{3\sim8} - \sum(\Delta p_y + \Delta p_j)_{26\sim31}}{\sum(\Delta p_y + \Delta p_j)_{3\sim8}} \times 100 = 3.4\% \qquad \begin{aligned}\sum(\Delta p_y + \Delta p_j)_{3\sim8} &= 2412.2\\ \sum(\Delta p_y + \Delta p_j)_{26\sim31} &= 2329.0\end{aligned}$$

管段编号	负荷(W)	流量(t/h)	长度(m)	公称管径DN(mm)	内径(mm)	流速(m/s)	比摩阻(Pa/m)	延程损失(Pa)	局阻系数∑ζ	动压(Pa)	局阻损失(Pa)	总损失(Pa)	从起点算起的损失(Pa)	备注
通过立管 H5 的环路														
32	7413	0.255	10	25	27	0.13	12.2	122.0	40	7.8	311.6	433.6	2329.6	加阀调节
33	—	0.128	6	20	21.25	0.10	11.4	68.4	45	5.1	230.2	298.6	2628.2	

$$\text{不平衡率} = \frac{\Delta p_5 - \sum(\Delta p_y + \Delta p_j)_{32.33}}{\Delta p_5} \times 100 = 1.2\% \qquad \begin{aligned}\Delta p_5 &= 741.3\\ \sum(\Delta_y + \Delta p_j)_{32.33} &= 732.3\end{aligned}$$

管段编号	负荷(W)	流量(t/h)	长度(m)	公称管径DN(mm)	内径(mm)	流速(m/s)	比摩阻(Pa/m)	延程损失(Pa)	局阻系数∑ζ	动压(Pa)	局阻损失(Pa)	总损失(Pa)	从起点算起的损失(Pa)	备注
通过立管 H4 的环路														
34	7413	0.255	10	25	27	0.13	12.2	122.0	20	7.8	155.8	277.8	2830.3	加阀调节
35	—	0.128	6	20	21.25	0.10	11.4	68.4	45	5.1	230.2	298.6	3128.9	

$$\text{不平衡率} = \frac{\Delta p_4 - \sum(\Delta p_y + \Delta p_j)_{34.35}}{\Delta p_4} \times 100 = 2.0\% \qquad \begin{aligned}\Delta p_4 &= 588.2\\ \sum(\Delta p_y + \Delta p_j)_{34.35} &= 576.4\end{aligned}$$

续表

管段编号	负荷(W)	流量(t/h)	长度(m)	公称管径 DN(mm)	内径(mm)	流速(m/s)	比摩阻(Pa/m)	延程损失(Pa)	局阻系数∑ζ	动压(Pa)	局阻损失(Pa)	总损失(Pa)	从起点算起的损失(Pa)	备注
通过立管 H3 的环路														
36	9099	0.313	10	25	27	0.15	18	180.0	11	11.7	129.1	309.1	3136.7	加阀调节
37	—	0.157	6	25	27	0.08	5	30.0	45	3.0	132.9	162.9	3299.6	

不平衡率 $=\dfrac{\Delta p_3-\sum(\Delta p_y+\Delta p_j)_{36,37}}{\Delta p_3}\times100=3.2\%$ $\qquad$ $\Delta p_3=487.5$
$\sum(\Delta p_y+\Delta p_j)_{36,37}=472.0$

管段编号	负荷(W)	流量(t/h)	长度(m)	公称管径 DN(mm)	内径(mm)	流速(m/s)	比摩阻(Pa/m)	延程损失(Pa)	局阻系数∑ζ	动压(Pa)	局阻损失(Pa)	总损失(Pa)	从起点算起的损失(Pa)	备注
通过立管 H2 的环路														
38	8663	0.298	10	25	27	0.15	16.4	164.0	8	10.6	85.1	249.1	3213.1	
39	—	0.149	9	20	21.25	0.12	15.1	135.9	45	6.9	312.0	447.9	3661.0	

不平衡率 $=\dfrac{\Delta p_2-\sum(\Delta p_y+\Delta p_j)_{38,39}}{\Delta p_2}\times100=1.0\%$ $\qquad$ $\Delta p_2=704.0$
$\sum(\Delta p_y+\Delta p_j)_{38,39}=697.0$

8 设备选型

8.1 水泵选型

供暖热水按供回水温差 25℃计算,热水流量约为 3.012t/h,取 1.1 安全系数,热水泵流量选择 3.32t/h。

扬程按下式计算

$$H_p=h_f+h_d+h_m \qquad \text{Pa} \tag{C8}$$

式中　h_f、h_d——水系统总的沿程阻力和局部阻力损失,Pa;

h_m——设备阻力损失,Pa;

该工程选择的半集热式盘管换热器压为损失为 20kPa,则 $H_p=9530.6+20\,000=29\,530.6\text{Pa}$,取 1.2 安全系数后,水泵扬程选 35 436.7Pa,即 3.54mH$_2$O。选择"格兰富"立式管道泵,性能参数见厂家提供的选型计算书。水泵选择一用一备的方式安装。

8.2 膨胀水箱选型

当供回水温度为 95、70℃时,膨胀水箱的有效容积(即相当于检查管到溢流管之间的高度容积)按下式计算

$$V=0.045V_c \qquad \text{L} \tag{C9}$$

式中　V_c——系统内的水容量,L。

全楼总供暖负荷乘以 1.1 系数后约为 92.1kW,根据每种设备单位供热量的水容量(见表 C9)来确定系统中总的水容量。计算得系统内水容量为 1759L。则膨胀水箱有效容积为 79.2L,约 0.08m^3。选择公称容积为 0.3 m^3 的标准规格即能满足要求。

表 C9　　　　　　　　　　**供给每 1kW 热量所需设备水容量 (L)**

换热器	四柱 760 散热器	室内机械循环管路
3	8.3	7.8

8.3 换热器选型

全楼总供暖负荷乘以 1.1 系数后约为 92.1kW，热水流量为 3.3t/h。采用 0.3MPa（表压）饱和蒸汽加热。根据厂家样本选用"热高"SW1B+05 型半集热式盘管汽水换热器。额定供热量和热水流量分别为 100kW、3.5t/h。结构参数为：总高度 1600mm、换热壳体高度 737mm、直径 371mm，换热面积 2.32m²，自重 250kg。接管管径为：冷热水进出口 DN50，蒸汽入口、排污口 DN50，冷凝水出口 DN25。其他特征及配管方法见产品说明和设备间详图。

9 参考文献

[1] 采暖通风与空气调节设计规范（GBJ 19—2003）. 北京：中国计划出版社，2003.

[2] 贺平，孙刚. 供热工程. 北京：中国建筑工业出版社，2009.

[3] 陆耀庆. 实用供热空调设计手册. 北京：中国建筑工业出版社，2008.

[4] 建设部工程质量安全监督与行业发展司，中国建筑标准设计研究所. 全国民用建筑工程设计技术措施. 暖通空调·动力. 北京：中国计划出版社，2003.

[5] 付祥钊，王岳人，等. 流体输配管网. 北京：中国建筑工业出版社，2001.

参 考 文 献

[1] 吉林建筑工程学校，张家口建筑工程学校，内蒙古自治区建筑学校. 供热工程. 北京：中国建筑工业出版社，1980.

[2] 西安冶金建筑学院供热与通风教研组，哈尔滨建筑工程学院供热与通风教研室. 采暖与通风. 上册. 北京：中国工业出版社，1961.

[3] 西安冶金建筑学院供热与通风教研组，哈尔滨建筑工程学院供热与通风教研室. 供热学. 北京：中国工业出版社，1961.

[4] 哈尔滨建筑工程学院，天津大学，西安冶金建筑学院，等. 供热工程. 2版. 北京：中国建筑工业出版社，1985.

[5] 盛昌源，潘名麟，白荣春. 工厂高温水采暖. 北京：国防工业出版社，1982.

[6] 重庆大学热力发电厂教研组. 热力发电厂. 北京：电力工业出版社，1981.

[7] 武学素. 热电联产. 西安：西安交通大学出版社，1988.

[8] 陆耀庆. 供暖通风设计手册. 北京：中国建筑工业出版社，1978.

[9] 航天工业部第七设计研究院. 工业锅炉房设计手册. 2版. 北京：中国建筑工业出版社，1986.

[10] 《动力管道手册》编委会动力管道手册. 北京：机械工业出版社，1994.

[11] 荣秀惠，萧兰生，隋锋真. 实用供暖工程设计. 北京：中国建筑工业出版社，1987.

[12] 《简明供热设计手册》编委会. 简明供热设计手册. 北京：中国建筑工业出版社，1998.

[13] 贺平，孙刚. 供热工程. 3版. 北京：中国建筑工业出版社，2000.

[14] 荣秀惠，肖兰生，隋锋贞. 实用供暖工程设计. 北京：中国建筑工业出版社，1989.

[15] 陆耀庆. 实用供热空调设计手册. 北京：中国建筑工业出版社，1995.

[16] 魏学孟. 建筑设备工程. 北京：中央广播电视大学出版社，1994.

[17] 宗立华. 塑料埋管地板辐射供暖的热性能分析. 暖通空调，2000.

[18] 李永安，等. 低温热水地板辐射采暖系统设计. 建筑热能通风空调，2002.

[19] 汤蕙芬，范季贤. 城市供热手册. 天津：天津科学技术出版社，1992.

[20] 王飞，张伟. 直埋供热管道工程设计. 北京：中国建筑工业出版社，2007.